アマゾンとアンデスにおける一植物学者の手記 上

リチャード・スプルース［遺稿］
RICHARD SPRUCE
アルフレッド・R・ウォレス［編纂］
ALFRED RUSSEL WALLACE
長澤純夫＋大曾根静香［訳］

築地書館

NOTES OF A BOTANIST ON THE AMAZON & ANDES

by RICHARD SPRUCE,Ph.D.
edited and condensed by ALFRED RUSSEL WALLACE, O.M., F.R.S.

Macmillan and Co., Limited, London, 1908
Translated by Sumio Nagasawa and Shizuka Osone
Published in Japan by Tsukiji-Shokan Publishing Co. Ltd., Tokyo, 2004

リチャード・スプルース照影（72歳）とサイン

凡例

一、原文中の（　）［　］——は、訳文においてもおおむね（　）［　］——とした。

一、原文中の〃　〃は、訳文においては「　」とした。

一、原文中のイタリック体で記された単行本および逐次刊行物は、訳文においてはそれぞれ『　』「　」で示し、その原書題は索引で併記した。

一、原文中のイタリック体で記された強調を意味する字句は、訳文においては《　》で囲んだ。

一、原文中のローマン体で記された動植物の属名、種小名は、訳文においてはイタリック体に変えた。訳文中で（＝　）に入れてあるのは、原文に記載されているものであることを示す。

一、和名をもつ動植物の属名、種小名は、一般読者のためにできるだけこれに置き換えて片仮名で記した。また椰子《やし》、羊歯《しだ》、蜥蜴《とかげ》などの総称名は漢字で記し、読みにくいものには適宜ルビをふったが、片仮名書きにして「類」あるいは「の仲間」の文字を付記して示した場合もある。

一、原文中のヤード・ポンド法による度量衡単位は、メートル法に換算表記した。

一、原文中の注記は、文中の該当箇所に縮小添数字で原注番号を付し、各章末に原注として一括した。また訳者による補注は、文中の該当箇所に〔訳注1〕〔訳注2〕……を付し、各章末に原注のあとに一括して載せた。訳注の簡単なものは文中に〔　〕で囲んで示した。

一、訳書では原著の索引に邦訳をあたえ、読者の便を図って原著にないものも若干加え、また一部原著から削除したうえ、人名、地名、動物名、植物名、その他の事項別に分けて、それぞれ五十音順に並べ替えて示した。

一、人名、地名、また動植物名のブラジル名、ポルトガル名、スペイン名、あるいはインディオなどの言葉による呼称は、いくつかの文献を参照し実際に即して記述したが、広大なアマゾン、アンデス地方では地方的転訛が多く、かならずしも一定共通ではありえない。

一、いわゆる差別語とされている坑夫、人夫、人足、サンボなどは、用いなくても意味が通じるものは削除、あるいは他の語で表現できるものは言い換えたが、一部のものについては一九世紀から二〇世紀初頭にかけて、最前線で活躍したヨーロッパの植物学者の記録として、あえてそのまま訳出した。

一、原文の段落はかなり長いため、本訳書では原文の趣旨を損なわない範囲でこれを増やした。また、原著にはない小見出しを原著の目次から一部とって文中に加えた。

岩に座り、河を思い丘を思い
人の支配は受けぬものが棲む
人跡未踏の小暗き森の
木陰と光のなかを静かにたどり
囲いなどけっしていらぬ野生の群れとともに
人知れず路なき山を登り
ただ一人、切り立つ崖や泡立つ滝の上から身を乗り出す——
これは孤独ではなく
自然の魅力と会話をし
　その蔵が開かれるのを眺めるため。

バイロン

編者の序言

スプルース博士の意図したところは、ダニエル・ハンベリー氏にあてた書簡の一つに述べられているように、彼のすべての原稿と覚書の類をこの紳士に託することにあったようである。ところが、思いも寄らないこの友人の死と、あわせて彼自身の仕事やつねに病気がちであったことのために、その日記の出版をあきらめていたことはあきらかである。彼は私が自分の仕事に忙殺されていることも知っていたから、たぶん、そのような大事業を私に依頼することは遠慮されていたのであろう。とくに彼は、記録の多くは断片的なものであるうえに省略形が多すぎて、彼自身の言葉を借りると、ときに「象形文字」のようであって、自分以外の者がそれらを正しくまとめて、じゅうぶんに役立てることはおそらく不可能であることがわかっていたものと思う。

スプルースが亡くなってしばらくしてから、私は、資料を調べてみて、もしできそうであれば、彼の日記と書簡をもとに彼の旅行記をまとめてみたいと申し出た。彼の指定遺言執行人であるマシュー・B・スレイター氏は、私が著作権代理人の仕事を引き受けなくてはならなくなるのではないかと心配した。しかし、私たちはいずれもそれぞれの仕事に多忙をきわめていたこともあって、私が本書にとりかかることができたのは、それからようやく一一年後のことであった。

タイトルページに記されている『植物学者の手記』というスプルースの考えていた本の最初の八章までは、彼の南アメリカ滞在の最後の数年間に、（大きな会計簿に）たんねんにまとめられていて、それを写し取って最終的な校訂をおこないさえすれば、いつでも出版できる状態になっていた。これはさらにかなり凝縮されて、本書の最初の六章分を構成している。

私は最初の章では短い書き出しの二節以外は割愛した。それはたんにリヴァプールからパラへの航海日誌だったからである。そしてパラ地区について書かれたつづく二つの章といっしょにした。サンタレン、トロンベタス川、マナウスへの船旅の記録は大幅に削って短くした。また、一般読者にはあまり興味のない歴史的、地理的記述の多くを削除した。以上の例外をのぞいて、手記は全部スプルースが書いたまさにそのままである。彼の生まれ故郷の北の地方の言葉や古語や表現について、しばしば校正係から「質問」がきたけれども、彼の文体の個性を保つために注意して残しておくようにした。

つなぎの語句や節を入れたり、説明を書き加える必要があると気づいたときには、かならず［　　］で囲んでそれとわかるようにした。いっぽう省略した部分は……で示し、体裁を損なわないように心掛けた。この原則は本書全体にわたって貫かれている。

本書の残る部分はほとんどいろいろなところからの寄せ集めである。そのとき私が整理しなければならなかった資料は、それぞれの章の序文のところにくわしく示してある。私が調べたすべての資料――日記、書簡、印刷された論文や手書きの論文、そしてあちこちに書き記された覚書――のわずか三分の一だけが、一般的な興味と植物学的な興味を合わせた適度な分量の書物には適切であることがわかった。

私は植物学者にとって有益なものはすべてまとめ、同時に一般読者に興味あることがらはみなこれに含める努力をした。この仕事は愛の所産である。そして私自身、私の友人の業績については、文学的にも科学的にも、ひじょうに高く評価しているので、本書は一九世紀の旅行記のなかでも、もっとも興味深く、得るところの大きい本の一つとなるものと考えている。

クレメンツ・マーカム卿とジョセフ・フッカー卿には、キュー王立植物園に保管されているスプルースの書簡と、あまり読みやすいとはいえない彼の日記の一部をコピーする費用として、英国学士院から一〇ポンドの助成金をとっていただいたことを感謝しなくてはならない。薬剤師協会もまた、スプルースがダニエル・ハンベリー氏にあてて書いた膨大な書簡のなかから、適当なものをコピーすることを許諾された。また、ジョン・ティーズデール氏とジョージ・ステイブラー氏からは、その他のひじょうに興味深い書簡類の貸与をいただいた。

本書が植物学者にとってできるだけ有益なものとなるように、スプルースの記載したすべての植物の属名と種名を併記し、索引にまとめる方法をとった。そして、まちがいを避けるために、疑わしいものはすべて、スプルースの旅行とほぼ同じ時期に出版されたリンドリーの『植物界』の膨大な索引と照らし合わせた。

私は、上巻巻末に記した彼の伝記ができるだけ完璧な、本書にふさわしいものとなるよう努力した。スプルースを個人的にあるいは彼の書いたものを通して知るすべての人々に、それは受け入れられるものと思う。いっぽう、ここで彼をはじめて知る人々には、困難な状況にあっても熱意を失わない自然の探究者の人生と、彼の洗練された魅力的な人柄が、いくらか伝わるであろう。

挿絵のほとんどはスプルース自身が鉛筆で描いたスケッチである。大きなものの多くは、ひじょうに繊細な線で描かれているが、高度に仕上げられたものは少ない。それらのうちから、風景を表すものについては、私の指示のもとに有能な画家に輪郭を消してもらい、完全に旅行写真家の圏外にある地域の、ひじょうに真に迫った魅力的な景色が表現されるようにした。

森の風景の写真については、パラ博物館のJ・ヒューバー博士が親切にも彼の刊行しておられる「アマゾン樹木園」を私に送ってくださったので、そのなかから、スプルースの述べている植物や風景を選んで取り入れた。その他の挿絵はオリノコ川とアンデス山脈を最近旅行した人々の作品からとったものである。それらの使用に関しては発行元の許可をいただいている。

口絵のスプルースの美しい肖像画は、死去する四年前に彼の友人が撮影したものである。「植物学年報」に掲載されたバルフォア博士の追悼記事の挿絵用に作られたこの写真の原板は、オックスフォードのクラレンドン出版から本書のために親切にも貸与された。

また王立地理学会とリンネ協会には、最初それぞれから発行された雑誌に掲載された記事や地図を転載する許可をあたえられたことに、感謝しなくてはならない。

アルフレッド・R・ウォレス

人目につかない一輪の花でさえ
涙にあまる深い想いを私にもたらす
生きるよすがとなる人の心
その優しさと喜びに感謝して
私はこの世界で生きて行きたい

ワーズワース

圧政と欺瞞の噂も
敗北の悲しみも、戦勝の雄叫びも
何一つ聞こえてこない
遠い荒野の庵で
無限の静けさに包まれて
私はひっそりと暮らしたい

クーパー

上巻◆目次

第三章　オビドスとトロンベタス川への旅　47

第四章　サンタレン滞在――植物と住民の観察　67

第五章　下アマゾンの地質とサンタレンの植物相　83

第六章 サンタレンからリオ・ネグロ川へ 102

第七章 マナウスにて——下リオ・ネグロ川の原生林の調査 125

第八章 リオ・ネグロ川遡行、サン・ガブリエルへ 164

第九章 サン・ガブリエル周辺の急湍と山岳樹林 183

第一〇章 ウアウペス川の急湍と未踏の森への探検旅行 203

図版

地図

しかし、おお！　自由で荒々しく壮麗な自然は
　彼女の贅沢な時間のなかで
感じる魂をもつ者の心を
　静かに激しく称えつつ盗んでゆく。
とぎれなく己が道を流れる河は
　青々と広がる美しい緑の牧草地は
　奥深き森を取り巻く青い丘は――
衰退とは無縁の壮大さを語り、
己がすべての作品に永遠を刻み込む
至高の設計者を賞賛する。

ロングフェロー

●第一章

パラと赤道の森

（一八四九年七月一二日―一〇月一〇日）

私は一八四九年六月七日、リヴァプールから二一七トンのブリッグ船ブリタニア号に乗船した。船長はエドモンド・ジョンスン、乗組員は一二名であった。同行の船客は、勇敢にも私とともにアマゾンの荒野に分け入り、私の助手を務めることを承諾してくれたロバート・キング氏と、そのときアマゾン河流域を探検中で、のちにたいへん楽しい旅行記を出版したアルフレッド・ウォレス氏に加わるためにアマゾンに向かう、令弟のハーバートであった。

七月一二日の朝、太陽が昇ると、パラの町はわれわれの前にその姿をくっきりと浮かび上がらせた。よく目立つ家並が川の右岸に沿ってずっとつづいていた。その中央あたりにややみすぼらしい船繋《ふなが》りを前にもつ税関の庁舎があり、その屋根の上からはメルセスの教会の塔がわずかにのぞいていた。聖アントニオ教会と修道院がわれわれの船から見ていちばん左側の端に立っていた。そして大聖堂はほとんど最右端にあった。船が船繋りの近くの投錨地に着いたのは一〇時であったが、税関当局の臨検で、われわれは船上に午後一時まで止めおかれた。上陸してブリタニア号の荷受人であるミラー氏と食事をしたあと、ジェームズ・キャンベル氏とアーチボルト・キャンベル氏にあいさつに出かけた。この人たちはパラに来て長い、広大な領地をもつ植民者であるが、われわれは英国の友人たちから彼らにあてた紹介状をもらってきていた。われわれはこの紳士たちに丁重に迎えられ、ただちに令兄のジェームズ・キャンベル氏の家にごやっかいになることになった。

私はパラにはわずか三カ月滞在しただけであった。そのように短い期間ではあったが、その一部はアーチボルト・キャンベル氏の郊外の農場ですごした。植物学の研究に時間をとられたこともあって、私のパラの町に関する記録は最高に貧弱であるから、この町とその住民についてのもっとくわしい説明は、私より以前にここを訪れたかたがたの記録にゆずることとしたい。

乾季、森林樹の開花

乾季のはじまりはアマゾン河流域の春にあたる。雨は減り、河川は水位を下げ、樹々は花をつけはじめる。まず咲くのは氾濫する川岸のガポ（氾濫原）に咲く花で、それから乾いた陸地のテラ・フィルメ（浸水しない陸地）の花が開く。古い葉が落ちる前に花の咲く木もある。それ以外のものは若葉とともに花を開く。いずれの場合も、若干のきわめてまれな例をのぞいて、樹々はけっして葉をすっかり振るい落とすことはなく、新しい葉が芽生えてくるまで古い葉を残している。それはまさに英国の常緑植物である。数カ月後の夏の盛りには、花のたぐいはまれになり、ほとんどの木は果実や種子を実らせる。

真の森林樹の花と果実は長いあいだ私にとっては「すっぱい葡萄」〔イソップ物語のなかの「狐と葡萄」に書かれている負け惜しみの葡萄〕であった。フンボルトがそうであったように、私は最初、私のために木に駆け登ってくれる敏捷で協力的なインディオが見つからないこと、そしてまた先に鉤型のナイフをつけた竿で、地上一五メートルや一八メートルも上のところから最初の枝が出ている、「よじ登る」にはまったく不向きな太くてすべすべした幹をもつ木の、三〇メートルも上方に咲いている花に届こうとするこころみが、いかにむなしいものかを知って失望した。ついに、花や果実を手に入れる最上の、そしてときに唯一の方法は、木を切り倒すことだという結論に到達せざるをえなかった。とはいえ、ただ花を採集するだけのために、たぶん樹齢一〇〇年以上にもなるかと思われる崇高な木を台無しにするという良心の呵責に私が打ち勝つことができたのは、ずっとのちになってからのことである。

本当に際限のない森――七八〇万平方キロメートルにわたって樹々が密集し、それ以外ほとんどなにもない――のなかでは、まさにほとんど木そのものが雑草であり、先住民でさえ樹々が行く手に立ちはだかっておれば、われわれがつまらない雑草を引き抜くように、もっとも高貴な木を切り倒すことしか考えないようなところで、一本の木を切り倒したところで、ほんのわずかなすきまができるだけのことで、英国の麦畑で野幌《のぼろ》菊《ぎく》や罌粟《けし》を一本引き抜いたときと同様なにも失われはしないことが、私にも少しずつわかりかけてきた。私はさらに、私の標本は世界の主要な公立、私立の博物館に保存され、すべての特別な木とその花や果実を同定し、構造の特徴を研究するのに役立つであろう、ということを考えた。結局、私はこのあきらかに野蛮な行為はその必要性と効用によって埋め合わされる、あるいは埋め合わされるのではないかと考えることで、自分の気持ちに折り合いをつけた。

同じようにして動物学者も、ただその羽毛や骨格のために高貴な鳥や獣を殺すことの良心の呵責を静めているものと思う。私はアレキサンダー大王やナポレオンの軍隊が、彼らの勝利によって失われた人間の命について、自分たちの行為をこうして正当化したかどうかは知らない。とはいえ、もしアルベラやアウステルリッツで虐殺された死体を全部集めて、倫理的に苦悶しながら詰め物をし形を整えて、どこかの大きな博物館のガラスケースのなかに保存することができたとしたら、戦争の成果のなんという教訓的な標本であろうか！

沼地の植物

私は最初はこのようなわけで、容易に近づくことのできる植物については制約を受けていた。私は、海岸の植物のほとんどは熱帯では広く分布していて、その多くはどこか別の場所ですでに採集されているから、そのほんの一部を見たところで、わが国の植物学者にはなんの価値もないことを知ってはいた。とはいえ、それまで熱帯の植物をその自生地で見たことが一度もなかった私にとっては、すべてが新鮮で美しかった。湿地やイガラペ[1]の河口のぬかるみでは、美しいが伸び放題のやたら大きな草や菅《すげ》のような植物、とくにそのような場所で広大な草むらを形成する草丈の高い莎草《かやつりぐさ》がたくさん生い茂っていた。最初はそれらの光沢のある褐色あるいは緑と金色の散形花序の小さな穂がとりわけ美しく思えるが、すぐにその単調な豊かさにあきてくる。

マングローブもほとんど同じような印象をあたえる。だれもが最初見たときはそのみずみずしい均一な緑を讃えるが、マングローブ以外なにも樹木の見えない川岸の近くで暮らしたり、それに沿って船を進めていくことほどわびしく退屈なものはない。マングローブはパラより川下に見られ、とくに潮が満ちるたびに氾濫する島々にはさかんに生い茂っているが、水がだんだん塩分を失っていくパラより川上では徐々に姿を消す。

封蠟を採取する木、猿の茶椀（サブカヨノキ）

低い湿り気のある平地はしばしば現地名をパオ・デ・ラクリという、封印用の蠟をとるウィスミア属 *Vismia* のグイアネンシス *V. guianensis* の木に部分的におおわれていた。これは高さが三・五〜四・五メートルで、わが国の弟切草《おとぎりそう》と同じ科に属し、それと同じように油点をちりばめた葉や花などをもつ低木である。幹の切り口からは濃い赤みがかった樹液が染み出てくる。それを集めて乾燥させるとたいへん良質の封蠟の代用品ができる。

そのような場所に生える高木のなかに数種のインガ属*Inga*があって、なかには大きな平たい偃月刀《えんげつとう》形の莢をつけたものや、細長い円筒形で溝のあるねじれ曲がった長さ一メートルもの莢が、ロープの端かなにかの巻きつき植物の茎の一部であるかのように枝から垂れ下がっているものがあった。インディオ名のインガ＝シポ〔シポは葛《かずら》の意〕はそこから生まれた。それらといっしょにモンキー・ポッド（猿の豆の莢、サブカヨノキ）といわれるキンキジュ属 *Pithecellobium*（＝*Pithecolobium*）の数種があった。これは性状と特徴がインガ属にたいへんよく似ているが、葉は（ただの一回ではなく）二回羽状複葉で、小さな莢がしばしば丸まって輪になっており、少なくとも熟したときには莢の一部が丸まってうしろ向きに反り返り、ちょうど猿の尻尾のようになる。これらやその他の木々の上には、花弁に優雅な縁取りをもち、それぞれの萼の基部に通常一対の大きな腺（あるいは結節）をもつ、黄色か淡紅色の花を総状花序につけたキントラノオ科がはい登っていた。それよりさらに派手なシクンシ科のヨツバネカズラ属 *Combretum*（=*Cacoucia*）のコッキネア種 *C. coccinea* が、あざやかな炎のような真紅の花を穂状花序につけて咲き誇っていた。

荒廃地の植物

地面の乾燥した荒れ地にはしばしば勢いのよい雑草が繁茂している。優勢な植物は、軟毛におおわれた大きな葉をもち林檎のような実をつける、伸び放題の刺をもつナス属 *Solanum* と、また金色の花を咲かせたはなやかなカワラケツメイ属*Cassia*の数種であった。カワラケツメイ属は長い莢をもっていて、絡まり合ったその枝を押し分けて進んでいくと、莢のなかで自由に動きまわる種子がたえずからからと鳴りつづけていた。刺激に敏感なひじょうにさまざまな種類の植物もたくさん生えていた。わが国のゼニアオイに類縁のものがあった。またスイートピーとインゲンマメに類縁のものもあり、それらに交じって、ややや楕円形の大きな白や紫の花をつける、さまざまな種類のケントロセマ属*Centrosema*が生えていた。地面や藪の上にはさまざまなヒルガオ科（おもにサツマイモ属 *Ipomoea*〔=*Batatas*〕）とキョウチクトウ科（エキテス属 *Echites*）の乳白色の茎がはいまわり絡みついてた。前者は大きな漏斗状の白、紫、あるいは青紫色の花をつけ、後者は釣鐘やラッパのような形をした黄色い花を咲かせる。そこにはまたホオズキトケイソウ *Passiflora foetida* もその巻き髭を絡ませてはい登っていた。これは熱帯ではもっともよく見る雑草の一つで、その強い麻酔剤のにおいから、そうした強いにおいを放つ花をもつ一族のなかでも特異な種で、まさしくそのインディオ名ウルブー=マラカジャが由来する、ウルブーすなわちヒメコンドルのねぐらを思わせる。あまり目立たず、あまりはいまわらない香草類はおもにシソ科とその類縁の植物であった。

ときどき同じような場所で、さまざまな種類の胡椒が地面の大部分を占拠していた。それらの多くはアルタンテ属 *Artanthe* のもので、灌木をはいまわり、ときに高木の上にまではい登っていた。これは、芳香のある（ときにひどい悪臭である）葉の中央脈から両側に直角に無数に伸びたあばら骨のような側脈と、また多くのサトイモ科の植物と同じようにモザイク状の肉穂花序に並んだひじょうに小さな花が特徴的である。その他の胡椒類（サダソウ属 *Peperomia*）は糸のような茎を木の幹にはわせて、緑と褐色の斑入りの丸い肉質の葉を出しているので、ともすれば小さな羊歯《しだ》のように見える。

原生林

原生林では、私の手の届くところに花を咲かせるごくわずかな植物は、おもにフクギ科、ノボタン科、アカネ科の灌木と小さな藪であった。とはいえ私は、手の届く花の少なさは、豊富な羊歯類とまた苔類さえ豊富なことによって少しは慰められた。後者は私にとってはどんなに興味深くても、一般の読者も興味がわくような説明はあきらめなくてはならない。だから私にとってもはじめてであった一つの特徴、すなわち、温かくて湿った熱帯の森の日陰では、木々の葉がいかに美しい地衣類やタイ類におおわれているかを述べることで満足することにする。地衣はだいたい黒、赤、あるいは黄色の盾をちりばめた白っぽい外皮におおわれている。しかし、ひじょうに微細であるにもかかわらず、わが国のオークの古木を飾るウメノキゴケ属 *Parmelia* やヨロイゴケ属 *Sticta* のように完全に葉状の種も若干ある。着生のタイ類は肉眼ではただの白か緑か淡紅色か褐色の、つぎはぎか細長いもつれた糸にしか見えないが、虫眼鏡で見ると、それらは茎にぴったりとくっついて対称形に二列に並んだちゃんとした葉をもち、通常は五角形か筒形であるがさまざまな形の花（すなわち花被）をつけていることがわかる。

カリピへ

パラに来て一カ月余が過ぎたとき、アーチボルト・キャンベル氏から彼の家族といっしょにカリピに行かないかという招待を受けて、喜んでこれにしたがった。カリピはパラ川を四八キロほどさかのぼったところにある氏の農場の一つである。われわれは八月二一日の朝、引き潮の終わるのに合わせて、キャンベル氏のガリオタ〔一本マストの軽快な漁船〕で出発した。引き潮はわれわれをパラの前に浮かぶ島々の向こうまで運んでくれた。それから上げ潮が櫂の助けを借りながらカリピまで運んでくれた。午後、カリピに無事到着した。パラ川はそこでは少なくとも一六キロメートルの幅があって、むしろ内海か大きな湖のように見える。そして視界をさえぎる島がないので、マラジョ島の海岸が反対側にぼんやりと見える。岸は広々としていて、白砂の浜辺がなだらかな傾斜をなしていた。引き潮で水位の低いときは、あちらこちらで横切っているイガラペを渡るときをのぞけば、数キロの距離を川上に向かってなにものにも邪魔されずに通り抜けることができる。

少し上ったところで海岸は鉄分を含む粒子の粗い水平な砂岩の層を露出した低い崖に阻まれる。これはパラの近くや、グアマ川や、その他いたるところで見られるものと同じで、建築用の石材としてふつうによく使われているものである。しかし、表面が岩滓のかたまりにそっくりな赤っぽいガラス質になっていて、あきらかに火成起原である蜂の巣状の大きな岩のかけらをここでもまた見たことは、私にはたいへんな驚きであった。私は二つの岩がくっついているのを一つ発見した。そこではトラップが砂岩の裂け目を貫いていて、部分的にそれと融合していた。のちに私はアマゾン河流域のさまざまな場所で、同じような岩に出合うことになる。

カリピの荘園は面積は何平方リーグ〔一リーグ＝約四・八キロメートル〕にもおよぶ広大な敷地ではないかと思う。しかし、家の近くにある一部の牛や山羊用の小さな牧草地と、屋敷の裏手はるか遠方の、おもに無断で不法に居座ったインディオたちの住むわずかなマンジョーカ畑以外は、すべて森であった。カリピは本当はキャンベル家の人々とその友人たちの保養地にすぎなかった。土地は乾燥していて、湾からは涼しい風が吹いてくるし、水浴のできる場所もあって、カラパナーすなわち蚊もいない健康地である。……

広くてゆったりした屋敷は家族の留守中数カ月にわたって締めきられていたため、私用に割り当てられた部屋が開けられたときには、新しく掘られた墓から投げ出された土のように、床の中央に一メートル近い新しい砂の山ができていた。しかしじつはそれは偉大な発掘者であり道路工夫であるサウバ（葉切《はきり》蟻《あり》）のしわざであった。サウバはアマゾン流域の土方で、これについてはのちほどもっとくわしく見ていくことにする。

灯をつけると、蝙蝠《こうもり》の大群が驚いて荒々しく飛びまわった。数匹が黒人たちに殺されたが、残りは屋根裏のねぐらに戻っていった。翼の開張が約六〇センチもあるとても恐ろしそうなものもいたが、私はのちに上リオ・ネグロ川でもっと大きなものを見た。これらもまた小型種も咬むとはいわれていない。とはいえ、まぎれもない吸血蝙蝠が日暮れに屋内に侵入するので、襲われない用心に、部屋の灯はつけたまま寝るのがならわしになっていた。そしてこれはアマゾン全域の共通の習慣であることを私はのちに知った。……

蝙蝠との闘い

カリピに来て二日目と三日目の晩に、私は真夜中ちょっと過ぎたころ眼が覚めた。するとキングがハンモックから頭を乗り出して、床につきそうになって寝ており、そして彼の耳元にすだらけの小鬼が座っているのを発見した。その大きさからいって大きな蟇《がま》だろうと思ったが、部屋の隅のかすかな灯火の光があまりにも弱くて、私はそれがなんであるのかはっきりと見分けることができなかった。そこで、ハンモックから飛び起きて山刀をつかみ、部屋を一飛びで横切って、怪物を床に串刺しにすると、それは翼を大きく広げたので、それがもっとも大型種の蝙蝠の幼獣であることがわかった。私がこの離れ業をなしとげたとたん、二匹の親蝙蝠が屋根から打って出てきて私を攻撃した。私が払うと、それらは部屋をくるくる飛びまわり、私のかたわらを通り過ぎるたびに翼で私に打ちかかろうとしたので、私のほうは山刀でそれらをたたきのめそうとした。このときにはキングはすっかり眼を覚ましていて、奇妙な闘いがくりひろげられているのを見たが、どうしてそんなことになったのかわからず、ハンモックに起き上がって笑い転げていた。つられて、私もいっしょになって腹の底から笑ってしまった。

カライペの木

八月二四日、キャンベル氏の荘園から八キロほど奥に入ったイガラペ沿いのあるインディオの開拓地に、耐火性の陶器の製造と、粘土に混ぜることによって耐火性が得られる材料が幹に含まれているといわれる、カライペの木を見に出かけた。私はとくにこの木の同定を英国から依頼されていた。名前がよく似ていることから、それはたぶんモッコク科の一属であるカライペ属 *Caraipe* の一種ではないかと考えられていた。……

キャンベル氏のところで働くムラート〔白人と黒人の混血〕の一人が案内役としてついてきてくれた。踏み固められた道をそれて、彼は森を抜ける近道の猟師道を案内していった。訓練されていない私の眼には道のありかなどほとんどわからなかった。われわれはイガラペに出た。それはあまり広い川ではなかったが、橋のような便利なものはこの地方ではほとんど知られていなかったから、案内人がそこを泳いで渡って対岸から船を持ってこなければ、われわれはそれを横断できなかったにちがいない。

二、三歩進むと、オレンジとバナナの木立に囲まれたところに、われわれの探していた四、五軒の小屋が立っていた。パラの近郊のナザレその他の場所には（住人がそうであるように）折衷型の家も何軒かあったが、これは私がはじめて見た森の住人の家であったから、私は興味をもってそれらを調べてまわった。家はきちんとしていて気持ち良さそうであった。私はロビンソン・クルーソーの島のウィル・アトキンズの家を思い出した。壁は椰子の葉を密に編んでマット状にしたものでできていた。屋根はウビン（ウスバヒメヤシ属 *Geonoma*）とよばれる小さな椰子の幅広の平たい葉を何枚か棒状に結わえて、たがいにきっちり重なるようにして作った、一種のこけら板で葺かれていた。ウビンの屋根は見た目が美しくて、雨をよく防ぎ、長持ちする。

ファリーニャ作り

すぐ近くには数エーカー〔一エーカー＝約四〇四七平方メートル〕ほどの大切なマンジョーカのプランテーションがあった。歳老いたインディオの一人がもっとも有用なその野菜（学名はマニホット・ウティリッシマ *Manihot utilissima*、キャッサバ）の変種を八つか九つ教えてくれた。それぞれは注意深く他と仕切られた畑の一区画に育てられていた。彼はそれらを葉で区別するといっていたが、正直いって私にはわからなかった。しかしながら、根はたしかに形と色がひじょうにちがっていて、白っぽいものもあれば濃黄色のものもあった。あるものは他よりも早く実り、またあるものはファリーニャ・デ・アグアに、またあるものはファリーニャ・セッカを作るのにもっとも適している。ファリーニャ・デ・アグアはマンジョーカの塊根を水につけて手で崩せるくらいになるまで柔らかくふやかしてから作る。ファリーニャ・セッカは生の根をすりつぶしたものだけで作られる。前者は澱粉をほとんど失わずにその他の栄養素とともに含んでいる。しかし後者は毒性のある汁液をのぞくためにパルプを何度も洗ったりつぶしたりするので、澱粉はほとんど失われている。マンジョーカの澱粉であるタピオカを作るのがおもな目的であるときには、つぶした根のパルプだけが使われる。

私はそれからカライペの焼き物を見せてもらった。カライペでほとんどあらゆる調理道具が作られる。陶器はイガラペの河床でとれる良質の粘土に、焼いて灰にしたカライペの樹皮を等量混ぜて作られていた。しかし私は他の場所で（その作り方を知らないインディオの家庭はアマゾンにはない）、混合される樹皮の割合がはるかに少ないのを見たことがある。このために樹皮に求められている特性は、大量に含まれている耐熱性石英ガラス（シリカ）である。良質の樹皮――私がのちにウアウペス川で見たような――では、耐熱性石英ガラスの結晶が木の幹のなかに含まれているのが虫眼鏡で見ることさえできる。そして焼いた樹皮は火打ち石のように堅いかたまり（吹き飛んでしまうようなひじょうにわずかな軽い灰の残留物がある）となるので、粘土と混ぜるには乳鉢と乳棒で粉末状に砕く必要がある。しかしながら、カリピで私が見た樹皮は珪酸がはるかに少なくて、焼いたものは指で崩すことができた。

陶器に関する私の好奇心は満たされたので、われわれはカライペが作られる木を見に森のなかに入っていった。そしてさんざん探しまわってやっと一本見つけることができた。それはまっすぐな細長い木で、高さは三〇メートルくらいあった。てっぺん近くにだけ枝が出ていたので、下からではどんな葉なのか見ることができなかった。インディオの若者がそれを取ってきてあげようといってくれた。そこで私はなみたいていの太さでない木を登るインディオの方法をはじめてここで見た。まずハンカチーフの両端、あるいは六〇センチほどの縄の両端を結び合わせる。あるいはもっと良いのは、森ならどこででも手に入るシポ（葛）で同じくらいの長さの輪を作る。登る者は木の根元に立って両足の爪先を輪のなかに入れ、輪をめいっぱい広げる。そして腕で木の幹をかかえ――あるいは幹がとても細ければ両手でそれをつかんで――足をできるだけ高く引き上げる。そして輪を両足できつく木に押しつけて段のようなものを作るようにして、体をぴんと伸ばす。そして同じことをくりかえしていく。こうして尺取虫《しゃくとりむし》のような動きをくりかえしながら（これは動きのことで速度のことではない）、まもなく木のてっぺんにたどり着く。多くのインディオは道具などまったくなくても、細い滑らかな木を、とくにそのてっぺんが少し傾いていれば、猿のように登っていく。この方法でタプヤたちがココ椰子やアサイ椰子の実を採りに木に登るのを私は見た。……

そのインディオはカライペの枝を取ってきてくれた。しかし残念なことにそれには花も実もなく、葉しかついていなかった。標本としては不完全なものであったが、乾燥標本がベンサム氏に渡された。そして比較植物解剖学とでもいう彼の広範な知識によって、それはほぼまちがいなくクリソバラヌス科であり、たぶんリカニア属 *Licania* であろうと、属さえも同定することができた。のちに私は何種類かのカライペの木に出合って、幸運にも、その一部のものであったが花と果実を採集することができた。それによってそれらがリカニア属であるというベンサム氏の見解が確認された。たいてい葉はわれわれの知る林檎や梨のそれに似ているが、リカニア属は本当は李の一族(石果の仲間)にはるかに近い。小さなややまん丸の石果は、たいていたい片側がえんじ色か紫色に染まった短軟毛の生えた皮が、ひじょうに小さな未熟な桃に似ていないこともないが、こちらはひじょうに乾燥していてほとんど食用に適さない。

アマゾン河の本流に生えるカライペの樹皮について私が見たことのほかに、この木は上リオ・ネグロ川、ウアウペス川、カシキアーレ水道、そして川下の急湍《きゅうたん》にいたるオリノコ川でも同じ目的に使われていることを知ったこと、そしてカライペはグアビアーレ川から運ばれてくるのを見たことを、ここにつけ加えておくのがよいだろう。グアビアーレ川ではカライペはもっぱらそのバーレ語の名前のカニダで知られており、蒸留器や湯沸かしのようなひじょうに大きな道具はそれから作られている。さらに、私はペルーおよびエクアドル領アンデス山脈の東側の山麓沿いのすべての場所でもこれは利用され、また古い地方であるマイナスとカネロスではアパチャラマとよばれて使われているのを見た。

テングヤシ属

カリピに滞在中、キャンベル氏はマンジョーカを植えつけるために、家からあまり遠くないところに小さな伐開地を作らせた。私は切り倒された木を調べ、そのかなり多くのものの花を手に入れることができた。また私は、キュー王立植物園の植物産物博物館へ送る接ぎ穂用の幹の一部を手に入れるために、テングヤシ属 *Mauritia* の椰子を二本切り倒してもらった。これにはフォン・マルティウスが別個の種と考えた二つの型があった。すなわち、ほぼまん丸の実をもつオオミテングヤシ *M. flexuosa* と楕円形の実をもつブリチーヤシ *M. vinifera* である。前者は海に近い地域に限られているようであるが、後者はアマゾン河流域全体に豊富に見られ、とくにアンデス山脈の東側山麓沿いにいちばん多いだろうと思われる。これらはいずれもアンデスの西側には見られない。

切り倒されたブリチーヤシはてっぺんの葉の先まで二四メートルあった。葉の根元までの幹の長さは二二メートルで、太さは直径四〇メートル近くあった。扇型の葉はみな幅が三メートル、葉柄は四メートルの棒で、それに見合う太さがあった。だから、暑い日差しのもとでは、一枚の葉といえどもけっして軽い荷物ではない。そして果実の実った肉穂花序は二人の人間が持っても重い荷物である。これらのテングヤシ属はイガラペの入口とそれにつづく白砂の岸辺で大きな森を作っていた。もっとも小さな木が二本切り倒されたが、これらは完全な実をつけた標本であった。他の木の高さはこれらの一・五倍、すなわち三六メートルはあった。月明かりのもとで眺めると名状しがたく壮麗で印象的であり、私は故国の大聖堂の高い柱と「高い円屋根」を思い出した。

タウアウ訪問

九月四日、われわれはカリピを発って、キャンベル氏のまた別の農場のあるタウアウに向かった。タウアウへは氏とその家族は一足先に出かけていた。われわれは本流をグアジャラ川の河口まで下り、それからこの川とその支流のアカラ川をさかのぼって、アカラ川とモジュ川の合流点の少し川上まで行った。

タウアウの名前は粘土を意味するタウアが豊富なことに由来するといわれている。その利点を生かして陶器の窯元があり、あらゆるきめの粗い陶器の類が大規模に製造されていた。粘土はあきらかにひじょうに良質なので、経営者は釉薬《ゆうやく》をかけた陶器を作ろうと二度、三度こころみた。そしてそのためにヨーロッパと北アメリカから熟練した職人を連れてきた。しかし、材料か職人のいずれかが期待したほど良くなくて、この企ては成功しなかった。しかしながら、タウアウの製陶工場はアマゾンじゅうで有名で、私はベネズエラのカシキアーレ水道のようなところで、「タウアウ」と刻印された大きな水瓶を見たことを覚えている。たぶんそれに葡萄酒かカシャサ〔砂糖黍を発酵させて作る蒸留酒〕を入れたものが、パラからそこまで運ばれてきたのであろう。そしてまたそこから亀の油かカピヴィのバルサム〔コパイバの木から採れる樹脂オイル〕をいっぱいに詰めて、ふたたび出荷されるのであろう。

窯元と粘土採掘場は、川下に向かって数百メートルにわたって広がる川沿いの低湿地にあった。しかし、われわれが上陸した船着場は、水際から土地がいきなりそそり立ち、とぎれのない階段が川から約一八メートル上の台地の上の家までつづいていた。家の裏には、森を開墾したかなり大きな牧場があって、その片側は丘陵に向かってせりあがっていた。いちばん高いところは四〇メートルくらいあったろう。家からカンポを横切って延びている広い道のかたわらには、立派な若いカスターニャとよばれるブラジルナットノキ *Bertholletia excelsa* の並木があった。その木には商品名をパラナッツという有名なブラジルナッツが実るが、これは産地ではカスターニャすなわち栗とよばれている。これらの木々はタウアウの創設者で、前の地主であったイエズス会の修道士によって植えられたものである。

原生林

タウアウで、私は私の思い描いていた原生林をはじめて実感した。てっぺんをみごとな葉むらにおおわれた雄大な樹々があった。その上には奇妙な寄生植物が乗り、細い糸のようなものから巨大な大蛇のようなかたまりになったものまで、さまざまな太さの蔓《つる》植物が垂れ下がっていた。茎の丸いものがあるかと思えば、平たいものもあり、節だらけのものから、太綱のように規則正しくよじれたものまであった。それらの樹々に交じって、しばしば同じ高さの壮麗な椰子が生えていた。いっぽう、それらと同科のさらに美しい別種のものが、多様な形の灌木や矮生木とともに、たいていそれほど密でも通り抜けが困難でもない藪の下生えを作っていた。そのつばをもった茎は指とほとんど変わらないくらいの太さであるが、それより背の高い同類とそっくりの羽毛のような葉をつけ、黒や赤の実の房を垂下させていた。

草本類は、数種の羊歯、イワヒバ属 *Selaginella*、菅、またあちこちに生えている広葉の生姜《しょうが》の類、そしてひじょうにまれであるが美しい草本のパリアナ属 *Pariana* にほとんど限られていた。パリアナ属の幅広の葉は、二列にぴったりくっついて並んで出ていて、椰子の羽状葉によく似ており、大きな多雄蕊の花の穂状花序が椰子の仲間に近づいている。

場所によってはかなり歩いても、むき出しの黒い地面に、一本の草もまた一枚の落ち葉さえも見ないことがある。もっとも高い森は通常もっとも通り抜けが容易であることを述べておくべきだろう。というのも、蔓植物と寄生植物(船の索具やシュラウドにも例えられるだろう。木の幹と枝が帆柱と帆桁である)が、ほとんどの場合、あまりにも高いところから垂れているため、そうそう行く手に現れないからである。それにひきかえ再生林(カアポエラ)では、そしてときどき河川沿いの低いガポでは、じゅうぶん高く巻き上がっていないので、下を通り抜けることができない。それらは輪になり、もつれて絡んだ綱の恐ろしい隊列を作って行く手をさえぎっていて、ときに山刀でもそれらを解きほぐすのは、なみたいていのことではない。

巨大な樹

タウアウの森のもっとも高貴な木はブラジルナットノキ属 *Bertholletia* で、あるものはたぶん私がアマゾン河流域で見たどんな木よりも大きかったと思う。根元まできても少しも太くなっていない上から下までほとんど円柱状のその幹は周囲が一三メートルあり、地面から一五メートルも上のところでもおおむね変わらない太さであった。枝はおよそ三〇メートルくらいの高さのところから出はじめているので、その樹冠はまわりの木々よりもはるかに高く突き出ていた。しかし、私はそれをはっきりと見ることができなかったので、総高がどのくらいかはわからなかった。

私はブラジルナットノキとカポック（一般語でサマウマという）が、アマゾン河流域ではもっとも高い木ではないかと思う。しかし残念なことに、じゅうぶん生長した木の幹全体が倒れたものを見たことがない。しかしこれらの属の木々を測定したことがあるキャンベル兄弟とその他の人々は、六〇メートルはたっぷりあったと断言していた。パラの背後の森で、私は四八メートルの葉のない倒木（属と種は不明）を測ったことがある。そのてっぺんが完全についていれば、それより三メートル、いや、あんがい六メートルは高かったのではないかと思われた。

リオ・ネグロ川で、私はひじょうに多くの木を切り倒して長さを測った。そのなかには最大級のものもいくつかあった。だから、この地方のさまざまな場所の森の樹高の平均値と最高値をひじょうに正確に推定するデータをもっている。とはいえ、じつのところ、私はパラのこの木より高い木を測定したことはまったくないことを認めなくてはならない。すると樹高の点ではアマゾンの森林樹は北アメリカの松に一歩譲り、またオーストラリアのユーカリにさえ負けていることになる。

聳え立つ椰子

原生林について述べるなかで、私は椰子の高さについて一言記しておきたい。フンボルトは彼が旅行した南アメリカの二、三の地点で、椰子の樹冠がまわりの木々からあまりにも完全に突き出ているので、（彼自身の言葉を借りれば）《森の上の森》という印象を受けている。それを何人かの著者が、これは南アメリカの椰子全体に共通の特徴だと早とちりした。グアヤキル、パナマ、その他多くの熱帯の都市に海から近づいていく旅行者は、枝を大きく張り出し葉をこんもり茂らせたマンゴーやバンジロウを足元にひかえて、ココ椰子の木立が、そのはるか上方に聳えているのを見るであろう。しかし、マンゴーやバンジロウはけっして森林樹ではないし、ココも森林性の椰子ではない。しかしながら、旅行者が海岸地帯を離れ、原生林に足を踏み入れると、最高に高い椰子は一般に平均的な樹高の外生植物（双子葉植物）より高くはないことを、また川岸以外のところでは椰子は視界の外にあり、すぐそばまで来ないと見ることができないことを知るであろう。

私はリオ・ネグロ川とオリノコ川の地表がむき出しの花崗岩の丘から、またアンデスの下側斜面のいくつかの場所から、完全な樹海を眺め渡したことがある。そのときの体験から、椰子の類はめったに他の樹々より高くはないと断言できる。本当にそんなことはじつにまれで、私の旅の全期間を通じて、そうした例はわずかに二度、しかもひじょうに限られた範囲でしか見なかったことをよく覚えている。それどころか、ピアッサーバや大きなカラナのような群生の椰子の木立の葉むらは、通常まわりの樹木のてっぺんよりへこんでいる。[2]

板根

タウアウ、カリピおよびパラで観察された、もっとも顕著な植物の形態を簡単に記しておくのも、たぶん、おもしろいかもしれないし、他の地域の自然の景観をあつかうさいの比較の基準にもなるであろう。

まず森林樹からはじめる。観察者がだいたいまず印象づけられるのは、多くの幹の根元がとほうもなく張り出していることである。外形が多少とも三角形で、めったに一五センチ以上の厚さはない、幅広で平らな張り出した板根《ばんこん》が、それぞれの幹のまわりを四本から一〇本で取り囲んでいるのである。これらの板根は本当に根が突き出たもので、まさにそのインディオ名が表すとおりサポペマ（サポは根で、ペマは平らの意）である。この特徴はヨーロッパの樹木のなかではたぶんライムにもっとも顕著に見られるであろう。とはいえ、アマゾンの多くの木々にくらべれば規模ははるかに小さい。アマゾン河では板根は木の根元から水平に五メートルも地上に張り出しており、またそれと同じだけ上方に飛び上がっている。本当に、私はときどきサポペマが周囲に張り出すより先に一五メートルも上方に伸びているのを見た。椰子の葉の薄い屋根が、二本の隣り合ったサポペマの作る直角三角形の斜辺の上にかかるようになっていて、そのあいだの空間はしばしば私の仮小屋となってくれた。

その大きさがどれほどのものであるかについては、私はサポペマから切り出された二・四×一・二メートルの一枚板のテーブルを見たことがあるといえば、察しがつくかもしれない。ペルーのマイナスのアンデスでは、同じもので作られた直径一・八メートル近くある丸盆を一度見たことがある。

ときどき板根は地面に突っ込む前に一回かそれ以上分岐する。そして板根がアーチを作るので中央付近の下側に空間ができる。奇妙な形によじれていることも少なくない。そして外側の縁はまっすぐであるか外に膨らんでいる。しかしすべての場合において、その木質の繊維は極端に張りきった状態にあって、いきなり斧や山刀でたたき切ると、ハープの弦が切れたような音がする。

サポペマが顕著に発達した木を注意深く調べてみると、中心になる主根がまったくなく、また側方の根も地中に深く潜っていないことが発見される。地面に深く根ざさない高木の根が、ドイツトウヒ *Picea abies*（=*Abies excelsa*）のように地面の上や地中の地表近いところを長く伸びるか、さもなければここで話しているサポペマのように、水平にまた垂直に伸びるかしなければならなくて、板根と支柱の部屋を作ることは完全に明白である。

のちに私がリオ・ネグロ川とオリノコ川の大花崗岩地帯を探検したときのことであるが、高い樹々が、完全にむき出しの岩の上や、土はわずか数センチしかかぶってないところに生長していて、根が全部あるいはほとんど地上に出るしかないのを見て、私はサポペマがどのようにして生まれたのかを理解した。われわれが（おのれの無知を隠すために）あまりにもしばしば「自然の気まぐれ」とよぶことで満足している構造のこの特異さ、あるいは見かけの上の奇態は、最初は生存にかかわる偶然の事故に体制を適応させたことから生じたものであることは疑いない。そしてかような事故の影響をもはや受けなくなったのちも、その特性は原種の子孫にずっと引き継がれたのである。

一部の椰子を含めて、若干の木は突出した地上根に支えられているが、それらは突出している点だけがふつうの地下茎とはちがっているのであって、根は丸く円筒形で、サポペマのように平たく垂直方向に伸びてもいない。これがどんなであるかは、英国で川の畔に立っている古い柳などの木の根の土を、洪水がほとんど洗い流してしまったところを思い浮かべればわかるだろう。しかしながら、これはそれらの木々の原型がどうであったかにかかわらず、根が水に洗われて露出したことが一度もないアマゾン河の多くの木に、つねに見られる現象なのである。

私はこれらの例を見たとき、最初は、サポペマの形も現在の木の遠い祖先の根が水の作用で露出したことから生じたのではないかと推測した。あるいは少なくともサポペマは、氾濫した水が届かないところに《根頭》を上げておくための一種の足場ではないかとも考えた。今でも私はサポペマの起原は一部これにたどれるのではないかと思っている。しかしそれが唯一の原因、もしくは主要な原因ですらなかったことは、氾濫する土地で現在栄えている木々の幹は、何カ月間も三メートルや六メートルあるいはそれ以上の深さの水に浸かっているのに、ひじょうに多くのものがサポペマをまったくもっていないという事実からあきらかである。

前にも述べたように、土にまったくあるいは少ししかおおわれていない岩質の構造が、サポペマの起原のおもな原因だったのではないだろうか。というのは、その完璧な例が今日もっともたくさん存在するのは、そのような場所だからである。もしそれを氾濫と露出とあわせて考えれば、突き出て広がった根の変形のほとんどは説明できるものと思う。

サポペマは多くの属と科の樹木に存在するが、最大の大きさに達したのはパンヤ科、マメ科、サガリバナ科、クワ科、パンノキ科においてのようである。しかしながら、ほとんどが森林樹であるクスノキ科は、その壮麗な姿とそれが産するものの有用性において他のなにものにも負けないが、それらにはサポペマの痕跡的発達以上のものを私は一度も見なかった。じっさい、それらの根は他のほとんどの木の根よりも深く潜っていた。そしてクスノキ科の月桂樹が優勢であることは、きまって土が深いところまであることのたしかな指標であった。一科のなかでも、一部の樹種は大きなサポペマをもち、他の樹種はまったくもたないという例もある。サガリバナ科では、巨大なブラジルナットノキ属 *Bertholletia* の根はほぼ完全に地中に潜っているが、なかにはひじょうに大きな木もあるパラダイスナットノキ属*Lecythis*の種は地上に高く突き出た根をもっている。

気根

クワ科では、とくに寄生性（あるいは、正しくいえば着生）の無花果《いちじく》の木にまた別の形のサポペマが見られるが、こちらの起原は完全に明白である。鳥が食べた無花果の種子を含む排泄物が、木の股やむき出しの幹や枝の上に落とされ、そこに付着する。そこで種子は発芽するのであるが、その茎は上方に生長していくいっぽう、広い板状の根——もし土台の木がほっそりしていれば、すぐに大きくなってそれをおおってしまう——は、どんどん下に向かって伸び、横へ直角に短い側根を出しながら無数に分岐し、地面を捜し求める。もしひじょうに高いところであれば、分岐は何度かくりかえされるため、最初見たときは、どうしてそこに登ったのかわからない略奪者の何本もの足が家の二階から降りてきて、爪先で地面を探り求めているかのように見える。地面に達すると、地中に飛び込み、縁を広げていくことによって急速に幅を増すのであるが、厚さはほとんど変えずに板のような板根を作る。こうして寄生植物は自前の足場を確保し、もはや支えを必要としなくなったとき、その抱擁のなかで宿主を締めつけてつぶし、ほとんどの場合死んでしまっている支えの木の幹の上に跨がる。

アンデスの東西両山麓では、最大のサポペマをもつ木のほとんどが無花果である。グアヤキルの平原では無花果は森の巨人である。そしてそれが外生の木の上に生長すると、遠からず宿主を締めつけて殺してしまうことは注目すべき事実である。しかし、もしそれが椰子の上であったら、椰子は圧迫に耐え、たいていの場合それ自体天寿を全うするようである。まるで巨大な無花果の木から生長したかのごとく見える壮麗なアッタレア属 *Attalea* の椰子によく出合うが、しかしじっさいは無花果が椰子の上に生長しているのである。

寄生性の木（クワ科、フクギ科など）は、どの科のものもスペイン語圏のアメリカではマタパロすなわち殺し屋の木という、うまい表現でよばれている。私はアマゾン河ではその総称名を一度も聞かなかった。二、三の無花果だけが前に記したとおりの方法で生長する。その他のものは分岐してくるくると巻いた根をもち、それらがたがいに絡まり合って、木の幹をがっしりと網の目状に包むので、宿主の生長を完全に抑え、結局それを絞め殺してしまう。

また地上に綱のような根を送り出しているものもある。その根は最初は軟らかくてしなやかであるが、じきにぴんと張って硬くなる。ジャマイカで無花果がカポックにとって代わるようすは、この方式のみごとな例である。「無花果の小さな木が、カポックの木の上に宿を借りて定着し、地面に一本の根を下ろしていく。その根はチェロの弦のようにぴんと張り詰めてきて、栄養分を上方の小さな植物に運び上げる。するとそれはますます強くて大きな根をさらに何本も下ろし、しまいにはカポックの木を包み込み、絞め殺してしまう。そして昆虫たちがその仕上げをする」（R・C・アレグザンダー博士、フッカーの「植物学雑誌」一八五〇年、二八三頁）。またベンガルボダイジュが生長していくさまを描いたフッカー博士の『ヒマラヤ日記』の第二七章を読まれるとよい。

幹の形状

この表題のもとに私の観察のすべてをまとめるのであれば、私は植物群落の様相について完全な論文を書くことになる。しかしそれはけっして私がここで意図していることではないから、もっとも注目する価値のあるまた別の特徴について簡単に述べていこうと思う。

木々の幹は以上述べてきたようにときどき張り出していること以外、ふつうの先細りの円筒形である。しかしながら、ゴシック様式の柱が束になったようなものがパラに一例あった。それはあたかも数本の細長い幹が集まって一本の太い幹を作っているかのようであった。私はその花と実を採集することができなかった。また、それ以後、二度と同じものに出合わなかったから、それがどの属のものであるか、またその科でさえいうことができない。

また別の型——深い溝の入った幹で、ところどころ本当に穴が突き抜けていて、鳥や小さな猿が通り抜けることができた——については、私はあとになってそれがマメ科のスウァルトジア属 *Swartzia* であることを知った。しかしながら、スウァルトジア属のすべての種が穴の開いた幹をもっているわけではない、私が見たこの変わった特徴のもっとも顕著な例は、上リオ・ネグロ川に豊富に自生する、私がカリステモン種 *S. callistemon* とよんだ美しい種であった。

だれもが、椰子の幹には環があって、それぞれの環は落ちた葉の跡であること、そして竹の稈には環と節の両方があって、隔膜がそれぞれの節の内部の空洞の端から端まで広がっていることを知っている。外生の樹木で後者の特徴をもつものには、少なくともヤルマ属 *Cecropia* とポウロウマ属 *Pourouma*（パンノキ属 *Artocarpus* と同科）の二属がある。下アマゾン河ではこの空洞によく蟻が棲み着いている。ところが、アンデスの山麓では蜂が棲んでいて、マイナスの住民に大量の蜜蠟を供給している。

さまざまな樹皮

木の樹皮は通常ほぼ完全に滑らかなので、近くから見ても浅いくぼみは見分けがつかない。そして私はこの平野では、英国のオークや楡《にれ》の古木の幹のように、人目を引くごつごつした幹をもつものは一例も見なかった。たとえばすべての樹木状の銀《ぎん》梅花《ばいか》や、また一部のマメ科やアカネ科の木などのように、樹皮が一枚一枚むける木がたくさんあり、それらの幹は季節によって色が変化する。古い皮を振るい落としたばかりのときは緑か黄緑色であるが、その後、赤色系ないし褐色系に変色する。[3]

ほとんど際限なく薄片や紙状にむけていく樹皮をもつ木もいくつかある。掌状葉をもつテコマ属 *Tecoma*（ノウゼンカズラ科）の種は、この特性のもっとも完璧な例を示す。そしてむけた樹皮をまるめたものがアマゾン河の町々でタウアリという名で売られている。これは巻き煙草製造のさいに紙の代用品として用いられている。

パラダイスナットノキ属の樹皮は、たたいて麻屑のように粉々にすると、船の板の継ぎ目のすぐれた充填材となる。

樹皮をたたくと強靭な繊維でしっかりつながった目の詰んだフェルト状のシートとなるものがある。これらはトゥルリとよばれ、さまざまな無花果やパンノキ類の樹皮から作られる。本書ではさらに奥地のインディオの生活について述べるときに、トゥルリの使い方について説明する機会があるだろう。

蔓植物

あらゆる蔓植物あるいはシポ（トゥピ語で蔓植物はこうよばれている）のうちでもっとも奇抜なのは、ヤボティン＝ミタ＝ミタすなわち「陸亀の梯子」である。それは平たくなったリボンのような幹で、まるでペーストを型に入れて、まだ軟らかいうちに数センチごとにこぶしで押してギザギザにしたかのようにうねうねとしている。幅は通常八〜一〇センチ止まりだが、ときどき三〇センチもあるものも見られた。そしてそれらは六〇メートルや九〇メートルもの長さになって木のてっぺんまで登り、木から木へと伝わり、しばしばふたたび地上へ降りてくる。それらはマメ科のハマカズラ属 *Bauhinia*（＝*Schnella*）に属し、アマゾンの全流域で見られる。パラの近くでもっともよく見られるのはスプレンデンス種 *B. splendens* である。

ノウゼンカズラ科の蔓植物は、一般にその四角い（まれに六角）茎で知られている。その角度は通常鈍角であるが、ときに鋭く尖っていたり、翼弁がついているものさえある。茎には〇・五〜一メートル間隔で葉痕の跡である肥大した節がある。私が見たもっとも豪華な眺めは、森で木を何本か切り倒してできたギャップで見たものであった。そこでは数本の茎を軽々と木々のてっぺんまで一気に駆け登らせたノウゼンカズラ属が、四〇メートル離れた二本の巨木のあいだに優雅なケーブルを描き、そのケーブルの端から端まで狐手袋《きつねのてぶくろ》のような赤い花と、紫色を帯びた濃緑色の大きな二枚一組の葉を一様につけていた。

ウマノスズクサ科は、中心の木部まで六本ないしそれ以上の溝が入っている厚い樹皮が特徴である。横に切れ目を入れると強いにおいを放つ。たいていたまらなく臭いが、ときどき香りの良いものもある。これはアマゾン平野にはきわめて少なく、その奇妙な頭巾状のしばしば土色の花は見つけにくい。

しかしながら蔓植物の大多数は多少とも丸い茎をもつ。そして、自分より頑丈で自力で立っている隣人によじ登ることによって生長していく仲間をいくつなりとももたない科はめったにない。こうした二つ以上の放浪者が中空で鉢合わせて、他に絡みつくものが見つからないときには、たがいに撚り縄のようにきつく絡まり合い、たいてい強いほうが弱いほうを締め上げてその生命を絶ってしまう。

多くの蔓植物は刺をそなえている。それは登るときの助けとなるだけでなく、恐ろしい防衛の武器ともなる。サルサパリラ(シオデ属 *Smilax*)は、わが国の木苺に似ていて、ただ漫然とはいまわるだけで、けっしてとびぬけて高いところまでよじ登ったりはしない。茎は丸くて全体にまばらに刺が生えているか、三角形で角に刺をいっぱいに生やしているかのいずれかである。ときどきひそかに地面をはいまわるので、うっかり踏みつけて足を怪我してはじめて、それがそこにあることに気づく。ユルパリ=ピナすなわち「悪魔の釣り針」はマメ科のドレパノカルプス属 *Drepanocarpus* の登攀植物で、托葉のかわりに幅広の湾曲した刺が生えている。ウニャ・デ・ガトすなわち「猫の爪」といわれるカギカズラ属 *Uncaria* のグイアネンシス種 *U. guianensis* は、ひじょうに重いものでも支えられる、長くて硬い鉤状の刺をもっている。

これらの蔓植物はいずれもおもに川岸に生え、川の流れがきつくて、船が岸沿いにそろそろと上っていかなくてはならない場所では、船の進行を妨げる深刻な障害物となっている。カギカズラ属はパラよりもグアヤキル湾に注ぎ込む川で多く見られる。ある人がその恐ろしい刺に引っかかって宙づりになり、それまで乗って駆け下ってきた筏が、身体の下をすり抜けて流れていってしまったことがある。とはいえ、川縁のすべての蔓植物のなかで、もっとも恐ろしいのはデスモンクス属 *Desmoncus* の巻きつき植物のヤシタラ椰子で、その葉の先の羽片が縮んで、矢のかかりのような反り返った硬い刺になっている。船が上からおおいかぶさっているヤシタラの茂みの近くやその下を駆け抜けるとき、運の悪い人は不幸なことにその鉤爪に引っかかる。鉤爪は生身であろうと衣服であろうと、またその両方でも、引っかけたものをまちがいなくちぎり取ってしまう。

原生林では、木の幹にぴったりへばりついた、おかしな植物を見かけることも珍しくない。それは遠くからでは、木の上に生長したというよりも、まるでその上に描いたように見える。葉は長さ二・五〜七・五センチで、茎の上に左右対称に密に二列に並び、先端が丸くて基部は心臓形、そして白い葉脈が網のように美しく通ったビロードのような濃緑色である。これはマルクグラウィア・ウムベラタ *Marcgravia umbellata* の若いもので、完全に生長した状態はまったくちがう。私はこの二つの型がつながっているのを実際に確かめて、はじめてそれらが同じ植物体のものであることを確認できた。茎のあちこちから巻きつく根を放出し、その根が木に取りつくのであるが、もし木が細ければその木を完全に包み込んでしまう。しかしそれは上方に向かうほどに葉先の尖った緑一色の長い葉に包まれたやや太いだらんとした枝となり、色の染まった葉は茎から落ちてしまう。二形の葉をもち、これといくらか似た方法で生長する身近な例では、ふつうの蔦がある。

木々に規則正しく巻きつきながら登っていき、ときに直径三〇センチほどにも達する、とてつもなく太い蔓植物を私がはじめて見たのはパラであった。しばしば私はその上方への生長をたどってみたが、いくらか登ったところで、きまってクルシア属 *Clusia* の着生植物に阻まれて、それより先は地上からそれといっしょに登ってきたさまざまの種類の蔓植物に入り交じり、どれがどれだかわからなくなってしまった。私は数年にわたってそれをしばしば見かけるのに慣れてきたころに、ようやくその蔓が本当はこのクルシア属の下方に向かう軸であることを確かめることができた。クルシア属のいくつかの種はこの特徴を有している。とはいえ、茎すなわち上方に向かう軸はけっして絡みつかない。またオトギリソウ科には真の蔓植物はごくわずかしかない。

多くの蔓植物は豊富な樹液を出す。バシクルモン属 *Apocynum* とトウワタ属 *Asclepias*（巻きつき植物の大部分はこれに入る）の場合はたいてい乳状で刺激臭がある。ガラナ属 *Paullinia* の一部では濁っていてきわめて有毒であるが、ときに透明で、甘く、無害なものもある。インディオは栄養のある樹液を大量に出す蔓植物をいくつか知っていると公言するが、私はビワモドキ科以外、それもとくにそのドリオカルプス属 *Doliocarpus* 以外は、けっして飲む気になれなかった。飲むには蔓植物を切り取るだけでは、少量の樹液しか滲出しないからだめで、八〇センチ前後離れたところを二カ所同時に切らなくてはならない。そして切り離した蔓の両端を同じ高さに持ち上げておいて、一端をわずかに下げると、樹液が滑らかに流れてくるから飲むのに都合がよい。

木に絡みつき、木から木へと広がっていく蔓植物のほかに、釣鐘を吊るすロープのように垂直に垂れ下がるものもある。これは着生のサトイモ科とパナマソウ科の植物の気根で、絡まる蔓植物の茎のように、しばしば刺や結節で武装している。垂れ下がってくるとき先端から細根を送り出し、地面に達すると地中にしっかりと固定する。

着生植物と寄生植物

着生植物と寄生植物について考えるところにきた。これらは木の股や枝に根を下ろし、ときにそれがたいへんな数におよぶので、それらの葉と蔓植物の葉が、支えとしている木の葉をすっかりおおい隠してしまう。サトイモ科植物の姿は、わが国の生け垣によく生えているアルム・マクラトゥム *Arum maculatum* の葉をずっと大きくして、ところどころ奇妙なぎざぎざがついていたり穴が開いていて、ときに裏側が紫色や青紫色を帯びているのを想像すればよい。しかし長い披針形や紐状の葉をもつ種もあり、英国のコタニワタリのような樹上生の羊歯に似ている。パナマソウ科はサトイモ科のように、大量の房状か多肉の登攀性の茎のいずれかの形で生長する。しかし、それらは幅広の二つに裂けた葉をもち、またときには扇型の葉であることもある。

それらといっしょにハナアナナス属 *Tillandsia* の数種を含む大群のパイナップル科の植物が住み着いていて、その眺めはわれわれの温室でも馴染み深いものである。その他の植物はきわめてパイナップルに似ているが、たいていそれよりもはるかに大きい。それらの葉の基部の粘着性の葉鞘《ようしょう》には雨水がたまるので、それを求めて蟻がよくやってくる。そしてこの小動物の針と、また葉の先が尖り、細かい鋸歯状になった葉の縁には刺があるために、パイナップル科の植物につまずいたときは、けっして愉快なものではない。

蟻の巣、とくに白蟻の仲間の巣——大きな黒い球形あるいはまとまりのないかたまりが木についている——の上には、多肉質のコショウ科のサダソウ属 *Peperomia* と二、三種のイワタバコ科のゲスネリア属 *Gesneria* が生えている。

蘭の類は、同じような気候帯ではあるが樹木は低くてよりまばらな他の地域に育つものよりも、アマゾン河の密林に自生するもののほうがはるかに少なく、花は華麗さに欠ける。それらもやはりアマゾン河流域にはたくさん生えているクルシア属、アミリデア属 *Amyridea*、パンノキ属 *Artocarpus* のような、刺激のある刺すような味のする樹脂を多く含む木を避けるようである。

ヤドギリ科の植物は、私の見たかぎりでは、そのような木をぜったいに避けている。それはヤドリギ科の根は木の樹皮にとりつくだけではなく、本当に樹幹を貫いてそこから養分を吸い取ることからあきらかである。それらの多くは姿とそのあまり目立たない花がふつうの宿り木に似ているが、その地味さかげんは、しばしばその絶妙な香りで補われている。しかし、なかには長さが数センチもある派手な筒状の真紅や黄色の花をもつものもある。

多くの種類の羊歯類も着生植物の目録に入る。表面の組織がひじょうに繊細で、そしてひじょうに細かく分かれており、あらゆる植物のうちでもっとも軽やかで優雅なものもあれば、外形が硬くて単純なものもある。それらは苔や地衣類や、また若干の樹皮や葉に取りつく菌類におおわれている。

さまざまな形状の葉

私がこれまで述べてきたのは高木性の植生の概要だけで、これらの驚異的な樹木と蔓植物を飾る葉や花については忘れてい

第1図　パラゴムノキ *Hevea brasiliensis* 伐開地の若い木。三小葉からなる複葉をもつ

るのではないかという指摘があるかもしれない。じつのところ、今あつかった寄生植物とまた蔓植物は、木々の葉をおおい隠すのみではなく、しばしばそれらの分枝の様式さえ見えなくしまっているのである。そして、葉について調べてみると、多くの場合きわめて規則正しく、幾何学的でさえあって、ドーム型のパンヤノキや一部の高めのナツメグの木のように、まわりの木々よりひときわ高く突出している木々の場合にのみわかる、対称な外形を作っていることに気づくのである。柱のような樹幹のあいだにできた空間に架けられた、上空の円蓋から突き出た格子細工模様の葉のアーチを見上げてまず印象づけられることは、木の葉が実際よりもはるかに小さく見えることである。それはその高さを実際よりも低く考えてしまうからである。いっぽうでは、巨木のてっぺんに架かるオジギソウ属のような細かく分かれた葉をはじめて見たときは、その木の実際の高さよりも高く思いがちである。しかし、川岸とか森の広い小径のように、葉むらがじゅうぶん近くで見られるところで注意深くない観察者に一般的な印象をあたえるものは、オジギソウ属その他類似の植物の軽快な羽毛のような葉や、椰子の巨大な羽飾りと入り交じっている、じつに大きな艶やかな葉であろう。

いっぽう、植物学者は不思議な形の多様性に胸を打たれるであろう。めったに同じ樹種が二本と並んではいない。それなのに、葉の形はしばしば種類がきわめて少なく、《全体的効果》をきわめて単調なものとしている。というのは、アマゾンのほとんどの木の葉は卵形か披針形、革質、滑らかで、縁にぎざぎざのない全縁だからである。ゲッケイジュ属型の葉——披針形で光沢のある全縁の葉で、縁のずっと内側まで網状になった鋭く湾曲した葉脈がわずかに走っており、英国の月桂樹が例にあげられるだろう——はアマゾン河流域には豊富で、すべての真のゲッケイジュ属の葉と他のさまざまな科に属するものの葉ばかりでなく、多くの羽状複葉の小葉にも見られる。

私にとっては、しばらくのあいだ、深い溝の入った樹皮がそうであったように、深く分かれた葉を見るのはめったに得られない歓びであった。わが国のホーリー（西洋柊《ひいらぎ》）、山査子《さんざし》、楓、オークなどの葉のように、大きく切れて鋸歯状や深波状の縁をもつ葉は、森の木にはめったに見られない。しかしながら、ポポーやヤルマ属*Cecropia*のような、おもに低木や中程度の大きさの若干の木々が、浅いのや深いのや、切れ込みが入って指のように分かれた巨大な葉をもっている。

他のものは、わが国のセイヨウトチノキのように、同じ柄の先端から飛び出た数枚の小葉（五、七あるいは九枚）をもち、これらは森のもっとも高貴な木々に属するものたちである——パンヤノキ（キワタ属 *Ceiba* [=*Eriodendron*]、バルサ属 *Ochroma*)、弓の木（テコマ属 *Tecoma*）など。パラゴムノキ（パラゴムノキ属 *Hevea* [=*Siphonia*]）、スーアリナット（バターナットノキ属 *Caryocar*）、および多くのマメ科とノウゼンカズラ科の蔓植物においては、小葉は三枚に変化している。しかし、ノウゼンカズラ科においては中央の小葉はしばしば巻き髭に変化している。裂片や刻み目のある葉や複葉の小葉は、蔓植物ではそれほど珍しくはない。とくに草本類ではそうである。たとえば、そうしたものは多くのウリ科植物、時計草、そしてムクロジ科の数属（フウセンカズラ属 *Cardiospermum*、セルヤニア属 *Serjania*）のなかに存在するし、しばしばそれらの小葉は、わが国でクレマチスと総称されるセンニンソウ属 *Clematis* の小葉を思わせる。そしてまたわが国の梣《とねりこ》、胡桃《くるみ》、七竈《ななかまど》のそれらに似た羽状複葉もあり、テレビンス、シマルベなど、大きなマメ科の仲間の大部分がそれをもっている。またネムノキ科の数属に二回羽状複葉があるが、それと同じものをわれわれ北国の木本類はもっていない。

　マメ科の数属は一対しか小葉をもたず、ブラジル・コーパルを産するユタイ（オオイナゴマメ属*Hymenaea*、ペルトギネ属 *Peltogyne*）とよばれる巨大な木のように、それは一対の単葉のように見える。そして木本ではハマカズラ属 *Bauhinia*、蔓植物ではハマカズラ属 *Bauhinia*（=*Schnella*）のような若干の属においては、一対の小葉はその全長がくっついて、じっさいは一枚の裂開した葉になっており、それが牡牛の角に似ていることからポルトガル名ウニャ・デ・ボイが生まれた。

　もっとも目立つ形をしている葉の一つはノボタン属 *Melastoma* である。この仲間は種数も個体数もきわめて多く、再生林、原生林双方のすべての森の下生えの大きな部分を構成している。しかしけっして高木にはならない。これらすべての葉は対生し――しばしばかなりの大きさで、ときに綿毛が密生している――三本、五本、あるいは七本の太い葉脈が走り、それらはそれと交差する細かい平行脈で結ばれ、きわめて緻密な幾何学模様を作っている。この近縁の銀梅花――ときにほとんど同じくらいたくさん生えている――は、その透明な斑点がいっぱいについた小さくて艶やかな葉脈のない葉のために、ひじょうにちがって見える。じっさい、いつもそれとわかるのは、それがヨーロッパのふつうの銀梅花にひじょうによく似ているからである。

　アマゾン河流域には、幹からなにも出ていない、あるいは長細い杖のような枝を数本出しただけの木がある。それはパラの近くにまばらに自生する。枝にはなにも生えておらず、たえず長く伸びていくその先端に葉のかたまりをわずかにつけているだけで、その枝はしばしばたいへんな長さになるため、遠くからでは椰子のように見える。開花期には、花が裸の幹や枝からたいてい房状に出るが、ときに差し渡し一八センチもある大きな薔薇のような花をつけるサガリバナ科のグスタウィア・ファストゥオサ *Gustavia fastuosa* のように、その大きさと美しさのゆえに眼にとまりやすい。とくに立派なノボタン科の花（ベルキア属 *Bellucia*、ヘンリエッテア属 *Henriettea*）はこの型である。

葉の緑にはほぼあらゆる陰影が見られる。通常もっとも濃いのはオトギリソウ科の大きな光沢のある葉とインガ属の光沢のない小葉である。アマゾン河には秋の紅葉はない。というのは、なかには古くなって赤色や褐色を帯びる葉もあるけれども、変化はけっして同じ木のすべての葉に同時に起こるのではなく、古い葉は新しい葉のたえまない芽吹きの陰になって、しばしばまったく見えないこともあるからである。しかしわれわれの北国の森では見られる定期的な飾りがないことは、枝の生長点から生えてくる若葉の、木の他の部分の深緑色とみごとな対照をなす、淡紅色と淡黄緑色の繊細な色合いによってほぼ補われている。

多くの葉はヤルマ属(インディオのよび名はインバ=ウバ)のように裏側が灰色か灰白色であるが、なかには裏側が光沢のある金属的色合い——銀、銅、青銅色——の細軟毛におおわれているものもある。それはさまざまなクスノキ科とクリソバラヌス科にとくによく目立つ。風のそよぎもなく、燃えるような眼も眩みそうな太陽が照りつけているとき、船で物憂げに水の上を漂いながら、私は眼を果てしない森の緑の上をさまよわせ、ときどき感嘆の声を上げた。「なんて単調で退屈なんだろう! こんなにうんざりするほど均一な葉の群れをほかで見たことがあっただろうか!」。するとスコールがやってきて、葉の裏側の燃え立つようにあざやかな色合いをひるがえしたかと思うと、一瞬のうちにあたりは息を吹き返し、美しさがよみがえるのであった。

熱帯林の花々

さて、花について語ろう。アマゾン河流域のどこであろうと、博物学者が一年間に彼の観察したあざやかな花々と蝶や鳥たちを一つの熱のこもった描写にまとめようとするならば、まちがいなく、最高に魅力的な絵ができ上がるであろう。しかしながら、もし読者がこれら美しいものの一〇分の一なりともが、みな同時に、すなわち同じ日の同じ空間に見られるのだと考えたならば、完全に誤解をあたえたことになる。それはどこか特別な場所を、そこのもっとも派手な植物、昆虫、あるいは鳥がもっとも完全で豊富な瞬間に見るかどうかに大きくかかっているのである。そして受ける印象はつねに観察者の独自の好みに大きく左右される。博物学者にとっては、ある対象が新しくて珍しいというだけのことが、それにどんな審美的考察とも関係のない、あたりまえの美をあたえる。そして私自身についてはどうかといえば、私は美しい形や色の情熱的な賛美者であり、絶妙な香りに対してはもっとも強烈な感覚嗜好をもつ者であるが、自分にとってもっとも新奇であった眺めを最大の情熱をもって思い出すことを告白しなくてはならない。

とはいえ、われわれはまたしても花を見つけることができない。じつをいえば、アマゾン河の樹木に咲く花はひじょうに小さかったり、あるいは葉に溶け込んでしまう緑色であることから、往々にしてたいへん眼につきにくく、植物学者以外だれも発見できないのである。疑うまでもなく、華麗な例外も多くある。しかし、森のもっとも巨大な樹木がもっとも豪華な花をつけているというのは私の先入観であったことに気づいたのは、私がパラを発って数年たち、アマゾン河流域の北縁に分け入ったときのことであった。

パラではマメ科とノウゼンカズラ科の植物は、木本のものも、蔓植物のものも、花の豊かなこと美しいことにかけては、他のどんな科のものよりも秀でている。前者の仲間では、高く育つカワラケツメイ属 *Cassia* の仲間とスクレロロビウム属 *Sclerolobium* の一種が、金色の花をいっぱいにつける。とはいえ、はるかに優雅なのは、奇妙な蹄のような形の葉をもちオオケタデに似た大きな純白の花を咲かせるハマカズラ属 *Bauhinia* である。後者の蔓植物の仲間では、ノウゼンカズラ科の高木状のテコマ属が、開花期には大きな狐手袋のような花をふんだんにつけると、しばしば葉がまったくないので、紫か黄色の一つのかたまりとなる。クルシア属と他のオトギリソウ科の派手な白ないし赤のゴム樹脂を滲出する花と、大きな光沢のある硬い葉は、植物学者の注意をまず引きつけることはまちがいない。シナノキ属 *Tilia* のなかには、大きな星のような白い花をいっぱいつけるものがあって、それは川縁をおおう蔓植物の垂れ幕にちりばめられた時計草のはなやかな星と同じように印象的である。

ヨーロッパの植物学者にとってもっとも新奇なのは、バンレイシ属 *Annona* (=*Anona*) の奇妙な革質の、色はさえないがしばしば強い香りを発する花である。モンキー・ポッド（猿の椀）の名前をもつパラダイスナットノキ属の大きな白や紅色の花は、雄蕊が花の中心の大きな覆いのかぶった花床につくことが特徴的である。そしてパンヤ科（インドワタノキ属、キワタ属など）の花は、紐状の萼片と、長さがときに三〇センチ近くになる花弁をもち、その花弁よりさらに突き出て長い糸のような白や紅色の雄蕊の束が垂れ下がっている。

多くの銀梅花とノボタン属は、美しさの点ではわが国の山査子にはおよばないが、同じような外観を呈するたくさんの小さな白い花をつける。それらは花が突然にそしていっせいに開花し、そしてまた同じようにして萎れて落ちていくことが特徴である。早朝、再生林の樹々を上から見下ろしていると、前日にはすべてが緑一色であったところに、ところどころ白い斑点が見られることがある。それは銀梅花とノボタン属の花に包まれた樹冠である。そして一日か二日後にはその斑点は腐敗を示す黒ずんだ色に変わっている。

あらゆる花のうちで、たぶんマメ科をのぞいて、アカネ属 *Rubia* が、大西洋の沿岸からアンデスの山頂にいたるアマゾン河流域では第一等の地位を占めているようである。それらはいつもその対生する托葉をそなえた全縁の葉と管状花で簡単に見つかる。しばしばこの花の美しさは格別であり、また多くのアカネ科植物の生産物が人間にとってはひじょうに重要な——これなくしては、コーヒーやキニーネのような貴重な興奮剤をどこから手に入れればよいというのだろうか?——ことから、この植物は旅行者にとってはとくに興味の対象となっている。

……わが国の植物相の類には、一部のポソクエリア属 *Posoqueria* とミサオノキ属 *Randia* の大きな管状花にくらべうるものがない。しかし多くの種の花々の一般的景観がどのようなものであるかは、ライラックを思い浮かべればうまく伝わらないこともない。その他はとくに忍冬《すいかずら》に似ている。そしてスイカズラ属 *Lonicera* の小さな花をつける種と似たものがアカネ科のなかに見られる。わが国のイボタノキはアカネ科の低木のボチョウジ属 *Psychotria* に相当するだろう。これはノボタン属とともにいたるところで下生えを形成している。

アマゾンの森では英国の植物学者は故郷の馴染み深い植物をほとんど発見することができない。樅《もみ》も一位《いちい》もなければ、単生の柳以外、尾状花序をつける木はない。ヒース、薔薇、目木《めぎ》、アブラナ科、セリ科などもない。ところが彼はまったく思いもかけない衣装をまとった、多くの古い知り合いの親戚に出くわすのである。たとえば、菫は大きく生長し、たいてい小さな花をつけた高木か木本性巻きつき植物になっている。しかしそれに似たウォキシア科はもっとも高貴な木でありながら、大きな濃い色の、甘い香りのする花をもつ。英国の荒れ地に育つヒメハギ属 *Polygala* のウルガリス種*P. vulgaris*にひじょうによく似た花をもつ姫萩《ひめはぎ》の類が、わずかに見られる若干の微細な草本に存在する。とはいえ、もっとも高い木のてっぺんまではい登り、そこから紫や白の花綏《はなづな》を垂下する、丈夫な木本性蔓植物のセクリダカ属 *Securidaca* などのほうがはるかに多い。

私はここで、比較的派手な花について述べてきたが、前に述べたことをまたくりかえさなくてはならない。すなわち、森の木々のほとんどすべては、そして蔓植物の多くのものさえが、目立たない花を咲かせるということである。たとえば、クスノキ科やテレビンツス科のようなひじょうに大きな科と、またアマゾン河流域では個体数が極端に多いクリソバラヌス科のようなものには、大きな花や派手な色の花をもつものはほとんど一例もない。

奇妙な果実

たぶんアマゾンでは、美しい花よりも、大きさ、美しさ、あるいは異様さの点でいちじるしい果実に出合うことのほうが多いであろう。インガ属の大きな莢についてはすでに述べたとおりである。そしてその他のマメ科植物は同じように大きな莢をもち、ときどきそのなかには掌ほどもある、とほうもなく平たい豆が入っている。ツリガネカズラ属 *Bignonia* の莢には、幅がしばしば二・五センチ以上になる繊細な透明な羽に縁取られた、平たい種子がぎっしりといっぱいに詰まっている。砲丸のような球形の重い果実は、現地名をクイエイラという地味なフクベノキ *Crescentia cujete* の貧弱な枝には場ちがいに見えるであろう。

とはいえ、高いカスタニェイラ（ブラジルナットノキ属）になった実にくらべれば、はるかに危険は少ない。ブラジルナットノキの実は枝から落ちると、しばしば地面にめり込んでしまう。そして、落ちるところにちょうど通りかかった不注意な二足動物や四足動物の頭蓋骨を確実に割ってしまう。ブラジルナットノキ属はきわめて厚い木の殻をもっており、弁その他の自然の裂開部はまったくないので、種子すなわちブラジルナッツは殻が腐敗してなくなったときにはじめて外に出ることができる。しばしばアグーチやパカのようなげっ歯類や猿が、腐敗しかかったものを力いっぱいこじ開けている。しかしながら、その類縁のパラダイスナットノキ属の果実には奇妙な凸状の蓋があり、熟すとそれが取れてコップ型の蒴《さく》が開くので、すぐに種子が散布される。その蒴のインディオ名マカカレクヤすなわち「猿の椀」はこのことに由来する。わが国の胡椒入れのような形をしたルリハコベの蒴果が、小型ではあるがこれによく似ている。

キントラノオ科やタデ科などの多くの果実は派手な赤い羽をもっているので、遠くからではむしろ花のように見える。しかし果実が花をまねているもっとも変わった例は、いくつかの種のカポックの蒴に見られる。それは弁を星形に裂開し、美しい綿の丸いかたまりをぱっと吹き出すので、遠くからでは大きな薔薇かダリアのように見える。じっさい、昔の多くの宣教師たちはこの種類の綿は花から採れたと書いている。しかし、すでに述べたように、この一族の真の花はたいていじゅうぶん大きくてよく目立つ。バシクルモン属 *Apocynum* とトウワタ属 *Asclepias* のほとんどの種は長い紡錘状の莢をもち、その片側が裂開して波形の種子を放出する。種子はそれぞれ先端に長い絹のような綿毛の房を一本つけている。……ギンバイカ属とノボタン属は、その果実のためにときどきよく目立つ。果実は種によって黄や赤や黒と色が異なる漿果で、大きさはアカスグリの実から小さな林檎ぐらいである。

椰子、その他の内生植物

ここまで述べてきたことはもっぱら外生植物（双子葉植物）のことばかりである。しかしアマゾン河の植生については椰子を除外しては語れない。椰子の巨大な葉は、しばしばある種の小さな木ほどもある。ジュパティ椰子とよばれるラフィア・タエディゲラ *Raphia taedigera* とイナジャー椰子とよばれるマキシミリアナ・レギア *Maximiliana regia* の羽状葉はときに長さ一二メートルにもなる。ミリチャー椰子（テングヤシ属 *Mauritia*）などの羽状葉をわれわれはカリピで見たが、それらより短くはあるが、大きいことはほとんど変わらない。とはいえ、大きさ以上に印象的なのは、その優雅な姿と驚くべき多様性である。この特質については、長いあいだそれらに親しむことによってしかじゅうぶん知ることはできない。

たしかに椰子の花は比較的小さい。そして通常淡黄色なので、樹高の高い種の大きな肉穂花序に固まって咲いたときにしか眼につかない。しかし、えもいわれぬ芳しい香りはたいてい他のどのような花にも負けることはなく、多くの場合、木犀草《もくせいそう》と同じ香りがする。とはいえ、私は一エーカー〔約四〇四七平方メートル〕にわたってその《愛しい》草が埋めつくされたとしても、リオ・ネグロ川のカラナ椰子のわずか一本の雄の肉穂花序の香りほど強くはないだろうと思う。ペルー領アンデスの細長いサンガピラ椰子の花は、そのすばらしい香りを何カ月も保ち、それは乾季であっても衰えない。インディオの少女たちは、それを髪に挿したり、ベッドにしのばせたり、家の守護聖人の祭壇に飾ったりしている。

ある場所では、細長い針金のような枝から吊り下がった竹の披針形の草のような葉が、外生の樹木の葉や椰子の葉と交じり合っている。しかしながら、アンデス渓谷の壮麗な竹林を見たあとでは、低くて雑然としたあまり優雅でないパラの竹は印象が薄い。

ここまで私がとくに念頭におきながら書いてきたタウアウの森のように、地面がかなり高くて乾燥しているところでは、陸地に育つ仲間には大きな草本の内生植物（単子葉植物）はあるにはあるが、たいへん少ない。しかし低湿地では葉の大きなショウガ科とバショウ科がたくさん生い茂っていて、それがそこの景観の特徴となっている。そこにはヘリコニア属 *Heliconia* が集まっていて、その近縁のバショウ属*Musa*のバナナに似ている。しかしヘリコニア属の花序はあざやかな真紅の苞葉《ほうよう》で飾られている。クズウコン属 *Maranta*、ハナミョウガ属 *Alpinia*、ミズカンナ属 *Thalia*などのさまざまな種はすべて、英国の庭で現在たくさん栽培されているカンナ属*Canna*の葉に近い葉をもっている。オオホザキアヤメ属 *Costus* の二、三種は、巨大なムラサキツユクサその他に似ている。ある森の一角が原生林ではなく再生林であること、そしてとくにその地面が一時マンジョーカの畑であったことのたしかな証拠は、イワヒバ属 *Selaginella* のパルケリ種*S. parkeri*が密に生い茂ったあざやかな緑の絨毯になっていることである。

地表のいたるところをはいまわり、たがいに踏み越え、そして地面から伸び上がって、人がそこを通るにはよじ登るか下をくぐるかしかない板根となり、アーチをなし、輪を作る根について省略するわけにはいかない。苔と羊歯と蔓植物になかばおおわれた、腐敗して強い悪臭を放つ巨木の幹——倒れた森の巨人の死骸——を忘れるわけにはいかない。ときどき倒木の幹には樹皮が完全に残っていて、まだしっかりしているように見えても、貪欲な白蟻にすでにくり抜かれてしまっていることがある。だからその上に乗ると音を立ててつぶれる。たぶん旅行者はひっくり返ってしまうだろう。そしてその洞《うろ》をねぐらにしていた蛇や蟇をゆり起こしてしまうこともよくあるにちがいない。

羊歯の谷

タウアウの森を突き抜けていくとき、われわれはここかしこで突然両側を岩壁に挟まれ底が沼地になった狭い渓谷に出た。ところどころ大きな谷となったところもあったが、水は流れていなかった。こうした渓谷は完璧な羊歯の園であった。岩の崖には高い外生の樹木が生え、地面は数種のホウライシダ属 *Adiantum* とホングウシダ属 *Lindsaea* におおわれていた。谷底は椰子の林になっていて、おもに先に述べたアサイ椰子とパシウバ椰子（イリアルテア・エクソリザ *Iriartea exorrhiza*）の二種からなっていた。後者はもっとも独特な椰子で、幹が三脚でなく多脚の突き出た根の上に乗っている——半分開いた傘の骨を思い描くとたいへんわかりやすいと思うのだが、軸と傘の縁のあいだに骨をもう二、三本増やす必要がある。それぞれの根すなわち骨は、直径五センチくらいの硬い円筒状で、硬い刺が生えており、卸し金にちょうどよいのでよく利用されている。葉むらはたいていの椰子のそれよりも短く、下向きに優雅な曲線を描いている。そして幅広の小葉が先端までしだいに広がっていっていて、先端でそれらはななめに切れてぎざぎざになっている。黄色い果実がナツメ椰子の実のような大きな房状になって食欲をそそるが、あまりに苦くて食べられない——椰子のなかでは珍しい例外である。

椰子のあいだにラストラエア属 *Lastraea*、リトブロキア属 *Litobrochia*、ツルマミシダ属 *Meniscium*、シノブ属 *Davallia*、ギムノプテリス属 *Gymnopteris*、ヘゴ属 *Cyathea*（=*Alsophila*）などの壮麗な羊歯が生えていた。そこで見られた四種のヘゴ属のうち、二種はたしかに木生で短い幹をもっていた。このように赤道の木生羊歯はほとんど海水面の位置まで下りてきている。椰子の幹には多くの種類のチャセンシダ属 *Asplenium* とミミモチシダ属 *Acrostichum* が育っている。プレオペルティス属 *Pleopeltis*、カンピロネウロン属 *Campyloneuron* などは、鱗におおわれた根茎が四メートルから五メートルの高さにはい上がり、ところどころで果実の凸状のかたまり（胞子嚢群）を二列のボタンのようにちりばめた披針形の葉を出していた。

いっぽう椰子の上にも羊歯の上にも、さまざまなコケシノブ属 *Hymenophyllum* とマメゴケシダ属 *Trichomanes* の糸状の茎がはっている。それらの優美な透き通った葉は淡緑色から濃赤褐色まで、さまざまな色合いをしていた。上方の椰子の葉のあいだには、二、三種のタマシダ属 *Nephrolepis* がのっていて、長いリボンのような葉を垂らしている。私はアンデスで岩と滝が苔におおわれた、これよりはるかに美しい羊歯の渓谷を見た。とはいえ、私はタウアウのこの椰子の沼ほど、小さな一区画に多くの種がともに生育しているのを他では見なかったと思う。

沼となっているわけではないが、土はじめじめして不快な臭気を放つその他の谷には、おもにカラナ椰子（テングヤシ属 *Mauritia* のアクレアタ種 *M. aculeata*）が生えていた。これは刺のある幹をもつ扇椰子の一種である。そしてそこには羊歯類はまったくなかった。

ちょうど乾季のまっさかりであったが、雨の降らない日はめったになかった。たいてい太陽が子午線を通過して二、三時間後に激しい雷雨がきた。夜はあまり雨が降らなかったが、ある晩、数時間もつづいた激しい嵐にみまわれた。雷はたえず太い長い音を轟かせ、一度強烈な稲光がして、あまりにも大きな落雷の音がしたので、私はてっきり雷は家に落ちたものと思った。家はまさにその土台から揺れた。そうではなかったが、朝私は窓を開けたとき、ほんの数メートル先の高いココ椰子の木が頭部を失って立っているのを見た。頭は粉々に打ち砕かれて地面に転がっていた。

この雨は蟇と蛙の大群をよんだ。そして翌朝、太陽が出てから森を歩いていくと、人間の頭ほどもある巨大な蟇に出くわした。それは道の水たまりで静かに座浴を楽しんでいた。私はこのときまでこれほど大きな両生類が今の世の中に存在しているとは知らなかった。身長が一八〇センチメートル以上あり、それに見合って横幅もある、がっちりした体格のキングは、大きな石を拾って露ほども疑っていない水浴者の上にそれを両手で落とした。蛙はこの無礼な仕打ちに最初は面食らったようすであったが、少し考えてから体を起こし、なにごともなかったかのように、のしのしと歩み去っていった。

パラの植物生産物（有用植物）

私はひじょうに大量に消費され、またそこの港から商品として送り出されている森の産物について、若干述べずにパラを去るわけにはいかない。とはいえ、それらの経済的、医学的利用について完璧に説明するには、別に一章をもうけなくてはならないだろう。たとえば、サルサパリラがそうであるように、多くのものははるか奥地で採集され、パラで販売し、またヨーロッパや北アメリカへ向けて船積みするためにここまで運んでこられるものなので、それらについては、先にいってこの手記のなかでそれらが登場するたびに説明することにして、ここではもっとも有用で特徴的なものだけを述べることとしたい。……

パラでもっとも私の注意を引いたものの一つは、マッサランドゥバすなわち「牝牛の木」である。これはその樹皮から飲み物になる乳汁を大量に分泌することからこうよばれている。私はタウアウでその木を何種類か見て、採り立ての乳液をそのままで、あるいはまたコーヒーに入れて味わってみた。乳液は樹皮の切り口からゆっくりと滲出してくる。その粘張度は良質のクリームのようで、味は完全にクリームに似ていて美味である。それは何週間も液状を保つが、やがて不快なにおいがするようになる。また、きわめて粘着性が強く、それが手であろうとなんであろうと、くっつくと、とりのぞくのがたいへんむずかしく、この特性から、すぐれた糊の代用品となる。しかし食用としてはやや安全性に欠け、むやみに取るとひどい便秘になる。乾燥させたものは熱可塑性のゴム様物質のグッタ＝ペルカ（グッタ樹脂）にひじょうによく似ていて、それと同様の目的に用いられるであろうことは疑いない。

熱帯南アメリカのほとんどの地域に牝牛の木がある。フンボルトとボンプラン、またブサンゴーの調査で有名になった、ベネズエラの沿岸に生えているそれは、ブロシムム属 *Brosimum* のアルトカルプ種 *B. artocarp* である。しかし、パラのこれはサポジラ属 *Achras*（＝*Sapota*）の一種で、その一族の大部分のものと同じように裏が白くて、平行な葉脈が密に走った大きな葉をもち、食べられる実をつける。後年私はカシキアーレ水道と上リオ・ネグロ川で、同じ現地名をもち、まったく同じ性質を有する二種に出合った。しかしながら、それらの乳液はほとんど飲むことができない。しかしパラの同群の仲間が有するそれ以外の特性はもっていて、いたるところで煮詰めてゴム質の天然チクルに利用されている。キュー王立植物園の博物館のために私がそこで購入したハンモックの縁には美しい鳥の羽が飾られていたが、それらはすべてマッサランドゥバの乳液で貼られていた。私は両種の花と果実を採取した。そしてそれらはミムソプス属 *Mimusops* であることが判明した。すると、トバゴのブリーツリーと同類であり、またおそらくデメララのバラタノキとも同類であろう。

私の知っている種はすべて、その耐久性のためにたいへんな貴重品とされる、艶のない濃赤色の重くて木目の細かい木部をもっている。私は完全にまっすぐな、四角く製材された長さ一八メートルの材木を見たことがある。それはカシキアーレ水道からもってきて、サン・カルロスでスクーナー〔二本以上のマストをもつ縦帆式帆船〕の竜骨《キール》にされたものである。一八二三年にパラで大部分をマッサランドゥバを使って建造された、ブラジルのフリゲート艦インペラトリス号は、一八四九年にもまだ完全に丈夫で、航海に耐えていた。

パラで私はパラおよびアマゾン全域で板などの継ぎ目の充塡材に使われている原産の白ピッチ（ブレオ・ブランコ）の採取法を見た。それはウルシノキにひじょうによく似ているイキカ属 *Icica* のさまざまな種から採られ、とくにマスト用にたいへんに需要の高い、枝を出していない高い幹をもつある樹種から採取される。本属の木の樹皮に切り込みを入れると、白い乳液がゆっくりと滲出し、切り口のすぐ下で凝固する。それはたいていの乳液を出す木のように傷口はすみやかに癒合せず、数カ月のあいだ、また何年にもわたって、液を出しつづける。そのため、インディオは森でこの木に出合うと、しばらくあとでまた来たときたくさんの樹脂が溜まっていることを期待して、山刀で幹を深く切りつけておく。ブレオ・ブランコは未精製の状態で葉で裏打ちした籠に入れて——この状態のものはブレオ・

ヴィルゲンとよばれる——あるいは太い円筒に入れてその形状になったものが市場に送られる。それは白っぽく、砕けやすく、強烈な良い香りを放つ。溶かして板や継ぎ目に流すと、急速に乾くので、溶解液に油脂をじゅうぶんに混ぜておかないと壊れてしまう。しかしこの注意を怠らずにやれば、ひじょうにしっかり接着し、フクギ科の木から採るオアナニという黒ピッチよりもよく水をはじく。

イシカは一般にピッチをさす現地名である。そしてインディオは白ピッチのことをイシカリ=タリとよび、ユタイ（オオイナゴマメ属 *Hymenaea* とベルトギネ属 *Peltogyne*）という木が産出するユタイ=イシカすなわちコーパルと区別している。コーパルは樹皮の割れ目や切り口から滲出し、すみやかに、琥珀とは似ていない黄色っぽい、あるいはワイン色の硬いかたまりになる。莢にはまた一般に小さな種子が入っていて、その大きなまとまりのないかたまりが、ときどき古木の根元や地中に見つかる。それはベネズエラではアニメとよばれて、さまざまな用途に供されている。たとえば、壊れた陶器の修繕には最良の接着剤であり、砂糖と水と混ぜればカタルと喘息《ぜんそく》に効く乳剤となる。教会ではお香のかわりに燃やされるが、においがたいへんよく似ている。この最後の用途に用いるために粉末にして固形燻蒸剤にした豆がベネズエラとペルーの両方でときどき使われている。

原注

1　イガラペ（igarapé）（一般語）は小舟の意の *igara* と、道の意の *pé* からきたもので、細流や小川を一般にさす語。

2　私は私自身の体験を忠実に記録する過程で、誠実な他の研究者がおこなった私と同様の観察の結果をここで非難攻撃するつもりはない。フンボルトとボンプランは、彼らがニュー・グレナダのアンデス山脈の寒い森のなかで、樹高五五メートルのアンデスロウヤシ属 *Ceroxylon* のアンディコルム種 *C. andicolum*（=*C. andicola*）を見て、それらはまわりのいずれの木よりも高いことは疑いないと断言している。ウィリアム・ダンピアはカンピーチーに関するあざやかな絵のような説明のなかでつぎのようにいっている。「カポックが森ではいちばん大きな木であるように、キャベツヤシはいちばん高い木である。キャベツヤシの幹はそれほど太くはないが、とても背が高くてまっすぐである。私はカンピーチー湾で地面に倒れていた幹を測ったところ三七メートルあった。また、それよりはるかに高いものもいくつかあった。……これらの木は見た目がたいへん感じ良く、その緑の枝葉を他のすべての木々の上に掲げて、森全体を美しく装っている」（*Travels, i*, p.165）。ここで彼ははっきりと海から見た森の眺めを語っている。そして彼の証言は私の証言と矛盾していない。というのは、通常湾の奥の湿地や水に浸かった川沿いの低い森の上にはココヤシ属 *Cocos* やテングヤシ属 *Mauritia*、その他の海岸や川岸に生える椰子がひときわ高くそびえているからである。

3　大木の幹は、そしてとくに川に近いものは、ときどき地衣類（おもにモジゴケ科）の白い外皮にすっぽり包まれてしまう。そしてアマゾン河の岸辺にしばしば現れる木があるが、そのインディオ名ミラティンガ「白樹」とは、その幹がつねに雪のように白いことを意味する。
［これはたぶんアメリカ合衆国やカナダのポプラやスズカケノキのあるものの、まるで漆喰を塗ったかのような純白色の幹や枝の起原であろう。——編者］

●第二章

アマゾン河遡行、最初の居住地サンタレンへ

（一八四九年一〇月一〇日——一一月一九日）

船旅の準備

われわれがタウアウからパラへ戻ってきたころに、キャンベル氏あてに託送された荷物を積んだ一艘の船が内陸から到着した。それは《トレース・デ・ジュニョ》という名の八〇トンほどのブリッグ船で、サンタレンに住むアマゾンの古い開拓者の一人であるキャプテン・ヒスロップの船であった。海岸線から上流一六〇キロより手前の土地は、どこもみな私にとってははじめてであることには変わりはなかったし、サンタレンはパラから七六三キロも遠方であるうえにアマゾンでは最大の町でもあったから、遠征のための拠点としてはまことに望ましい場所に思われた。

旅行の準備はすぐにできた。もっとも重要なものは、サンタレンの一商人あての信用状と、小銭として使うための五〇キログラム近くの一袋の銅貨であった。食料のうち、主食は固く焼いたパン、ファリーニャ、ピラルクーであった。ピラルクーとはアマゾン河で捕れる大きな魚で、その強烈なにおいのする塩漬けの厚切りは、本当にやむにやまれず、またよく訓練を積んだときにだけおいしく食べられるしろものであった。これらの他に、パラ川で捕れた小型で味の良いタイニャ魚のわずかばかりの蓄え、卵、コーヒー、砂糖その他のこまごましたものを用意した。私はまたその当時、旅行者にとってはぜったい必要不可欠とされたパトゥア＝バライオとよぶ、一種の携帯用食器収納箱も用意した。それには中仕切りがついていて、皿、ナイフ、フォーク、そしてとくに糖蜜、酒類、酢などを入れるためのフラスコ類——約二クォート〔約二・三リットル〕の容量のある大きな角瓶——がしまえるようになっていた。

パラ川

一〇月一〇日の午後九時にわれわれはトレース・デ・ジュニ

ョ号に乗船した。進路は最初西方向にとられた。それからマラジョ湾とトカンティンス川の河口にあるリモエイロ湾を横断するため、わずかに南にそれた。そしてこれらの湾より狭い水道に沿って約九七キロほぼ西方に進んだ。狭いとはいえ水道はなおかなりの幅があり、南側から来るいくつかの支流河川の河口にはたくさんの島を浮かべていた。そこから右手になおマラジョ島を眺めながら、フロ・ドス・ブレヴェスという狭い水道に入った。そこに小さなブレヴェス村がある。われわれの針路は今や少し北方向に曲がりはじめた。そしてポソ（井戸の意）という深い湖を横断したあと、カナル・デ・タジプルというまた別の水道に入った。長い曲がりくねった水路を進んだのち、われわれはついにアマゾン河に突入した。

浮遊する水生植物

ポソ湖は浮遊する水生植物の巨大な集合場所であった。その一部が満潮とともにタジプル川を少し上方まで移動する。それから引き潮とともにふたたびフロ・ドス・ブレヴェスを若干下る。タプヤたちはそれらをみなムルレとよんでいた。しかしそれらはきわめてさまざまな科に属する植物からできていて、もっとも量の多いのはよく見られるボタンウキクサ*Pistia stratiotes*であった。これは真の隠花植物で、羊歯《しだ》にひじょうに近縁であるが、わが国の広葉のヘラオオバコの仲間にやや似ている。別のムルレは風変わりなミズアオイ属*Pontederia*のクラシペス種*P. crassipes*であった。それは丸みをおびた葉のあいだから、淡青色の短い穂状花序を出していた。それらの柄は膨らみ、なかに空気がいっぱいに入っていて浮きの役目を果たしていた。同じ科のさらに美しいのはホテイアオイ属*Eichhornia*の一種で、紫色の花を大きな穂状花序につけ、同じように浮きの役目を果たす柄をもっている。しかしいずれも泥の岸辺に打ち上げられるとそこで発根し、膨れた葉柄はもはや必要がなくなり消失する。

アマゾン河で

広いマラジョ湾では、外海とほとんど同じように風が吹き波がうずまく。しかしブレヴェスとタジプルの狭い水道やそこにいたるまでの島々のあいだはまったく静かで、ときに短時間、方向の定まらない風が吹くだけである。それゆえ舟子《かこ》たちは船を進めるためには潮に頼る以外なんの助けも得られない。櫂で漕ぐには船が大きすぎる場合は、潮の合間は船を止めておくか、エスピア（インディオの言葉で綱を意味する、曳き船）という方法で進まなければならない。それは一端を船首か前檣《ぜんしょう》に結びつけた大きな綱の束を小舟に積んで、綱をほとんど出しきるまで前方に漕ぎ進み、その先を川岸に突き出ている丈夫な木に結びつける。それから船の甲板に陣どる舟子たちが力をあわせて綱をたぐり寄せて、綱を結びつけたところまで船を進めていく。この過程をふたたびくりかえす。こうした方法による

第2図　ブスー椰子 *Manicaria saccifera*

ゆっくりとした進行が引き潮のあいだずっとつづけられるのである。……かくしてタジプル水道を抜けるのに五日間を要した。そのあいだに私は三回岸に上がってみたが、カリピとタウアウで見ていない花は少ししか発見できなかった。両岸には現地名をブスーというフクロヤシ属*Manicaria*のサッキフェラ種*M. saccifera*が多かった。ブレヴェス村とあちこちに散らばる田舎家の屋根はたいていこの椰子の葉で葺かれていた。これは椰子のなかではきわめて独特の単一の葉からなり、料理用バナナ（バショウ属*Musa*）のそれに似て、はっきりと分かれた小葉片をもたない。それでそれぞれの葉は屋根の棟から軒まで届く長いタイルになる。

ついにわれわれは完全にアマゾン河のなかに躍り出た。見る光の角度によって鈍い黄色から淡い褐色に変わる泥まじりの水は、どのような潮の干満によっても押し返されないほど深く強く流れていた。そのため、われわれはそれ以後はもっぱら帆を頼りに船を進めなければならなかった。とはいえ、そこは横幅三・二キロもない、川の王者の水道すなわちパラナ＝ミリの一つにすぎなかった。われわれの右側の陸地は長い島であった。その向こう側にはまた別の水道が横たわっていた。そしてさらにその向こうには、アマゾン河の真の北側の岸辺に達するまでに、また別の水道が二本横たわっているのだろう。二〇日は吹き上がってくる追い風とともに一日中パラナ＝ミリのなかを航行した。この水道はほぼ同じ幅を保っていた。最初の島を過ぎ、狭いフロ（水道）を過ぎると、二番目の島に来た。陽が沈む前に風が落ちたが、暗くなるとふたたび勢いを盛り返してきた。そして夜半ごろ風に乗ってより広い水道の第二の島のあるところまで来た。乾季を通じて、大洋の貿易風の延長である東風がアマゾン河を吹き上がってくる。少なくとも毎日数時間は吹き、ときとして、とくに九月と一〇月の二カ月間は、少しも衰えずに昼も夜も吹きつづく。

朝早くわれわれは右岸のグルパ村を通過した。そこには強固な要塞があった。これはオランダ人がアマゾン河をわずかなあいだ領有していたときに築いたものだと考えられている。しかしバエナは、一六二三年にパラの隊長ベント・マシェル・パレンテがオランダ人を放逐したあと築いたのだといっている。

それから進路はシングー川の河口にある島に挟まれた狭い水道に入った。そこは流れはアマゾン河の主流ほど強くはなかったが、位置を変える砂州があるので、危険なしには通り抜けできない。島々はたいてい深い森におおわれていた。しかしある島は（たぶん最近できたものであろう）丈の高い草でおおわれ、低い木々をまばらに交じえ、あちらこちらにサトイモ科の生えた美しい牧草地となっていた。そこは優雅な柳の一種のサリックス・フムボルドティアナ*Salix humboldtiana*の自然の生け垣に取り囲まれていた。この柳は長く細い黄緑色の葉をもち、さまざまな形態のものが熱帯アメリカ全域に、《黒い》水の川ではなく《白い》水の川の岸沿いに分布していることは特筆すべきである。

モンテ・アレグレの丘

つぎの夜もずっと疾風《はやて》が吹いていたが、さいわいにして良い方向からであった。……夜明けにわれわれは主水道に抜け出て、そのあいだに横たわる森におおわれた島の向こう側にアマゾンの真の北岸をはじめて見た。それは突然屹立して、見たところ三〇〇メートル近い高さのセーラ・ド・アルメイリンとよぶ丘陵の尾根をなしていた。

少しばかり川を上ったところで、それより広大な絵のように美しいパルー山脈の前に出た。……われわれの進路はなお変わらない平坦な川の南岸に沿ってとられていたが、陸地はたいてい水面よりずっと高いところにあって、ごくわずかな椰子を交じえた高い森でおおわれていた。ということは、そこは川が氾濫してもたぶん水没しない場所なのだろう。……この西方向にさらに高いモンテ・アレグレ（楽しい山々の意）の丘陵が、そしてその麓に、一〇キロ川上でこの川に流入している川の名前をとって以前はクルパトゥバとよばれていた、モンテ・アレグレの町が現れた。介在する島々に阻まれて、アマゾン河の両岸が一望のもとに見渡せたことはめったになかった。そしてヴェリャ・ポブレより少し川上の、きれいな水のもっとも川幅の広い部分はほぼ六海里〔一一キロメートル〕はあった。

一八三五年の騒乱のおりは、リンゴア・ジェラール（一般語）を話すことができないこと、そして少しでも顎髭をもっていることは、顔の毛をたんねんに残らず引き抜いてしまっていたカバノ（暴徒）たちによって死罪に値するものとされていた。しかし一八四九年にはファッションは完全に一変した。顎や上唇に少しばかりまばらに髭を生やして喜んでいるタプヤや、そしてとくに白人の血を一滴でももっているかもしれないその二、三人の者たちは、鏡に写るわが姿を賞賛し顎髭をくしけずるのに余念がなかった。彼らの多くはパラで一挺六～八ミルレイス〔一ミルレイス＝二シリング四ペンス〕するリスボン製のギター（ヴィオラとよんでいる）を持ち、八つか一〇ほどの旋律からなる単調なほとんど同じメランコリックな調べをつまびきながら何時間もすごしていた。夜、彼らはときどき踊りの会を催した。踊り手は一、二人、あるいは三人で、ステップはひじょうに重いすり足のたぐいで、ときどき足を上げたり、指でパシッと音を立てたり、大腿を平手で打ったりして変化をつけていた。私はのちにこの音楽も踊りも、ポルトガルの国民舞踊の一つであるランドゥムから変化したものであることを知った。

サンタレン

二七日のお昼ごろ、われわれはタパジョース川がアマゾン河に合流する場所に立つサンタレンに到着した。そして町の東のはずれの広い砂浜に向かって傾斜している草の高台に建つ、キャプテン・ヒスロップの家の前に錨を下ろした。後方にモロ、すなわち低い丸みをおびた丘が浮かび上がっていた。頂上に要塞のあるその丘のために、町の残りの部分は見えなかった。一八三七年にそれを眺めていただけで罪に問われたモー中尉は守衛の監視下のもとにパラに送られた。

ヒスロップ氏

われわれはヒスロップ氏に心から迎えられ食事に招待された。彼はわれわれの家を探すために人をやってくれた。ヒスロップ氏は不屈で快活なスコットランド人で、若いころ海の仕事についていたが、アマゾンに定着してからすでに四五年以上になっていた。彼は一時期、遠く山岳地帯のマト・グロッソ州の首都クヤバのほうまで手広く商売をしていた。そこにいたるにはタパジョース川をその水源近くまでさかのぼり、そして短い陸路をパラグアイ川の源流の一つまで登っていかなくてはならない。クヤバのおもな産物はダイヤモンドと砂金であった。交換に、サンタレンからはすぐ近くのプランテーションで栽培されるガラナと、ポルトガルから輸入した塩を供給することができた。クヤバの鉱夫たちにとって、これら二つの品物はもっとも必要とされたが、当時はサンタレン経由以外ではほとんど入手できなかった。ヒスロップ氏は数年前にクヤバとの商売からはほとんど手を引いていた。それは彼の代理店の詐欺とクヤバの幾人かの債権者の失敗のために大損害をこうむったからで、現在はパラとの商売だけにしぼっていた。

ヒスロップ氏は新聞の熱心な読者であった。それを熟読し、そしてくりかえしじっくり読むために新聞の大きなファイルを作っていた。たしかに彼は最近のものより半年前の記事のほうを熱心に読むと私にいっていた。……彼は本は二冊しか読んでいなかった。それはヴォルネーの『帝国の廃墟』と聖書である。それらの内容を組み合わせることによって、ひじょうに雑多な観点の入り混じった教養を自身で組み立てていた。食後にポートワインをもう一、二杯余分に飲んだときには、いつもモーゼの人格について論じて客人の同意を得ていた。彼は「モーゼは偉大な将軍であり偉大な立法者であるが、偉大な詐欺師でもある」と断言した！　こうした風変わりなところと率直で心温かな船乗りの気質をあわせもったこの老キャプテンが、私のサンタレンにおける短い滞在中に私の良き相棒と得がたい友人となったことをご理解いただけるであろう。

家が見つかったのでわれわれはその夜のうちに引っ越した。食事をヒスロップ氏はわれわれ自身の料理人が得られるまで、食事を作るための彼の奴隷を一人貸してくれた。サンタレンの平均的な家の良い見本であったその家は、平屋であったが部屋は風通しが良く、屋根は瓦葺きで、床は低所得層の家で見るような土間のままではなく煉瓦が敷かれていた。裏には小さな敷地があ

第３図　サンタレン。要塞の近くの丘から（R・スプルース画）

って、炊事その他の家事をおこなうための小屋が建てられていた。本当に、家具の類はなに一つなかった。とはいえハンモックを吊るための環は壁についていた。ヒスロップ氏はわれわれに二、三脚の椅子と若干のシーダの厚板を貸してくれた。煉瓦を積んで板を載せ、即席の棚を作って、そこに植物の梱包やその他の物をおいた。そしてサンタレンに定着し家庭をもった英国人のジェフリーズ氏からは大きな机を貸してもらった。この人と、またこの人の親戚のゴールディング氏にはたくさんのこまごましたことで、たいへん厄介になった。パラから持ってきた家財道具に加えて、私はここで大きな水甕とランプを買い足しただけで、われわれの簡単な《所帯》は完成した。

川と町

サンタレン地方ではタパジョース川を「リオ・プレト」、すなわち黒い川とよんでいる。しかしその水の真の色は濃紺で、私が乾季に最初にそれを見たとき、紺色の水はアマゾン河の広大な泥水に呑み込まれる前に、サンタレンの下手数キロにわたって南岸沿いに広がっていた。そしてその方向に約五キロにわたって延びた白砂の広い堅固な岸辺があった。いっぽう上流に向かっては、浜は川の曲折に沿ってたっぷり八キロはつづいていた。しかしアマゾン河が雨によって冬季の水位まで増水したとき、その水はタパジョース川の水をせき止めた。すると少なからざる量の紺色の水か砂の岸辺がタパジョース川の河口で見られた。

サンタレンの町はタパジョース川の約一・五キロ上方まで広がっており、北微西でその川に面している。背後に二本の平行な道路をひかえた、この川に接する土地の東半分が正確にはいわゆる町を構成し、住民のより上流の階級に属する人々によって占められていた。そこには二つの塔で飾られた瀟洒な大きな教会があった。アルデイアすなわち村とよばれる西半分には、インディオその他の有色の自由人たちの住まいがあった。彼らは泥壁の——あるいは壁がなくて、そのかわりにむき出しの柱がある——屋根は椰子の葉で葺いた仮小屋に住んでいた。住宅地と村の両方をあわせた人口は、その当時かろうじて二〇〇〇人を超えた程度であったろう。

カンポと丘

パラの森におおわれた平原と人工的な牧場のかわりに、サンタレンではタパジョース川の岸辺から徐々にせり上がった自然のカンポ、すなわちサバンナが見られた。その背後には、聳え立つような丘ではないが、あきらかに一五〇〜一八〇メートルの高さはある絵のような丘があった。しかしそのとき私は高度を測定するための気圧計を持っていなかった。土壌は多くは粗い白砂である。そして丘には火山性の鉱滓が散在しており、頂上に行くにつれて、かなりの大きさの火山の岩塊が現れる。ひじょうにきれいな水の流れるイガラペ・ド・イルラとよばれる小川が、もっとも遠方の高い森のあいだの丘の麓から湧き出ていて、近くの丘の東側の麓に沿って流れているが、乾季には深さは一〜一・五メートルになる。それからカンポの西側を横切って、タパジョース川の右岸の最初の湾に注いでいる。ちょうどここでサンタレンの砂の岸辺は終わっている。背丈の低い細い森の帯がイガラペの線を示していて、多くの場所はピンドバとよばれる幹のない根元から葉を出している椰子アッタレア・コムプタ *Attalea compta* と、高いヘリコニア属 *Heliconia* の一種が密に生い茂っているため、ほとんど通り抜けができない。

同じようなしかしやや大きな流れのイガラペ・デ・マイカは、イルラ川の源流近くにその源をもっている。しかし逆の方向に流れていて、サンタレンの下手五キロのところで、アマゾン河に合流している。この流れの下方の部分は、広大な草の生えた沼地を横切っている。そこは冬季には氾濫して、あらゆる方向に船が通り抜けできるほど深くなる。そんなに遠くはない昔は一年中湖であったことは疑いない。

散在する藪と樹木

高地カンポの植生は私に英国の行楽地を思い起こさせた。そこはめったに高さ九メートル以上には達しない低い樹林であった。そしてここかしこに、はなやかな花の咲く灌木があり、草の生えた畑地や芝生がそのあいだに介在していた。乾季の草地はむしろ荒涼としたものに見えた。なぜならば、それは（多くの熱帯の草のように）あちこちに散らばって茂みになって生えているスズメノヒエ属 *Paspalum* のたった一種から成り立っていたからである。その稈と針毛のような葉は白い毛をもった白髪であった。だから英国の牧草地の濃密な緑の芝生とは大幅に異なっていた。

そのとき花を開いている木のなかでは、カジューすなわちカシューナットノキ *Anacardium occidentale* が飛び抜けて多かった。そしてでこぼこした樹皮をもつ老木のカジューは、あらゆる側に伸びたその枝を地につけていた。若い葉は繊細な赤褐色をしていて、おびただしい数の梨のような黄色や赤色の果実（正確には肥大した果柄）と、それぞれの先についている勾玉《まがたま》の形をした瘤（これが本当の果実）は、とるにたらないほどの大きさにかかわらず絵のように美しかった。

カジューといっしょに、現地でカインベとよばれるクラテラ・アメリカナ *Curatella americana* が生育していた。これは特性においても、また葉の縁が波状になっている点でも、発育を妨げられたオークにやや似た小さな木であるが、葉のきめはひじょうに粗く、サンタレンの大工たちはサンドペーパーのかわりにこれを用いている。深い皺のある樹皮をもった熱い平原に生育する数少ない木の一つである。私はのちにオリノコ川のリャノスでそれがアルコルノケ（コルクの木）という名前でよばれていることを聞いたが、その理由はこの樹皮である。オリノコ川ではまたごくふつうに見られる木である。

しかしこれらの樹木のなかでもっともみごとなものは、スカ＝ウバとよばれるプルメリア・ファゲデニカ *Plumeria phagedenica* であった。これはふつうの西洋柊とほぼ同じくらいの大きさに生長するキョウチクトウ科の樹木の一つで、ひじょうに濃い緑色の長い皮質の葉をもち、桜草の類と同じ大きさの房状の白い頂生花をもつ。しかしひじょうに早落性で、その後、羽をもった種子の詰まった奇妙な紡錘型の対の莢を生じる。スカ＝ウバの乳状液は駆虫剤として高い評価を得ている。同様に生長するアカネ科のトコエナ・プベルラ *Tocoyena puberula* は幅広い、皺の多い葉をもち、長さ一〇センチの管状の黄褐色の花をつける。きれいな黄色の花を総状花序にたくさんつける、ムリシとよばれるビルソニマ属 *Byrsonima* のペッピギアナ種 *B. pöppigiana* と、また同じような淡紅色の花を総状花序につけ、カジューの葉に似た葉をもつコッコロバエフォリア種 *B. coccolobaefolia* は、ともにひじょうに装飾的であった。

これらとともに、ここかしこに生えていたバンレイシ科のヒロピア・グランディフロラ *Hylopia grandiflora* は、この仲間の多くの他のものと同様ピラミッド型に生長することと、その二列に並んだ硬い槍形の葉と、そしてとくに本科のたいていの花に共通の黄色や緑色ではない、内側が美しい紅色の厚い革のような花弁（二列に六枚）が特徴である。しかしそれらは、たとえばチリモヤのようなバンレイシ科の多くの花がもつかぐわしい果物のような香りを欠いている。

寄生木と地衣

木の枝のあいだには、さまざまな種類の寄生木《やどりぎ》が乗っていた りぶら下がっていた。それらのいくつかは黄色や深紅色のしばしば香りの良い長い花の房をつけていた。とはいえ、いっそう賞賛に値するのは、あざやかな黄色と赤のつぎはぎで古い幹の外皮を形成し、最高に奇妙な珍しい性質の果実をつけている地衣であった。いくつかの木にはモジゴケ科の苔がいっぱいついていた。それらの果実は白や灰色の地に黒や紅で強く書かれた神秘的なあるいは東洋的な文字に似ていた。ヨーロッパのキゴウゴケ科だけに親しんでいた者にとっては、不思議なほど多様であった。

美しい藪と蔓植物

灌木のうちで、もっとも目立った種はアカネ科のコメリア・リベシオイデス *Chomelia ribesioides* である。その特性において、そして懸垂性の総状花序をたくさんつけることにおいて、酸塊《すぐり》の灌木にひじょうに似ていたが、黄色い綿毛をもった盆状の花だけははるかに愛らしかった。それからまた数種の銀梅花《ぎんばいか》と野牡丹《のぼたん》の仲間があった。前者は大きさがスロー（野生の李）と同じくらいの黒い漿果を大量につけ、これは強烈なテレビン臭が苦にならない人なら食べられるだろうといわれている。

灌木の上にはさまざまな蔓《つる》が絡みつき、はい登っていた。釣鐘状の白、黄、紫の花をつけるツリガネカズラやキョウチクトウの類があった。ディオクレア属 *Dioclea* は英国のベニバナインゲンにそっくりで、そして本当に近縁であるが、紫色や青紫色の複穂状花序をもっていた。セルヤニア属 *Serjania* は三つあるいは九つの深い切れ込みのある小葉からなる複葉をもち、白色花の穂状花序と、三枚の幕状の白か紅色の翼のような小片（袋果《たいか》）をもつ。それぞれその先端に小さな黒い球状の種子を一つもっている。クラテラ属 *Curatella* に近縁のダウィラ・ラドゥラ *Davila radula* は、それに似たざらざらの葉をもっているが、ひじょうに大きな円錐花序の花をつけ、黄色の二枚の苞をもった硬化した宿根草で、裂けた豆にやや似ている。藪と蔓植物の上には、紐のようなスナヅル属 *Cassytha* のブラジリエンシス種 *C. brasiliensis* のもつれた茎が垂れ下がっていた。これは英国のマメダオシの植物のような葉のない草本であるが、小型の白い花の構造が月桂樹にとてもよく似ているために、もっともとるにたらない草本の一つと、世界のもっとも高貴な木本のいくつかのあいだには、外観上いちじるしい相違があるにもかかわらず、月桂樹といっしょにしてむりやり同類とされたものにちがいない。

カンポの一部は乾季のはじめに火入れがおこなわれた。そして焼かれた土地は、高さ三〇～九〇センチの二種の奇妙な灰色の植物の堆積で部分的におおわれた。その一つはマメ科のコラエア・ユッシアエアナ *Collaea jussiaeana* で、白いうぶ毛でおおわれた三枚の小葉からなる葉と、小さな紫色の花をもっており、もう一つのツヅラフジ科のミヤコジマツヅラフジ属 *Cissampelos* のアッシミリス種 *C. assimilis* は、丸みをおびた風変わりな楯状の毛のある葉と、頭から尾まで丸まった死んだ蝶の幼虫のような黒みのかった皺のよった蒴果をもっている。

年ごとの野焼きのあとに羊歯の一種イノモトソウ属 *Pteris* のカウダタ種 *P. caudata* がびっしりはびこってくる場所があるが、ひきつづき野焼きをおこなわなかったり、あるいは完全に株を掘り起こせば、それ以後は根絶することができる。この羊歯は英国のヒースにごくふつうに見られるワラビ *Pteris aquiliana* と区別するのがきわめてむずかしい。しかしワラビのほうは若芽の先が分かれて細長く垂れ下がったところが若干ちがう。

インディオ居住区の近くの土壌はあまり砂質ではなく、少しばかりの土地が耕作されていたが、そこでは西瓜、南瓜、またひじょうに貧弱な料理用バナナ以外ほとんどなにも栽培されていなかった。長いあいだ放置されたままのこのようなプランテーションの多くは、カンポのそれとは大幅に異なる小さな木、灌木、それに蔓草からなる二次林に戻っていた。そのとき花を開いていたもっともふつうの植物はイヌカンコノキ属 *Casearia* とラキステマ属 *Lacistema* であった。両属はしばしば同じ場所に発見され、外見はひじょうに似ていたが、特性は大幅に異なっていた。前者は英国のハシバミの藪に似ていなくもなく、大きな二列に並んだ縁が歯状の葉をもち、葉腋から一かたまりの緑や白の花をつけ、菫のそれにひじょうによく似た三弁の蒴果をもっている。ラキステマ属はこれによく似ているが、それよりやや丈夫な特性を示し、葉腋から小さな尾状花序を出す。

またコカ属 *Erythroxylum*（=*Erythroxylon*）の種が生育していた。これはアマゾン流域の二次林ではめったに見られない属である。英国のプラムあるいはリンボクにやや似た小さな木に生長するが、コカ *E. coca* だけを例外として分枝のようすとその葉の感触がより緻密である。コカの薄いなかば膜質の葉は、中国人にとって茶がそうであるように、ペルー領アンデスの住民にとっては興奮剤として欠くことのできないものである。

町の周囲には、東洋系のタマリンドとタイワンセンダンの二種の木が、とくに川岸に沿って帰化し生育していた。また美しいカサルピニア・プルケルリマ *Casalpinia pulcherrima* はたぶんアンティル諸島から最初もたらされたものであろう。私はこれらの三種の植物が、グアヤキルの平原に同じように、そしてそれ以上に豊かに生長しているのをその後見ている。

低地のカンポの植生

マイカ川の低地カンポにはまた異なる植生が見られた。そこには一年中新鮮な緑を保ったたくさんの種類の草が生えていた。そのなかには羽毛をもった花を穂状花序につけているものもあった。その他、キビ属 *Panicum* の一種はほっそりした竹に似た節間の長い稈をもち、カンポを取り巻く木の枝を支えにして、四・五メートルあるいはそれ以上の高さまでよじ登っていた。芝草でおおわれたところには、どこにもマイカの座布団のような群れがあった。マイカは小さな単子葉植物の草本であって、その稠密な群れ、深い緑の剛毛状の葉は、まるで英国の荒野によく見られる苔の仲間のスギゴケ *Polytrichum juniperinum* のようである。しかし、その一種マヤカ・セロウィンナ *Mayaca sellowinna* は赤くて、他のミカウキシイ種 *M. michauxii* は白い、三枚の美しい花弁の花をもつことで英国種とは大幅に異なる。それはカンポとイガラペにその名前をあたえており、ほんのとるにたらない草本でさえもが、アマゾン河流域とフランス領ギアナで、つづりはちがうが同じ名前をもっている奇妙な一例である。ギアナではオーブレーによって最初に発見され学界に知られるようになった。

カンポの小さな草地には、マヤカ科とともにいたるところに繊細なアカネ科のシパネア・オキモイデス *Sipanea ocymoides* がはっていた。その披針形の対生葉と桃色の花が、ヨーロッパのサポンソウ属 *Saponaria* のオキモイデス種 *S. ocymoides* に似ていた。私は数年前、それがピレネーのぼろぼろに崩れた片岩を飾っているのを見ていたが、アマゾンで最初見たとき、それが同一の植物でないとはなかなか信ずることができなかった。これらに加えてカンポで花を開いていた若干の植物は、アカバナ科のチョウジタデ属 *Ludwigia*（=*Jussiaea*）の二、三種、リンドウ科のコウトウベア・スピカタ *Coutoubea spicata*、高さは三〇センチしかないが、大きなジャスミンのような花をつけたキョウチクトウ科の一種のペスキエラ・ラティフロラ *Peschiera latiflora*、そして二、三の一年生のノボタン科であった。

カンポのサンタレンにもっとも近い側は、丈の高い、刺の多い椰子の厚い茂みに囲まれ、光沢のある羽状の葉と緑の花の房が目立つシマロウバ・ウェルシコロル *Simarouba versicolor* の木が二、三本と、私がこの平原の同様の条件のところでくりかえし遭遇したアカネ科の灌木パリコウレア・リパリア *Palicourea riparia* がちらほらと生えていた。アカネ科の灌木は細い分枝した幹、緑色の樹皮、槍形の対生葉、すべての枝を赤く彩る散開した円錐花、そして大きさと形がライラックに似た蠟質の黄色い花をもっている。

以上のような、私がはじめてサンタレンを訪ねたときに咲いていた植物のいくつかの描写は、一一月という月の植生の情景と特徴について概念を得るのに役立つであろう。アマゾン河とタパジョース川の岸沿いには、ガポ（氾濫原、浸水林）のやや濃密な木々の茂みがあったことをつけ加えておかなければならない。たいていのものはたいした高さではなかったが、アマゾン河を下るにつれてしだいに高さを増してきた。一一月であったため、それらのごくわずかなものしか花を咲かせていなかった。あとになってから私はそれらすべての完全な状態の標本を手に入れた。それゆえ、今詳細を述べる必要はない。また川の近くにはたくさんの小さな湖があった。その季節、ひじょうにわずかな水しかなく、ごくわずかな元気のない植物が見られただけであった。

オオオニバス

サンタレンでうれしいことにA・R・ウォレス氏に会い、彼の案内でカンポを横断する道を知るようになり、そして夜は彼のいきいきとした豊かな味わい深い話を楽しんだ。とはいえ、過酷な一日の仕事のあとで、二人とも八時以後は眼を開けているのがむずかしかった。というのは、私が日中の暑い盛りに短い午睡をとる習慣を身につけて、夜間をもっと楽しむことができるようになったのは、私がこの国でもう少したってからのことだったからである。

ウォレス氏は最近モンテ・アレグレへの興味深い旅行から帰ってきたところであった。そしてリオ・ネグロ川を遡行するための船の準備をしていた。モンテ・アレグレで彼は有名な水生植物のオオオニバス *Victoria regia*（=*V. amazonica*）に偶然出くわしていた。そしてその植物に関するこれまでの報告がまちがいでないことを証明するのに足る完全な葉の一片を持ち帰っていた。パラからの船旅のあいだに、私はタプヤから、サンタレンの周囲の湖には、その巨大な葉がファリーニャを焼くための丸い盆に似ていることと、ジャカナとかアウアペとよばれる小さな水辺の鳥がその葉によく乗っているところが見られるこ

第4図　オオオニバス *Victoria regia*。アマゾン河の湖沼、側間流に生育

とから、ポルトガル語ではフォルノすなわち竈《かまど》、一般語ではアウアペ・ヤポナ（ジャカナの竈）とよばれる水生植物があるということを聞いていた。キャプテン・ヒスロップをはじめ、サンタレンの人々はその話は嘘ではないといっていた。それがオオオニバス属 *Victoria* であることはあきらかであった。それが生育している場所の一つへいたる道順を確かめたのち、ジェフリーズ氏は親切にも私に船とこれをあやつる男を貸してくれたうえ、私とウォレス氏といっしょにフォルノを見にいってくれた。

われわれはアマゾン河の主水道を横断して、サンタレンからはその北岸かと思われるが、実際はアナナリとよばれるひじょうに長い島の北側であるところまで渡った。そこから小川を少しばかりさかのぼってタピイラウアリとよぶシティオ（村荘）まで行った。そこから徒歩で三キロほど島を横断するとパラナ＝ミリに出た。そしてそこで直径約九メートルばかりのオオオニバスの群落を発見して大満足した。それが生えているところの水の深さは六〇センチメートルほどしかなく、根はほとんど同じくらい深く泥に潜りこんでいた。葉は横にめいっぱい広がりぎっしり茂っていた。しかしそれらはどれも直径一三〇センチメートル以上はなかった。

私はその生育期間が一年生のものか、多年生のものなのか確認できるものがほしかった。後者であるように思われたがわからなかった。折れて水没した幹は一つもなかったが、太い中央の根はあまりに深く入っていて、われわれの山刀ではいちばん下まで掘り起こすことができなかった。この根はずいぶん大きいが一年生のものかもしれない。しかしこの植物を知る人はみな、これはここでもまた他の場所でも一年中なくなることはないと確信をもっていっていた。これについては、私はのちにそのとおりであることを知った。とはいえ、湖や水道が冬の水位まで上昇したとき、葉柄がそれと歩調をあわせて長くなるのみならず、浮遊する葉の直径がそれに比例して増大し、ときに直径三・七メートルにもなるという彼らの言葉ほどではなかった。私はこの場合もまた他の場合においても、他人の誇張された言葉や、またあきらかに私自身の感覚によっても引き起こされる、思いちがいを正すために巻尺が必要なことを知った。

その後南アメリカで私が見た睡蓮はたしかにすべて一年生であった。グアヤキルのサバンナに生育するものは、冬の雨がそこを湖に変えたとき最大幅に達し、わずかに二、三カ月で食べられる種子を実らせる。

●第三章

オビドスとトロンベタス川への旅

（一八四九年一一月一九日—一八五〇年一月六日）

［本章では、スプルースが出版を意図して書いたこの旅の記録から、旅行者の日々の平凡な生活の詳細はほとんど割愛した。いっぽう植生のことや、いつの時代にも興味がもたれる自然の一般的な景観について述べられた部分は、旅行中のより波乱に満ちた若干のできごととあわせてすべて残した。私はまた、長文の地理学的考察の一部と、南アメリカのさまざまな地域でおこなわれているカカオ栽培の詳細な説明も割愛した。こうして本章の物語は約半分に縮めてある。新しい地方に最初に分け入った探検旅行について、スプルースが完璧な旅行記を書いておかなければならなかったことは当然である。しかし彼が生前旅行記を出版したならば、全体を適当な量に収めるために、私がしなければならなかったように、彼自身思いきって原稿を削除して短縮する必要のあることには気づいたことと思う。］

オビドス行きの家畜運搬船の上で

パラからアマゾン河を遡行していくときは、最初のうちときたま短い雷雨があった以外雨にはまったく遭わなかった。しかし船上にあった最後の二日間と、上陸して三、四日間は、ほとんどたえまない糠雨にみまわれた。これは一〇月の終わりにかけて、サンタレンでは通常予期される乾季の急変である。私はこのおかげでカンポの茂みに花がいっせいに咲きそろったことを感謝しなくてはいけないと考えた。そしてこの機会を無にしなかった。そのあと乾燥した太陽の輝く天候がやってきた。そこで、聞いていたように、夏はもう二カ月はつづくことが期待できようから、パラで計画していたオビドスとトロンベタス川の探検を実行に移す決心をした。オビドスとファロ行きのバテラオンという家畜運搬船に便乗、その棚式寝台を確保した。われわれは一一月一九日に乗船、サンタレンからの距離はわずかに一一三キロメートルでしかなかったというのに、九日間の長く退屈な船旅ののち、二八日の夜オビドスに到着した。……

われわれの進んだ南岸の植生がもっとおもしろいものであれば、私はこの遅れに対してなにも文句はなかったであろう。というのは、船が錨を下ろしたり風を待って停泊したときは、毎日私は上陸することができたからである。しかし川岸はほとんどの部分がかなりの広さまでカカオのプランテーション（ポルトガル語でカコアール、スペイン語でカコアレとよばれる）になっていた。というのは、もっとも大規模にカカオの栽培がおこなわれているのはアマゾンのこの部分だからである。カコアールは川縁ぎりぎりのところまできているか、そうでなければ、そのまわりを氾濫する河岸にごくふつうに生えている雑草、灌木、一年生草本の交じる狭い草むらに取り囲まれている。カカオの木には若干新しいものもあったが、ほとんどは収穫が期待できる状態ではなかった。

パリカトゥバ岬、壮麗な花

パリカトゥバ岬——同じ名前の島が半島の北西端にある——を回りきったのち、川幅の広い屈曲部に入り南へ向かった。この時期、川の水は最低水位にあり、岸辺はほとんど高さ六〇メートル近くの切り立った断崖であった。そして下のほうにはかなりの岩層が露出していた。

ここで少しばかりの興味ある植物を発見した。とくに勢いよく伸びた長い茎と、薄片に剝がれる赤褐色の樹皮、大きな対生葉、三〇〜六〇センチの長さの花柄をもった、美しいアカネ科のカリコフィルム・コッキネウム *Calycophyllum coccineum* が、小さな黄色い花を集散花序にいっぱいつけていた。それぞれの集散花序のもっとも外側の花は大きな苞葉《ほうよう》に包まれていた。苞葉の長さは七・六センチ近くあり、上部が紅、下部は赤く、柄の部分が萼と結合しているので、まるで萼の歯の一つの延長のごとく見える。断崖の一部はこの豪華な苞葉で火炎に包まれているかのように見えた。この植物のインディオ名のコルセ＝カア、すなわち太陽の葉はこのことに負っている。それといっしょに濃紫色の綿毛のような花をつけた美しいツリガネカズラ属 *Bignonia* が生えていた。そして断崖のてっぺんには、木陰に大量の羊歯《しだ》ギムノグラムメ・ルファ *Gymnogramme rufa* が繁茂していた。その羽状葉の裏側には、たくさんの密集した赤い縞（蒴果の列）がついていた。

カカオのプランテーション

カカオの栽培は私にとってはこの地方特有の植生よりはるかに興味深かった。カカオノキ（カカオ属 *Theobroma* ——神々の食べ物の意）については、サンタレンとオビドスのまさにこれらのプランテーションについても含めて、これまでにもしばしば言及されてきており、今さらこれ以上書く必要がないほどである。しかし私はそのあとでたぶん世界でもっとも重要なグアヤキルのカカオのプランテーションを見たから、アマゾンのそれと比較しながら述べてみるのもおもしろいかもしれない。

まず最初に双方の経営管理の欠点と思えたことを述べておこう。それは過密な植栽で、もし私の記憶を信用してよいならば、グアヤキルではアマゾン以上に過植であった。家の近くの独立木や、流れや道路に隣接して植えられた木々の並木が、大きな果実をたわわにつけているのはみごとな眺めである。ところがプランテーションの中央部では、木々がたがいに枝を交差するほど相互に近接して立っていて、広い葉は太陽の光を完全に遮断してしまっている。すると地上に淀んだ湿っぽくかび臭い空気はまったく循環しないため、大部分の花は受精せずに落ちてしまい、そして熟するまでに達したわずかな果実も、光や空気をいっぱいに受けた木々の実よりずっとやせていて、種子は小さく薄い。事実、よく生長したカカオの木はそれ自身でじゅうぶんな日陰を作るが、花や果実はその幹やおもな枝についているのである（このことはよく知られている）。だから、他の樹木でこれを取り囲んで、その垂れ下がっている枝の下に入り込んでくるわずかな空気や光をことさら遮断する必要はない。栽培業者もプランテーションの周辺部分の木々のほうが実りが良いことを見過ごしているわけではないが、真の原因には気づいていない。そして彼らは祖先がおこなってきたのとちょうど同じ距離を保って、木々を植えていかなければならないと考えている。

オビドス

オビドスに近づくと、水面から四五メートルくらいの高さに屹立した急な断崖が前方に見えてきた。それは北岸に沿って三キロほどにわたって延びていた。それはさまざまな色の土と粘土でできており、ところどころで、その麓にパリカトゥバのものと同じような粗い粒子の交じった砂岩が見られた。この断崖の東端に近い台地の上にオビドスの町が立っていた。町は教会の塔と二、三軒の家の屋根以外、川からはなにも見えなかった。しかしそこに登ってみると、あまり整然と建設されているとはいえないが、サンタレンに匹敵する規模の町を発見した。

私は軍司令官のジョアン・ダ・ガマ・ロボ・ベンテス少佐への紹介状を持ってきていた。司令官はわれわれのために彼の息子と共用の部屋を一つ用意してくれた。息子は若い自堕落な男で一日中ハンモックに寝そべっているか、ヴィオラを弾いているか、カチンボすなわちパイプで煙草をふかしているかであった。そのようなわけで、われわれは室内の仕事にじゅうぶんな場所が確保できないうえに、サンタレンのように森の内部まで奥深く通じる広い道もなかったことから、戸外の仕事の範囲も制約された。このような事情で花や果実は手に入れにくかったけれども、湿度は高く植生は旺盛であった。原生林は町のごく近くまで迫っていた。そこからいつもグアリバ（吼猿《ほえざる》）が、夜明けに咆哮を送ってきた。

採集された植物

オビドスにおけるほんのわずかな滞在期間中、一年のあまり良くない季節に作った植物の小さなコレクションは、ここの植生を表すにはひじょうに不適切なものである。ただ川岸だけは、おもに一年生のインゲン属、トウダイグサ科そしてキク科の花で彩られていた。断崖の上にはわずかな地味なノボタン属 *Melastoma* が、ホタルブクロ属 *Campanula* と同じ形質と明るい野生のヒヤシンス形の花をもった、ひじょうに美しいリンドウ科のリシアントゥス（トルコギキョウ）属 *Lisianthus* (=*Lysianthus*) のウリギノスス種 *L. uliginosus* に交じって生えていた。あちこちに優雅に曲線を描いた枝と、ふつうに見られるヒカゲノカズラの実に似た果実をつけた穂をもったミズスギ *Lycopodium cernuum* の大きな房が垂れ下がっていた。それといっしょにまた別のウラジロ属 *Gleichenia* の羊歯のグラウケスケンス種 *G. glaucescens* が生えていた。それはそのすべての同類と同じように長い豊かな羽状葉をくりかえし分岐させているが、羽片がしばしば一対に退化しているため、二股に分岐しているようにも見えるかもしれない。

崖から水がしたたり落ちているところにはきまってギムノグラムメ・カロメラノス *Gymnogramme calomelanos* が生えていた。そのいくつにも分岐した葉の表は深緑色であるが、裏面はあたかも粉をまきちらしたかのように白い粉でおおわれていた。たぶん熱帯アメリカのすべての羊歯のうちでもっともありふれたものであり、アンデスの寒冷なパラモ〔南米熱帯地方、とくにアンデス山地の無樹の高山草原地帯〕の上まで繁殖していて、平原では高さ一メートルのものがそこでは数センチの高さに縮んではいるが、その特徴となる性質はすべて維持している。

野生のカカオ

町の東側を小さな川が北から渓谷を流れ下っていた。そしてアマゾン河に入る手前で広がり、ラーゴ・デ・オビドスという名で知られた湖を作っていた。この小川への緩やかな下り坂は砂地で、樹々の生長は粗末なものであった。そのとき花を開いていたわずかな樹々のうちで、もっとも印象的だったものは野生のカカオのテオブロマ・スプルケアナ *Theobroma spruceana*、きれいなクリソバラヌス科のリカニア・ラティフォリア *Licania latifolia*、羽状複葉と小さな白花を長い総状花序につけたグアレア属 *Guarea* の一種、さまざまな種のインガ属 *Inga*、クパニア属 *Cupania* などであった。テオブロマ・スプルケアナは高さ一二メートル、いただきに葉の分枝した冠をもち、まっすぐなほっそりした幹全体に花の房を上までつけていた。樹々の下には上品な蠟質の白い花をいっぱいつけたナス科のコダチトマト属 *Cyphomandra* が生えていた。葉柄が気胞状に肥大し、そのなかには活動的な針蟻が巣を作ることでよく知られた、ノボタン科のトコカ・スカブリウスクラ *Tococca scabriuscula* が生えていた。アカシア属 *Acacia* のパニクラタ種 *A. paniculata* のほっそりした茨《いばら》のような茎が樹々のてっぺんまではい登り、その途中のいたるところで丸い頭状に集まった微小なクリーム色の円錐花序を出していた。

湖の近くの土地は沼地で、あきらかに雨季には水面下に没するところであったが、そこは独特な植生をもっていた。格別豊かなのは、丈の低い藪のように茂ったトウダイグサ科のペリディウム属 *Peridium* の一種で、無数に咲かせた赤い花から強烈な蜜の香りを発散させていた。それぞれの花はとても小さな小花を包み込んだ、弾丸の鋳型のような一対の半球形の椀の形をなしていた。丈の低いその他の樹々はマイナ属 *Mayna*、ブルダキア属 *Burdachia*、キビアントゥス属 *Cybianthus* などであった。

湖それ自体は、おもに性質と尖った果実の穂状花序が、わが国のスゲ属 *Carex*（=*Carices*）にきわめてよく似ているスゲガヤ属 *Hypolytrum* の菅《すげ》と、そしてわが国の荒れ地のラストラエア・オレオプテリス *Lastraea oreopteris* にひじょうによく似た、美しい羊歯のネフロディウム・セラ *Nephrodium serra* で縁取りされていた。その水面には、これもまた羊歯（広義の）の一種であるが、丸いソラマメ型のオリーブ色の葉からはその仲間とはきわめて異なって見えるサンショウモ属 *Salvinia* のヒスピダ種 *S. hispida* が浮遊していた。また英国種にやや似ているスイレン属 *Nymphaea* のサルツマンニ種 *N. salzmanni* も浮かんでいたが、こちらはそれほどきれいではない。

湖の反対側の岸辺に、高い樹々におおわれ、すきまなく下生えの生い茂ったエスカマス山脈が盛り上がっていた。その下生えのあいだに、私は美しい花を咲かせた灌木を少し発見した。

トロンベタス川へ出発

変わりやすい天候がつづいた。そのため、われわれは森のなかでしばしばびしょ濡れになって雨を耐え忍ばなければならなかった。また採集品を腐敗と黴から守るのにもたいへん苦労した。それはトロンベタス川の探検計画を放棄せざるをえないかと思われたほどであった。しかしガマ少佐は、雨季がこのように早くはじまったときは、天気はおおむねクリスマス後に回復し、一月いっぱいはまずまず乾燥して、スペイン語圏の中南米諸国では《ベラノ・デル・ニニョ》とよび、英国ではクリスマスの夏とでもいえる時期がやってくると請け合ってくれた。

彼はまた私に彼のイガラテ[1]、すなわち旅行用のガリオタ（ガレー船）を貸してくれて、それを操縦するインディオをトロンベタス川からよんであげようといってくれた。私は喜んで彼の申し出を受け、そしてインディオがよばれた。インディオは五人来るはずであったが、呼び出しに応じてやってきたのは三人だけであった。オビドスでは人手は一人も得られないから、これだけでもわれわれは満足しなければならなかった。しかし司令官は途中でいいつけにしたがわない二人のインディオをもし捕まえることができたら、乗船するよう命令しなさいといってくれた。とはいえ他の三人も気持ち良くやってきたわけではなかった。気の毒な彼らは炎天下や土砂降りの雨のなかを、せっせと櫂など漕ぐよりも、森の家で狩りをし、働き、あるいは気の向くままに遊んでいるほうを好んだ。二人は頑強な男で、あきらかに三〇歳を越えていた。三番目の、水先案内人を務めることになっていた男は六〇歳に近かったであろう。彼はこの川を上流までさかのぼったことがあり、その航行については熟知していた。私は、川底に岩が見えはじめ岸辺から丘がはじまる上流まで、できるかぎりさかのぼりたいと希望していた。そして水先案内人から、トロンベタス川を数日遡行したところに、左手に入る大きな支流のアリペクルー川があり、それをさかのぼっていけば、主流を行くよりもはるかに早く探しているものを発見するだろうということを聞いた。そこでアリペクルー川の早瀬をわれわれの最終目的地と決め、備品のなかに、途中の食料として欠かせないピラルクーとファリーニャを蓄えた。

われわれは一二月一七日午前一〇時ごろ出発した。そしてオビドスとは直線距離でわずか一〇キロしか離れていないトロンベタス川の河口に到着したのは午後三時半であった。トロンベタス川は一つの島を含めてそこでは川幅が約一キロ半あった。

キリキリ湖

午後八時半にイガラペの入口のキリキリとよばれる湖に到着した。ここには、われわれの水先案内人の兄のシティオ（村荘）があった。うれしいことに、ここで雨と蚊から待避することができた。ガリオタの前部をおおうヤパすなわちマットを作るために、翌日は一日ここにとどまることに決めた。そこには食料が積み込まれていたのだが雨でかなり湿ってしまっていた。

一二月一八日――（日記から抜粋）この日はイガラペとキリキリ湖の上にいた。主人のエリサルドは大工で、ひじょうに器用な男であった。彼はまた少しばかりの畑を耕していた。そして湖に接した場所によく肥えたカンナ＝ラナの牧草地をもっていて、わずかばかりの仔牛の肥育をおこなっていた。彼は三、四人の奉公人と助っ人をもっていて、楽な暮らしをしているように見えた。

朝、彼はわれわれを連れて湖を横断した。湖の支流が横切っている谷に夜近くまで残り、そこでタプヤたちは椰子の葉を切ってヤパを織り、私は植物を探した。湖にいちばん近い森に入った私は、道を横切って寝そべっている二匹の蛇らしきものを発見してびっくりした。それらはドラコンティウム属 ***Dracontium*** の里芋の葉の柄で、白、緑、黒（あるいは褐色）の、有毒種のジャララカそっくりの斑模様をもっていた。そのことからこれはジャララカ＝タヤとよばれている。セイヨウキンポウゲ *Ranunculus bulbosus* の根茎に似ているが、下面が平らな球根状の根をもった生長過程にある植物を少し発見した。それは多くの他のアルム属 *Arum* の根のように食用となる。しかし一様に存在するいがらっぽい味を、水に浸してやわらかくするか、あるいは茹でたときの最初の水を捨てることによってとりのぞかなければならない。

はなやかな色の登攀植物

乾季のあいだに湖の水は、森に接した灌木の境界とのあいだに広い浜辺が残るまで退いた。浜辺には数種の一年生の草本と、わずかな刺激にも反応して運動する未記載の感覚植物のオジギソウ属 *Mimosa* の一種オルトカルパ種 *M. orthocarpa* と、美しい低木のナンバンクサフジ属 *Tephrosia* のニティダ種 *T. nitida* が生えていた。ニティダ種は英国の羽衣草《はごろもぐさ》のように絹状の軟毛におおわれ、紫色のカラスノエンドウのそれに似た花をたくさんつけていた。これはアジャリとよばれ、その葉は同属のトキシカリア種 *T. toxicaria* のそれと同様に、魚を麻痺させるのに用いられている。トキシカリア種はニティダ種ほど美しくはなく、私は後日これがサンタレンやペルーで魚毒用に栽培されているのを見た。

藪はさまざまな種類のハズ属 *Croton*、ビットネリア属 *Büttneria* などからなっていた。しかしとくに多いのはアルヴォリ・ジ・シャペレチ、すなわち小さな帽子の木として知られているグスタウィア・ブラジリエンシス *Gustavia brasiliensis* で、これは果実が小さな帽子に見立てられていて、五枚の大きな散ることのない萼片が、盤のまわりから水平に広がっていて、帽子のつばの形をしている。これらのいずれよりも派手なのは、キントラノオ科、カガイモ科の登攀植物であった。なかでも三枚のひし型の小葉をもち、あざやかな青色の花を円錐花序につけたステノロビウム・カエルレウム *Stenolobium caerulem* があった。私は後日これが平原を埋めつくす雑草のように生えているのを見た。氾濫すると水に浸かる森のなかにはリカニア・トゥルニウァ *Licania turniva* がたくさん生えていた。これは樹高一五メートルを越え、微細な緑色の花を羽状の円錐花序に咲かせる。カライペ・ダス・アゴアスとよばれ、ひじょうにわずかであるが珪藻土の粉末を含有しているために、より良質のものが手に入らないとき焼いて粉にした樹皮が陶器を作るのに用いられる。樹皮、幹、果実あるいは樹脂のいずれであろうと、ガポの木で作られた製品は、テラ・フィルメ（本土）すなわち氾濫する水が届かないところに生育するそれらの仲間の別の木で作ったものよりも劣ることは、インディオのあいだでよく知られている。

私は緩やかに傾斜した谷の、長い登り道を採集してまわった。しかし森はひじょうに濃密になってきて、樹木もまた灌木も花の咲いているものは一つもなかった。

ピンドバ椰子の葉で葺かれた屋根

戻ったとき、インディオたちはちょうどヤパを完成しかかっていた。ピンドバ椰子の葉の広々とした小葉（これでヤパが作られた）はほとんどくっついて約四五度の角度できわめて規則正しく中肋についている。それゆえ二つの葉をたがいに半分ずつ重ねて並べて敷くと、小葉は直角に交叉するから、たやすく交互に織ることができる。このようにして六枚の葉が二層に、あるいは九枚の葉が三層におかれ、全体がまったく雨の染み込まない目の細かなマットすなわちヤパに織り合わされた。屋根葺きが必要になったときは、葉の中肋をその全長に沿って端から端まで裂き、二等分した二枚を一方向に向けてひっくりかえして重ねる。すると半分の小葉が、他の半分のすきまの上に重なるようになる。葉はそれから広げて漂白し乾かすと、完全に白色か淡い麦わら色になる。小葉はこれでぜったい巻き上がらない。それゆえピンドバ椰子の葉で新しく葺かれたばかりの家はひじょうにきちんとしていて美しい。

アリペクルー川遡行

われわれは今やトロンベタス川をあとにして、アリペクルー川に入らなければならなかった。その河口には二つの島があった。われわれは島のあいだの水道をとった。その先のはずれまで水道はルジオラ属 *Luziola*（水草の一種）によってほとんどふさがっていたため、船を棹で押し進めて通り抜けるのにいささか苦労した。他の島々がつづいて現れた。われわれは狭い水道を縫うようにして進んだ。根元からてっぺんまで登攀植物の花綵《はなづな》で飾られた両岸の高い樹々の壁に閉じ込められた。正午過ぎに島のない水域に抜け出たとき、そこには幅四五〇メートル以上の川があった。ここの川辺にオビドスのそれに似たわずかな砂岩の岩塊が露出していた。砂丘が出現しはじめた。さらに少し上っていくと川はそれらに邪魔されて、進路を見つけるのに苦労した。夕方近くになって幅約二〇〇メートルのひじょうに長い浜まで来た。浜は川からずっと高いところにあって水は届かず、水はその西側に沿って狭い帯状にあるだけだった。これはプライヤ・グランジ・デ・タルタルガ、すなわち大きな亀の砂丘という名で知られている。

夜が迫ってきたので、それに船を横づけにした。乗り組みの者は火を焚き、眠るために帆を広げた。そして探しまわって若干の亀の卵を手に入れた。しかしおびただしい数の卵殻が散らばっていたから、幼亀のほとんどのものがすでに水中に帰っていってしまったあとであることはあきらかだった。

最初の急湍へ

［さらに三日かかってこの川の最初の急湍《きゅうたん》に達した。流れはときどきかなり曲がりくねりはしたけれどもおおむね北方向に向かっていた。岸辺は急峻となり、旅の一日目が過ぎるとかな

りの高さの丘が現れはじめた。そのいくつかは三〇〇から四五〇メートルの高さがあった。二三日の夜、インディオとキング氏は砂丘で焚き火を大々的に焚いてそのかたわらで眠った。そして朝になってジャカレ（アリゲーター鰐）の足跡が発見された。それはこれらの危険な生き物の一匹が水から出てきて、だれにも気づかれずにそばを通っていったことを示していた。クリスマスの日の朝、川はさらに狭まり、流れはさらに速くなった。層をなす岩が岸辺に現れた。それらはまもなく低い垂直の崩れつつある断崖となった。その上の急傾斜の岸は豊かな樹々の緑で包まれていた。ここかしこで、細い小川が断崖から滝となって流れ落ちていた。それは英国を去ってから旅人たちが今はじめて耳にした音楽的な響きを奏でていた。〔編者によって要約〕。日記はさらに以下のようにつづく。〕

ついに流れは棹も櫂も奪い去るほど猛り狂ってきた。インディオたちは岸辺に跳び移ってツリガネカズラ属 *Bignonia* の茎の大きな蔓《つる》を切り取ってきて、それを船首に結びつけた。そのなかの二人は岸沿いにたぐり寄せるためにそれを自分の体に結びつけた。水先案内人は舵柄を手にした。その操縦には渾身の力をふりしぼってあたらねばならない。岸辺や水底の岩にガリオタをぶつけないよう、四番目の男は長い棹を持って船首に立っているが、手さばきが悪くて何度かひどくごつんと当ててしまっていた。

アリペクルー川を船で航行できる最終地点の第一の滝の前にガリオタを繋留したのは正午であった。われわれはおびただしい銀梅花《ぎんばいか》の藪に囲まれた左岸の小さな浜辺に上陸した。それは山査子《さんざし》に似たたくさんの雪白色の花におおわれ、優雅な香りを放っていた。ここでわれわれは豪華な朝食（正餐）をととのえ、英国にいる友人たちに「メリー・クリスマス」の祝杯を捧げるために、滝の水でカシャサの水割りを作った。ちょうど同じころ、たぶん彼らは燃える火のそばで七面鳥のローストとプラムのプディングを楽しみながら、極上の飲み物で旅人たちに乾杯していたであろう。

小屋を建てることを拒否するインディオ

これまでわれわれは天候に恵まれた。というのは、激しい雨には一度も遭わなかったからである。私は、晴天はじゅうぶん長くつづいて、植物の大きなコレクションを作れるものと期待した。私は川岸に仮小屋を建てたいと思ったが、インディオたちは疲れたといって翌日まで仕事を延ばし、ヤッパをかぶせて屋根代わりにすることで満足していた。つづく二日間は昼も夜も雨が降りつづいた。ときおりものすごい雷が鳴り響いた。仮小屋の必要性を痛切に感じたが、それはまたインディオたちの口実となり、雨のさなかでは椰子の葉を切り落とすことも、濡れた森からそれを持ち出すこともできないといわれてしまった。

カルナウ山登頂のこころみ

二八日の夜明けに空は完全に晴れ渡り、晴天が約束されたかに見えた。そこで私はカルナウ山脈まで行ってみようかと思い立った。そしてもし時間が許せば、そこに登ってみようかとも考えた。われわれの場所からはそれは見ることができなかった。しかし川を上がってくる途中で私が見たその最後の姿は、川の東側の岸から直接盛り上がっていたので私にはそれでじゅうぶんであった。

男一人を野営地の番に残し、他の三人を連れて森を抜ける道を切り開くために出かけた。出発したとき太陽はまだほとんど昇ってきていなかったので、私は川岸沿いに行くように注意した。しかし少し川上から河口の見えたいくつかのイガラペの先端を迂回しようとして、インディオたちは森を東方向に突入した。丘を上り、竹やムルムル椰子でいっぱいの谷へ下った。ムルムル椰子は長さ数センチの刺をいっぱいつけていた。われわれは数時間このようにして進んだ。と、そのとき、この道でよかったのだろうかと心配になった。三人は何回かカルナウ山脈を見つけるために高い木に登った。しかし山も川も見えなかった。六時間歩いたのち、正午にわれわれの終着点と思われる方向を検討するために停止した。そのとき男の二人が、なにも告げずに野営地への道を引き返すために行ってしまった。私の森での旅の経験はまだほんのわずかしかなく、案内役のインディオをけっして見失わないことがいかに重要であるかを知らなかった。あとでまちがいであることがわかったが、私はわれわれは川からそう大きくは離れてはおらず、たくさんあるイガラペの一つをたどっていけば、簡単に川に行き着けるものと考えていた。……そこでわれわれといっしょに残ったカフゾのマノエルを先導役にしてイガラペを探しまわった。そして一本見つかったのに沿って下った。これは容易ではなかった。というのは、藪や蔓植物で密に取り囲まれていないところは、竹とカットグラスの絡み合った平地となっていて、手と膝に頼って通り抜けていくしかなかったからである。

森で道に迷う

その日はひじょうに蒸し暑く、空気の流れは全然なかった。そのとき天がにわかにかき曇り、深い静寂が森のなかのざわめきに破られた。まもなく低い轟音に変わり、大きな雷が頭上で炸裂した。このなかでキングは栗の毬《いが》をむくために立ち止まり遅れてしまった。土砂降りの雨はあたりを暗くし、たえまない雷鳴と、木の葉に落ちる雨の雫の饒舌が他のすべての音を消し去った。そのためしばらくのあいだ、われわれは彼がいなくなっているのに気づかなかった。あとで彼はわれわれをよんだといっていたが、その声も聞こえなかった。彼はイガラペの流れに沿って下ってきて、まもなくいっしょになれるものとわれわれは考えていた。しかし彼を待ってぐずぐすしているあいだに、私はマノエルの姿も見失ってしまい、ふたたび再会できるまでに半時間がかかった。私はそれからマノエルを高い木に登らせた。私は根元で、そして彼はてっぺんから声のかれるまで仲間をよんだ。私は川のほうも捜すよう命じた。しかし木のてっぺん以外なにも見えないと彼は申し立てた。もう三時になっていたが、そのときたいへんうれしいことにキングの声が聞こえ、まもなく姿を現した。栗の実を毬から取り出したのち、彼はまちがってイガラペの支流をさかのぼっていってしまった。しかし傾斜がとても緩やかなため、一キロ半ほど行くまで自分のまちがいに気づかなかった。二枚の葉を水に浮かべて、水の流れる向きを確かめたうえで、彼はただちにもと来た道を引き返してきたのである。

イガラペは終わりがないように見えた。われわれはそれがどこかの椰子の沼地で終わっているのではないかと心配しはじめた。時間は午後の四時をまわっていた。ちょうど雨が通り過ぎようとしていたとき、うれしいことに川が見えてきた。しかしそれはまったくはじめて眼にする眺めで、湖のように水は動かず静かであった。――そしてわれわれが探し求めていたまさにその山が、北の方向のすぐそこにあった。西の少し離れたところに別の流れが、われわれのそばの流れといっしょになるために、岩の上を走り下ってきていた。そしてその合流点には花崗岩がひじょうに高く乱雑に積み重なってできた半島があった。あきらかにわれわれは野営地から遠いところまで来ていた。とにかく考えていたことは、できるだけすみやかに野営地に帰り着くことであった。そこでわれわれは川を下りはじめた。しかし川岸には浜といわれるようなところは全然なかったため、川縁に沿っていくことはできなかった。そして森はちょっと奥よりもさらに木々が密生して絡み合っていた。私はマノエルがわれわれよりもずっと早く川を下ることができると判断して、太陽が沈み出したとき、船のところに着いたらなにか料理してわれわれを待つようにと指示をあたえて、彼を先に行かせた。――これは私のもう一つの誤算であった。というのは、われわれが楽に森を抜けてこられたのは彼の振るう山刀のおかげだったからである。

われわれは日没少し過ぎまで苦闘をつづけた。陽が沈むと暗すぎてもう進めなくなった。月は満月を少し過ぎたばかりであったけれども、木々のてっぺんにかかるまでには少し時間を要したからである。われわれは大きな木の根元の、二つの板根《ばんこん》のあいだに腰を下ろした。しかし木も地面もひじょうに湿っていたし、われわれ自身ずぶ濡れになっていた。というのは雨が止んだのちも、繁茂する藪のなかを通り抜け、蔓植物を切るたびに、雫の雨が降りかかってきたからである。状況はきわめて悪かった。なぜならば、キングの山刀と私の地衣類採集用のハンマー以外、武器はなにもなく、火を起こす材料もなに一つなかったからである。われわれは袋のなかにわずかばかりの焼いたピラルクーとファリーニャを持っていた。ファリーニャは雨のためにねばつく糊に変わってしまっていたけれども、われわれはそれで簡単な食事にした。しばらくすると寒さを感じ眠くなってきた。しかしこのような状態で眠ると、起きたとき体がこちこちにこわばってしまって動くことが困難になるであろう。ジャガーに襲われる危険はいわずもがな、それについては滝のある森にはたくさんいるからとわれわれは聞かされていた。

行軍を再開した。しかし夜は曇っていた。そして濃密な森を通して差し込んでくる月の光はわずかであった。それでもわれわれは骨折って進んだ。刺の生えた椰子のなかに突っ込み、蔓に絡まった。刺が生えた蔓もあった。昼間でも蔓植物は道のない森のなかでは通り抜けには大きな障害である。夜はおして知るべしである！　はいまわっている蔓植物のなかに足をとられ、それをとりのぞこうとすると、また別の蔓が絡みつき、投げ出される。あるいはそれをほどこうと身をかがめると、二本の木のあいだに垂れている丈夫なねじれた蔓によって、あごを首縄のように捕らえられた。一度大きな蟻の通り道に踏み込んだ。それはわれわれの足や脛に群がってきて、ひどく刺した。そしてそれらをきれいにとりのぞくのに何分もかかった。

途方に暮れ、疲れ果てたすえ、われわれはようやく川岸を捜しあてた。そして浅瀬からいくつかの花崗岩が高く盛り上がった岩場にはい上がった。そこに横になって月が中天近くまで昇るのを待った。われわれがふたたび森のなかに入ったときは、木々の茂っていない部分を選ぶのにちょうど足るだけの光があった。とはいえ、われわれの行く手に横たわる石や木の株や蔓植物がわかるほどではなかった。注意深い足取りと遅々とした進みぐあいをがまんして、たえず水の流れる音が聞こえる距離を川とのあいだに保ちながら、ところどころでイガラペの水のなかを歩いたり、川の上に橋となってかかっている滑りやすい倒木の幹を伝って横断したりして、足元に注意しながらゆっくりと辛抱強く進み、みじめで過酷な旅に疲れ果てて、午前一時に野営地にたどり着いた。

この悲惨な旅の影響はまる一週間にわたってわれわれの上にのしかかった。雨に濡れたことが原因のリウマチの痛みと硬直のうえに、手足は刺でひどく傷つき、そのいくつかは化膿した。これらと比較すると大小の蜱《だに》の螫刺《せきし》によって引き起こされるいらだちや、蜂や蟻の刺咬はとるにたらない一時的なものであった。

私はアマゾンの森で道に迷い、行き暮れることがどのようなものであるかを、いささか知ってもらうつもりで、この冒険談をこのように詳細に記した。……森におおわれたアマゾン流域の広大さを読者は思い描いてほしい。そこには人間の住居がいかに少なくそしてたがいに離れているかを。そして土地が平坦なところはとくにそうであるが、植生が密で、数歩先はめったに見えないことを。だから道に迷った旅人は、すぐそばに助けになる道しるべがあっても気づかない。最近新しい伐開地を切り開いたインディオから聞いた話であるが、彼は薪を採りにある朝出かけて、自分の小屋をふたたび見つけるまで一日中歩きまわったが、あとで自分が小屋から一キロ半以上はまったく離れていなかったことがわかったそうである。……

森を抜ける道を作る場合、さえぎる枝葉をことごとく切り払わずに、それらを半分に折り、進む方向に曲げながら通り抜けていくことが望ましい。これは数人がいっしょで、大きな木を曲がったところでほんの数歩先を進む先導者が完全に見えなくなってしまうような場合はとくに必要である。新しい植物を集めて興奮しているときとか、野生の動物を追跡して奮い立っているときは、道にきちんと目印をつけておくことを忘れがちである。それは私自身数回経験したことで、森のなかを奥深く入り込んで一人きりになったとき、もと来た道に沿ってさて帰ろうとして、帰り道を発見することができなかった。

道を完全に見失ったことがわかった瞬間はまことに痛ましいものである。私よりはるかに丈夫な神経の持ち主でも、まったく動揺しないわけはないだろう。温帯圏の森で見られるような、風の強い方向に向かってすべて傾いている木も、幹に苔の多い側のある木もまったくない。私のとった対策は、太陽が木のいただきを通り過ぎるのを見守って、座って辛抱強く太陽の道を確かめてから、それにもとづいて私の進むべき方向を注意深く計算し、そしてそれからそれないように進むというものであった。そうすることによって私はいつも安全に森から脱出できた。懐中コンパスはこのような突発時には疑いもなくひじょうに優秀な道連れである。しかしそれは防水ケースか袋に入れて持ち歩かなければならない。というのは、空は晴れていても、藪はたいていいつも濡れているからである。

奇妙な花をもつ不思議な登攀植物

私の物語に戻ることとする。主目的は山に行き着くことであったから、途中たくさんの植物を採集していて前進を遅らせるわけにはいかないので、記録に値する植物はたった二つ採集したきりであった。

その一つはカキノキ科に近縁の、奇妙な形をした植物であった。それについてはベンサム氏は一新属をもうけてブラキネマ・ラミフロルム *Brachynema ramiflorum* の名前で記載することを提案した。これは小さな木で、カカオにやや似ていて、両端が先細になった同じような長い葉脈の葉をもち、下部の葉はひじょうに長い茎から出ている。裸の幹や枝に房をなして生長する花は、褐色や黄色の斑模様の管状花冠をもち、その花弁は雄羊の角のように後方に反り返っている。拡大した萼は殻斗果のそれに似た果実の杯を形成する。

もう一つの植物はエビネ属 *Calathea* のもので、クズウコン属 *Maranta* のような大きな葉をもち、黄色のサフラン属 *Crocus* のそれに似た花を根元から咲かせる。それは砂質の丘の頂上をおおって木の下に生える。そこにはクチアすなわちアグーチがおびただしい数の巣穴を作っていた。

いたるところにブラジルナットノキ属 *Bertholletia*、パラダイスナットノキ属 *Lecythis*、イキカ属 *Icica*、リカニア属 *Licania* など、またとくに注目すべき、現地名をイタウバといい、もっとも硬くもっとも丈夫な船舶用材となるストーン・ツリーを含むさまざまなクスノキ科の植物など、貴重な樹木が生育していた。しかしながら、ほとんどのものは花を開いていなかった。しかし野営地の近くで、私は良い状態のもっと地味な樹木の標本を若干手に入れた。

ひじょうにしばしば見られたのは美しいアカネ科のノナテリア・グイアネンシス *Nonatelia guianensis* で、これはひじょうに豊かな対生葉をもち、その管状花は基部が赤く、先端が黄色で、スイカズラの花冠よりやや短かった。小さなたくさん畝のある果実をつけ、一見してアメリカツガの果実に少し似ている。フランス領およびブラジル領ギアナの全域に広く分布するのが発見される。

ブラジル名をミラ=ピシュナすなわちブラック・ツリー（黒い木）というスウァルトジア・グランディフォリア *Swartzia grandifolia* はアリペクルー川の岸辺に沿ってずっと見られた。それは大きな木に生長し、その暗い色と丈夫な材は指し物細工用として珍重されている。インガ属 *Inga* の葉のように、葉は小葉片に分かれた中肋をもった羽状複葉である。多くのアマゾンの樹木がそうであるように、花は幹から直接出ていて、一枚の大きな黄色い花弁と、上部が黄色で下部が紫色のたくさんの下方に曲がった雄蕊をもつ。それらはのちにカラスノエンドウの実に似た莢果となる。

登攀植物の仲間では、奇妙なオトギリソウ科の一種ノランテア・グイアネンシス *Norantea guianensis* が、それぞれ約二〇〇個の奇妙な袋状のきれいな紅色の苞と微細な紫色の花をつけた、長さ五センチの穂状花序を、あたかも火炎の噴射のごとく暗緑色の葉むらのかたまりから突き出していた。

ヨツバネカズラ属 *Combretum* の一種は、その筒状の穂状花序がひじょうに派手で、それぞれの花はなかに微細な黄色の花弁がぴったり収まった管状の萼と、外へ垂下した深紅の長い紐状の雄蕊が特徴的であった。

ドレパノカルプス・フェロックス *Drepanocarpus ferox* はカラスノエンドウのそれに似た美しい紫色の円錐花序をつけていたが、茎に生えた強靭な鉤状の刺のために、怪我の危険を覚悟なしには引き抜くことはできなかった。

珍しい水生植物

とはいえ、もっとも奇異な植物群は滝の岩の上に生育していた。そこではこれらの植物は泡立つ水のためにたえず濡れていた。それらはカワゴケソウ科であった。本科には海草や地衣やときとしてツボミゴケ属 *Jungermannia* の葉に似た葉をもつ奇妙な離弁花がある。それらはひじょうに大量に生育し、硬い岩の穴にまで喰い入っていて、それを見たとき私は微細な苔のコ

ゴケ属 *Weissia* のカルカレア種 *W. calcarea* やある種の地衣アナイボゴケ科に侵食されているイングランドの白亜層の断崖の道を思い出した。私は三種を採集した。もっとも美しかったのは新種のカワゴロモ属 *Mourera* のアルキコルニス種 *M. alcicornis* で、それは淡い紫色の花をもち、葉はアイスランドに産する苔のエイランタイ *Cetraria islandica* の葉を思い出させた。

菫

岩のあいだの砂地には菫の仲間の小さな草本のイオニディウム・オッポシティフォリウム *Ionidium oppositifolium* が繁茂していた。同属のさまざまな種がブラジルの他の場所にも自生していて、そこではその根から一種のイペカクアニャ（吐根《とこん》）を採っている。これは真の吐根（トコン属 *Cephaelis*）と同じ催吐剤としての作用を有するが、その効きかたはそれほど穏やかではない。しかしながら私は、アンデスの海抜二七〇〇メートルのキトでそれをふたたび見るまで、何年ものあいだいずれの吐根とも再会しなかった。

川の右岸の傾斜を流れ下っている日陰の細流の岸には、ひじょうにたくさんの羊歯が繁茂していた。しかしとくに注目に値する種はなかった。

高木に生長する椰子は七、八種あったが、それらのすべてを私はアマゾン河で見ている。しかし、ここには以前見たことのなかったステッキヤシ属 *Bactris* とウスバヒメヤシ属 *Geonoma* の、あまり大きくならない種類の椰子も生育していた。

植物性の黴がびっしりと生い茂る湿った木陰の凹地には、しばしばツチトリモチ科のヘロシス・ブラジリエンシス *Helosis brasiliensis* が一面に生えていた。これは花をつける植物の最下位の型の一つで、広げた帽子と思えたものが、極端に退化した構造の微細な花を飾り鋲のようにちりばめた赤褐色の硬い卵状の頭であることに気づくまで、ある種の菌類（ハラタケ属 *Agaricus* あるいはサルノコシカケ属 *Polyporus*）の若い状態にそっくりに見えた。私はアマゾン流域のいくつかの地点でそれを見たが、それはまたアンデスの西側の太平洋岸の近くでふたたび現れた。

花崗岩の岩場

つぎに補足するアリペクルー川の滝に関する記述は、すべて、私がそこで雨に降りこめられた四日間におこなったものである。

最初のカショエイラ（急湍）は、川の水位が低いときは高さ一メートルばかりのまぎれもない滝となる。しかし氾濫時にはたぶんたんなる急流でしかないだろう。岩は紫灰色の、まれに赤色の粘板岩のように思われた。地層は約一〇度の角度で南南東に沈下していた。そしておもな劈開《へきかい》面は東南東および北東に走っていた。最上層は隣接した傾斜に見られるように薄い頁岩で砂質である。その上には軟らかい砂岩の厚い地層が重なっているが、それらが整合であるか否かは確かめることはできなかった。滝の西の砂岩丘の頂上に若干の閃緑岩の岩が散乱していて、アマゾン流域のどこでも見られるそれらにひじょうによく似ている。

最初の滝の少し上方の左側の岸辺に花崗岩が現れはじめる。そしてそれより川上には他の岩はない。第二の滝とそれより上方のすべての滝は花崗岩の上を流れ落ちている。水が流れ落ちている岩は、粘板岩、花崗岩いずれも黒いつやが出ており、いくつかの場所では、けばけばしい黄色の色合いを帯びている。その後、私は同じ種類の沈殿物をオリノコ川の急湍で見ている。そこでは以前フンボルトがこれを観察し記録している。彼はそれは白い川や泥を含んだ水の川に特有のものであると考えた。彼の意見は、リオ・ネグロ川の黒い水の花崗岩の岩塊にはこのような沈殿物がまったくなかったことにもとづくものである。しかしアリペクルー川の水はリオ・ネグロ川のそれと同じように澄んでいる。そしてワラガ川の急湍の水はオリノコ川の水以上に白いが、そこには光沢のある岩はない。それゆえ、オリノコ川の白い水とアリペクルー川の黒い水においては、沈殿物は溶液のなかに保たれているたんなる懸濁液ではなく、なにかの鉱物質に負うのではないかと私は考えるのである。

カルナウ山脈から下る途中、私は七つの急湍を数えた。ところどころで川は大きく広がり、小さな島をあちこちに浮かべている。それらのなかには森におおわれたものもあるが、たんに裸の花崗岩の岩塊が積み重なっただけのものもある。同じ場所で、七本のイガラペが左岸から川に注いでいる。右側には何本イガラペがあるのかわからなかった。その他にも数本の流れが最初のカショエイラの下の狭い部分の急な岸辺を流れ落ちていた。

旋律を奏でる鳥

われわれは森でかなりたくさんの猿と鳳冠鳥（ミトゥン）の姿を見たり声を聞いたりした。私は完全に植物のことばかり考えていたため、サンタレンから銃を持ってくることを忘れていた。持っていった二挺の拳銃は鳥や猿を撃ち落とすには役立たなかった。インディオが二挺の銃を持ってきていたので、私は私の上等の火薬を彼らにあたえた。しかし彼らは射撃が下手で、旅行中一匹の獲物も仕留められなかった。彼らは一度森のなかで、ジャボティンすなわち陸亀を発見した。これはわれわれがカショエイラで楽しんだピラルクーとファリーニャの献立に変化をあたえてくれた唯一のものであった。

私は実際に見ることはできなかったが、その鳴き声からひじょうに興味を覚えた小さな鳥があった。それはウイラ＝プル（たんに斑のある鳥の意）とよばれていて、大きさは雀ほどだといわれている。カショエイラできっとその声を聞くでしょうとベンテス氏は私にいい、「オルゴールのように世界中に歌曲を奏でる」とつけ加えたが、その言葉どおり私はたえずそれを聞くことになった。そしてついにある日、ちょうど正午過ぎに——それは鳥や獣たちがもっとも静まりかえる時間である——うれしいことにすぐ近くでそれが歌い出すのが聞こえてきた。楽器を奏でるように正確な抑揚をつけたその清らかな鐘のような調べは聞きまちがえようがなかった。どの「旋律」も短かったが、どれもがその旋律を構成するすべての音を含んでいた。そしてたぶん二〇回ほど一つの旋律をくりかえしたのち、突然別の旋律に変わり——ときどき長五度への変調をともなった——そして同じ長さだけつづいた。しかしながら、通常旋律を変える前に一時の休止があった。私はしばらくそれを聞いてからその歌を書き留めようと思いついた。つぎの旋律がもっとも多くくりかえされたものである。

単純な音楽であるが、野生の森の奥深くから姿の見えない楽師の送ってくるその調べは超自然的な感じがした。そして私は一時間近くもそれにうっとりと聞きほれていた。しかしそれは突然とぎれ、それからひじょうに遠くからふたたび湧き起こってきた。するとそれは私の耳には弱々しい鈴の音としか聞こえなかった。

私の注意を引いた他の唯一の動物は、湿った日陰の岩や木の根元に多くいたある美しい蛙であった。その腹と肢は濃い藍色、背部は黒色で、両側に鼻の先にはじまり、体全体に走る緑色の帯があった。そして足指は小乳頭状突起となっていた。

カルナウへ旅した日をのぞいてわれわれはほとんど太陽を見ることがなかった。真夜中と明け方に観測した温度は、毎日同じ結果を示していた。すなわち、

午前〇時の気温	摂氏二三・九度
〃五時 〃	摂氏二三・九度
〃六時 〃	摂氏二二・八度
〃六時の水温	摂氏二八・六度

私は星を観測するために夜間数回起きてみたが、空があまりに曇っていて、たった一回エリダヌス座の子午線高度を観測しただけであった。それによると南緯〇度四七分であった。

ベンテス氏の農場への帰還

一二月二九日はくもりで雨がちであった。そしてたぶんクリスマスの夏は来年までおあずけになろうと思われた。私は仲間の者たちが、仮小屋を建てないわけは、そうすることで私が滞在を延ばすのを妨害しようとしているのであることがわかった。いまや彼らは不平不満を態度に示すようになった。——滝の音がいかにもみじめだし、寒すぎて眠れない——そして私がただちに移動しなければ、彼らは予告もなく逃げ出すであろうことがはっきりわかってきた。それで三〇日の午前七時にわれわれは帰途についた。川は水位がたいへん上昇しており、われわれ

われはすみやかに流れ下っていった。夜に入るころ第二の亀の堤に船を止めた。そこは水におおわれていないごく小さな場所にすぎなかった。

「この恵まれない収穫の少ない探検からの帰還の旅には八日間を要した。その部分はおもに伝聞にもとづくトロンベタス川の地理学上の詳細な記述でしめられているが、後日得られた情報によってそれも今は必要でなくなった。旅をつづける前に水で濡れた衣類とマットと帆を乾かすために、アリペクルー川の河口の近くのベンテス氏の農園で一日すごした。これはスプルースにさらに若干の植物を観察採集する機会をあたえた。このときのことは、アマゾン流域のさまざまな場所でひとしく「シーダ」とよばれているまた別の樹木に関する興味深い説明とあわせて、その全部を述べる価値はじゅうぶんにあるだろう。」

一〇時まで雨は上がらず、そのため私は森に入ることができなかった。花の咲いている木はごくわずかしかなかった。カイプル川沿いの浸水した土地には、美しいマメ科のフサマメノキ属 *Parkia* のディスコロル種 *P. discolor* が生えていた。これはミモザ型の葉をもっていた。すなわちひじょうにたくさんの半肋形の小葉が集まった二回羽状複葉である。紫色の花は先端に集まって大きな房をなして垂下し、その基部に雄花が丸くかたまり、先端には長い糸のような花柱がついている。フサマメノキ属といっしょに生えているナムナムノキ属 *Cynometra* のスプルケアナ種 *C. spruceana* は同じ科に属し、果実が莢果でなくウィート・プラムに似た核果であることで知られている。

シーダとよばれるさまざまな木

氾濫のおよばない土地で、わずかばかりのセドロすなわちシーダとよばれる木を二、三本見た。そしてその一つを切り倒した。セドロ材は、アマゾンの住民にとっては他のどんな木材よりも豊富に産し、また加工が容易なので、われわれ英国人にとっての樅《もみ》材に相当するものである。それはまた他のどんな材より手に入れやすい（これは度外視できない重要な要素である）。というのは、大きな木材がアマゾン河を浮遊してくるのが見られるが、その大部分がセドロなのである。するべきことは、氾濫時に流れ下ってくるそれらを捕まえて必要とするところへ曳航していくことだけである。この木はおもに川沿いの沖積層の急傾斜の深い渓谷に自生する。そしてそこはたいへん高いため、氾濫時に浸水することはないが、たえず浸食されるので、その一部が水中に崩壊する。アマゾン河の北側の支流ではセドロは大量には生産されない。しかし沖積層の谷を通って南側から流れ下ってくるマデイラ、ウカヤリ、ワラガなどの大型河川は膨大な量のセドロを運び下ってくる。

サンタレンからオビドスへ旅をしたとき、私は氾濫で川岸にとり残されていたシーダの樹幹を測定した。そのてっぺんは最初の枝の少し上のあたりで折れていたが、樹幹の長さは三三メートルあった。そして折れた部分の直径はなお九〇センチ以上はあった。根元には四本のサポペマすなわち板根をもっていたが、それらの幅は二・七メートルにもおよんでいた。……

アマゾン流域のセドロはカンラン科のイキカ属 *Icica* に属している。その若干種はすでに見てきたように、パラの白ピッチを生産する。しかしそれらのうちのどれがデメララでシーダといわれるイキカ・アルティッシマ *Icica altissima* と同一であるのかは私にはわからない。それらは旧世界のシーダ類が属している松柏類とは大きく異なる。とはいえ、材の色、種子、とくにその香りは、スペインやポルトガルからの植民者がそれらをセドロとよぶのも不思議はないほど、真のシーダのそれによく似ている。

故国で見慣れた植物に、外観であろうがその製品であろうが、なにか似たところがあるのを見つけると、植民者たちは故国の名前を新しい国の木や草に用いる傾向がある。アンデスの丘陵樹林のセドロにはチャンチン属 *Cedrela* の一種がある。たぶんセドロ *C. odorata* であろう。しかしキトのアンデスの中央渓谷でセドロとよばれているのは、トウダイグサ科のコミカンソウ属 *Phyllanthus* のサルウィアエフォリウス種 *P. salviaefolius* である。この小枝は枝の先端がたくさんかたまってついていて、それらには葉が二列にぎっしりと並んでついているため、イキカ属の長い羽状複葉そっくりに見える。だから葉腋から束になって出ている花をつけていなければ、植物学者でさえ、それらは葉ではなく真の枝であると断定するのがいささか困難であったろう。

日記に戻ろう。セザリア夫人は朝食にアロールート澱粉を、夕食には野豚を料理してたいへんもてなしてくれた。彼女とそのまわりの人々はみな、私の採集の目的について強い好奇心を示した。私はできるかぎりていねいにそれを説明してやった。しかし夫人は私の説明には満足せず、木綿や絹織物の模様として用いるつもりなのだろうと思い込んでいるようすであった。たいていの南アメリカ人は英国というと織物を連想する。私は虫眼鏡で彼女に一枚の葉の表面をおおっている美しい地衣を見せてやった。「おや、まあ！」と彼女はまわりに立っていた女たちに向かって感嘆の声を上げた。「英国ではこれらがみんなキャラコの上に描かれるのよ！」。夫人のところを去るとき、彼女の私への要請は、夫人の農場で私が集めた材料から英国の製造業者が織ったいちばん美しいプリント地を一つ送ってほしいというものであった。

太陽の子午線高度によるとカイプルの緯度は南緯一度三七分であった。

矢に用いるアマゾン河の葦

一月六日にアマゾン河を横断したのち、私はアローリードといわれるギネリウム・サッカロイデス *Gynerium saccharoides*

の標本を集めるために、夜明けにパリカトゥバの断崖のま向かいの島に上陸した。この草はアマゾン河の氾濫する川の岸辺と低い島に大きな群落をつくって、しばしばヤナギ属 *Salix* のフムボルドティアナ種 *S. humboldtiana* とヤルマ属 *Cecropia* の二種といっしょに生育する壮麗な草である。ポルトガル語でアルヴォリ・ジ・フレシャ、トゥピ語ではウイワとよばれ、いずれもアローツリー（矢の木）を意味する名前である。それはここでは四・五〜七メートルの高さに生長する。手首ほどの太さの丈夫で硬い節のある茎には、その先端までほとんど葉がない。先端には密に二列に並んだ大きな剣状の葉の羽形の冠をつけている。末端が滑らかで輝く、先細りした花柄は、長さ一〜一・五メートルで、インディオが矢の柄の材料にしている。その先には無数の微細な紫と銀の花でおおわれた、一方に傾いていて、風がそよぐたびに優雅に波打つ豊かな円錐花序がついている。

サンタレン帰還

標本の整理を終えてわれわれは出発した。すみやかな水の流れに乗って快速で前進した。一時間でイガラペ＝アスへ入った。われわれがサンタレンに到着したのはようやく午前六時半であった。タパジョース川を横断するとき、私は以前見たときよりも一段とすばらしい町の景観をほしいままにすることができた。そしてその町のたたずまいの美しさにひじょうな感銘を覚えた。昇ったばかりの太陽は、川と平行に広がる白い家並を照らしていた。そこにはあらゆる種類と大きさのたくさんの船が錨を下ろし、また行き来していた。町の背後には低木の茂ったカンポが徐々に高まって裸の丘となり、そのはるか後方には青い森の線が延びていた。

原注

1 《イガラ》*Igára* はカヌー。《イガラ＝テ》*igara-té* は大きなカヌー。たんに木の幹をくり抜いてボートのような形にしたイガラは、容量を大きくするために、それに肋材を加え、一枚以上の厚板を各々の側面に固定させて、イガラ＝テに作り替えられる。厚板あるいは椰子の幹の床が船尾に敷かれ、もっともらしいトルダ（船尾甲板）という名前でよばれている。そしてそこはトルド、すなわち日除けあるいは雨避けによって遮蔽されている。これはジプシーの幌馬車の覆いにひじょうによく似ているが、ただアマゾン河ではそれはカンバスではなく、椰子の葉で作られているところがちがっている。しかしグアヤキルのあたりではカンバスがしばしば用いられており、船室はラマダとよばれている。トルドの後部はふつう閉じられているが、ときとして前もうしろも開放されている場合があり、必要なときはヤッパすなわちマットでおおわれる。ガマ少佐のボートは椰子の葉の代わりに板で作られた船室をもっていた。それはガリオタといういかめしい名前でよばれていた。スキフ（軽舟）の形をした小さな軽量のカヌーはモンタリアとよばれている。

●第四章

サンタレン滞在——植物と住民の観察

（一八五〇年一月六日—一〇月八日）

雨季

さて、われわれは冬の雨の季節にそなえてサンタレンに落ち着いた。トロンベタス川でもまたそうであったように、冬はここではクリスマス前後にはじまる。その年の最初の四カ月間はずっとくつろげないほどの厳しい冷え込みがつづいた。住民たちはこれはきまりきったことだと断言していたが、一月と二月は太陽の照る天気というのは一度もなかった。しばしばものすごい雷が鳴り響き、夜はおおむね豪雨になった。いっぽう日中の一〇時から三時までは、しばしば明るい太陽が現れて、きまって強烈な鬱陶しい暑さがつづいた。それというのは、乾季のあいだは毎日数時間連続して吹いていた貿易風も、今やときどきとだえたり、またときにはつづけざまに数日間にわたって吹かなくなってしまったからである。そして勢いを盛り返したときでも、それが一、二時間以上もつづくことはめったになかった。

川と内陸の小さな流れは急速に上昇した。すると、われわれの遠出の範囲もしだいに狭められていった。膨大な数のイリャス・デ・カアピン、すなわち草の島がアマゾン河を漂い下っていた。ときに草島はイガラペ＝アスを通って、タパジョース川に流れ込み、サンタレンの港をふさいだ。これらの浮遊する草島は川の水が上昇しはじめたことのたしかな兆候で、それは白いあるいは濁った水の流れるアマゾン河とその支流の顕著でじつに独特の性質であるから、ここでとくにその説明をする意味がある。しかし草島は青い水や黒い水の流れる川にはなく、また世界中の他の河川で私は見たこともまたそういうものがあるということを読んだこともない。フンボルトによって記載され、また最近私も見てきたオリノコ川の流木の筏と同じものは、アマゾン河やミシシッピー川などにも見られる。しかしアマゾン河の草島はまったく異なるものである。それはまだ生長過程にある草が密に集まったかたまりで、大きさは直径四五メートルから数エーカー（一エーカー＝約四〇四七平方メートル）におよぶ。それらはどのような草から成り立っているのか、そしてどのようにしてここまでやってきたのか、それをこれから書き記すことにしよう。

浮遊する草の島

アマゾン河の低地の岸辺に沿って、とくに深く入り組んだ湾の岸辺には、しばしばカアピン（一般に草を意味するトゥピ語）の広い帯がある。そして同じ特徴がさらにいっそう顕著に見られるのは、水の淀んだパラナ＝ミリや、また短い水道で川とつながった湖である。このカアピンはおもに二種の植物からなっていて、一つはカンナ＝ラナというヒエ属*Echinochloa*の一種で、もう一つはピリ＝メンベカというスズメノヒエ属*Paspalum*のピラミダレ種*P. pyramidale*である。水陸両生の草本植物で、その生育のためには川は《白い水》であることが必要不可欠である。そのことはカアピンがタパジョース川とリオ・ネグロ川にはどこにもなく、またサプクワ湖から上のトロンベタス川には見られないことによって証明される。

湖の水はたしかに乾季はたいていきれいである。しかし雨季に白いあるいは濁った水が流入する湖に限って、これら二つの草が生育する。ときとしてそれらは周期的に水の流れをふさぐほど繁茂する。同じことは若干のパラナ＝ミリにも起きている。水位が低下しているあいだカアピンの帯は、最高に繁茂できるような水の浅いところを見つければどこでも奥に向かって広がっていく。そうして急速に幅を増していく。ところがつぎの氾濫がやってきたとき、カアピンは根元から土を少しずつ洗い流され、そしてついにその場所にはとどまっていられないほど土を失い、足場を失ったかたまりは岸を離れて、流れに乗って漂い下る。ときどき茎の下部が本当に腐食していて、地面にかろうじてついているだけなので、増水した流れに簡単にとりのぞかれてしまう。茎はとことん絡み合っているから、かたまりの状態でしか離れていかない。

円形の草島はたいてい湖でできたものである。その流出口は川の水が退いていくときに沈泥でふさがれる。そしてかなり上昇した水が障害物を破壊して、あたかも急湍《きゅうたん》のごとく湖に突進するまでは開かない。自由になったカアピンは、ぐるぐる回転しながら、ついにアマゾン河に運び出される。私はアマゾン河の水がこうした閉ざされた水道の一つへ突入する場に居合わせて、かなり危険な目に遭ったことがある。あとでこれについては述べる機会があるだろう。

草島はしばしばとほうもない厚さになる。私が上アマゾンで調べたものは完全にスズメノヒエ属のピラミダレ種だけからなっていた。何度も失敗して私は茎全体を引き抜くのに成功した。それは長さ一四メートルで七八個の節をもっていた。それゆえ、茎の曲がりくねりを全部酌量しても、草島の厚さは六〜

九メートルくらいはあるだろう。最上端の水の上にあった三節か四節をのぞいて、すべての節は疑うまでもなく水から栄養分を吸収するために幼根を出していた。そして最下部のいくつかの節間は死滅し、なかば腐食していた。それでも、ほとんどすべての茎が旺盛な花を円錐花序につけていた。だから近くから見ると島は豊穣な牧草地のようであった。

水上に浮遊し草の茎のなかに閉じ込められたいくつかの微小な植物があった。それはアカウキクサ属*Azolla*一種、サンショウモ属*Salvinia*二種、小さなボタンウキクサ属*Pistia*一種、そしてトチカガミ科の新属新種ヒドロカレラ・カエトスポラ*Hydrocharella chaetospora*である。またいくつかの小さな軟体動物もいた。

ときに船乗りは草島のかたまりのなかに船を突っ込んで突風の難を逃れている。草島は波の衝撃をやわらげてくれるからである。しかし川の水が急速に上昇しているときは水先案内人は、浮遊する島には、とくに夜間、周到な警戒をはらわなければならない。そして雨季にはアマゾン河に錨を下ろしている船はいない。かような無分別なことをすると、少なくとも草島の猛撃によって錨が引きずられてしまう。草島の量についていわれていることから、またアマゾン河の冬季の流れが時速六キロから八キロあることを考えれば、それが流れにさからって進んでいる船や、錨を下ろしている船にあたえる影響がいかばかりのものか想像ができよう。そして船が半分埋もれてしまったり、またときとして浮遊する草のかたまりのなかで水浸しになった例がある。

カバノスの反乱があった翌年の一八三六年に、五隻のスループ型軍艦が、パラから川沿いの町の投降兵を引き取るために派遣された。サンタレンの港に投錨中に、大きな数エーカーの草島がタパジョース川に入ってくるのが発見された。それは船にのしかかり、投錨地から船をすべてもぎ取り、まるごと川に運び去った。数百人におよぶ強力な黒人やインディオの兵士の一団がそれらをとりのぞくために急ぎ派遣された。草島は厚さ数メートルはあったから、完全にとりのぞくのに斧と山刀で何時間もかかった。たくさんの蛇（アナコンダ）や若干の海牛《かいぎゅう》（ペイシェ・ボイといわれている）がそのなかに発見され、殺された。

私がアンデスの麓をめざしてアマゾン河をさかのぼったとき、二四〇〇キロ川下で見たのと同じ浮遊する草島が広い川幅いっぱいに広がっているのを見て、思わず、毎年海に運び出されるこの大量の草はいったいどうなるのだろうかと考えてしまった。それらの多くが大河の入口の島々の岸に打ち上げられるという話は聞かない。しかし浮遊する島は潮流と出合えば破壊されるにちがいない。そしてたぶん草はやがて塩水によって分解されるであろう。アマゾン河全域で出合う膨大な数の浮遊する樹幹と木の枝の命は、たいていそれよりは長くつづくにちがいない。[1] アンデスの東斜面に育った多くの丸太は、アマゾン河の水によって大洋に運ばれ、さらに同じ川の潮流に乗ってメキシコ湾流に入り、最後はアイルランドやノルウェーの海岸に打ち上げられ、ときにはスピッツベルゲンの海岸にまで達するのであろう！

氾濫する陸地とその影響

サンタレンでは一八五〇年ほどアマゾン河とタパジョース川の水位がすみやかに上昇した年はないと人々は記憶している。前年は六月一二日に最高水位を記録した。しかしこの年は、四月一五日のような早い時期に一八四九年の最高水位の数センチ上まできてしまった。その後、上昇下降をくりかえしながら、ついに減水に転じた六月のはじめまで同じくらいの高さを維持した。サンタレンとオビドスのあいだのカコアール（カカオの栽培地）の多くが浸水したため、そこに住んでいる人々は町に追いやられ、その郊外に椰子の葉の仮住まいを建てた。

タパジョース川の広大な湾に流入している小さな川（アリピシュナ川）の畔に、マンジョーカの少しばかりの畑をもっていた英国人ジェフリーズ氏は、水の突然の上昇に驚き、人手を全部マンジョーカの根茎の掘り起こしに動員し、下ごしらえをしてファリーニャに焼いた。それに数日を要し、最終日に最後のファリーニャのかたまりを竈《かまど》から取り出したときは真夜中に近かった。つぎの日の朝、竈も畑も完全に水の下になっていた！

われわれ自身も食料の問題で被害を受けた。というのは、洪水で牧場を追われた乳牛が森のなかへ迷い込んでしまったため、それ以後しばしば朝食に牛乳を事欠いたからである。――これはたいへんな不自由であった。サンタレンの反対側の二本の川に挟まれたポンタ・ネグラとよばれる砂嘴の上の肥沃な低い牧草地が湖に変わってしまった。そのためサンタレンの市場のためにそこで肥育されていた家畜は、あるものは飢え、あるものは溺れ、また少なからざる仔牛は鰐の犠牲となり、かくして牛乳と同様、牛肉の供給も不確かなものとなった。私は本当かどうかは知らないが、強欲な肉食怪物のアリゲーター鰐が、巨大な沼地の草陰に隠れて水中の道を縫うように進み、悟られないように犠牲者に近づいて、尾の一撃を加えてまず気絶させ、それからすぐに巨大な顎で噛み砕くのだという話を聞いた。

アリゲーター鰐の大量死

同じ時期に、サンタレンから一日のところのアマゾン河の北側の湖沼群に棲む鰐のあいだに、一種の疫病が発生し、そのため大量の鰐が死亡した。とはいえ、キャプテン・ヒスロップが私に語った何年も前のそれにはおよぶほどのものではなかった。そのときはタパジョース川では一〇〇〇匹を超える鰐が死に、それがサンタレンまで流れ下ってきて、その腐敗分解した屍臭のあまりにひどさに辟易した有力な商人たちは、自分たちの船と人手を総動員させて、数週間かかって町の下手のにおいの届かない場所までそれらを引いていったそうである。

水生植物

水が最高水位にあったとき、私はオオオニバス属*Victoria*の種子を手に入れることをおもな目的に、ポンタ・ネグラの牧草地を訪ねた。蓮はそこの二つの小さな湖に生育していた。湖までわれわれは草の厚く生い茂った藪を通って、船を押し進めていかなければならなかった。草は水から六〇～一五〇センチの高さに突き出ており、さらに少なくとも同じ長さの茎が水と泥のなかに埋まっていた。これらの草は紫と緑色の花の垂れ下がった冠毛で、小さな円い湖を優雅に縁取っていた。どちらの湖にも一本のオオオニバスが生育し、それぞれ一つの花がその巨大な葉のあいだから伸び上がっていた。湖のなかや高い草のあいだには若干の小さな浮遊植物があったが、それらはおもにウキゴケ属*Riccia*、アカウキクサ属*Azolla*、サンショウモ属*Salvinia*のような隠花植物であった。

しかしまた珍しい美しいトウダイグサ科のフィラントゥス・フルイタンス*Phyllanthus fluitans*（コミカンソウ属*Phyllanthus*の新種）もあった。それは二列に並んだ丸みのあるかすかに紅色がかった淡緑色の心臓型の葉をもち、それぞれの葉の基部からは白い幼根が束になって出ていて、それぞれの腋には二～四個の小さな白い花をつけていた。サンショウモ属とはたいへんにかけ離れているが、外観がひじょうに似ているため、私はサンショウモ属の花かと思ってわが眼を疑った。これは私が植物において気づいた、花と果実の構造は大幅に異なっているが、同じ生育条件にさらされていることから、習性とその栄養器官の構造が似てきた多くの例の一つである。これが《一つ》の原因であることは疑いない。たぶん他にも昆虫の「擬態」の例に見られるような、このようなびっくりする思いもかけない模造品を生じるのを助けた原因があるのであろうが、あまりに深いところに横たわっているために、われわれは今日まで気づかずにいるだけなのかもしれない。

浮遊する大量の感覚植物のミズオジギソウ*Neptunia oleracea*の眺めは異様であった。そのほっそりした管状の茎は、厚さ二・五センチの綿状のフェルトでおおわれていた。そのフェルトはコルクのように浮揚性があり、淡黄色の花の頭を完全に水の外に出しておく役目を果たしていた。そして繊細な二回羽状複葉はわれわれが近づくと収縮した。同じ植物はアマゾンの全流域の浅い水域のここかしこに見られる。そしてまた太平洋に面するアンデスの西側にも見られ、中国にふたたび現れる。中国ではロウレイロによって最初に発見され記載された。

黄熱とその猛威

四月のなかごろ、きわめて激症の黄熱がパラで発生したというニュースを聞いてわれわれは震え上がった。人口の半数以上が一度に罹患したといわれた。そして多くの著名な人々がこの恐ろしい疾病の犠牲となった。そのなかには大英帝国女王陛下の領事リチャード・ライアン閣下もいた。

黄熱はこれまでアマゾン河の岸辺に侵入したことは一度もなかった。そしてサンタレンのようなところでも大きな警告が発せられた。サンタレンの善良な人々は、宗教上の儀式にはクリスマスとか他の祭礼のおりをのぞいて、ふだんはあまり関心を示さない。こうした祝祭日には宗教にかこつけて狼煙《のろし》が打ち上げられ、クラッカーが割られ、気球が上げられた。そしてひじょうにぎょうぎょうしい行列がくり出された。しかし恐ろしい疫病が日に日にわれわれに近づいてくる恐怖から、人々は毎夜教会で晩禱をおこなった。そしてなにかの聖人のおそまつな絵を持つだけでじゅうぶん幸せであった家庭の人々は、きまった時間にそのまわりに集まり、ひざまずいて祈禱書から《任意の》祈りをいくつも唱えた。もっとおかしかったことは二門の野砲を引きまわし、空気を清めて押し迫ってくる疾病の侵入を阻止するといって、短い間をおきながらそれをぶっ放していたことであった。同様に、芳香を放つ白ピッチのランプを竿の先に結びつけて、通りの十字路に立て、日没後に点火して町全体を照明した。それはけっして悪くはない香りを放っていた。

とはいえもっとも有効な予防策は、聖セバスチアンの小さな木像に接吻することであると考えられた。木像は精霊降臨節の九日間のあいだ祭壇の足元に毎夜飾られた。それはその聖人がそのように恐れられた疫病の忠誡をとりつけ、教会に会したすべての男女と子供のためにとりなしてくれることを信じてであった。とはいえ、外国人を除外するのを忘れてはいなかった。外国人は少額の献金を祭りの費用として差し出した場合、その罪が許されると考えられた。

健康に良くない川

サンタレンはさいわいにそのときはこの疾病を回避することができた。しかし数カ月にわたってきわめて不健康な日々がつづき、ほとんどすべての人々がコンスティパソンすなわちふつうの風邪と緩慢な熱病にやられた。私自身も免れえなかった。そしてかなりの死亡者が出た。いっぽうタパジョース川の上流の村々に、もっとも悪性のマラリアが流行した。そして四〇〇人以上の人々がその犠牲となった。

私は、これらの病気は、一部、かつてないほど急速な川の水の上昇のために、低地が早期に氾濫したことが原因だろうと考えた。ほとんどすべてのアマゾン河の支流、とくに澄んだ水の流れる支流には、その全域にわたってマラリアが発生するか、あるいはマラリアで知られた場所や地域がいくつかある。タパジョース川の場合、住民は、あるきまった季節に不健康な水が原因でマラリアが発生するといっている。そしてこれは主要な原因ではないにしても、原因の一つであることは疑問の余地がない。

アマゾン河の毎年の水位の上昇は、タパジョース川のそれより若干高く、そしてタパジョース川の引き潮は若干早くはじまるから、タパジョース川の水はアマゾン河の水によってせきとめられる。するとタパジョース川の氾濫が最高水位に達した引き潮のはじまるころに、数週間にわたって水はほとんど停滞したままとなる。こうした期間、リモとよばれる大量の黄緑色の粘質物が混入するため、川の水は炊事には使えなくなってしまう。私が顕微鏡でこの粘質物を調べた結果、それはおもに分解した黄緑色の藻類からなり、ひじょうにわずかながら珪藻が混じっていることを知った。それは最初小さな湖や流れの緩やかなイガラペにできるのだが、タパジョース川に出るイガラペの河口は夏季には乾き上がっている。そして激しい雨によってふたたび開口したとき、淀んでいるあいだにそこに沈積した汚泥は川に放出される。

疑うまでもなく、このどろどろした水が健康にはひじょうに良くない。それを使わなければならないときは、できるかぎりよく濾過するか、あるいは沈殿させるかしなければならない。しかしサンタレンの船と人手を持っている人は、いつも健康的なアマゾン河の水を取りに行かせている。アマゾン河の水はあきらかに長く良い状態に保っておくことができる。いっぽうタパジョース川の水は、いちばん良いときでも、数日溜めておくと、むかむかするにおいが発生する傾向がある。私はオリノコ川の一支流のアタバポ川で同じ原因で同様なことが起こっているのを見たことがある。

もっとも健康な東西に流れる川

かく簡単に説明した原因はそれなりに重要であるが、赤道アメリカを東西に流れる河川が健康であることと、南北に走る河川が不健康であることには、フンボルトがはじめて指摘した、別のそしてさらに重要な原因が一つある。すなわち、通常の東からの貿易風は前者の河川にしか吹かないということである。アマゾン河の主流、とくに下アマゾンでは、たえず吹いてくる東からの風のおかげで、マラリアはここ三〇年間は一度も流行していない。しかしそこでさえ、新月あるいは満月のころ、一日か二日間のベント・ダ・シーマすなわち「川上から吹く風」とよばれている西風がある。そしてそれはまさしくベント・ロイムすなわち「有害な風」と見なされている。それは、それが神経痛、風邪、発熱をもたらすからで、西半球の赤道地方に英国の格言を逆にしてあてはめることができるかもしれない。

東から風が吹くときは
人間も動物も健康である！
〔英国のことわざは——
東から風が吹くときは
人間にも動物にも良くない〕

雨季の暑熱

私はサンタレンでは気象観測はなにもおこなわなかった。しかしここの雨季の温度は、私がアマゾン河の他のどの場所で感じたよりも高いように思われた。私は仕事を中断しなければならないような暑さに苦しむこともなければ、びしょ濡れになるような雨にも遭わなかった。そして雨季のあいだずっと採集に出かけることができた。しかし、標本の保存にはきわめて苦労した。私は膨大な標本を採集したので、湿った紙の大きな束を毎日乾かす必要があった。そこで私は近所のフランス人のパン屋が、その日のパンを焼き上げたあとの竈を毎朝使わせてもらう契約を結んだ。しかしこの方法だと、かんかん照りの太陽の下で砂の上に広げて自由に蒸散させるときの半分も乾かなかった。

たいへんな二重の事故

低地が氾濫して私の陸路による遠出の範囲が大幅に狭まってしまったときは、船と人手が得られさえすれば、私はいつでも水路によって川とイガラペの岸辺で採集してまわった。船はいつでも手に入ったが、それらを操る男を見つけるのがむずかしかった。ほんの一日だけ人手が必要なときにも、私はキャピタン・ドス・トラバリャドレス（労働者の親方）にそのことを申し出なければならなかった。そして彼らを手配してもらうまでにたぶん二週間は待たねばならなかった。なぜならばシティオにいる男たちを招集するためには、十中八九までは奥地に兵隊を派遣する必要があったからである。こうした遅延に私はたいへんいらいらさせられた。そこで私は、港に偶然使わないまま係留してあるどれかの船の乗り組みのなかから、運が良ければ三、四人雇い入れるようにした。しかしそんな幸運はめったになかった。

われわれは途中にあるイガラペ・ド・イルラの岸辺が大きく氾濫したため、数カ月のあいだ丘に入っていくことができなかった。しかし六月になって川があきらかに引き潮に転じたとき、イガラペがどう変わったかを私は見たいと思った。そこである日そのためにそこを訪れた。そして徒歩でなかほどまで渉れることを発見して満足した。反対側の土地はいまだに水びたしであったが、通り抜けは不可能ではなく、苦労なく丘の麓に到達できることを知った。

イガラペをちょっと越えたところに廃屋となった小屋があった。家の壁と屋根はなかば崩れ落ちていた。そしてはびこった草がその上に生い茂っていて、梁も垂木も完全におおい隠されて、まったく見えなかった。これらの廃墟の上を通り過ぎるとき、キング氏は垂木から出ていた大きな釘の先を不幸にも踏んでしまった。私と同じく、水以外まったくなんの保護にもならないゴム靴を履いていたため、彼は足の広い範囲にひどい傷を負ってしまった。傷の痛みがたいへん激しかったので、先にイガラペに帰り消毒するのが良いと考え、私は彼にそこで私の帰りを待つよう指示した。私はなお若干内部に入っていきたいと考えていた。私は水路を妨害するようなものはなにもないことを確かめるために、じゅうぶん遠くまで行って、もと来た道を引き返しつつあった。そして私はすでに危険な場所は通り過ぎたものと考えた。そのとき私は左足になにかが突き刺さったのを感じ、そのとたん、いやというほど前方に投げ出された。靴を脱いでみると、私の足は血で濡れていた。一本の釘が靴の底の狭い部分を貫いて、足首のちょっと下に突き刺さっていた。

われわれがどのようにしてサンタレンに帰り着いたかはほとんど覚えていない。よろめく足取りの補助に、棒を切ってきて杖とした。しかし耐えがたい苦痛のためにわれわれはたびたび地面に転がった。そして足を引きずるようにして、五キロの道を三時間かけて帰り着いた。家に帰るとパップ剤を腫れた足にはった。このような場合のなによりの治療法は休息であることを私は知っていたので、三日間はハンモックから出ないことにした。一週間たってふたたび歩きまわれるようになった。しかし一年後に私の傷口がふたたび開いて、たいへんな苦痛を味わうことになった。

イルラにこの小屋を建てた男が《一本の釘によって》命を失ったのは奇妙なめぐり合わせである。このポルトガル人の男は、森のなかの狭い道をたどって逃亡奴隷を追跡していた。奴隷はマスケット銃で武装して木に上り、主人がその下を通ったとき、装塡した釘で主人の前頭を射抜いて殺害した。

ジャガー遭遇の冒険

二カ月後に、われわれは同じ谷をふたたび探検した。サンタレンのほぼ南西に、短い水道でタパジョース川とつながっているマラカナ＝ミリとよばれる小さな湖がある。一八四九年一一月、川の流れが最低水位にあったとき、この湖に達するには、タパジョース川の広い岸辺伝いに徒歩で一時間半かかった。しかし一八五〇年の引き潮はひどく遅れていて、四月のなかごろイルラ川の河口はその幅がなお八〇〇メートルはあって、歩いては渉れなかった。それで湖に達するには、イガラペを約三・二キロ川上で横切り、それからその岸沿いに延びている森を突き抜けて、湖の岸辺まで広がる開けたカンポに出なければならなかった。われわれはイガラペを横切り、それから森に分け入ろうとした。しかししばらく行ったところで道は終わっていた。そのためコンパスでカンポの方向を定めながら、絡まった蔓《つる》植物やピンドバ椰子を切り払って進んでいかなければならなかった。

こうして時間をかけて苦労しながら進んでいくと、遠くのほうでジャガーの咆哮にとてもよく似た声がした。しかし私はイガラペのサンタレン側で数種の家畜を見ているので、声は当然そのどれかだろうと考えた。その後少しして、それはふたたび聞こえ、そして前より少し近かった。数分後にさらに声高にそして近くでくりかえされたので、われわれは立ち止まった。キングは前の二回の唸り声を聞いていたが、私と同じくなにもいわなかった。われわれは武器は山刀しか持っていなかったが、下生えのあいだから恐ろしい衝突音が聞こえたとき、思わず身構えた。しかしもうそれ以上はなにも聞こえなかった。

あとで幾人かのインディオにこの冒険のことをくわしく話したら、彼らはわれわれが聞いた衝突音は疑いもなく虎（ジャガー）で、鹿かなにかに襲いかかろうとしたものか、あるいはわれわれを見てかなわないと思って逃げたのだろうといっていた。

サンタレンのすぐ近くでジャガーに出合うことはめったにない。とはいえ数年前、じつにその同じ谷で、三人の男と一匹のジャガーが闘ったことがある。そのうち一人はマスケット銃を、他の一人は山刀を持っており、三番目の背が高く力の強い男はまったく武器を持っていなかった。ジャガーが藪から飛び出して最初の攻撃をかけた相手は三番目の男であった。彼はさいわいにジャガーの前脚をぎゅっとつかむだけのじゅうぶんな腕力と胆力をもっていた。彼はいっぽうの手で手首をしっかりとつかんだが、もういっぽうの手はそのずっと下側をつかんだため、あまりしっかりとつかまえたことにならなかった。彼はジャガーがその前脚を振り放すまで格闘した。ジャガーは男の頭に爪を立て、頭の皮を眼の上まで完全に引き裂いた。ジャガーが襲いかかった瞬間、マスケット銃を持った男は少し離れたところにいた。しかし山刀を持った男が仲間を助けにとびかかった。するとジャガーは最初の男を残して、新しい攻撃対象に立ち向かった。ジャガーはこれをひどく傷つけるのに成功した。そして二人の男のまんなかに座り込み、あえていうならば、二匹の動けなくなった鼠のあいだで、どちらを最初にむさぼり喰うか決めかねている一匹の猫のように、優しく一人ずつ凝視した。この重大な局面に三人目の男がやってきて新たな闘いがはじまり、それはジャガーの死をもって終結した。とはいえ、彼に立ち向かった全部の男を傷つけるまでは死ななかった。頭の皮を引き裂かれた男は、一八五〇年ごろサンタレンに住んでいた。彼の頭はさわるとまだひじょうに痛んで、いつも黒い縁なし帽をかぶっていた。

ポルトガル人

ベイツ氏がたいへん長期にわたってブラジルに居住し、その結果、人々とより親しくつき合い、彼らの作法、道徳、習慣を私よりもはるかに完全に説明できたことは、私にとってはさいわいである。彼はブラジル人が好きになるだけじゅうぶん長く彼らのあいだで暮らしたが、私はほとんど好きになれなかったことを白状しなくてはならない。しかしながら、アマゾン流域のようなとても遠隔で地方的なブラジルの一部を知ったことから得た私の印象は、この広大な帝国全体に適用できるものではけっしてない。ポルトガル民族は南アメリカで驚くほど団結した。そしてもし彼らがそうありつづけるならば、彼らの前途には偉大なる運命があることをだれが疑えようか?

あるブラジル人紳士

たとえ私が総じてアマゾンの人々のことを好意的に語れなくても、先住民および外国人両方のアマゾンの多くの人々には楽しく情愛のこもった思い出をもっている。

私は世界中でサンタレンのジュイス・デ・ディレイトすなわち地方判事のカンポス博士ほど、紳士的で高い教養の持ち主で尊敬できる人物に会ったことはない。彼は公的にも私的にも一貫して都会風であるのに、収賄とは無縁であることで有名であった。それにくらべて役所の彼の前任者は、これとは反対の品性の持ち主として悪名が高かった。私のひじょうに限られた余暇の許すかぎり、私は博士と共通の嗜好をもつことができた。彼は熱心な数学の研究者であった。そして私はこの学問のいくつかの分野に精通していたことで、彼に貴重な助言をあたえることができた(と彼はいっていた)。ふつうの会話をしているとき、彼が英文学とフランス文学をその原典から読んでよく知っていることを発見した。私にはカンポス博士ほど親しくしたブラジル人の友人はいない。

タンジールのユダヤ人

外国人居住者では、タンジール〔モロッコ西部のジブラルタル海峡に近い港町〕出身のユダヤ人のアブラハム・ベンデラクが最高に愉快な良い友達であった。彼はわれわれがサンタレンにやってきたことを知ると、すぐさまわれわれを探し出し、いつでもお手伝いしたいと申し出てきた。そしてしばしばわれわれの遠出に同行した。

私がアマゾンを訪ねた当時は、多くの善良な回教徒のユダヤ人が主要都市に定住していた。しかしながら滞在はほんの一時的なもので、彼らの多くはベンデラクのように、妻や子供たちをモロッコに残していて、数千ドルを苦労してためるとすぐ故国に帰るつもりでいた。

未遂の殺人と強盗

サンタレンのような小さな場所でさえ危険な部類の人がいた。彼らはおもに混血種族の自由人たちであった。奴隷、とくに若いときにアフリカの海岸地方から連れてこられた純粋の黒人たちは、たいてい礼儀正しく、謙虚で、しかも陽気で感じの良い人達であった。ムラートは自尊心が高く、強情な傾向があったが、礼儀正しく接するかぎり、じゅうぶんあつかいやすかった。しかしながら有色の自由人たち——最大の欠点は総じて怠惰で「無気力」なことである純粋の白人とインディオのあいだの混血をのぞいて——はあまりにしばしば悪い市民であり、危険な隣人であった。そして南アメリカではどこでもそうであるように、サンボあるいはカフゾ——黒人とインディオの混血

——はすべての混血人種のなかで、もっとも不道徳であるといわれていた。ベネズエラでは真の凶悪な犯罪の九割までがサンボのしわざであるといわれていることを私は聞いた。ブラジルでも同じくらい大きな割合かどうかは私は知らない。ブラジルでは大勢のサンボが自分たちを「ムラート」とよび、「カフゾ」であると自認する者はまれであった。

アマゾン河沿いの町々はブラジルの他の多くの町——たとえばペルナンブコのような——よりもたしかに犯罪がたいへん少ないといわれている。しかしそれについては正確な統計を得ることはむずかしい。なぜならば、欠陥だらけの警察組織や、判事と陪審員が状況証拠を認めたがらないことのために、現行犯で逮捕されない犯人はほとんど有罪判決を免れていたからである。

私がサンタレンに一時滞在していたとき、今述べたことの説明に役立つ事件があったので、その全容を私の覚書から書き写すこととしよう。

八月二日に、われわれは丘の麓に広がる陸路を行き、そしてイガラペ・ド・イルラをその源流近くまで進む長途の遠出をおこなった。家に帰り着いたのは日没後もだいぶ遅くなってからであった。私はハンモックに倒れ込んだときは、疲れ果てて眠ることさえできなかった。——あまり遠く出歩きすぎたときはいつもそうであった。

夜半近くに私は、ポルテイロすなわち町の触れ役が玄関の戸を激しくたたき、私の名前をよんでいるのに驚いて飛び起きた。どうしたのかと尋ねると、彼は「警察署長があなたをよんでくるようにとのことです」といった。私は同じ質問をくりかえしたが、答えはまったく同じであった。「なんの陰謀に巻き込まれようとしているのだろうか」と思った。「私を第二のモー中尉にしようというのだろうか?」。私の頭は混乱し頭痛がした。どんな企みと冤罪が待っているかもわからなかった。そこで、もし警察署長が私を必要とするならば、彼自身出向いて私を連行するはずであるとポルテイロにいおうとしたとき、彼は「英国人のキャプテン」すなわち私の陽気で古い友人のキャプテン・ヒスロップがだれかに刺されたと大声で叫んで、私の不安を払拭すると同時に、私にたいへんな衝撃をあたえた! 私はハンモックからはね起きた。キングはそのときまでに騒ぎを聞いて起き上がっていた。われわれは衣類を引っかけて暗い通りに飛び出した。

ヒスロップの家に着くと、警察署長と大勢の人々が、足もとをアマゾン河の水に洗われている家の前のテラスに集まっているのを見た。彼らからはなにが起きたのかたしかな情報はまったく得られなかった。警察署長の要請で私は家に入ったが、気の毒な友人が悲惨な状態にあるのではないかと少なからざる不安をいだいていた。ところが彼はソファーに座っていて、うめき声を発しながらもなおちゃんと座っていることができた。すでに止血され包帯が巻かれていた。傷は胸の下の部分にあった。私は彼のためにソファーにベッドが作られ、すべてができるだけ居心地好く整えられるのを見届けた。一晩彼のそばにつきそっていようかとも考えた。しかし差し迫った危険はなさそうだったし、彼自身その必要はないと考えていた。武器は心臓をねらっていた。しかし切っ先が上を向いていたため急所がはずれて、胸骨の基部を貫き、七センチの深さにおよんでいた。

傷そのものの痛みはたいしたことはなかったが、この事件は歳老いたヒスロップに大きな精神的衝撃をあたえた。彼がなにが起きたかをきちんと思い出して、その事件についてはっきり説明できるようになったのは数日後のことであった。

その夜彼は遅くまで読書をしたあと、いつものように外側の戸に鍵をかけ、台所に通じるもう一方の戸にも鍵をかけた。そして着替えをするために後部の小さな部屋に入っていった。この部屋には木の葉でできた大きな土産のマットが壁に立てかけられていて、それは以前からずっとそのままになっていた。疑いもなく刺客はそのうしろに隠れていたのである。どのようにして気づかれないまま彼がそこに入れたかはあとでわかる。それから男はいつも開いたままになっているドアを通ってヒスロップの寝室に入った。ヒスロップは夕食のテーブルを離れてから、五時か六時から八時ごろまで、アマゾン河を吹き上がってくる新鮮な微風にあたるために、家の前のテラスを散歩する習慣をもっていた。これは月が輝いているかいないかによっていた。その夜は月がなかった。彼がぶらぶらとテラスの端から端まで歩くのに数分を要した。ふつう彼はけっしてあとを振り向かないので、そのとき人が家に入ることもできるだろうし、気づかれずになにかを持ち出すことさえできるかもしれない。

さて、ヒスロップは明かりを消してハンモックに横になり眠りに落ちていった。半時間ほどのちだったのではないかと彼は記憶している。彼はハンモックの近くでなにか物音がするのに起こされた。猫が部屋に入ってきたのだろうと考えた。彼は眠っているあいだに刺された。しかし最初起き上がったときは傷を感じなかった。彼はハンモックから起き上がり、自分がだれかの手に触れているのを感じた。その手が彼をつかんだので、彼はそれを振り払った。すると彼は体の反対側をやられたことを感じた。叫び声を上げようとしたが、刺客は彼の頭を押さえてその口をふさいだ。数分間の格闘のすえ、彼は自由に大声で叫ぶことができるようになった。ここで刺客はヒスロップを放すと、ハンモックのそばの部屋の片隅に立てかけてあったトランクを急いで取り上げ、それを投げつけようとした。しかし、そのとたん、ドアの近くまで来ていた男は椅子にけつまずいて、トランクもろともひっくり返ってしまった。そしてただちに起き上がり、道に面した戸口から逃走した。彼は犯行を実行する前に、逃走のための出口を大きく開けておいたようである。

いっぽう、二階の部屋に眠っていた女が、ヒスロップの助けてくれという叫び声を三回聞いた。彼女はムラートの料理人を大声でよんだ。ヒスロップは昨日から使用人を全員タパジョース川の上流へ天産物を探しに出していたため、料理人はたまたま家にいた唯一の男であった。「ジョアキン！　ジョアキン！　ご主人様が叫んでるわよ。急いで起きてきて！」。このとき、彼女はトランクと椅子が倒れる音を聞いたので、さらに大声で叫び、窓のところに駆け寄った。そこから彼女はアマゾン河の砂浜を全速力で駆け下りていく男を薄暗い星明かりのなかで見た。料理人は明かりをつけ、二人は通りに面した戸口にまわって、ヒスロップ氏の部屋に入った。

主人はまだ一種の白昼夢の状態にいて、二人が内側から鍵をかけたはずの戸口から入ってくるのを見て驚愕した。そして二人がどうやってなかに入ったのかと大声で尋ねた。彼は自分が傷を負ったことさえ気づいていなかった。彼は手が濡れているのを感じたが、それは刺客と組み合ったときの男の汗だと思っていた。しかし二人は、たくさんの血が主人の体から流れていて、下のハンモックもマットも血だらけだといった。料理人はただちに外科医と薬剤師をよびに走った。その途中で近所の人々と警察署長を起こした。

刺客は傷をあたえるやいなやナイフを投げ捨てたと思われる。たぶんマキューシオ〔シェイクスピア『ロミオとジュリエット』に登場するロミオの友人〕のようにそれでじゅうぶんと思ったからであろう。というのは、ヒスロップと争っているあいだに、彼はたぶんたやすくもう一度刺すことができたであろうと思われるのに、そうしなかったからである。ナイフはあとで床の上に発見された。それは古い桶の箍《たが》の一片をナイフにしたもので、短剣の形に打ち伸ばされ、尖った先端は八センチの長さがあった。あきらかにどこかの鍛冶屋がこしらえたものであった。そして柄はサンタレンの鍛冶屋たちがよく使っている古い鑢《やすり》の柄であった。

治安判事は町中の鍛冶屋をしらみつぶしに調べた。しかし鑢の柄かそのナイフを作った者は見つからなかった。嫌疑は若いムラートというかサンボの鍛冶屋にかけられた。彼は殺人犯を収容する牢に拘置されていて、夜、牢番に賄賂を使って、女房に会うための外出のめこぼしを得ていた。彼はヒスロップが襲撃された夜外出しているし、翌朝早く通りで巡査に会って拘置されている。彼がナイフの加工と刺客の両方をおこなった状況証拠が他にもあった。しかしそれは彼をその容疑で逮捕する令状を取るにはふじゅうぶんであると考えられた。サンタレンの人々はみな彼が犯人であることを確信していたが、この事件は棄却された。

この事件が発生するにいたった状況は簡単に述べると以下のごとくである。その少し前にキャプテン・ヒスロップは、ムラートの少女に砂糖菓子の代金として一ミルレイス（英貨二シリング四ペンス）を支払おうとしていた。彼は銀行紙幣で支払おうとして、小さな包みに小分けされた紙幣を入れたブリキの箱をトランクから取り出した。一ミルレイスの紙幣は高額紙幣とは分けられていた。彼は机の上に箱をおいて、紙幣の包みを取り出し、ちょうど夕方で薄暗かったため、それがたしかに一ミルレイスであることを確認するために窓のところに行った。彼が背中を向けているすきに、娘は手を箱のなかに入れ、思いきりたくさんの紙幣をつかんだ。それは四七〇ミルレイス（ほぼ英貨の五五ポンド）分の、二〇ミルレイスと五〇ミルレイスの紙幣であった。

彼は数日後までこの紛失に気づかなかった。気づいていても、ブラジル人のよく知られた復讐を恐れてそれを回収する手段を取らなかったのであろう。とくにその少女の女主人というのは、罪を犯して最近オビドスの外へ追放されていた女であった。ところが彼の友人の一人が警察署長に事件のことを話した。警察署長はただちに少女をしょっぴいて、彼女のところにまだ残っている二七〇ミルレイスの金を差し出すまで彼女を鞭で打った。ついで、さらに二〇ミルレイス余の金が他のムラートの少女から取り戻された。この少女は泥棒本人からそれを受け取っていた。

この事件は町中のうわさとなった。そして莫大な額の金が入っていたと想像されるヒスロップの四角いトランクの話は、あらゆる人々の羨望をかき立てた。そして少なからずの人々の貪欲な心に火をつけた。しかしながら手提げ金庫が入っていたトランクがどれなのか泥棒が知らなかったことはあきらかである。というのは彼が実際に運び出そうとしたトランクには古着しか入っていなかったからである。砂糖菓子売りの少女の女主人に犯罪をそそのかされたというのがおおかたの考えであった。しかしもしそうであるなら、共犯者は主犯と同じように有罪を免れたことになる。

私はそれより約三年前に起きた同じような刃傷事件の話を聞いた。われわれの友人のフランス人のパン屋のルイスは家の裏にキンタル――半分が庭で半分が果樹園の土地――をもっていた。柱で支えられたタイル葺きの屋根の下に彼の竈は据えられていた。しかし壁は全然なかった。彼には一七歳と一三歳の二人の息子がいたが、二人は乾季には雨も降らなければ蚊もいない快適な戸外で眠るために、いつもそこの柱のあいだにハンモックを吊っていた。薄暗い月の光の夜に彼らがそうして眠っているとき、弟が夜半にふと眼が覚めると、一人の男がキンタルのなかをそろそろと兄のハンモックに近づいていくのが見えた。泥棒は若者が眼を覚ましたことに気づき、兄の喉にナイフをあてて脅かして黙らせた。弟はこれを見て恐怖の叫び声を上げた。悪漢はすかさず弟に躍りかかり、その体にナイフを突き刺して、キンタルから逃走した。傷は左側であった。深かったけれどもさいわいに命にかかわるような器官を傷つけなかった。しかし二カ月間彼はベッドから起き上がれなかったほど傷は深かった。

刺客についてはおきまりのとおりである――警察は彼の罪の立証に完全に失敗した。若者は刺客の顔をはっきりと見たわけではなかった。――彼は刺客がムラートであることをその髪の毛と皮膚の色から察しただけであった。窃盗の罪で二回牢につながれたことのある一人の負債のない自由ムラートに嫌疑がかけられた。この男はその直後パラに向けて乗船した。そしてパラに着いてまもなくある罪状で監獄につながれ、そこで死んだ。

私はこうした犯罪についてくわしく語るつもりはない。それらが私には異常に残虐に思えるからで、また私がそうしたことについて考えるとき、われわれ英国人が他の人々、とくにブラジル人のようではないことを神に感謝するからである。そのいっぽうでは、わが国の刑事裁判の記録を見ると、いかに飲酒癖や一般的に向こう見ずな生活が英国人の心をサンボのように変え、同じような凶悪な犯罪に導いているかを認めないわけにはいかない。

原注

1 私はワラガ川の河口の少し下手で、アマゾン河のほとんど川幅いっぱいに広がって流れるパリサダ（スペイン人は堆積した流木をこうよんでいる）に遭遇し、船でそれを通り抜けるのにいささか苦労したことがある。

第五章

下アマゾンの地質とサンタレンの植物相

サンタレンの植生についてさらに述べなければならないことがあるが、その前にそこの地質の概要を簡単に述べて、アマゾン河流域の他の場所でおこなった私の観察とそれとを比較してみたい。しかしながら、地質学は私の探検の計画にはまったく含まれていなかった。というのは、私はそれを徹底的に研究するのに必要な勉強はそれまでしてこなかったし、アマゾン平原の岩石にはあきらかに化石がまったく存在しないために（私自身はもちろん、ウォレスもベイツも化石は一つも発見していない）、もし発見すれば芽生えたかもしれない調査への関心もまったくもてなかったからである。

サンタレンの火山性の岩

すでに述べたように、サンタレンの岩石の多くはまぎれもない火山性の特徴を有していて、これがもっとも顕著な地質学的特徴である。タパジョース川の岸沿いには、しかしとくにその南と東に横たわる丘には、奇怪な形の岩石が散在し乱雑に積み重なっていた。それらは艶のある蜂の巣状で、精練所の溶鉱炉から出た鉱滓にきわめてよく似ており、しばしば巨大な大きさであった。これらはその地点に沈積したものか、あるいはもしそうでないならば、どうしてここまで来たのだろうか？　もし私がこの点に関して集めたすべての記録をここにまとめれば、それは私よりもこの問題を解決するにはふさわしいより有能な物理学者の役に立つかもしれない。

私は以前、イルラ山脈とよばれる、遠くからでもじゅうぶん小さな火山のように見える、円錐形の峰について話した。それはサンタレンから南へ六キロ行った西経三七度に横たわっている。高さはタパジョース川の水面から九〇メートルであろうと私には思われる。この峰には今述べた種類の岩滓が一面に散乱している。しかし山の頂上は丸くなっていてクレーターに似たところはまったくない。それを越えると、同じような岩石が散乱し、くぼみの介在する尾根となる。しかしそのくぼみはクレーターには似ていない。そしてこれらの巨礫様の岩以外、粗面岩、玄武岩など火山性の岩石はまったく見られない。またこれから見ていくように、大きな削剝があったにもかかわらず、本来の位置にとどまっている成層岩にはいちじるしい傾きはまったく見られない。

私がアマゾンの流域でこれらの火山性の巨礫を見たすべての場所を、海岸線からはじめて西方に進みながらここに列挙しておこう。（一）まず、パラの近くの南緯一度五〇分、西経四八度五〇分あたりのカリピで見た。（二）サンタレン。西経五四度四〇分。（三）アリペクルー川の急湍《きゅうたん》。南緯〇度四七分、西経五六度。（四）ヴィラ・ノヴァ。西経五七度。（五）パラナ＝ミリ・ドス・ラモスの畔。西経五七度。（六）セルパ。西経五八度。（七）リオ・ネグロ川沿いの西経六〇度から六〇度五〇分のあいだの狭い範囲のさまざまな地点。（八）上アマゾン河のマナキリー。南緯約四度、西経六〇度五〇分。この他にも私はこれらの中間の地点に、そしてさらに西方のコアリにもこうした岩があるということを聞いているけれども、マナキリーは私自身が観察したもっとも西側の地点である。

私がアンデスの麓に達したときには、はるかにたくさん発見できるものと期待していたと想像されるかもしれない。しかし南緯七度あたりから、アンデスの東側の麓を、ワラガ川、パスタサ川およびボンボナサ川に沿ってほぼ赤道まで横断したが、アマゾンの火山性の巨礫はどこにも発見されなかった。アンデスの火山自体にさえ、サンタレンのそれのように表面が完全にガラス化した火山岩滓をまったく見なかったし、またエトナ山やベスビアス山に見るような完全に溶解した溶岩も見なかった。コトパクシ火山の石灰華は溶解によるものというより、本当は煮沸されたものである。しかしアンデスと南アメリカの海岸を越えてさらに西方へ進むと、赤道上に横たわる一群の火山島（ガラパゴス諸島）に行き着き、そこにはアマゾンのそれのように釉《ゆう》をかけたような火山岩滓が豊富に存在する。

扁平頂の丘

これらの事実が導くことがらを考える前に、サンタレンに戻って、層理をなした岩になにが起きたのか、そしてアマゾン河の川床がどのようにして掘られたのかを知るために、私の乏しい観察がどれだけ役に立つか見てみよう。

イルラ山脈の真南に走る三本の低い山稜の向こうに、一つだけ独立した奇妙な截頭《せっとう》状の丘がある。その険しい裸の南側斜面は、いくつもの塔のようなかたまりに分かれていて、遠くからはゴシック風の城の廃墟のように見える。調べてみると、それは水平に層をなした白い砂岩から成り立っていることがわかる。そして薄くなったてっぺんの層は、そのすぐ下の層よりかなり硬いため、大気やその他の分解作用にはるかによく耐えて、石塀の冠石のように周囲にずっと突き出ている。同じような薄い緻密な層の縁が、垂直面のあちこちから突き出て岩縁《いわぶち》を形成している。頂上にわずかに散らばる草むらと、突き出た冠石の陰に生えた少しばかりの微小な羊歯《しだ》とイワヒバ属 *Selaginella* 以外、植物はほとんど生えていなかった。

あきらかに同じくらいの高さでこれよりはるかに山頂が広く平らな同じような丘が、イルラ山の谷の東側すなわち先に述べた丘の北東微東の方向に盛り上がっている。これらの丘のいただきからは、遠方ではあるが美しいモンテ・アレグレ山脈が望まれ、そのなかにたくさんの平らな頂上をはっきりと見ることができた。そのいくつかはサンタレンの丘よりあきらかにはるかに高い。

ウォレス氏がモンテ・アレグレを訪ねたときの記録に、そうした丘の一つについてつぎのように書かれている。「今われわれは山の斜面はどこも稜線に沿って無数の垂直方向の乱雑な柱状に裂けていることを知った。それらのすべてに大気の作用が多少とも認められた。柔らかい層と硬い層が交互に現れるたびに、柱は太くなったり細くなったりしていて、なかには台座におかれた球体か巨人の体と頭のような格好をしているものもあった」。そして彼が探検に出かけた洞窟については、「入口は高さが四・五～六メートルの自然のままのアーチ門である。しかしなんといっても奇妙なのは、地上から約一・五メートルの高さのところで入口を完全に塞ぐように横切っているでこぼこの板のような薄い一枚の岩片である。この石は現在の位置に落下したのではなく、他よりも硬い丈夫な岩の一部が、上下の部分を洗い流した力に耐えて残ったものである」。

広範に広がる砂岩

硬軟二つの層が交互に重なり合った、まったく同じ種類の白い砂岩が、アマゾン河の上方数百キロメートルのところにある。リオ・ネグロ川の左岸と平行して広がる低い台地のなかに見られるその台地は、河口からどれくらい上まで延びているのかわからないが、そこにはリオ・ネグロ川のいくつかの小さな支流の水源がある。私はこれらの支流のうちイガラペ・ダ・カショエイラとタルマ川の二つをその源流近くまでさかのぼってみた。これらの水路の上方部分は両方とも白い砂岩の上を流れていた。ふつうそれらの砂岩は足の下でぼろぼろに崩れるほど軟らかであるが、大理石様の岩層があいだに挟まっているため、流れは数キロの間隔をおいて一連の滝となり落下している。それぞれの滝はこの硬い岩の平板の上から落ちている。

私はこの性質をもったイガラペ・ダ・カショエイラの滝を三つ訪ねた。それらのうちでもっとも低いのは高さ三メートル半もなかったが、いっぽうタルマ川の最初の滝（アマゾン平原ではもっともすばらしい急湍）は九メートル以上もあった。滝のいちばん上の白い石の平板はひじょうに長く突き出ているので、われわれは滝の水には一滴も濡れずに数メートル下の岩棚を歩くことができた。この構造は私がサンタレンで、そしてウォレスがモンテ・アレグレで観察したものとひじょうによく似ている。なおそのうえ、アマゾン河やタパジョース川におけるように、リオ・ネグロ川でも白い砂岩は小石の混じったパラ・グリット（粗い砂岩）の上に載っている。

モンテ・アレグレの下手のいくつかの丘、すなわちパラウアクアラおよびパルーの丘（ベイツの『アマゾン河の博物学者』第六章の図版参照）はそのいただきがテーブル状になっている。しかし森におおわれている丘のなかには丸く見えるものもある。しかしながらこれらはすべて同じ地質構造をもち、外からの影響を受けやすい土壌の構成物質だけが異なることはほとんど疑いない。その理由は、サンタレンの截頭形の山のそれとよく似た笠石をもつのではないかと思われる、裸の平らないただきがいくつかあるからである。

アマゾン河の河床は、あきらかに、この白い砂岩の部分とその下にあるパラ・グリットの部分が、なんらかの手段で掘削されたものである。[1]パリカトゥバ、セルパ、ポラケコアラなどで見られるように、アマゾン河に突然現れる突端や岬で、このグリットが露出している。そして岸辺の低い沖積土のところでさえ、主流の背後に側水道のあるところでは、陸地の奥深くに分け入ると、かならずアマゾン河の昔の岩の縁に行きあたる。

たとえば、リオ・ネグロ川の河口より約八〇キロ川上に行った、アマゾン河の南に位置するマナキリーには湖と水道の完全な迷路があるが、これらすべての背後に、現在の高水位地点から九メートル高い、水平に層をなすパラ・グリットの壁がある。そこはしばしば植物に厚くおおわれているため、水上からは急傾斜の岸辺のように見える。しかし私は何キロにもわたってそれをずっとたどっていって、それがここかしこで深い湾や圏谷に湾入していることを発見した。そのことから、アマゾン河の主流が往時この岩の壁を洗ったこと、そして洪水のときにそのてっぺんまで増水したことはまちがいないと考える。少し西方に行ったアマゾン河の北側のマナカプルには同様の壁があるといわれている。マナキリーでは若干の火山性の岩石がたいてい固まらずにばらばらと壁の上に見られる。

私はカリピで、岩滓が載った砂岩の接触点が熱の影響を受けているのを見たように思う。しかし他のところでもそのようなものを探してみたがまったく見つからなかった。

下アマゾンの地質に関する最近の研究

［スプルースは、今まで述べてきた所見は出版する前に書き換えて、それ以後の地質学的研究の成果を組み入れるつもりでいた。そのことは彼が英国に帰ってからほどなくして作成した鉛筆書きのメモからわかる。しかしながら、私はこれをそのままの形で掲載するほうがよいと考えた。というのは、それはきわめて明瞭かつ正確であり、また下アマゾンの地質学的な由来を研究したどのアメリカの地質学者の記載にも私は発見すること

のできなかった、具体的な事実が含まれているからである。

政府の前の地質学者であったハート教授の後継者としてブラジル全土を旅行した、私の友人であるスタンフォード大学のブラナー教授は、下アマゾンの地質学の最高の報告書であるとして「アメリカ哲学会会報」と「パラ博物館会報」に発表されたダービー氏とハート教授の論文のことを私に教えてくれた。これらの論文は、アマゾン流域はシルル紀、デボン紀、および石炭紀の狭い帯からなる古生代の岩が長く伸びた盆地のなかに横たわっているとしている。これらの岩石の露出部はさまざまな支流の急湍を形成している。流域の北側では、これらの岩はアマゾン河から八〇キロ以内のところで見られる。いっぽう南側では河から一六〇キロから二四〇キロのあいだにある。いずれの側もそれより向こうにはギアナ、ブラジルの巨大な花崗岩地帯が広がっている。シルル層のいくつかの地点では、豊富な軟体動物相が北アメリカの同時代のそれと、しばしばまさにその種までがきわめて一致していることが発見されている。ゆえに、それらが地質学的系列のどの位置に所属するかは完全に立証される。

ここでわれわれが出合うのは、スプルースが先に述べている、下アマゾンの北側の岸沿いにモンテ・アレグレの向こう側まで約二四〇キロにわたって広がる、てっぺんが平らな一連の丘と、大河の南側の若干のまったく同じ形と構造の丘である。これらの丘は砂岩と粘土の水平な地層から成り立ち、しばしば高さは約三〇〇メートルにも達する。そして孤立し、その周囲が大量の削剝を受けている。しかしそれらのなかに化石がまったく発見されないために、その正確な年代は不明である。しかし第三紀層群に属していることは疑いない。

背後の低地に、そしてときとしてその背後の低地とのあいだに、頁岩《けつがん》の層を介在する大量の粗い砂岩が大規模に露出している。これはさらに内陸では、そしてまたエレレ山脈の川の近くでは、盛り上がった丸い丘を作っている。そしてすべてが多少とも傾斜し乱れており、そのうえトラップ岩脈がさまざまな方向に横断している。岩脈は部分的にひじょうに多いところもあるが、また火山性の岩石が貫入層のなかに起こっているところもあるようである。なかにはこれらの岩脈が表層から突き出て廃墟の壁のように立っているところもある。また隣り合った岩よりも削剝されて水路となった場所もある。これらの砂岩は化石化した木材や大量の双子葉植物の葉をきわめてよい状態で保存している。それゆえ、白亜紀より古いはずはないと結論される。いっぽうそれらはつねに多少とも乱れていてそこにはトラップ岩脈が貫入しているが、上の砂岩層は《いつも水平》で《けっして岩脈が貫入していない》。それはすなわち、それらが上に横たわるより軟らかい砂岩よりははるかに古いことを示すものである。それゆえそれらは白亜紀か始新世のいずれか、たぶん前者であったと考えられる。

以上のアメリカの地質学者が述べている下アマゾン流域の地

質学的構造の要約は、この国の起原を考えるのに役立つ。ギアナとブラジルの両高地はあきらかに始生代には存在した。そしてそれらが削剝されて、シルル紀、デボン紀、石炭紀の岩石が、順次それらを取り巻く海中で形成された。これらの堆積物の隆起は、その海がたいへん深くなければ、介在する谷の向こうまで広がったにちがいない。さもなければ、古生代から後期白亜紀層にいたる膨大な時間が経過するあいだに形成された二次岩が少し発見されるはずである。しかしこれらの岩石は膨大な白亜紀と第三紀の堆積物の下にある可能性もある。いずれにせよ、ギアナとブラジルの中央部と主要な部分は、古生代の終わりから現在にいたるまでずっと乾いた陸地であったことはたしかなようである。いっぽうかなりの部分はたえず水の上にあって、初期シルル紀その他の堆積岩を生み出したにちがいない。

この時代はつねに岩層の削剝がおこなわれていたものと思われる。その結果は広大なアマゾン＝オリノコ台地の膨大な数の孤立した山脈や山岳に見られる。——花崗岩や片麻岩の巨大な円蓋、古生代の変成岩の大きなかたまりや山稜、それを取り囲む平原はすべて、一度は数千メートルの厚さの巨大な層の下に埋まっていたにちがいない。浸食作用によってこれはアメリカの地質学者が《準平原》と名づけたものに変わった。それらは現在、削剝されて風化した花崗岩の円蓋となり、堆積岩の立方体のかたまりや尾根となり、そしてリオ・ネグロ川の源流にいたるまで、あちこちで森から突き出た不思議な岩の柱となって立っているのである。

ハート教授とその共同研究者のひじょうに興味深い調査は大河の北側に集中しておこなわれたようである。いっぽう、あまり大きくないサンタレンの丘はほとんど注目されなかった。ダービー氏は彼の綿密な論文の終わりのほうでこういっている。「流域の南側の第三紀の河床は、サンタレン地方では北側のそれよりもかなり低い。サンタレンの背後の高地は高さが一二〇メートルある。……私はこれらの高地の斜面に露出した青い粘土の河床のなかに巻き貝の化石を発見した。これはこの地方の第三紀層から出土した唯一の化石である」。さらに彼は、パラ付近とマラジョ島の平原の粗い砂岩の川底は「たしかにそれより最近のもので、第三紀後期あるいは第四紀に属している」といっている。

すると彼は、私もざっと調べたことがありスプルースが記している、岩滓様のかたまりにほとんど埋もれた独特な丸い丘を一度も訪れなかったことはあきらかである。それらはサンタレンの「背後」ではなく、町の南東五、六キロのところにあるからである。いっぽう、さらに内陸にあるものは、スプルースも記載したように、頂上がテーブル状になったモンテ・アレグレの第三紀の丘とまったく同じものである。もし、スプルースのカリピ（パラの近くの）における「砂岩の割れ目に貫入していたしかにそれを溶かしたトラップ」という観察が正しければ、パラ・グリットはスプルースが想像したように、エレレやサンタレンの水平の砂岩より古いことを示しているようである。

サンタレンの表面の火山性の岩石についての説明

この点に関係あることは、他には唯一ブラナー教授から最近受け取った書簡のなかに述べられている。彼はこういっている。「私はサンタレンにいたとき、たぶんスプルースが述べているものと同じであると思われる、暗色の火山岩滓様の岩石を見ました。それらは火山性の岩石とたいへんよく似ていて、破口がガラス状に砕けるほど緻密でした。しかし私が見たものは鉄とシリカで結合された砂岩でした。同じ岩石はパラ付近でも見られますし、またマカパの北と東の平原にも広い範囲にわたって見られます」。

しかしながら、これらはイルラ山脈や隣接する低い丘に見られる岩石と同じものであるとは私には思えない。後者はダービー氏とハート教授が記載した第三紀初期あるいは白亜紀の塁層のほうにはるかによく似ている。ダービー氏はこれらの岩床全体に「閃緑岩はごくふつうで、膨大な岩脈を形成し、ときとして堆積岩の層のあいだにあきらかに岩床を形成している」と述べている。さらに彼はこうもいっている。「これらの岩脈の表層はつねに分解が進み、岩滓様の外観を呈している。そして石英の結晶とそばの堆積岩の破片をそのなかに含んでいる」。ハート教授はこれらの岩脈はしばしば「ひどく分解し腐食が進行していて、もとはなんであったかいうことが困難である」と述べている。

これらの説明はスプルースが観察し広大な地域にわたって追跡した岩滓様の岩石によくあてはまるであろう。そして川の南側でも北側でもより新しい第三紀の岩石とより古い白亜紀の岩石は、たがいに隣接していることを証明しているのではないだろうか。前者は両方の地域において、地層が水平で頂上がテーブル状になった高い丘が特徴であり、後者は低くてしばしば丸みをおびていて、ひじょうに大きく、ときには層をなしたトラップや閃緑岩の大量の岩脈が貫入していることが特徴である。後者の型の丘はさらに岩層が削剥していて、サンタレンの近くのものはしばしば、たぶんそのなかか上にある火山性の岩脈の岩滓様の残留物で厚くおおわれている。

これらの丘の斜面と頂上をほとんどおおっているこれら火山性の岩石には、灌木、雑草その他の草本植物が一面にはびこっているので、それらの下の岩をはっきりと見ることができない。しかしちょっと注意して探せば露出部分はきっと見つかるであろう。あきらかにここにはつぎにサンタレンを訪れる地質学者にとって興味深い問題がある。たぶん火山性の岩屑でこれほど異様におおわれているこの「円錐形」の丘は、白亜紀か第三紀の古い火山の一つの岩栓の砕屑であろう。この巨大な堅い岩屑のかたまりは、砕けやすい部分まで完全に崩壊してしまう

のを防いだのである。——A・R・W］

サンタレンの植生の景観

さて、私はタパジョース川の河口の植生に関する説明をしめくくり、一八五〇年に雨季から乾季へと季節が変化したときに、植生がどのような影響を受けたかを述べていくこととする。

雨の最初の影響は豊かな草を生い茂らせたことであった。川の岸辺と湿地には背の高い多汁の草がたくさん生い茂り、カンポの木立や藪には、ほっそりした針金のような草が繁茂した。その種類がどれほど豊かであったかは、サンタレンで私は九〇種にのぼる植物を集めたといえばおわかりいただけるであろう。スゲ類は種数、個体数ともに多くはなかったが、いくつか美しいものがあった。とくにカヤツリグサ科のディクロメナ属 *Dichromena* の種は下部が緑色で上部の白い、部分によって色のちがう管にいだかれた頭花をもっていた。

その年の最初の三カ月間はこれらの草とスゲ類とそして村の近くに見られた若干の雑草をのぞいて、花をつけたものはほとんど見られなかった。しかし木々は、熱帯ブラジルの他の一部の地域におけるように乾季のあいだに葉を失い、すなわち《夏眠》し、そして雨によって生き返るのではなく、日毎にますます汚らしくなってきた。そしてそれらのほとんどのものが新しい葉を出し古い葉を落とすのは、雨季も盛りになってからのことで、ときには乾季のはじめまで待たねばならなかった。

しかしながら乾燥したカンポでは、乾燥の終わりに萎れてしまったかに見えたひじょうにわずかな灌木が、雨の影響で新しい緑におおわれた。これらの一つで、三枚の小葉がキングサリ属 *Laburnum* の葉に似ているが、それより厚くて強靭で、そして豊かな雪白色の花を咲かせるマメモドキ属 *Connarus* のクラシフォリウス種 *C. crassifolius*（新種）はじつに美しかった。これは小さな科のマメモドキ科に属していて、バラ科とマメ科の仲間の例外的な若干種にきわめて近い。

土地が湿気で飽和状態になるにつれて、カンポの裸の砂地や礫地は白や緑の植物の群れで点々と彩られる。白いのはきれいな雑草のポリカルパエア・ブラジリエンシス *Polycarpaea brasiliensis* で、わが国の小麦畑の大爪草《おおつめくさ》のようである。緑色のヒゲシバ属 *Chloris* のフォリオサ種 *C. foliosa* は長さがわずか一センチほどの硬い房状の葉をもつ。それは私が四カ月にわたって見つづけていたら、ようやくその先に六個か七個の絹の羽毛状の穂状花序をつけた軸を突き出した。これらと若干の他の草本植物が一年のいかなる時期よりも高地のカンポを新鮮にしていた。しかし一一月に私がはじめてそこを訪れたときほど、はなやかな花の多いところを見ることは二度となかった。[2]

一斉開花と芽吹き、短命植物

しかしながら一斉に葉が芽吹き花が開くのは、雨季が終わり氾濫が止まりはじめるときで、それは川の畔でもっとも明瞭に見られた。無数の微小な一年生草本——あるいは《短命植物》とよべるかもしれない——の眺めはすばらしかった。それは静かな湾の岸辺と、タパジョース川の水道の河口に萌え立った。退いていく水のあとを追って、それらは砂のなかから芽生え、花を咲かせ、種子を実らせた。そして砂が完全に乾き上がってしまう前に——せいぜい数日である——完全に萎れてしまった。それらのとるにたらない大きさとはかない存在にもかかわらず、多くは眼の覚めるような白、黄、淡紅色の花を咲かせ、すべてが美しかった。そしてそのほとんどが未記載種であった。そのなかには、英国の小川に見られる小型のヘラオモダカ属 *Alisma* のラヌンクロイデス種 *A. ranunculoides* に似た二種のみごとな篦沢瀉《へらおもだか》があった。他にホシクサ属 *Eriocaulon* とタヌキモ属 *Utricularia* が数種、ヒリス属 *Hyris*、ヘルペステス属 *Herpestes* がそれぞれ一種、いくつかのほっそりした一年生のスゲ類（ハリイ属 *Eleocharis* とイソレピス属 *Isolepis*）、その他の若干の植物があった。

タヌキモ属 *Utricularia* の一種スプルケアナ種 *U. spruceana* はたしかに構造がこの仲間のなかでもっとも単純であった。それについて述べれば、これら短命植物の外観が一般的にどんなものであるか知ることができるだろう。茎はふつうの縫い針ほどの大きさで、円錐形の小根によって砂のなかに固定しており、葉はないが微小な管状の二つの唇弁苞葉《ほうよう》が花のちょっと下についていて、花は白色で比較的大きい。外観は以上のとおりである。ところが、これは大量に育つので、直径何メートルもの砂地の一画はその白色に彩られた。

しかしながら、私がもっとも興味をいだいた植物はミズニラ属 *Isoetes* のアマゾニカ種 *I. amazonica* であった。これは英国の北部の湖沼に生育するチシマミズニラ *I. lacustris* にひじょうによく似ている。これはこの仲間で赤道の近くで発見されたはじめてのものであった。その後私は標高三六五〇メートルのほぼ同緯度のアンデスの寒地パラモ〔南米熱帯地方、とくにアンデス山地の樹木のない高山草原地帯〕で二番目の種を発見した。

タパジョース川の岸辺のこれらの短命な植物は、そこの植生のもっとも顕著な特徴である。私はウアウペス川の急湍の氾濫する島々以外のところで、このような植生はまったく見なかった。たしかに植物の規模は、一部の種の莫大な大きさの点のみならず、巨大な大きさから極端に微小なものにいたるまでその幅が大きいことでは、アマゾン流域では最大である。たとえば、聳え立つようなインドワタノキ属 *Ceiba*（=*Eriodendron*）やバターナットノキ属 *Caryocar* と、低木のタヌキモ属やヘラオモダカ属とを比較してみるとよい。

タパジョース川の樹木

美しいがはかない命の花々で岸辺がこのように飾り立てられ

ているあいだに、砂地や石の多い岸辺の外縁に育つより不変の植物がまた花の装いをまといつつあった。高さがだいたい六〜九メートルの低い藪状の木々——しかしあちこちにこれより高いが、けっして喬木とはいえない木々が入り交じっていた——は、多くがきらびやかな花をつけ、タパジョース川の岸辺を縁取っていた。岸辺が突然陸地側に向かってせり上がっているところではガポの縁部は狭かった。しかし小川の河口のようにほとんど平らなところでは、植物が一年の数カ月間は完全にあるいはなかば水没するところだけに繁茂する、あの特別な高木の大きな群れがあった。それは一種の冬眠である。

タパジョース川のガポの植生はリオ・ネグロ川のそれとまったく同じ性質をもっている。リオ・ネグロ川で後日私はタパジョース川のものと同じ種をいくつか発見した。とくにカンプシアンドラ・ラウリフォリア *Campsiandra laurifolia*、オウテア・アカキアエフォリア *Outea acaciaefolia*、レプトロビウム・ニテンス *Leptolobium nitens* のようなマメ科植物とクリソバラヌス科のコウエピア・リヴァリス *Couepia rivalis*（新種）であった。これらのうちの最初のものは低く広がった木というか灌木で、内側が白く外側が淡紅色の花は、桃やアーモンドの花にやや似ているが、大きな散房花序に大量につく。ガポのいちばん端でそれはときとして数キロにわたってとぎれることなく縁飾りを作っているが、とくにリオ・ネグロ川でそれが見られる。花の咲いたあとは大きな平たい豆の入った莢となる。年のいかないインディオの少年たちはそれが鴨の餌に良いことを知っている。また彼らの母親たちは、すり砕いて濾したあと、焼いて苦い麻酔性の主成分をとりのぞき、まずまずの食用の粉を作っている。しかしこれはマンジョーカがひじょうに希少になったときだけのことである。

［パラに近い下アマゾン河の支流の一つのガポの植生を示す次頁の写真には、スプルースがここで発見した特徴のある二種の植物が写っている。よく目立つ斑紋のある幹をもった前方の小さな木はここに記載したカンプシアンドラ・ラウリフォリアで、表皮の色は一七頁で述べたようにさまざまな色の地衣の色である。カンプシアンドラ属 *Campsiandra* の少し後方のものはジャウアリ椰子で、この幹の下部は下向きの長い刺で厚くおおわれている。右側の二本に見るように木が老齢になるにつれてこれらは落ちていく。葉柄が落ちたあと葉痕は美しい規則正しい淡色の輪になる。これらの木はいずれもアマゾン河とリオ・ネグロ川の澄んだ水の流れる支流にふつうに見られる。——編者］

タパジョース川で見られるその他の木々はモモタマナ属 *Terminalia*、ゲニパ属 *Genipa*、テコマ属 *Tecoma* などの種であった。しかしここでのもっとも装飾的な樹種はキンキジュ属 *Pithecellobium*（= *Pithecolobium*）のカウリフロルム種 *P. cauli-*

第5図　ガポに生育するカンプシアンドラ・ラウリフォリア *Campsiandra laurifolia* とヤワラバヤシ属 *Astrocaryum* のジャウアリ種 *A. jauary*、ジャウアリ椰子

florum であった。これは中ぐらいの大きさのネムノキ科の木で、節くれだった曲がりくねった幹をもち、幹や主要な枝から、上部が深紅色で下部が白色の、ほとんど全体が長い糸状の雄蕊からなる花が出ている。そのため幹は巨嘴鳥《おおはし》の羽毛にびっしりと包まれたかのようになる。すると緑色の葉がこんもりと茂るが花のない樹冠とあいまって、よく目立つ奇抜な外観を呈する。

サンタレンではごくわずかしかない椰子の一つで、ジャラーとよばれるレオポルディニア・プルクラ*Leopoldinia pulchra*はタパジョース川沿いに群生している。それはふたたびリオ・ネグロ川で、この川を特徴づける植物の一つとなるほどたくさん現れる。高さはまれに三・五〜四・五メートルを越えることもあるが、おおむねとるにたらない大きさである。もっとも顕著な特徴は硬い葉鞘《ようしょう》である。指のように裂け、葉が落ちてしまったあとに、葉鞘はたくさんの籠手《こて》のように茎に絡みついたまま残る。

［サンタレンのカアポエラ（二次林）でスプルースが発見したもう一つの興味深い椰子は小さなムンバカ椰子であった。これは高さ二・四〜三・七メートルに生長する。ほっそりした刺の多い幹と美しい規則正しい羽状の葉をもち、小さな赤か橙黄色の果実をつける。原生林ではまれであるが、パラやサンタレンの近くの二次林の茂みにはさらにたくさん生えている。次頁の写真は樹林の下に生えたこれらの椰子の一群を撮ったものである。これはパラの近くで撮影されたものであるが、スプルースが「リンネ協会雑誌」（一一巻、一八六九年）に発表した「赤道アメリカの椰子」という論文に記載している、彼がこれと出合った場所の植生の特徴を同じように示している。——編者］

アマゾン河の濁った水が氾濫する川岸や島の植生は、青い水の流れるタパジョース川の植生とはほぼ完全にちがっている。しばしばねじれて変形した幹をもち、ときとしてベンガルボダイジュのように支柱を垂らした巨大な無果花《いちじく》の仲間、パンヤノキ、パラゴムノキ属 *Hevea*（=*Siphonia*）のスプルケアナ種 *H. spruceana*（=*S. spruceana*）、そして製板材となる硬い変色した材のみごとな喬木で、藤色の花を円錐花序につけるイタウバ＝ラナといわれるベニマメノキ属 *Ormosia* のエクスケルサ種 *O. excelsa*（新種）などが、ガポの木のなかで目立っていた。

しかしこれらのどれよりも豊富なのは（私がのちに発見したように）アマゾン河の岸辺に沿ってじつにアンデスの麓まで広がっているパオ・ムラートすなわちムラートの木であった。そのたえず剝げ落ちては再生している樹皮の色からかくよばれるものである。一八〜三〇メートルの高さに生長する。そして狭い股状に枝分かれして、てっぺんはふつう逆円錐形になっている。こうした独特の特徴と、その輝く赤褐色の表皮と、花の季節になると茂る山査子《さんざし》の花の色と香りに似た散房花序のため

第6図　ムンバカ椰子 *Astrocaryum mumbaca*、ムンバカ

に、それはどこでもよく目立つ存在となっている。これはキナ属 *Cinchona* にひじょうに近縁で、ベンサム氏はエウキリスタ *Eukylista* という新属をもうけて記載しこれを模式標本とした。

湖の植生

　いくつかの小さな不変の湖が、短い水道によってタパジョース川や、また雨季には湖となる平地やくぼ地とつながっていた。そこでは七月と八月の二カ月間、その水のなかや陸地と接するところにたくさんの珍しい植物が発芽した。ヨーロッパで同じような環境にさらされたものと同様に、水中に直立し、茎の花をつける部分をちゃんと水の外に出しているこれらの水生植物が、テラ・フィルメ（陸地）に生育する同類の習性とはまったくちがって、水没した葉を螺旋状に幹に輪生しているさまは注目に値する。

　たとえばチョウジタデ属 *Ludwigia*（=*Jussieua*）のアマゾニカ種 *L. amazonica* は、英国の水たまりのスギナモの仲間にそっくりに輪生し水没する細い葉をもっていた。しかし同属の他の植物のすべての葉がそうであるように、水面上に現れた部分は単独である。シパネア・リムノフィラ *Sipanea limnophila*（新種）は水面下にたくさん葉を輪生していたが、水の外の葉は四枚いっしょに出ており、最上部のものはただの対生葉であった。ところが同属の他種（習性の点や、淡紅色あるいは白色の花である点で、英国のサボンソウやセンノウ類に似ているが、本当はアカネ属 *Rubia* に近い）は、すべての葉が対生かまれに三輪生である。

　これらの植物と、またこれらとともに生育し同様の特性を示す他の植物は、厳密にいってすべて《水陸両生の植物》であった。それらが最初発育する場所の水は種子が実る前に完全に乾き上がる。一生を水中ですごす真の水生植物は、すべて受精がおこなわれるまで、あるいはそれどころか果実が完全に実るまで、花を高く乾燥状態に保つために、なんらかの工夫をこらしている。

　タヌキモ属 *Utricularia* のクインクェラディアタ種 *U. quinqueradiata*（新種）はとくにここに記載する価値がある。それはきれいに二分したたくさんの気胞を含む水没する葉をもった小型種である。しかし長さ約五センチの花柄は、そのなかほどに車輪の輻《や》のように五枚の苞片を水平に開いた大きな総苞《そうほう》をもっている。これで水面に浮き、枝をつねに直立させて、単独の花はぐあいよく水の外に出るようになっている。それはまるで灯籠《とうろう》が漂っているようであるが、とくに大きな黄色い花は燃える炎を思わせる。

　アマゾン河の濁った水に生育する水生植物については、ポンタ・ネグラの報告のなかですでに述べた（七一頁）。

　湖の周辺と湿った砂地のいたるところに、すでに述べたタパジョース川のそれとはまったく異なる数種の小さな植物が生育していた。それらは若干のヒメハギ属 *Polygala* とトウエンソ

ウ属 *Xyris*（=*Xyrides*）で、後者はまるで小型の水仙のようであった。ヒメハギ属のスブティリス種 *P. subtilis* とヒナノシャクジョウ属 *Burmannia* のカピタタ種 *B. capitata* の二種はともにたいへん小さな植物で、両者ともほとんど葉のない茎と淡黄色の頭状花をもっているが、その他の構造はまったく似ていない。これらはリオ・ネグロ川の同じような場所とオリノコ川のサバンナに再度現れた。蓬菊《よもぎぎく》に似た強いにおいをもつキク科の香草のペクティス・エロンガタ *Pectis elongata* が同じ場所にたくさん生えている。そしてグアヤキルのサバンナにさらに豊富に生えている。

高地のカンポの植生については秋の雨のあとの一一月のようすをすでに説明した。川の周囲の植生は七月、八月、九月が最盛期であるが、カンポではちょうど一一月が最盛期であった。カシューナットノキ属 *Anacardium* およびプルミエラ属 *Plumiera* のような小さな木の一部は、一年中多少とも花を咲かせていた。しかしカンポに散らばって生えている高い木はおもに七月から八月にかけて開花した。これらのうちでもっとも美しいのは二種のマメ科植物で、その一つボウディキア・プベスケンス *Bowdichia pubescens* は明るい青か紫の花をもっていた。他のロンコカルプス・スプルケアヌス *Lonchocarpus spruceanus* は赤紫色の花を長い複穂状花序につけていた。両者ともひじょうに装飾的であった。それでも点々としか生えていないために、わが国の野原のアマやシロツメクサなどのような、色のはなやかな大きな群落の作る効果はどこにも見られなかった。たいへん美しいウォキシア・フェルギネア *Vochysia ferruginea* の木は、最高に芳しい香りを放出する黄色い花を穂状花序につけ、低い土地にはふつうに見られた。私はそれをカシキアーレ水道とオリノコ川の同じような場所で発見し、そしてペルー領アンデスの麓で再度見た。

火山性の丘の植生

火山性の丘をひじょうに熱心に調査してまわり、数回にわたって骨の折れる遠征もこころみたが、そこの植生はひじょうに貧弱であることが判明した。傾斜地の一部は丈夫な葦のような草で密におおわれていた。また石の多いでこぼこの土地でもあったため、たいへん苦しい登り坂であった。とはいえ、これらの草本のうち、つぎの二つはたいへん美しかった。スズメノヒエ属 *Paspalum* のペリトゥム種 *P. pellitum* は折りたたまれた鋭いアヤメ属 *Iris* のような葉が、そしてプルクルム種 *P. pulchrum* は黄金色の剛毛の列によって囲まれた小穂——六個の掌状の穂状花序にぎっしりついていた——が美しかった。

樹木はきわめてわずかで、多くが独立木であって、集まって木立を形成するようなことはめったになかった。その一つはトウダイグサ科のマベア・フィストゥリフェラ *Mabea fistulifera* であった。これは同属の多くの種と同じように、その長い繊細な枝が中空であることで有名である。これはアマゾン地方でタクアリの名前で煙草のパイプの羅宇《ラウ》（管）として一般に用いられている。同じ種は以前ミナス、ゴイアスなどの地方でポルとフォン・マルティウスが採集した。

山地に、そしてまたサンタレン側のカンポの石の多い場所にじつにみごとな木が一本あった。それはウォキシア科のサルウェルティア・コンウァラリオイデス *Salvertia convallarioides* で、九〜一二メートルの高さに生長し、葉と枝は六つあるいは七つが輪生し、木が対称形の枝つき燭台のような形をしていた。そして枝の先端が上に曲がり、それぞれに大きな六枚の花弁をもった花を円錐花序につけているため、ことさら目立っていた。これらはスズランの好ましい香りがした。そのため開花中のサルウェルティア属の茂みを通り抜けるときに、私はあの質素だけれども魅力的な植物をたえず思い出した。乾燥標本も菫のようないっそう豊かな香りを保っていた。

石まじりの谷間にはラフォエンシア・デンシフロラ *Lafoensia densiflora* が生えていた。これは石榴《ざくろ》の花にやや似た大きな奇妙な花をつける小さな木であるが、花は赤ではなく白色である。マベア属、サルウェルティア属およびラフォエンシア属が熱帯ブラジルの丘陵性のカンポのいたるところに生えていた。私がサンタレンで集めたマチン属 *Strychnos* のブラジリエンシス種 *S. brasiliensis* と他の南ブラジルの植物もそうだが、私はアマゾン流域の他の場所ではこれらを見なかった。

私はモンテ・アレグレの丘は訪ねなかったけれども、そこはあきらかにサンタレンの丘の延長で、特徴はそれとまったく同じであり、ウォレス氏はサンタレンにあったのときわめてよく似た雑草の深い草むらのために登攀を邪魔されたと私にいっていたから、そこではクラテラ・アメリカナ *Curatella americana*、マベア・フィストゥリフェラ、サルウェルティア・ウォキシオイデス *Salvertia vochysioides*、その他の中央および南部ブラジルの植物が等しく発見できるはずである。そしてもし先住民らが主張するようにモンテ・アレグレの丘陵の北方に別の裸の丘があるならば、中央ブラジルの花崗岩地帯からオランダ領ギアナの前線の花崗岩地帯にいたる西経五四〜五五度のあいだに、アマゾンの森林をまっすぐに横切る断層がたぶん存在するはずである。そこは介在する谷やくぼみに木の茂る、開けた丘陵性の土地であるが、密に森におおわれたアマゾン流域の他の地域とはひじょうに性質が異なっている。

サンタレンで食べられる野生の果実

聳え立つような原生林はサンタレンの近くにはまれである。そのような場所に到達するには、イルラ川とマイカ川の水源の方向に陸路を分け入らなければならない。あるいはアマゾン河を数キロ下って、それからいくつかのイガラペをさかのぼっていく水路によらなければならない。私はよく知られた産物を産する森林樹のいくつかについて述べ、あわせてサンタレンで食べることのできるいくつかの野生の果実について記して、この章を終わることとしたい。

イタウバ、すなわちその材質の硬さから「石の木」ともよばれ、アマゾン河では他のいずれの樹種よりも、造船用材として高く評価されているこの木は、クスノキ科の堂々とした木で、同定のために私の花と果実の標本が提供されるまでは未記載であった。これには《プレタ》すなわち黒（アクロディクリディウム・イタウバ *Acrodiclidium itauba*）と《アマレラ》すなわち黄の二つの変種がある。前者からは大きな材が得られ、材質は深い暗紫色で、中心部はほとんど黒色である。いっぽう後者はより薄く黄色がかっている。イタウバ材は水より若干重い。だからこれは私が身をもって知ったことであるが、それで作ったカヌーは水をはれば確実に沈む。しかし大きな船の建造にはアマゾンにはこれにかなう木材がない。カシキアーレ水道と上オリノコ川に産するクスノキ科のラウレル・アマリラとよばれるオコテア・キムバルム *Ocotea cymbarum* はこれに優る唯一の南アメリカに産する材である。なぜならば材は同じように硬くて耐朽性が高く、しかも水よりも軽いからである。デメララの緑心木《りよくしんぼく》は同じクスノキ科に属する。

イタウバは長楕円形の黒い漿果をつける。その外皮は腺状の点をちりばめ、その上に杏の花に似た花を開く。果肉に包まれた大きなアーモンド様の種子を一個もっている。果肉の厚さは○・三センチほどで、強烈な樹脂質のにおいがあるが、おいしい食料となり、ときとしてアサイ椰子その他の椰子の果実の果肉のようにワインが作られる。ブラジル人はそれをポルトガルから大量に輸入されるオリーブの小粒種と比較しているが、なるほどそっくりである。

クマル＝ラナすなわちバスタード・トンガ豆とよばれるアンディラ・オブロンガ *Andira oblonga*（新種）はウルマンドゥバという場所より向こうの森に生育するマメ科の木で、オレンジの果皮と香油メリッサ〔ゼウスを蜂蜜によって養育したギリシャ神話の女性名〕の快い香りの花と果実をもつことでよく知られている。真のクマル（ディプテリクス属 *Dipteryx*）の種子の香りに近いが、それらが同じ性質をもっているかどうかは私は知らない。

クパ＝ウバすなわちカピヴィの樹脂の木とよばれるコパイフェラ・マルティイ *Copaifera martii* は、高地のカンポとマイカ川のカンポのあいだの森林の傾斜地に良い標本がたくさんあった。しかしそれらは樹皮を傷つけて樹液を採取する価値のない、ごくわずかなオイルすなわち樹脂しか生産しないといわれている。しかしながら木の性質は、アマゾン河のさまざまな支流沿いに大量の樹脂を産するコパイフェラ属 *Copaifera* の他種のそれとまったく同じであった。本属の種はすべて硬い羽状の円錐花序に密についた小さな花をもち、四枚か五枚の白い花弁が、八～一一本の離ればなれの雄蕊と扁平な淡紅色の子房よりも長く突き出ている。そして葉は透明な点をちりばめた二対かそれ以上の深緑の小葉からなっている。古木になると幹は中心部が空洞となる。そしてそこに油がたまるので、掘削錐で穴を開けて取り出される。しかしカシキアーレ水道で私が見たものは、根元近くで、油のたまっている部分までじゅうぶん深く楔で切り除いて樹脂を採っていた。

ピトンバというムクロジ属 *Sapindus* のケラシヌス種*S. cerasinus*（新種）は、羽状の葉と白い花をもち、マピリ岬とタパジョース川のいたるところの石まじりの傾斜地に生育する、高さ一・八～三メートルの灌木である。桜桃《さくらんぼ》ほどの大きさの黄色の実をつけ、味もなんとなくそれによく似ている。薄い果肉が一個の種子をおおっていて、私はそれを味わってみたら、黒い酸塊《すぐり》の実の快い香りがすることを知った。そこでいくつかを食べてみたが、あとで気分が悪くなるようなことはなかった。しかし私がサンタレンの友人にそのことを話したら、彼らは種子が食べられるということはまったく聞いたことはないし、有毒種を含むムクロジ科に属するこの種子を食べるとは無分別だといっていた。しかしながら、私はこれとはごく近縁のガラナの種子は健康に良いことを知っていた。そしてのちに同じガラナ属 *Paullinia* のピンナタ種 *P. pinnata* のような、幹も根も致命的な毒性をもつものがあるにもかかわらず、ムクロジ科の植物のたいていのものは少なくとも無害であることを発見した。

タピリバすなわち貘《ばく》の果実とよばれ、マウリア・ユグランディフォリア *Mauria juglandifolia* の学名をもつこの木は、ウルシ科に属し、その葉はわが国の梣《とねりこ》に似ているが、そう大木にはならないし、長方形で黄色のやや酸っぱいウィート・プラム[3]ほどの大きさの石果（核果）をつける。この木は熱帯南アメリカ全体にしばしば見られ、ベネズエラではホボの名で、ペルーでは《シルエロ・アマリヨ》すなわち黄色いプラムの名で知られている。しかし私はその真の野生のものをどこかで見たかどうか覚えていない。それはきわめて不撓不屈の生命力をもち、それから切り取られた棒杭はほぼまちがいなく地中に根を下ろし、そしてそのまま放置すれば一本の木に生長する。このことからオリノコ川沿いでは家畜を入れる囲いや、またグアヤキルあたりでは砂糖黍畑の柵などによく利用されている。サンタレンでは、町のはずれからカンポの墓地に通じる道端に私が来る一年ほど前に打ち込まれたタピリバの棒杭は、すでに葉を茂らせ、まもなくまちがいなく陰の深い並木道となることを見せていた。

アピランガ（モウリリア・アピランガ *Mouriria apiranga* 新種）。銀梅花《ぎんばいか》とノボタン科の中間に位置する奇妙な属に入り、ほぼ杏の木ほどの大きさの小さな木である。それは三個の石のような種子をもった、赤いおいしい漿果をつける。

アラサ（バンジロウ属 *Psidium* のオウァティフォリウム種 *P. ovatifolium*）。これは銀梅花の一種の小さなグアヤバである。普通種よりも若干酸味が強い。数種のフトモモ属 *Eugenia* の酸味のある果実もまたアラサとよばれている。

タピイラ＝グアヤバ（ベルキア属 *Bellucia* の一種）。ほっそりして、たいてい枝分かれしない幹をもつノボタン科の一種で、高さは一五メートルに達し、そのいただきに数枚の大きな葉をつけ、また白い薔薇の花のような大量の花が裸の幹につく。果実は一見して小さな林檎に似ていて、味も若干似ているが、その仲間のすべてがそうであるように気が抜けて味がない。本当は一二に分かれた小部屋のなかにたくさんの微小な種子を含んだ漿果である。

イェニパパ（アカネ科のゲニパ・マクロフィラ *Genipa macrophylla* の新種――他に二つの新種）――チブサノキ *Genipa americana* は本属ではもっとも広く分布する種で、私は南アメリカ全域の多くの場所で野生のものを見た。ペルーではそれはウィトゥとよばれ、エクアドルではハグアとよばれている。その果実は大きな黄緑色の漿果で、変質することのない黒い染料が採れる。インディオたちが彼らの肌を染めるのに広く用いている。それはまた味の良い食べ物で、完熟するまでおくと西洋花梨《かりん》と同じような硬度と良い香りをもつようになる。三種のイェニパパがタパジョース川の岸辺に沿って生えていたが、それらは全部未記載であることがわかった。その一つは長さ四五センチもある葉をもち、白鳥の卵ぐらいの大きさの球状の果実をつける。すべてチブサノキと同じ性質をもっている。

ウイラリ=ラナ（マチン属 *Strychnos* のブラジリエンシス種 *S. brasiliensis*）。小さな藪状の木で、小枝の多い十字に対生する枝をもち、サンタレンの郊外に野生している。そして赤い種子が三つ入った果実をつける。その果肉は風味はないが食用となる。私はこの致命的な毒性をもつ本属の、まれに無毒の第二の例にウアウペス川で出合った。それはロンデレティオイデス種 *S. rondeletioides*（新種）で、そこでは野生の七面鳥がこの漿果を食べていた。

本属のブラジリエンシス種は登攀性ではない。少なくとも私はサンタレンではそのような例は一つも見なかった。しかし小枝の多い枝がそうした傾向を見せていたので、その必要があるのだろう。私はここ以外ではこの植物を見なかった。しかしそれはもっと南のほうではたくさん生育している。

果実は食べられるが、種子とその他のすべての部分に高い毒性があるかもしれない植物については大きな一覧表ができるであろう。一位《いちい》の果実の例はだれにもなじみの深いものである。

原注

1 ［アメリカの地質学者はパラの砂岩はもっと最近に堆積したものであると考えている。――編者］

2 私は赤道の南の太平洋岸に来るまでヒゲシバ属 *Chloris* を二度と見なかった。その土地はサンタレンのそれと若干似ているが、ふつう何カ月も、あるいは何年にもわたって、降雨で湿ることがなかった。一八六二年の雨で砂漠は青々とした絨毯でおおわれた。そのなかにヒゲシバ属の数種が目立っていた。

3 ［ウィート・プラム。麦の収穫期に実り、そのときそれでパイが作られることからかくいわれた。古い名前はヨークシャー・プラムである。味はとくに良質のものではなかった。そのため今ではヴィクトリア・プラムがそれにとって代わっている。――編者］

●第六章

サンタレンからリオ・ネグロ川へ

（一八五〇年一〇月八日―一二月一〇日）

ひじょうに小さな船に便乗

私のサンタレンにおける植物採集は、あらゆる点で満足すべきものであった。とはいえ、一日の遠出で採集しうる植物はほとんど採りつくしてしまい、私は新分野を切望するようになった。そこでつぎの活動の拠点をリオ・ネグロ川の河口におくことに決めた。しかし諸般のやっかいな事情で、サンタレンからの長期の旅行にも、またオビドスやトロンベタス川への旅にも出られなかった。私は雨季にヒスロップ氏の小さな船でタパジョース川を一カ月間遡行する旅を計画した。そしてそれに必要なあらゆる準備を整えたが、出発するまさにその前夜に熱病にやられた。

私はその当時自分の船を持っていなかったし、またサンタレンでそれを操る船乗りを雇える可能性もまったくなかった。そこでは有色の自由人は全員土地の商人たちに借金があった。彼らは船に乗ろうと思っても、その前に商人たちからきびしく借金を取り立てられるので、身動きができなかった。私はブラッドリーという英国人の所有するパラからのスクーナーに連れといっしょに便乗して、アマゾン河を遡行したいと望んでいた。そしてその船はたしかに七月にアマゾン河を遡行するさいにサンタレンを通過したが、それはたくさんの荷物を積んでおり、すでに乗客であふれていて、われわれの乗り込む余地はなかった。

結局われわれは、現在はマナウス市とよばれているバーラ・ド・リオ・ネグロをめざしてサンタレンを発つことにして、一〇月八日の火曜日に、長年サンタレンに居住しているフランス人紳士のグゼンヌ氏が所有するイガラテに便乗した。彼は前年に川筋の人々に前渡ししてあった品物の代償として、塩漬けの魚、亀の油、ブラジルナッツその他の産物を集めるために、毎年アマゾン河の上流へ船を出していた。船は積載量三〇〇〇アローバ（＝九六〇〇ポンド＝約四・三トン）を少し超える程度のまことに小さなもので、私の荷物がその半分を占めていた。場所がないため、われわれは途中採集することのできた植物を保存するのにたいへんな不便を味わった。さらに悪いことに、椰子の葉で屋根を葺いたトルドすなわち船室は、激しい雨が降るたびに雨水がしみ込んでくるほど雑に作られていた。そしてそのあとはきまって水を吸った衣類や紙、そして食料を乾かすのに、たいへんな煩わしさを味わった。しかしながらこれ以外の船はなく、この乗物はこのように惨めなものであったが、私はそれに便乗するためにほとんど三カ月も待たなければならなかったのである。

乗組員はたった三人しかいなかった。カボすなわち船長役を務める上乗りはグスタヴォと名乗る元気な若者で、フランス人パン職人のいちばん上の息子であった。そして二人の舟子《かこ》のいっぽうは混血のマメルコで、もう一人はマデイラ川の下流域に住むユマ族の純粋のインディオであった。計算のうえでは、なお二カ月間は乾季とさわやかな東からの微風に恵まれるはずで、このわずかな乗り組みでもアマゾン河の遡行はじゅうぶん可能であると考えられた。ところが、あてははずれて、旅のまさに初日から天候が変わり、雨降りとなって冷涼で、疾風《はやて》が多くなった。そして旅のはじまりと同時に冬がはじまった。グゼンヌ氏は家族とともに、彼みずからクベルタとよばれるはるかに大きな船で、われわれをヴィラ・ノヴァまで連れていってくれた。

アマゾン河で聞く生命の息吹

アマゾン河の岸辺には完全な静寂というものはめったにない。一二時から三時にかけての日中の暑いさなかに、鳥や獣が森の奥に身をひそめるときでも、多忙な蜂やきらびやかな蝿たちが、岸辺に連なる花をつけた木々、なかでもとくにある種のインガ属*Inga*と近縁の木々に咲く花の蜜を求めて集まり、ぶんぶんと羽音を立てている。そして夕闇が迫るころには（午後六時半）、数えきれないほどの蛙たちが浅瀬や高く伸びた草むらで彼らのアヴェ・マリアを歌い出す。それはときに鳥の鳴き声に似ていたり、ときに遠くの森で群衆が叫び声を上げているかのように聞こえる。同じころカラパナー（蚊）の絶えることのない夜の歌がはじまる。それは刺す以上に旅人の心をいらだたせる。

そのうえ、夜通し、時をおきながら歌をうたう種々の鳥たちがいる。それらの名前は一様に彼らの鳴き声からつけられていて、たとえば、アクラウ、梟の仲間のムルクトゥトゥ、そしてとくに悲しげに歌うジャクルトゥなどである。鳩の一種で朝五時に鳴き声が聞かれるのは「マリア、ジャ・エ・ディア！」（マリア、もう陽が昇ったよ！）といっているのだとされている。その名前はヨークシャーのヒメモリバトの通称である「ミルク・ザ・カウ・クリーン・ケイティ！」（牝牛の乳をよく搾れよ、ケイティ！）を思い出させる。鳥のうちで、日中その鳴き声で私をもっとも楽しませてくれたのは「ベン・テ・ヴィ！」（私はあなたをよく見ました！）と「ジョアン・コルタ・パオ！」（ジョン、木の枝を切れ！）であった。

森の鼠との会話

　私はある夜、向かい側のカカオの再生林でガーガー鳴いている《鳥》はなにかと尋ねて舟子たちをたいへんおもしろがらせた。彼らはそれは鳥ではなく、大きさは鼠くらいの、再生林に巣をかまえ、果実を食べて生きている小さな四足獣であるといった。それはとくにインディオのパジェすなわち魔法使いに頼りにされている動物の一つで、その返事がたいへん重要だと考えられている。とはいえ、それはたんなる鳴き声のくりかえしで、ブラジル人はそれを《トロ》と書くが、発音がフランス語の《トル》にそっくりである。これが鳴けば肯定で、完全な沈黙は否定である。今度は私がこのトロと舟子の会話を聞いて楽しんだ。以下はそのほぼ文字どおりの翻訳である。

「閣下は、夜カカオの木のなかで一人きりでとても美しい声で歌われます！」――「トロ！　トロ！」

「閣下は、豪華なカカオの夕食を楽しんでおられるようですね！」――「トロ！　トロ！」

「閣下、朝方舟の旅に良い風が吹くかどうか教えていただけませんか？」――トロの答えなし。

「閣下、われわれが明日オビドスに着けるかどうかいっていただけませんか？」――これも答えなし。

「閣下なんかくたばっちまえ！」――この侮辱をトロは完全に無視した。そこで対話は終わった。インディオはかんかんに怒っていて、もうそれ以上質問をつづけなかった。

　船首を風上に向けて停泊しているあいだに、私は前年には気づかなかった未採集の植物を若干手に入れた。そしてオビドス海峡を強い流れに抗してゆっくり船を進めているあいだ、私はミモザの仲間の丈夫な巻き蔓《つる》を集めるために岸辺まで二回泳いだ。それはとても小さな淡黄色の花をもった長さ三〇センチの分厚な穂状花序で、数キロにわたって岸辺を飾っていた。

オビドス

　オビドスは旅行者にとっては縁起の良い場所ではないようである。三〇年前にスピックスとマルティウスは彼らの船のヘルム（舵柄）を修理するためにここで遅延を余儀なくされた。われわれは一五日の早朝、船を出したとたんに石だらけの場所に座礁して、その衝撃で舵柄の鉄の部分を破損した。鍛冶屋は一日がかりでそれを修理した。その固定が完了し、ようやく航行を再開できたのは翌朝一〇時であった。

おびただしい数のアリゲーター鰐

オビドスより川上からおびただしい数のアリゲーター鰐に遭

遇するようになった。一六日の夜、トロンベタス川の河口の静かな湾に錨を下ろしたとき鰐たちに取り囲まれたが、たいていのものがほとんど動かずに水の上に漂っているだけで、唯一背中の起伏によって材木と区別できた。それらの唸り声はちょうど豚が口を閉じて唸るそれに似ていた。われわれの仲間はその唸り声をまねて何匹かをごく近くまでおびきよせていた。しかし私は火薬を浪費してまでそれらを射撃したいとは思わなかった。翌朝、低地の泥質の岸辺に沿ってゆっくりと進んでいくとき、大小さまざまなそれらの大群が、われわれが近づくと岸から離れて深い水のなかへ逃げていくのを見た。

　アマゾン河のアリゲーター鰐の雌は殻の硬い卵を積み上げる。大きさは白鳥の卵くらいで、数は四〇から六〇個に達し、これを枯れ葉やゴミでおおうために、塚すなわち巣は小さな円錐形の干し草の山のように見える。ある朝グゼンヌ氏のクベルタの人々は薪を集めるために上陸した。彼らは一匹のアリゲーターがその巣の上でじっとしている近くを一列縦隊になって通り過ぎたが、鰐はまったく無関心であった。しかしいちばんうしろの男が岸辺近くに停泊中のクベルタの上のグゼンヌ氏をよんで鰐を指し示した。グゼンヌ氏は二回鰐に銃をぶっ放した。弾はみな命中して、鰐は巣の上で向きを変えてひじょうに怒っているようすであったが、射撃の効果はまったくなかった。これは抱卵中の鰐を私が観察した唯一の事例であるが、私はこうしたことが事実として語られるのをしばしば聞いたことがある。[1]

　われわれはオビドスからヴィラ・ノヴァに行くのに、その距離はわずかに一五〇キロメートルしかないというのに、一〇日もかかってしまった。その理由は、雷雨に先駆けて吹くスコール以外風がめったになく、また好ましい方向から吹いてくれる風もごくまれであったからである。そしてアマゾン河の流れに抗してわれわれの重い船を進めるのは二名の漕ぎ手にはじつに難儀な仕事で、船はきわめてのろのろとしか進まなかった。川はその最低水位にあり、ところどころで裸の砂地や泥の岸辺を残して、森の縁からはずっと後退していた。そして岸辺がたいへん広くなっていて、朝食や夕食を作っているあいだに、岸辺のはるか向こうまで歩いていって戻ってくるのがやっとであった。しかしオジギソウ属 *Mimosa* のアスペラタ種 *M. asperata* や、二、三種の川岸に生えるありふれたインガ属とフトモモ科以外、花をつけたものはめったに発見できなかった。それゆえ、われわれはみな船の日除けの下で横になって仮眠をとるか、本や古新聞を読んでいるより他なかった。

ヴィラ・ノヴァとトルクアート神父

　オビドスからヴィラ・ノヴァにいたる川岸は全部平坦でまったくおもしろくない。しかしヴィラ・ノヴァからわずか下手まで、そのつまらなさはオス・パレンチンスとよばれる右岸に接して走る低い森の尾根によってやや軽減される。この尾根はアマゾナス新州の東側の境界となっていて、西方向はペルーとの国境まで延びている。バエナによれば（その著書二三〇頁から引用）、イエズス会の宣教師たちが丘の平らないただきにパレンチン族インディオの村を創設したがそれは長くはつづかなかった。というのは、見習僧が教師に逆らって反乱を起こし、すべての家を焼き払い、教会を倒して鐘楼の鐘を地中に埋めてしまったからである。土地の言い伝えでは、これらの地下に埋められた鐘は、クリスマスの前夜になるときまって鳴るのが今も聞かれるそうである。

われわれがヴィラ・ノヴァに到着したのは二四日の夜遅くであった。そこはみすぼらしい町で、家並はみじめな廃墟となりつつあった。そして港にはたった一艘の小さな船がつながれていた。町は低い断崖に取り囲まれた小さな湾に面して立っていた。サンタレンと同様、丘の上には閃緑岩のかたまりが堆積していた。

われわれは岸辺を歩いて教区の司教を訪ねた。司教とはあの「トルクァート神父」で、アーダルベルト王子の『アマゾン河とその支流シングー川遡行の旅』に登場する有名な語りべである。彼はどう見ても四〇歳は越えていない若い男であった。顔立ちは立派で血色は良く、立ち居ふるまいがじつに礼儀正しかった。彼の話し方には不思議な魅力があり、それがゆえにこそ、すばらしい物語についてては、彼自身その信憑性についてては懐疑的であったが、ややもすれば引き込まれがちであった。彼は王子が旅行記のなかで彼のことを述べていることを知って、たいへん喜んでいるようすであった。

［なお、トルクァート神父の人柄と、彼がヨーロッパ人旅行者に対して等しくあたえられた親切については、私の『アマゾン河とリオ・ネグロ川の旅の記録』一〇九～一一〇、二六六頁と、ベイツの『アマゾン河の博物学者』一四七～一四八頁を参照されたい。］

地名の変更

私はブラジルではごく一般的な、地名を安易に変える不幸な習慣についてここに述べておかなければならない。その当時「ヴィラ・ノヴァ」というのが、マデイラ川の河口の少し川上に三二〇キロ以上にわたって延びている大きなパラナ＝ミリ・ドス・ラモス（ラモスの間流）の入口に立つ、小さな町の一般に知られている名前であった。しかし一八五二年に有用な知識を普及するための協会から発行されたすぐれた地図によれば、「ヴィラ・ノヴァ・ダ・ライニャ」が公式な名称となっている。ところが「アメリカ共和国の国際局」から発行されたブラジルの大きな地図を含めて、私が見たすべての最近の地図には、このような名前は載っていない。そしてそのかわりに古いインディオ名のパリンチンスが記され、以前の名前として（　）のなかにヴィラ・ベラ・ダ・インペラトリセと書かれている。すると約半世紀のあいだに、この町は四つの異なる名称をもったことになる。一八九二年に出版されたエドワード・クロッドの回顧録を含む、ベイツの『アマゾン河の博物学者』の非削除版には「ヴィラ・ベラ」としか書かれていない。だから彼が二度にわたって滞在し、彼のもっとも興味あるコレクションのいくつかを作った場所を探しても見つからないわけである！　同様な例はブラジルのあらゆる場所で起きている。だから最近の地図の上で、古い時代の旅行者たちの足跡をたどることはほとんど不可能に等しい。」

現在ヴィラ・ノヴァのあるところは、一八〇三年にジョゼ・ペドロ・コルドヴィルという人の建設した「トゥピナンバラナ伝道館」のあった場所である。彼は若干のマウエ族とムンドゥルクー族インディオを集めてそこに定住するよう誘導した。彼が伝道館にあたえた名前は、人々は《本物》ではなく、《見せかけの》のトゥピナンバスすなわちトゥピ族であったことを示すものであった。そこは一八一八年までは「ヴィラ」すなわち「村」の規模まで発展しなかった。このことは、多くの地図上に、アマゾン河の右岸に沿った広い村の帯がなぜ「イリャ・デ・トゥピナンバラナス」、すなわちトゥピナンバラナス島と記されているかを説明している。もともとこのような名前をもったいかなる部族もいないし、いわゆる「島」の東方の境界をなす川の名称として以外、そこに住んでいる人々にそのような名はまったく知られていない。

島の南側の境界——あるいはより正しくは一連の島——は、フロ・デ・ウラリア、あるいはときにパラナ＝ミリ・ドス・ラモスとよばれる長い蛇行する水道で、これは南緯四度あたりでマデイラ川から分かれて、三度の経線のあたりでずっとアマゾン河に平行して走り、ヴィラ・ノヴァ近くの南緯二度三〇分で大河に合流する。……ウラリア川とアマゾン河のあいだの地方には文字どおり湖が散在している。それらは短い水道によって、あるものはアマゾン河とそして他はウラリア川とつながっている。ウラリア川のなかごろあたりで、一本の水道が枝分かれしてアマゾン河につながっている。そしてこれがラモス川の上方の河口と考えられている。いっぽうそこからマデイラ川までのウラリア川はそれに流入する主流の名前をとって、しばしばフロ・デ・カノマすなわちカノマ水道とよばれている。……

ウラリア川はカシキアーレ水道——オリノコ川とリオ・ネグロ川とを結ぶ有名な水道——に、長さをはじめ他の数量的規模のみならず、それ以外の特徴においていくつかの類似点をもっている。私はこの先両者について記載しなければならないから、読者諸氏は自分で比較検討できよう。

ウラリア水道すなわちラモス川に入る

われわれの小さな船はグゼンヌ氏の債権者を幾人か訪ねるために、「ラモス」の名前でよばれているウラリア川の多くの場所を横断することになっていた。いっぽうグゼンヌ氏自身はマデイラ川とアマゾン河に挟まれた川上の地点まで主流をさかのぼることを提案した。そこにはまた別のウアウタスとよばれる湖と水道の広がる大きな地域がある。

われわれはヴィラ・ノヴァの下手でラモス川の少なくとも三つの出口を通過した。しかしラモス川には町の上方数キロのところでリモンエスとよばれる水道を通って入った。リモンエス水道にはアマゾン河に向かうかろうじて感じられる程度の流れがあった。われわれはほんの数日でラモス川を抜けられるものと考えていたが、まる一月そこに閉じ込められた。この期間、私はガラナとピラルクーの大生産地について多くの興味ある観察をするつもりでいたが、不幸にしてそこに入ってすぐ病気になってしまった。

一〇月二九日の夜は川の大きな湾曲部ですごした。天体観測によってその位置を求めたいと思い、私はその夜ずっと船室の外で横になっていた。——それは幾度となくアマゾン河の上でしてきたことで、これまでなんら障害はなかった。しかしその夜は雲が低くたれこめていた。そしてひどく露が降りて、朝私の毛布は水を吸っていた。それが原因で私は高熱にみまわれるところとなった。熱は三、四日で退いたけれども、私はふたたび広大なアマゾン河に出るまで完全には回復しなかった。

われわれがラモス川にとどまっているあいだ、夜はいつもひどい露が降りた。アマゾン河の上では夜露は皆無か、かろうじて見られる程度である。これはまちがいなくアマゾン河を吹き《上がってくる》微風のためである。しかしラモス川のような狭い水道では、これは定まった方向のないわずかなそよぎになってしまう。ラモス川の幅は四〇〇から六〇〇メートルと考えられたが、それは主流の幅にくらべれば「狭い」といえる。

……

「アス・バレイラス」滞在

われわれはラモス川をゆっくりとさかのぼるにつれて、数キロごとに混血種族の住む一軒から三軒の家からなるシティオか伐開地に行き当たった。成人男子は湖で魚を捕っているか、アマゾン河で亀の油を集める仕事をしていてほとんど不在であった。これらの人々の多くがグゼンヌ氏に負債があった。しかし彼の代理人のグスタヴォは、船が引き返してくるときまでに支払いを用意しておくという約束以外なにも得られなかった。

一一月三日にわれわれは「アス・バレイラス（断崖）」とよぶシティオに到着した。ここには右岸の砂質の粘土の断崖の上に家が二軒建っていた。ここの男たちは、川の反対側に横たわるラーゴ・ダス・ガルサスという湖でグゼンヌ氏のために魚を捕り、それを塩蔵する仕事をしている最中であった。それでわれわれはそれらがじゅうぶん乾いて船に積めるようになるまで待たねばならなかった。そのため一二日間そこに足止めをくらった。

湖への遠征

ラモス川の両側にたくさん横たわっている湖には、いずれにも豊富に魚が棲んでいた。乾季の最盛期に、湖の水が低くなると大勢の漁師がピラルクーを捕るためにここに集まってくる。それには来ることのできたラモス川のすべての住民だけでなく、パラやマカパのようなはるか遠方からも漁師の一団がやってくる。

私は病気がいくらか回復したとき、ガルサス湖まで出かけてみた。そのために、おもに野生のカカオの木やブラジルナットノキ属や、ウルクリ椰子 *Attalea excelsa* などの生い茂った深い森を抜けて、五キロ近くも狭い道を歩いていかなければならなかった。湖は直径一・六キロほどのほぼ円形をしていた。そしていくつかの漁師の集団が湖上で働いていた。彼らの眠るところは、おおむね湖のなかに立てた杭の上の、大きな椰子の葉で屋根を葺いた小屋であった。それは蚊の襲来を避けるために岸辺からじゅうぶんな距離を保って作られていた。これはあらゆる種類の《害虫》が蔓延するいまわしい湖沼のすべてで取り入れられている工夫である。

アリゲーター鰐の大群

私はその縁に沿って茂っている草本以外、湖には一つの植物も観察されなかったことに失望した。数えきれないほどの鰐が水面に浮遊していて、まるでたくさんの巨大な黒い石か材木のように見えた。アマゾン河で見たこの爬虫類の数など、ラモス川とそれに隣接する湖で見られるその膨大な量にくらべればものの数ではなかった。全三〇日間におよぶ旅のあいだに、じゅうぶんな光があるときは、一匹たりとも鰐を見ない瞬間はまったくなかったと私は自信をもっていいきることができる。そして夜じゅう彼らの荒い鼻息や唸り声が聞こえてきた。鰐はときとしてピラルクー漁にしかけた餌を取りにくる。しかし糸はそれらにじゅうぶん耐える強さをもっている。

ある朝早く、われわれの仲間は船をつないである場所に近い湾の浅瀬で、ぐっすり眠っている体長約二メートルの若い鰐を見つけた。鰐は頭を泥のなかに横たえて、尾の先だけを水の外に突き出していた。男たちは丈夫な棒を持ってきて、力を合わせて鰐になぐりかかった。鰐は攻撃者たちに飛び退く間もあたえずに、すばやく尾を振りまわして泥を浴びせると、水に潜っていってしまった。

ピラルクー、すばらしい珍味

ピラルクーのことを説明するのに、私は私より以前の博物学者の記事を参照しなければならない。これはアマゾン河の魚族の王者であり、世界でもっともすばらしい淡水魚の一つである。じゅうぶん成長すると体長一・八〜二・四メートル、体重は二七〜四五キログラムに達し、目方にして生魚の約三分の一が乾魚となる。生魚のときには第一級の味がする。鮭にはおよばないが、ただし腹部の下側（ヴェントレサという）は別である。魚が捕れると腹部はすぐに切り取って、焼き串に刺して威勢のよい火の上で焼く。それは私がこれまでに味わったことのある最高の珍味の一つである。しかし珍味とはいえ量は三人分はある。事実、それはなかば甘味な脂肪である。

たいていのアマゾン河の魚の顕著な特徴は丸々と肥っていることで、そのためそれを煮たときのスープは魚それ自体と同じくらいおいしい。現にアマゾンの人々はその茹で汁よりも魚のほうを捨てようとする！

道を説くインディオ

五日の夜に、舟子の一人であったユマ族のインディオが、われわれのモンタリア、カボの水飲み、マメルコの反り身の短刀、弓と矢、釣り針と糸、姿見の鏡、そしてフライパンを持って姿を消した。この部族は彼らの近くに住んでいるムラ族と同様、狡猾で手癖が悪いといわれている。彼は航海中もう一人の舟子のマメルコと折り合いが悪かった。その仕返しをし、また距離にして遠くない彼の生まれ故郷の森へずらかるためにこの方法をとったのである。

今や舟子は一人きりになってしまった。このマメルコは気むずかしい性質にもかかわらず、カシャサに酔っぱらっていないときはよく働いた。この泥酔は航行中二、三回起きたことであるが、私がちょっと出かけたすきに私の籠入りの大型の細口瓶からカシャサを盗み出したのである。しかし彼のやつれてすさんだ顔つきは、彼が強い酒を常習的に飲んでいることの証拠であった。彼は彼なりにいっぱしの哲学者であった。そして人生について皮肉な見解を披露してはいつも私を楽しませてくれた。彼は町のだれよりも、また伝道の書の著者よりも、完全に人生に失望しているようであった。

ある晩彼はデッキに横になって、古い殻から抜け出そうともがいている一匹の蜚蠊《ごきぶり》を見つめていた。蜚蠊はついに脱皮した。弱々しくよろめいていたが、まだ清潔で白くそして新鮮に見えた。そこでわが舟子は、この新しい出《い》で立ちについて道を説いた。「人間をのぞくほとんどあらゆる動物は、どうして決められた季節に若さと美しさを更新するのだろうか？　鳥はその羽毛が抜け換わる――蛇は彼らの皮を脱ぐ――この卑しい小さな虫けらの蜚蠊さえもその古い皮を脱ぎ捨てる――そしてすべてが彼らの若き日におけるように明るく美しくなって生まれ変わる。しかしわれわれは（眼を彼の茶色いしなびた手に落として）年ごとに醜くなりさらに色あせる。生まれたときのままの同じ皮膚を死ぬ日まで持ちつづけなければならないのだ！」。

ユマ族インディオの男は怠け者であった。われわれは彼がモンタリアを持ち去っていなければ、彼がいなくてもたいして困らなかったろう。モンタリアは魚釣りや狩猟に出かけるのにたいへん便利であった。そして大きな船では岸辺に近づくことができないときとか、それが不便なときに、それを使えばいつでも上陸できた。

ガラナとその製法

バレイラス川でのわれわれの停泊地から見えるところに、かなり大きなマウエ川の河口があった。その川上のモンタリアで三〇時間のところに、昔はアルデア・ドス・マウエスすなわちマウエ族インディオの村といわれたルゼアの町がある。……ルゼアは一八五一年に出版されたいずれの地図にも載っていなかったが、当時重要性が増しつつあり、若干の商店と幾人かの白人居住者とあわせて、教会と礼拝堂をもっていることを誇りとしていた。町は一八〇〇年にポルトガル人によってマウエ族とムンドゥルクー族の二四三家族を集めて建設された。政府は彼らに鉄器をあたえ、彼らのために教会を建てた。一八〇三年に総人口は一六二七人に達し、そのうち一一八人が白人であった。ルゼアの発展はひとえにここがガラナ栽培の一大中心地であることに負っている。それについては町の近くにガラナルスとよばれる大きなプランテーションがあり、そうしたプランテーションはまたマウエ川およびカノマ川の上流にもあった。この河川の源流近くには、この植物が野生状態で生育しているといわれている。

私は後年リオ・ネグロ川の岸辺で栽培されているこの植物を観察し、その記載をおこない標本を作成した。

ガラナ *Paullinia cupana* はムクロジ科に属する丈夫な蔓植物である。これを栽培する場合は、その攀縁性を抑えて、入り組んで絡まる枝が小さな藪になるように仕立てる。葉は五枚の小葉からなる羽状複葉で、それぞれは長さほぼ一五センチの卵形で、葉縁に粗い鋸歯がある。一かたまりの小さな白い花を総状花序につける。ぶら下がった果実の長さは約三・八センチ、梨の形をし、短い嘴状体を有し、黄色で先のほうが赤くなっている。そして直径が約一・九センチの、一個の黒く輝く種子をもち、白色の杯状の仮種皮になかば包まれている。

果実はじゅうぶん熟したとき集めて、果皮と仮種皮をとりのぞき種子を取り出す。この作業をおこなう人々の手は黄色く染まってとれなくなってしまう。種子はそれからチョコレートとたいへんよく似た方法で炒って、たたいて棒状にする。色もチョコレートによく似ている。一八五〇年にガラナは四五〇～九〇〇グラムの棒状にされて、サンタレンで四五〇グラムあたり約一ミルレイス（二シリング四ペンス）で売られていた。そして金とダイヤモンド鉱山の中心地であったクヤバでは、この六倍から八倍の値がつけられていた。棒の形はふつう長卵形かやや円筒形であった。しかしマルティウスの時代（一八二〇年）はガラナは「楕円形ないし球形」であった。ヒスロップ氏はそれが鳥、鰐、その他の動物の形に作られたものを見ている。新鮮な種子のもつ強烈な苦味は、炒ることでコーヒーよりずっと少なくなり、微かな芳香が得られる。

ガラナの主成分はフォン・マルティウスとその兄弟のテオドールの研究から、彼らがガラニンとよんだもので、その成分においてティン、カフェインと同一で、また性質もおおむね同じである。ガラナは少量――小匙一杯ほど――をすりつぶして冷たい水に加え、それに等量の砂糖を足して飲み物にする。それは少しであるが独特のむしろ心地好い味がし、性質はお茶やコーヒーとたいへんよく似ていて、少しばかり渋く、神経系統にたいへん刺激的である。下痢に対して強力な治癒力を有するという評判である。しかし私は自分でもまた他の人々についてもいろいろためしてみたけれども、まったくそのような効果はなかった。しかし一般的な見解では、ガラナはあらゆる種類の病気に対して予防的な効果があるとされている。なかんずくどんな流行性の疾病にも解毒剤よりもよく効くといわれている。マルティウスは「旅行者が携帯する薬草」といっている。それを過度に服用すると、飢餓感が弱められ眠れなくなる。たしかにお茶やコーヒーを過剰にとったときの症状と同じである。

船旅の継続

一一月一五日、われわれは乾魚を船に積み込んでバレイラス川に別れを告げた。私はたいへんうれしかった。というのは、長い船旅の遅れと、この季節のラモス川沿いの単調な植生にうんざりしはじめていたからである。息詰まるような暑さ、雨、そして吸血害虫による被害はいわずもがなである。たいていの木はその花期を終えてしまっていた。まだ花を咲かせているもののうち、インガ属の二種は、川岸の低地のいたるところで房飾りを連ねていた。後日われわれはアマゾン河の本流に沿って同じように生い茂っている同種を見た。

ラモス川で採れるゴム

一七日の夕刻、新しいシティオに到着した。ここはサラカからやってきたキャプテン・ペドロ・マセドが、セリンガすなわちゴムを製造するために、数週間前に開設したばかりのものであった。ゴムの木はラモス川にかなりたくさん生育していることが発見されていた。木がきれいに取り払われた大きな伐開地に必要な小屋が建てられ、南瓜、西瓜、キャベツのような野菜も少しばかり植えられていた。

キャプテン・ペドロは親切な知識人であった。彼はセリンガルで狩った獲物を料理するからと夕食と朝食に招待してくれたので、われわれは喜んでこの申し出を受けた。獲物は野生の豚すなわちペッカリー、鳳冠鳥、マカコ・バリグードすなわちフンボルトウーリーモンキー *Lagothrix lagotricha*（=*L. humboldtii*）などであった。私はそれまでめったに猿を味わったことはなかったが、これはいささか風味のないものに思われた。しかしのちに私は、それはこの一族の最高の逸品で、これを鍋に入れることができたときは幸運だと考えなくてはならないこ

第7図　ウルクリ椰子 *Attalea excelsa*

とを学んだ。

朝食後、彼はわれわれを森に案内してセリンガを生産する木と、集めたゴム液を加工する方法を見せてくれた。道がそれぞれの木まで開かれており、ウルクリ椰子 *Attalea excelsa* の生えた隣接する平地にも行けるようになっていた。奇妙なことであるが、ほとんど例外なくこの椰子がセリンガの近くに生育しているのが見られるが、その果実はゴムをきちんと加工するのに必要欠くべからざるものと考えられている。

丈夫な植物の蔓がそれぞれのゴムの木の幹に、根元から人間が届く高さまで二、三回ぐるぐると巻きつけられていた。これを支えに粘土でできた細い樋《とい》がおかれていて、樹皮につけられた傷口から滴り出る乳汁はこの樋を通って流れ、根元におかれた小さな瓢箪のなかに受け入れられるようになっていた。朝早く、男はテルサド（山刀）と、葛《かずら》の把手のついた手桶のようなクヤンボカとよばれる大きな瓢箪を持って森に出かけ、セリンガの木をつぎつぎと回る。山刀でそれぞれの木の樹皮のあちこちにちょっと深い切り傷をつける。そして約一時間ほどして同じ場所に戻ってくるころには、根元の瓢箪に大量の乳汁が溜まっているので、それをクヤンボカに移す。集められた乳汁は大きな浅い土器の皿にあけられる。別の職人がそのあいだに高い細口のカライペの壺にウルクリ椰子の実を入れて、よく燃える火にかざす。熱せられたウルクリから立ち上る煙はひじょうに濃厚で白い。そして職人が鋳型につぎつぎと乳汁を流し込み

第８図　カポック *Ceiba pentandra* の木の基部。
1850年10月パラナ=ミリ・ドス・ラモスで写生

——乳汁は流し込むだけで、鋳型を乳汁のなかにつけることはしない——それを煙のなかにかざすと乳汁はまたたくうちに固まる。

みごとな森の木

キャプテン・ペドロの仮小屋は、周辺のすべての木々の上に塔のように聳え立つ巨大なサマウマすなわちカポックの木の陰に建てられていた。私はその幹の下の部分をスケッチして周囲

の長さを測ってみたが、地上約九〇センチメートルのところで二六メートルあった。サポペマすなわち支柱根のくぼみにまで曲尺を入れて測れば、もっと大きな数値が得られるであろう。幹を抱え込んでいる根は無花果《いちじく》の根であるが、膨大な数の他の蔓植物がこれに巻きついていた。しかし貪欲な蚊の群れがいて、私はそれをスケッチすることができなかった。私はこれよりさらに大きなカポックの木を見たことがあったと思う。カポックはあの有名なアフリカ産の類縁種のバオバブと同じくらいの容積はあろう。なぜならば、もしそれが太さにおいて劣っているとしても高さが二倍あるからである。

木質部が軟らかく軽量であるため、幹をくり抜いてクチャという浮き樽を作るには、他のいかなる木材よりもこれは適している。そしてその樽には上アマゾンで亀の油やカピヴィの樹脂を入れてしっかりと充塡材を詰めて密閉したうえで、川に浮かべてバーラ・ド・リオ・ネグロやパラへ運ばれる。われわれが旅の終着点に達したとき、五四〇〇リットルのカピヴィの入ったこうした浮き樽が一つわれわれの船とともにバーラの港に入ってきた。その町の商人はかつてソリモンエス川で造ったクチャを一つ所有していたが、その長さは約八メートルで、それをくり抜くとき一人の男がなかに入って手斧《ちょうな》で作業ができたほど、それは太かったと語っていた。それは亀の油を三〇〇瓶分以上は入れることができたという。一瓶は一二フラスコ、すなわち二二・七リットルであるから、全部ではほぼ七五〇〇リットル近くの量になる。彼はまた既製のものを購入して持っていたが、それはウカヤリ川の岸辺で切り出された材をくり抜いて造ったもので、これに彼は三七五瓶の油、すなわち八五一三リットルを詰めたが、それでもまだ余裕があったという。これらの巨大な樽の尺度から、読者はサマウマの幹全体の大きさと容量をおおよそ計算できるであろう。根元から最初の枝が出ているところまでの高さは三〇メートルあった。

アマゾン河への出口

マウエ川の河口から上は、ラモス川に入る眼に見えるような水の流れはなかった。水はひじょうに温かく、きわめて健康に良くない分解したコンフェルバ類〔トリボネマ属 *Tribonema* などの淡水産の糸状の緑色または黄緑色藻類の総称〕の粘質物で厚くおおわれていた。われわれは出会ったインディオの一行から、上部の河口はまだ塞がっていて、われわれはアマゾン河に出られないだろうといわれた。しかし一八日に、その色はまだ変わってはいなかったけれども、水は少しずつ流れはじめていた。そして若干の小さな草の島や木の枝がわれわれのそばを通り過ぎてゆき、なんらかの力が上部で加わっていることが感じられた。つぎの日の朝、夜が明けたとき、水は黄色い色合いを帯びていた。そして船を進めていくと、浮き滓のかたまりがいくつか船の横を通り過ぎていった。そして水が強く流れはじめた。アマゾン河の水が、インディオたちがラム＝ウルムサナとよんでいるラモス川の入江に入ったことは、今やなんの疑いもなかった。そしてその日の夜近くに、そのことのもっと確かな証拠が得られた。というのは、ときどき水が突然流入してきて川全体が渦巻きになったからである。

一九日の夜、舟子の一人が川の中央に更地のまま残された狭い砂の陸地に沿ってロープで船を引っ張り、われわれは甲板の上から棹を使ってこれを助けようとしていた。突然水が浸入してきて砂の堤にあふれ、男を深い水のなかに引きずり込んだ。彼はあやうく溺れかけたがロープから脱出することができた。船は一〇〇回ほどぐるぐると回転したかと思う。われわれのあらゆる努力にもかかわらず船は川下に向かって流されていった。そして砂の堤の横腹に衝突するか座礁する危険に何度もさらされた。そのときさいわいに一陣の風が吹いてきた。それはものの一〇分とつづかなかったけれども、われわれがかろうじて川を横断し、比較的静かな水域に入るにはじゅうぶんな風の量であった。

アマゾン河の冷たい水とラモス川の熱せられた水との出合いは魚類に異常な影響をあたえていた。魚は完全に感覚を失い麻痺して水面に漂っているため、われわれは素手で好きなだけ捕まえることができた。一九日はありあまる量の新鮮な魚を手に入れた。そしてその後一〇日間にわたって食べられたほどたくさんのペスカダを塩漬けにした。これは虹鱒《にじます》ぐらいの大きさの繊細な魚である。この現象はラモス川のみならず、その他の多くの周期的に閉じられるアマゾン河の水道で毎年起きていることである。しかし私は前もってこれについてはなにも聞いていなかったため、ラモス川の水がアマゾン河のそれと混じり合う前の水温を確かめることをしなかった。しかしこれは当然なすべきことであったと思う。

二一日に三軒の家からなる集落に到着した。そこは川岸の上に横たわるいくつかの大きな火山性の岩から「アス・ペドラス」〔ペドラスはポルトガル語で岩の意〕とよばれていた。ここでわれわれは、アマゾン河の水は一八日に突如ラモス川に浸入しはじめたことを告げられた。そこは船で一日近くかかる距離にあったが、そのときの音はここでもはっきり聞きとれた。前日の二〇日にここを通り過ぎようとしたモンタリアがこなごなに砕ける被害を受けたということである。そして水はなおラム＝ウルムサナのなかで強力に渦巻いていて、ラモス川に水が満ちてくるまで数日間甘んじて待つか、あるいは危険な場所を突破するために三、四人の助っ人を見つけてくるかしなければ、アマゾン河に乗り入れることはできなかった。われわれは後者を選んだ。そして男たちが見つかるまで私は周囲の植生を調べることに専念した。しかしそれはラモス川の他の場所とまったく同じ、じつに単調な性質のものであることを知った。

危険な水路

二三日の朝、われわれは先に溺れかけた男の兄から、翌日ラモス川の河口の突破を助けてもらう約束をとりつけて、ペドラスをあとにした。われわれの航行を助けてくれる追い風はなく、船の進行は速い流れに妨げられて遅々としたものであった。川の水があまりに猛り狂っていて、その流れに逆らってわれわれだけで進むのが困難な場所に到着したのは夜であった。そこは河口から約一キロ半離れていたが、河口ははっきり見えた。ここでまもなく水面下に深く沈むはずの、広い砂地の三角州に隣接した右岸に錨を下ろした。

夕食後、私はグスタヴォといっしょに薄暗い星明かりのなかを船の通路を探しに出かけた。たくさんのポシニョス（砂地に残された鹹水湖《かんすいこ》のような「小さな泉」）のあいだを迂回し、あるいはあがきながら進んで、ようやくその河口に達した。そこではアマゾン河の水が轟音を立てて恐ろしい勢いで流れ込んでいた。両側に四・五メートルの高さの壁を造ろうとしているかのように、川は砂に溝を掘りながら流れていた。膨れ上がりつつある奔流は刻一刻と巨大なかたまりを砕き、河床を広げていた。灰色の砂と水はほとんど同じ色であったから、われわれは慎重に危ない断崖の淵に近づき、そこから眺め下ろした。そして足元に見たのは、なんと、ずるずるとはいながら、あきらかによじ登ろうとしている虎の群れであった！

思わず知らずたがいの腕をつかみ、そっとその場から逃げ出した。というのは、われわれは武器も持たなければ、衣類さえまったくつけていなかったからである。少し入ったところで私は立ち止まった。「このような場所にオンサ（ジャガー）がいるはずがない」ことに私は気づいたのである。「きっと水鳥で、たぶんガルサス・レアエス（鷺《さぎ》の一種）だろう」。安心して私はもう一度少し下の堤に近寄ってみた。われわれが驚かされたものは、厚い浮滓の巨大なかたまりであることがはっきりわかった。――それが今ゆっくりと滑り出して、恐ろしい渦のなかに巻き込まれようとしていた。私は連れをかたわらによんで、先ほどの恐怖を心から笑い合った。しかしながら明日の旅が心配される本当の危険をじゅうぶん見た。

つぎの朝、約束の助っ人を数時間無駄に待ちあぐねたのち、危険な航行を自分たちだけでこころみることにした。航行の経験をいささかなりとも積んでいない者がこれらの河川を旅することは不可能である。そのためにキングと私は一日の半分以上は舵を握りっぱなしになった。われわれは長引く船旅に心底うんざりして、自分たちの力で旅を早められるならばなんでも喜んでするつもりであった。

錨の強力な鋼索を前檣に固定し、キングとマメルコは彼らの体にそれを結びつけて引き綱にするために岸辺を運んだ。いっぽう私が舵をにぎり、グスタヴォは船尾に棹を持って立った。川縁から五、六メートル以内のところに船を浮かべておけるだけの水深があるあいだはうまくいった。しかし船が少しでも川岸から離れようとすると、水の流れはわれわれ全員の力でも抗しきれないほど強くなって、運び去られそうでたいへん危険であった。苦労して正午までにほんの少ししか前進できなかった。気温がたいへん高くなってきたので、船を座礁させて、空気が冷えてくるまで待つことにした。そのあいだにわれわれは食事の支度をした。さて蒸したピラルクーを食べようとしたとき、ペドラス川の私の友人が、二人の屈強なインディオと二人の少年を連れて船で登ってきた。われわれは急いで食事をすませ、二時前にふたたび航行を開始した。

新たに加わった人たちに引き綱の役についてもらって、船をもっと川の中央に乗り入れることができた。そこでは流れは速く荒れ狂っていた。そこを抜けていくとき流れが船首にあたって深い渦巻きを作った。鋼索を断崖の端に縛りつけたために、数秒ごとに大きな砂のかたまりが転がり落ちてきた。しかしわれわれはじゅうぶんそれらを避けられる位置にいた。舵手としての私にとってもっともむずかしかったのは船首を正しい方向に保っておくことであった。というのは、綱にかかる力がたえず船を川岸の方向へ引っ張ろうとしたからで、船がその方向に向きを変えれば、流れが船を岸に激しくぶちあててしまうであろうし、そうなれば船は確実に水中に突っ込み、そして砂の山の下に埋まってしまうからである。これはたいへんな努力を要した。私は流れのなかで汗だくになった。しかし水深は一・八メートルほどもなかったにもかかわらず、幸運にもわれわれは一度も座礁せず、たしかにアマゾン河に乗り入れるのに成功した。

太陽と砂は焼けつくような暑さであったから、岸の上の人達の苦労は私に劣らずたいへんなものであったにちがいない。船がふたたびそよ風の吹くすがすがしい広大なアマゾン河の上に出たとき、どれだけ心の重圧がとれたことかいいつくせないほどである。それまでわれわれは不安から黙りこくっていたが、喜びからいっぺんににぎやかになった。心地好い風は夕暮れ近くまでつづき、アマゾン河の北側の岸辺に船を運んでくれた。われわれのこれからの進路はそれに沿ってつづいていた。

ラム゠ウルムサナ川とそこの航行が危険なことは、アマゾン河の住民たちにはよく知れ渡っている。前年、われわれのものより大きな船が、同じような状況でそこを通り抜けようとして難破した。それは近くの植民者たちの忠告を聞き、彼らの助力を求めるべきものを、船長が軽率にもそれらを無視した結果であった。

ラモス川沿いにたくさんあるシティオの住人は、おもに肌の色合いのさまざまなメスティーソであった。私が出会った唯一の白人はキャプテン・マセドで、彼も他からやってきた訪問者としか見えなかった。土地がきわめて肥沃で、湖には魚や水禽があふれているにもかかわらず、人々の暮らしぶりは案外貧しかった。彼らはなんの考えもなく食料を今日全部食べてしまって、明日のためにはなにも残さない。お金はまれに見ることがあるだけで、彼らはそれを手にしても数えることができない。彼らの唯一の商品はピラルクーで、それさえもふつう捕る前に交換の品を受け取っていた。私がそこを訪れたときはその日のファリーニャさえも不足していた。彼らの習慣でほとんど当座のしのぎでそれを作っている。そして彼らはたびたび私のビスケット、コーヒー、塩などを恵んでくれとねだっていた。

　いくつかのシティオには料理用のバナナがひじょうに豊かに生長していた。しかし果実はじゅうぶんな大きさになる前に、鸚哥《いんこ》にみな喰い荒らされてしまい、ことにその年はいつもより鸚哥の数はたいへん多かったと女たちは私にこぼしていた。人間がいなかったので鸚哥はいっそうずうずうしくなったのであろう。

　ある日、私は料理用バナナを買うつもりであるシティオに上陸した。ごくふつうのことであるが、家には女がただ一人いるだけであった。女主人は歳とった白髪のマメルカで、一二歳になる一人の娘がいた。娘があまりにも美しい白い肌をしていたので、私はその父親のことを尋ねずにはおれなかった。彼女の父親はスペイン人で、今カメタに出かけていて留守だということであった。さらにたいへん驚いたことには、娘はそんなに若いにもかかわらず、すでに人妻になって一年半がたっていた！老婦人は、他にもう一人、今オビドスの学校に行っている年下のもっと肌の白い娘がいるが、彼女は英国人にたいへんあこがれているから私と結婚させたいといった。しかし私は一〇歳の妻をもつことには興味がなかったから、この話はそれきりになった。

われわれは概して食料不足に関しては、量についても種類についても、不平をかこつ理由はなかった。というのも、われわれは乾燥食品の備蓄を持っていたし、しばしば新鮮な魚を買うこともできたからである。また毎日狩猟に出て獲物を手に入れたし、しばしば船の上からこれらを射止めることもできた。蛇《へび》鵜《う》や青鷺《あおさぎ》はほとんど一日中射程内にいた。水面に張り出した木の枝や水の上に突き出た切り株に止まって水面をじっと見つめ、通り過ぎる魚を捕まえるためにときどき飛び込んでいた。ときにわれわれは飛翔中のものを撃ち落とすことができた。このように乾かした食品は他の獲物がないときにだけ利用された。朝早くわれわれは銃を手に船室の入口に座って（船はゆっくりと岸に沿って進んでいた）、木のてっぺんで眼を覚まして起き出した鳥を撃ち落とした。そして夕方も同じように、彼らがねぐらに帰ってくるところをねらった。このようにしてわれわれはときどき鳳冠鳥すなわち野生の七面鳥を手に入れた。これはわれわれの大事な食料源であった。ときに金剛鸚哥も手に入れたが、この肉はもっと堅くて風味は良くなかった。とはいえ、これもあなどれない。この他にもよく肥えた鴨、おいしい鶉（イナンブ）がときどきわれわれの鍋に加わった。その他数種の家禽類もいるが、それらの現地名をいったところで英国人には想像がつかないであろう。四足獣はそう簡単には手に入らなかったけれども、アマゾン河もラモス川と同じくらい豊富であった。

このあとの旅でもそうであったが、今回の旅で私はアマゾン河流域の先住民が人間の住む国について、航行可能な川と境を接する土地のこと以外は、なんの知識ももっていないことを知った。私はしばしば「あなたの国の川は大きいか？」と聞かれた。私は一度大勢のインディオを前に、大洋についてその無限の大きさとそのほとんど底なしの深さについて――それを横切るのにどれだけ時間がかかるものか、どういうふうにしてその一方の側に旧世界があり、他の側に新世界があるか――いささか苦労して語って聞かせた。彼らはときどき賞賛のうなり声を上げては熱心に私の話を聞いていた。だから彼らには理解力があると私は思った。私が話し終えたとき、一人の高齢のインディオが残りの者に向かって驚きと畏敬の混じった口調でこういった。「それがこの人の国の川なのだ！」（そしてアマゾン河を指差して）「《それ》にくらべて、われわれの《この》川はなんと小さいのだろうか！」。

私にしばしば寄せられる他の質問は「あなたの国にはたくさんの開けた土地（カンポ）があるか？」、そして「広大な森があるのか？」ということであった。そしてわが国のたいていの森は植林されたものであることを語ると、彼らはまったく驚き入っていた。「ここでは一本の木を植えようと思うと、そのためにまず十数本の木を切り倒して空き地を作らなければならないのに！」といっていた。

山国の生まれではない、あるいは山国の習慣になじみのない人々は、絵のような山国の風景が理解できるようになるのが遅いことに私はしばしば気づいていた。パラの人々にとって美しい景色とは、広大な川のある完全に平らな土地で、川は静かであればあるほど良いと考えられている。山国といえば、船にとっては危険で通り抜けることのできない、岩や急湍《きゅうたん》の現れる流れの急な川をきまって連想する。もし私がいまだ訪ねたことのない地方について「広大な洞穴と不毛の砂漠」という答えを期待して質問すると、彼らは「そこは美しい平らな国で、そこに山や滝のような見苦しい場所はまったくない」といって私を喜ばせようとするのであった！　彼らにとってすばらしい国の一つの必須条件で、旅行者が無視できないものは、「たくさんの狩りの獲物とたくさんの魚」がいることである。

セルパ

……二九日はすばらしい天気で、もうしぶんない風が午前一一時から午後一一時までたえず吹いていた。午後二時半にわれわれはヴィラ・ノヴァと瓜二つの北岸の村セルパを通過した。セルパはヴィラ・ノヴァと同じように石が無造作に積み重ねられた小さな湾の上に立っていた。石まじりの川縁がかなりの距離に渡ってつづいていた。そして水の流れは、強い風の助けを借りてさえ、それに頭を向けて進むことができないほど強かった。それで水深が許すかぎり、棹の助けを借りて、岸の近くをそろそろと進んでいかなければならなかった。……

マカロックの製糖所

一二月二日の朝、一艘のモンタリアが川を上ってきた。それにはマカロックという名の英国人が経営している製糖所に向かう途中の老人が乗っていた。その製糖所はタマタリとよばれる長い島によってアマゾン河の主水道から分けられたパラナ＝ミリにあった。私はマカロック氏とはパラで知り合っていた。そこで私は喜んでこの機会を利用してモンタリアに便乗して彼を訪ねることにした。われわれは午後二時に製糖所に到着した。そして翌日のお昼ごろわれわれの船が上ってくるまでそこにいた。

その当時アマゾン河にはパラの近く以外に砂糖の工場はなかった。かくも遠く隔たったこのような奥地で、かかる事業をはじめるには、解決しなければならない問題は山ほどあった。事実、マカロック氏が聞かせてくれた彼の経歴は、南アメリカのはるか奥地で大規模な事業を起こそうとすると、かならずつきまとう危険と困難をよく表していた。強靭な心をもった熟練した技術者にとって、南アメリカの大西洋側と太平洋側の沿岸の都市ほど良い土地はないだろうと私は思う。賃金はひじょうにいいので、蓄財の才能のある者はすぐに産をなす。そしてもしそれを自分自身の商売のために使い、沿岸の近くにとどまるならば、まちがいなく資産家になる。しかしもし事業に乗り出そうという気を起こして、とくに農業など海から遠く離れた土地へ投機すると、勤勉な働き手が得られず、人々はたいていのろまで誠実さも欠き、また外国人に対するやっかみもあって、まずまちがいなくその企ては失敗する。

マカロック氏は〔スコットランドの〕スターリングシャー州デニーの出身で、一八五〇年当時四三歳であった。肉づきのよい好男子で、たしかに企業家で思いやりが深く、頭脳明晰な紳士であった。彼は最初カナダに移住し、そこで大工と機械工の手仕事をしていた。一八三二年にニューヨークを訪ね、そこに滞在中にパラのジェームズ・キャンベル氏に出会った。キャンベル氏はアマゾンで運だめしをしないかと彼をパラに誘った。パラで彼はその職業をつづけた。そして一八四三年、すでにけっこうな金額の財産を作ったマカロックは、氾濫期のたびにマデイラ川やソリモンエス川を流れ下ってくる膨大な量のシーダ材を製材するために、内陸のどこかに水力で稼働する製材所を建設しようと計画した。

そこで彼はアメリカ合衆国に出かけて必要な機械類を買い付けた。帰るとすぐ、まずサンタレンを、それからヴィラ・ノヴァをめざしてアマゾン河を上り、製材所の建設に良さそうな場所をすべて調べてまわった。ヴィラ・ノヴァの近くの湖の出口にすばらしい水の落ち口を発見した。しかし土地の人々が湖の魚が死んでしまうといって、出口にダムを築くことに反対した。そこでの計画が挫折すると、彼はつぎにサラカの大湖の出口に建設場所を決めた。そして数カ月の日時を費やし巨額の金を投じて、水力を引くための建物を建てた。しかし当局はちょっとした口実をもうけて、彼が機械類を備えつけるのを許可しなかった。ふたたび追い払われたマカロックはバーラ・ド・リオ・ネグロまでさかのぼった。ここでついに彼は適地に工場を建設することに成功した。そして彼の事業に加わろうという裕福なブラジル人さえ現れた。二人はともに二、三年にわたってかなりの事業を運営した。

一八四九年に仲間が死んだ。当時、外国人の財産に対してブラジルの法律はほとんど保護をあたえなかったため、未亡人との訴訟のあと、マカロックは製材所の機械設備以外のあらゆるものを放棄しなければならなかった。かくして彼はふたたび新天地を切り開くことを余儀なくされて、バーラでイタリア人商人のエンリケ・アントニー氏と共同で事業を開始した。しかし製材所は約一年間稼働しただけで火災で焼失してしまった。それが失火か放火かはついにあきらかにしえなかった。私は後年カショエイラとよばれる美しい小さな滝壺の底に沈んでいる若干の鉄製品を見たが、これは製材所の動力機械の残骸であった。

マカロックはタマタリにセニョール・エンリケと共同で工場を開設した。彼は森の伐開に、また砂糖黍を植えたり水の取り入れ口を配置するなどの仕事に、ほとんど一年を費やしていたが、砂糖黍を砕き、それから酒と砂糖の製造を開始するまでにしなければならないことがなお山ほどあった。砂糖黍はすばらしかった。長さはいちばん短いものでも四・五メートルはあり、手首ほどの太さがあった。しかしそれらはほとんど実りかかっていて、砕くための機械の設置が遅れているため、最初の収穫が無駄になってしまうのではないかと心配された。彼は幾人かの土地の熟練工を雇い入れていた。彼らはたいへんよく働いた。しかし信頼できた労働者はエンリケのところの四人の奴隷だけであったため、彼みずからあらゆる種類の仕事の手本を示してやらなければならなかった。ある日は鍛冶屋となり、他の日は大工となり、そして別の日にはスコップと手押し車を使って、堤防で黒人のだれよりも勤勉に働いた。

一二月三日の明け方、私は多様な年齢もまちまちの野生のインディオ（ムラ族）の集団に囲まれている彼を発見した。彼らは日雇いの仕事を請負いにやってきた者たちであった。近くの湖にはこうした人々の小さな集落がいくつかあった。彼らはマカロックのところで働こうと思い立つと、いつでもこのように朝方やってきた。マカロック氏は彼らの好む支払いの品をよく心得ていて、一人一人をピンガ・デ・カシャサ（一杯のラム酒）で出迎えた。金持ちで椰子の葉の帽子を持っているものはそれを差し出した。そうでないものはなにかの布を持っていた。そしてマカロックはそれらのなかに椀一杯のファリーニャとその日に食べるだけの乾魚を支給した。

マカロックは彼の水車場の水の取り入れ口に計器を設置して、その地点におけるアマゾン河の水位の年間の上昇は一二・

八メートルであることを確かめた。水がその高さまで上昇するずっと前に彼のダムと防波堤は水の下に没した。だから一年に六カ月以上製糖所は稼働する見込みはなかった。そしてそれは彼がバーラでできた限度と同じであった。

マカロック氏のところを辞してから、われわれは豪雨にみまわれた。しかし望ましい方向から風はほとんど吹いてこなかったため、一日にかろうじて一六キロしか進めなかった。そしてわれわれがキャプテン・マキネのシティオに到着したのは六日の午後三時過ぎのことであった。そこでグゼンヌ氏はグスタヴォと落ち合う約束をしていた。彼はすでに数日前に着いていた。うれしいことにわれわれは七日と八日の一部はずっと彼とともに休息をとってすごし、別れて以来のおたがいの旅のできごとを語り合った。ここでまたわれわれはグゼンヌ氏に彼の船を返し、残りの短い航行のために別の小さな船を二人の頑強そうなインディオと舵取りの少年一人とともに借り受けた。われわれはリオ・ネグロ川の河口に到着する前に、四つの岩の多い場所を通らなければならなかった。最初のもっとも危険な岩場はプラケ＝コアラ（電気鰻《でんきうなぎ》の穴）とよばれ、他のものと同様、パラのグリット（粗い砂岩の一種）ほどはざらざらしていない、層をなした紫灰色の砂岩からなっていた。

リオ・ネグロ川

一二月一〇日の朝、リオ・ネグロ川の河口に入った。アマゾン河との合流点に赤みの勝った砕けやすい岩の帯が長い距離にわたって広がっている。川が満杯のときには深い水がその上までくるのだが、われわれが見たときはまだ水をかぶっていなかった。そして最高に猛り狂う流れのなかを船を引っぱっていくのはいささか困難をきわめた。水際から盛り上がった急傾斜の丘の上に以前はバーラの要塞が立っていた。リオ・ネグロ川の入口を監視するために建設されたものであるが、一八三五年の民衆蜂起のおり破壊された。しかしながらバーラ市、あるいは今はマナウスとよばれる町は、リオ・ネグロ川を約一三キロ入ったところにある。

アマゾン河の黄色い水からリオ・ネグロ川の黒い水への変化は驚くほどよくわかる。そしてそれはじつに突然である。黒い水は上から見たときインクのように漆黒である。そして水底の石や木の枝は赤く見える。しかしその水をガラスのコップにくみ上げてみると、それは淡い琥珀色で、泥が混入しているようなことはない。

リオ・ネグロ川は、ブラジル人たちが上アマゾン川とよぶソリモンエス川よりも川幅が広い。しかし水深はそれほどでもなく、水はほとんど湖のように静かである。そしてソリモンエス川はとつぜん南方向に曲がってはじまっているため、一見してソリモンエス川よりもリオ・ネグロ川のほうがアマゾン河の延長のように見える。

われわれは一〇日の夕方暗くなった直後にバーラに到着し

た。それは六三日間の旅であったが、距離にしてサンタレンからわずかに六五〇キロメートルでしかなかった。私は上陸してエンリケ・アントニー氏を訪問した。私の信用状の宛先は彼になっていた。彼は最高に親切に心から歓待してくれた。そしてただちに、ちょうど完成したばかりの新築の二階建ての家の階上の部屋を貸してくれたうえ、彼のよく整えられた食卓で食事をするようわれわれを招いてくれた。

エンリケ・アントニー氏

セニョール・エンリケ――その名で彼はアマゾン全域で昔も今も知られており、姓のアントニーは省略されている――は、四〇年以上にわたって〔これが書かれたのは一八七〇年ごろである――編者〕バーラにおける旅行者の友人であった。そしてモーの、またスミスとローのような人々が旅をした、はるか昔の旅行記のなかにもその名前が記されている。イタリアのリボルノの生まれで、一八二一年にパラに移住した。当時彼は弱冠一五歳で、翌年バーラに向かい、以来ずっとそこに居住し今日にいたっている。彼はバーラの父という称号を受けるに値する人物である。というのは、彼がそこにやってきたころは、町は急速に荒廃に向かいつつあって、だれも彼のようにその復興と刷新に多くをつくさなかったからである。彼は新しい堅固な住宅を建設するばかりでなく、商業の発展に努め、その商路を開拓するために新しい水路を開設するなど、たとえそれがかならずしも彼の利益になることばかりでなくても、地域社会に大きな貢献を果たしてきた。

私が彼を知ったのは一八五一～五五年ごろで、当時彼はまだ若く元気潑剌としていて、飾り気のない真のトスカーナ人らしい陽気な顔立ちの男であった。旅の途中のすべての外国人が彼の家の食卓に会することを、彼は最大の喜びとしていた。そして私は一度そこで七カ国の人々によって七つの言葉が話されているのを聞いたことを思い出す。私は私の古い友人の歓待とその他の篤行に対する私の感謝の言葉を今ここに記さずにはおられない。そして私がリオ・ネグロ川で発見したもっともすばらしい植物に、ヘンリケジア属 *Henriquezia* の新属名を奉献できたことは、私にとってこのうえない喜びである。本属のウェルティキラタ種 *H. verticillata* は二四～三〇メートルの高さに達する高貴な樹で、その枝と葉を輪生状に出し、豊かなすばらしい紫色のジギタリス様の花をつける。

原注

1　グアヤキルのある川を二人の男が乗り組んだ船でさかのぼっているとき、崖の土が少し崩れて鰐の卵が現れた場所にやってきた。男の一人が卵を二個とって水にたたきつけた。その衝撃で卵は割れ、なかからじゅうぶん育った鰐の仔が一匹ずつ飛び出し、水に飛び込んで見えなくなった。私は生物が生まれた瞬間に活動しはじめる本能、すなわち生得的な理性のこれほどすばらしい例を他に見たことはない。

●第七章

マナウスにて——下リオ・ネグロ川の原生林の調査

（一八五〇年一二月一〇日——一八五一年一一月一四日）

編者の緒言

「スプルースは一一カ月にわたる生活のための拠点を、以前はバーラ・ド・リオ・ネグロあるいはバーラとよばれていたマナウス市においた。広大な大陸の中心部の熱帯林で、限られた時間のなかで、過湿の気候と、ひじょうに不如意な採集手段のたえざる障害に災いされながらも、これほどすぐれた植物学的調査がおこなわれたことはめったにない。数日から数週間におよぶ重要な旅に関する若干の覚書と、より興味深い植物学的な観察記録以外は、彼はこの期間は規則正しく日記をつけていなかったようである。

彼は「R・スプルース、一八四一年六月一九日——一八六四年五月二八日、植物採集旅行の記録」と題する、たいへん小さな野帳を残している。これには彼の故郷のヨークシャーと英国のその他の地域、アイルランド、ピレネー、南アメリカ全域におよぶ旅の簡単な記録がなされている。記録はだいたい日々なされているが、ときには長い空白のあと、一カ月間の仕事が短い一節のなかに述べられていたりする。一つの場所から他の場所へ移動のさいは几帳面にその日付が正しく記されているので、この小さなノートは、ある時期彼がどこにいたかを知るうえでひじょうに役に立つ。

これらの乏しい材料に加えて、彼は集めたすべての植物を、その属名と科名、そしてまたひじょうにしばしばその種小名を注意深く記録している。そして可能なときにはつねに新しく採集した標本にもとづいて、多少とも詳細な植物学的記載をおこなっている。

しかしわれわれの目下の目的にいっそう役立つのは、キュー王立植物園の園長であるウィリアム・フッカー卿に、そしてスプルースの植物を受け取り、それらに名前をつけてさまざまな購入予約者に配付する仕事を親切にも引き受けられた、すぐれた植物学者のジョージ・ベンサム氏に、そして彼のヨークシャーの友人で近くに住んでいた故ジョン・ティーズデール氏あてに送られた膨大な数の書簡である。これらの書簡はスプルースの植物学の仕事と日常生活の両方について、またさまざまな旅のあいだに遭遇したとくに注目すべき事件や危険について、いきいきとした描写を提供してくれる。こうしたさまざまな資料をたよりにして、当然ながら多少とも不完全ではあるが、私は彼の旅と仕事について時を追って話を構成するよう努力した。しかしながら、ときたま部分的なくりかえしは避けられなかった。

この小さな日記を読んでみると、スプルースがマナウス市のまわりの土地をいかに系統的に連続した踏査をおこなっていったかがわかる。平均して彼はほぼ一日おきに採集に出かけ、そのあいだの日は標本の整理と乾燥の仕事に、そしてそれらの記載と目録の作成にあてている。あらゆる道路と間道、伐開地と農地、あるいは沼地、あらゆる流れ、また到達可能な範囲の丘へ、さまざまな喬木や灌木その他の植物が花を咲かせる時期を見計らっては出かけている。市から東と西へ八〜一〇キロの範囲内に、主流に注ぐ六本の流れ（イガラペ）があるが、これらのすべてを小舟で、あるいは陸路伝いに訪れ、そしてそれらのうちの小さくて上っていきやすい川の何本かについてはその源流にいたるまで、じつに熱心に調査している。ときどきガポ（氾濫した土地）を調べるために川も横断した。そしてより長期にわたる旅がいくたびか上流一六から二四キロのところまで、そしてまたアマゾン主流のなかへ、そしてソリモンエス川を少しさかのぼっておこなわれた。

この勤勉な仕事の成果は植物学的にきわめて満足すべきものであった。南アメリカに居を定めてから最初の一年半に、彼は下アマゾンの大河の両岸の多くの土地を探検し、そして一一〇〇種を超える植物を集めた。リオ・ネグロ川の河口ですごした一一カ月間に、すでに手に入れてはいるが、かなりたくさんの珍しい種を含む、七五〇もの種がこれに加えられた。リオ・ネグロ川はこれまで訪れたなかではもっとも植物の豊富な土地であると彼がいうのも理解できる。それに比例して、かなり多くの新しい未記載の種が採集された。

一四四頁に掲げたリオ・ネグロ川の河口に近い土地の概略図には、スプルースが訪ねたさまざまな場所が示されており、それによって読者は本章の書簡あるいは日記の記事をより容易にたどることができるであろう。

カアティンガの説明

リオ・ネグロ川およびオリノコ地方にまたがる植物探索の旅に関するスプルースの記述のなかに、ひじょうにしばしば出てくる「カアティンガ」という言葉について、ここに説明しておくのがよいかもしれない。これは彼の日記のなかにあった説明であるが、いつ書かれたのかは記されていない。しかし、おそらく英国に帰ってからのちに書かれたものであると思われる。

まず一般語（リンゴア・ジェラール）でカアティンガという言葉は「白い樹林」を意味し、木々の高さはそれほど高くなく、まばらに生長し、そのために、奥まった場所は薄暗がりとなる高木の天然林と対比して、明るく陽の通る森について使われる言葉であることを述べておきたい。この森はとくに上リオ・ネグロ川とオリノコ川の大部分にわたって広がる広大な花崗岩地帯に豊富である。そこの花崗岩は不毛の白砂でおおわれている。だから私は「白」という言葉は光の量のことではなく、むしろ土壌の色からくる言葉であろうと考える。中央および南部ブラジルにおいては、同じ言葉が高地とカンポにごくふつうの落葉樹林について用いられている。それは貧弱な土壌と乾燥した気候の組み合わせのためで、つぎのような記述をスプルースは「覚書」のなかに残している。——

「中央ブラジルのカアティンガの気候は比較的乾燥しており、木々は冷涼な乾季には数カ月間落葉する。サボテンその他の多肉植物が多く、コパイフェラ属 *Copaifera* その他の植物は乾燥に耐えるために、たぶん湿気を蓄えているものと思われる。

しかしアマゾン＝オリノコ地方のカアティンガでは四季湿潤で、木々は常緑である。乾燥し汁液に乏しいというのが樹木の一般的特徴で、サボテンと同じような植物の存在はまれである。湿った大気の影響はセン類、タイ類、羊歯《しだ》類に見られ、これらは木の根元に大きな円錐状に茂り、木の枝から花綵《はなづな》を垂らし、生きた葉さえ細かな海綿状のフェルトで包んでしまう」。

ベンサム氏あての最初の書簡はマナウスに到着して三週間後に書かれた。以下の抜粋からは、植生に関する彼の一般的な印象と、その年の計画を知ることができる。」

ジョージ・ベンサム様

一八五一年一月一日、バーラ・ド・リオ・ネグロにて

……サンタレンからの六三日間（！）の船旅はじつに惨めなものでした。二人ともその間の大部分を病床ですごし、そのためほとんど植物を採集することができませんでした。サンタレンで航行許可の下りるのを待ったことと、長期にわたる船旅のために、私は一夏をすべて失ってしまいました。当地は少し前に雨季に入りました。降る雨はわれわれがサンタレンで経験したものをはるかに越える猛烈なものです。けれどもわれわれは仕事に精出しております。新しい植生のまっただなかにいるというのは満足なものです。——しかも、もし私にまちがいなければ、ここの植生は私が今まで眼にしたどれよりもはるかに有望なのですから。私はすでに一〇種の新しいノボタン科、若干のフトモモ科、クスノキ科、ナス属 ***Solanum***、その他の植物を手に入れました。しかし私は今急速に氾濫しつつある川の岸辺で若干の植物を採集する仕事に追われています。

私は乾季のはじまるまで本拠地をこのバーラにおこうと考えております。そして乾季に入ったとき、もし神のお恵みがあれば、オリノコ川を深く分け入って、ドゥイダ山の獲物を仕留めに行こうと思います。……

これらの河川を遡行する旅はまこと惨めなものです。徒歩で旅ができればと私は何度望んだことでしょう。探検では私はおおいなる勝利者であらねばなりません。私はリオ・ネグロ川を遡行するために船を購入しようと考えています。しかしこれについては慎重に考えなくてはなりません。というのは、船を持ったとしても、乗り組みの者がいなくてはどうにもならないからです。ここには《強制された労働》しかありません。たとえ世界中の金を積んでも、一人のタプヤに進んで働かせることはできません。

ここではあらゆるものが、たとえ家のなかでも、どれほど湿ってしまうかあなたには想像がつかないと思います。鉄はあらゆるものが錆ついてしまい、植物には黴が生えて、吊っておいた衣類は二、三日で倍の重さになります。私自身への過湿の影響はリウマチによる手足の痛みをともなう熱っぽい咳です。

私は過労のなかでぶつぶついいながらこの手紙を書きました。しかしもしあなたが、われわれがここに上陸したときの青ざめた病気のような顔をごらんになれば（そして今もあまり改善されておりませんが）、哀れに思われることでしょう。

ジョージ・ベンサム様

一八五一年四月一日、バーラ・ド・リオ・ネグロにて

箱を作るための板がない

私は目下リオ・ネグロ川を遡行するための船と乗り組みの者を獲得する努力をしております。とはいえ天候は六月までこの旅にはさいわいしないようです。しかし過去の経験をいましめに、私は三、四カ月前から準備をはじめました。私はもう約三〇〇種［個々のはさみ紙に包んだ数では約一万枚にのぼる。——編者］以上のコレクションをバーラで作りました。それらは予期せぬ困難が持ち上がらなければ送れるはずなのですが、この森林の国にいて私は梱包用の箱を作る板を見つけられないのです！　私はサンタレンから大きな板を一枚持ってきました。しかしどうしたらもっと入手できるものかわかりません。私はサンタレンではこうしたことに関してなんら困難は感じませんでしたから、ここでもまさかこんなことになるとは思いもよりませんでした。しかし製材所が二年前に焼失してしまい、それ以来バーラでは厚板はまったく生産されておりません。

新しい植物

私はたった今、貴書とサンタレンにおける私の最初の採集品

のひじょうにけっこうな目録を拝受いたしました。しかしそれについて意見を述べている時間がありません。とはいえ、そのなかにそのようにたくさんの新種が含まれていたことを知って、私がひじょうに喜んだことはいうまでもありません。もし五九四番が真にマルティウスの記載したテコマ属 ***Tecoma***（ノウゼンカズラ科）のトクソホラ種 ***T. toxophora*** であるならば、それがここの人々のいうパオ・ダルコだと考えた彼は誤りであったことになります。その理由は、この木は弓の弦を作るにはまったく適していない、柔らかい木質の低木だからです。インディオはそれをタウアリ・ド・ガポ（ガポのタウアリ）とよんでいます。タウアリとは、その樹皮を薄い層に裂くことのできる木の総称です。パオ・ダルコとよばれるノウゼンカズラ科の木が二種ありますが、その一つ（一四八番）については私はまだ花を見ておりません。

私はバーラで作った採集品は、それより前のいかなる採集標本よりも多くの変種に富み、珍しいものが含まれていることは疑いません。しかし天候が採集と保存を惨めなものにしております。一二月一〇日に当地に到着して以来、今日まで雨なしにすごした日はわずかに五日間だけでした。雨は二月中降りつづきました。三週間のあいだ私は全身ずぶ濡れにならずに奮闘したことは一度もありませんでした。たしかに私は雨にさらされることに尻込みしたことはありません。そしてこれまでのところ健康を損ねたことはありません。

数日前、リオ・ネグロ川から二人の英国人がバーラに到着しました。リオ・ネグロ川では二人とも間歇熱にかかって死にかけたそうです。その一人は今もなおハンモックに臥せったままでおります。しかしながらウォレス氏はベネズエラの辺境から私に手紙を書いてよこしました。彼は今マラリアの侵淫地（それはバーラから二日のところからはじまります）のはるか上方にいて、ロマンチックなそしてまったくの未探検の土地で、ころゆくまで毎日を楽しんでいるそうです。もしリオ・ネグロ川に蒸気船があればほどなく彼と合流できるのでしょうが、悲しいかな、ここにはそのようなものはありません。彼自身出発するまで二カ月以上待ちました。そして私はブラジル人に共通の治療法である《辛抱》に訴える以外なにも持ち合わせておりません。

サンタレンから私が発送した約二〇〇種の植物の入っている二番目の梱包は、期待していたようには船出しなかったため、その後さらに約一〇〇種を《アレンジ》しました（ここではあらゆることにアランジャドという言葉が使われ、獲得した、集めたなどさまざまな意味をもっています）。これら二つの収集品をあなたはいっしょに分配してくださるものと考えております。……数はきわめてわずかですが、箱詰めにしてここに保管しておいても駄目になってしまいましょうから。……

四月二六日——キング氏とこの手紙をパラへ運ぶはずであっ

た船が、こちらの河川では日常茶飯事の事故のために遅れてしまいました。ソリモンエス川の河口で荷物を受け取るために送ったイガラテ（大きなカヌー）が、その目的地に到着する直前に嵐で水浸しになりました。船室とマストは壊れ、代わりのものを帰途につく前に用意しなければなりませんでした。そうこうしているうちに、セニョール・エンリケの大きなカッターが荷物を満載してソリモンエス川から到着しました。そしてこの船が全部の荷物を収容してくれました。これで私は収集品のすべてを英国へ送り出すことができました。乾燥した植物標本の三〇〇〜四〇〇種ほどが二つの大きな箱に分けて入れられています。

私は採集場所の記載にきまった言葉を用いておりますが、それについては説明が必要かと思われます。ここでは原生林をマト、ときにマト・シエルジェンとよんでいます。森が伐採された跡地に芽生えた《藪、すなわち低木密生地、叢林、二次林》はマティーニョ、つまり小さな森とよばれています。放置された農地はカポシラといい、そこの植生はマティーニョのそれとはほとんどちがっていません。最後に、川と境を接する森、これは冬季は全部あるいは一部が水の下に没し、ガポとよばれています。植生はしばしば「テラ・フィルメ」すなわち本土のそれとはまったく異なり、はっきりした帯を形作っています。

リオ・ネグロ川遡行のために購入した小船

私は今回リオ・ネグロ川を遡行するための船を購入しました。それは積載量六、七トンで、トルダ・ダ・ポパ（船尾の船室）とトルダ・ダ・プロア（船首の船室）をもっており、船室は私の荷物を乾燥した状態に保つのに役立ちます。ベネズエラのサン・カルロスで建造されたものですが、たった一度航行に使われただけです。私はこれに一四〇ミルレイス、すなわち九ポンド六シリング八ペンス（現在の交換比率二八ペンスで換算）を支払いました。それを私の目的にそうように改造するために、さらに一〇〇ミルレイスの金が必要になることと思います。私にとって目下最大の難問は、船を操る舟子《かこ》を確保することです。私は船の準備と舟子を探すことで数週間を無駄にしてしまうのではないかと心配しております。今は植物の仕事はほんの少ししかできません。川は目下満水状態で、雨季に育つあらゆるものが岸辺で花を咲かせています。乾季がはじまれば、また別の植生が見られるでしょう。しかしながら、私はまもなくソリモンエス川（アマゾン河はリオ・ネグロ川から上流はこの名でよばれています）を二日間にわたって遡行する旅を、ここで得たものとはなにかちがうものがあるかどうかを知るためにおこなうつもりです。

［同日付のウィリアム・フッカー卿にあてた書簡には、とりわ

け困難な状況下でなされた一週間の採集行のことが興味深く報告されている。〕

ウィリアム・フッカー卿殿

一八五一年四月一日、バーラ・ド・リオ・ネグロにて

みじめな住居

一月末に私はジャウアウアリとよばれるカンポを訪ねるために、リオ・ネグロ川の南岸をめざして川を渡りました。そこはセニョール・エンリケが何年か前に家畜牧場を作ったところです。このカンポの草の質は貧弱で、冬季の氾濫の水位が高いときはひじょうに多数の牛が死滅します。近隣の森にはたくさんのオンサ（ジャガー）が出没します。なににもまして悪いことは、牧夫がたいへん怠惰なことです。川の南岸とカンポのあいだにガポ、すなわち雨季になると氾濫して水没する低い藪と木の森が幅三～五キロにわたって介在しています。川の水はこのガポの大部分を私の船が自由に通り抜けができるほど上昇しました。藪のあいだを船で行く旅はたいへん興味深いものです。カンポは幅約一・五キロ、長さ五、六キロあります。その南岸は小さなジャウアウアリ川に縁取られています。ジャウアウアリ川はリオ・ネグロ川の河口近くでこの川に流入しています。

牧夫の家はこの流れの近くにあります。それは泥でできていて、椰子の葉で屋根が葺かれています。しかしこれはおおかた倒れて朽ち果てようとしています。それを修理するのをやめて彼はカーザ・デ・フォルノ（竈《かまど》のある家）の方に移りました。それはマンジョーカ畑の近くにあって、二、三家族の共有になっておりました。私はこれら二つの住居のどちらを選ぶこともできました。しかし竈のあるほうの家は側壁がまったくなく、たんに屋根が葺かれているだけで、私の住まいと仕事をするための空間はまったく残っていないほど住人であふれていました。カンポの空き家は泥で囲まれており、一方からしか近づくことができず、入口には一枚の厚板が敷かれていて、それを踏んでいけるようになっていました。三部屋からなり、まんなか以外の部屋にはどちらにも床に水たまりがありました。まんなかの部屋には、扉もなく茣蓙《ござ》も吊っていない出入口が両側に設けられていました。これを通して大雨のときは風が吹き込んできました。私は湿った部屋よりもこの寒い部屋を選び、ここで若い男といっしょに一週間をすごしました。彼は半分インディオの血の混じった、牧夫の義理の弟で、私の食事を作ってくれました。

沼地の多いカンポの植生

ここのカンポの土壌は硬く固まった粘土です。いっぽう以前訪ねたことのあるカンポの土壌はぼろぼろの砂でした。それゆえ私は植生になにか新しいものが見られるのではないかと期待

しました。それは期待を裏切るものではありませんでした。

イネ科の草本は土壌の粘着性とは裏腹にきわめて脆く、ナイフを使わずに一本も根を引き抜くことはできませんでした。イネ科草本もスゲ類も両方とも種類が多く、後者の一つは歩行者にはいまわしい「カットグラス」〔葉の縁が細かい鋸の歯のようになっていて、引けば手を切るような植物の総称〕で、そのなかを歩いて私はくるぶしが切り傷だらけになりました。熱帯ではごくふつうのことですが、これらのイネ科草本とスゲ類は地面の裸の部分にあちこちぽつぽつと離れて固まって生長しております。

土壌がむしろ泥炭層のこうした裸の部分には、広い三本の歯のついた距《きょ》をもった葉のないタヌキモ属 *Utricularia* と、葉はわが国のモウセンゴケ属 *Drosera* のロンギフォリア種 *D. longifolia* のそれよりは小さいが、はるかに大きな赤い花をつけるきれいな毛氈苔《もうせんごけ》が生育しています。

カンポのさらに乾燥した場所にはサギソウ属 *Habenaria* が三種生育しています。その一つは緑白色の花を長い総状花序につけています。二番目のものは黄色い花を短い総状花序につけ、英国の北方の荒野のキンコウカ類を思わせるほどたくさん咲いております。三番目はやや大きな黄色の花を咲かせます。これは前の二者よりはるかに数は少ないのですが、それらにないハクサンチドリ属 *Orchis* のコノプセア種 *O. conopsea* に似た快い香りをもっています。

これらといっしょに紫色と白色の総状花序をもつほっそりと立つヒメハギ属 *Polygala* と、若干のアカネ科を含む草本植物が生育しています。乾いた土地には、純白の仏炎苞《ぶつえんほう》と半円球状の根茎をもつアルム属 *Arum* の小型種と、白色の花をもち大きく枝分かれした草本のヒメハギ属が生えています。

沼地のここかしこに大きな朽ち果てた蟻塚が一種の島を作っています。これらの上に二種のユリ科植物が生育していて、その一つは一輪だけの黄色い花をつけ、他は最高に繊細な淡青色の、むしろ大きめの花をその頂上に数個つけています。

カンポのいっぽうの側の土壌のほうが良好のようで、イネ科草本とスゲ類が高く繁茂しています。この部分は大きな紫色の花で完全におおわれた草丈一・二〜一・五メートルの藪のようなノボタン属 *Melastoma* が、たいへんすばらしい眺めを呈しています。それは私にとってはまったくはじめての種でした。

矮小な灌木のビルソニマ属 *Byrsonima*（キントラノオ科）とクラテラ属 *Curatella*（ビワモドキ科）が、カンポの中央部での唯一の森林性の植物です。しかしそれは丈の高いジャウアリ椰子に帯状に取り囲まれていました。そしてその内側はオジギソウ属、フトモモ科、ノボタン科、キントラノオ科などで縁取られ、いっぽう外側には厚く暗い森が果てしなく四方に広がっていました。

一日とて雨の降らない日はありませんでした。ときどきは朝のうちに腊葉《さくよう》標本の作成に使うはさみ紙を乾かすだけの太陽の輝くときがありました。陽があたらないときは、夕方川を横断して、約四〇〇メートル川上のファリーニャを焼く竈のあるところまで紙を運んで乾かしました。川は暗い森を抜ける曲がりくねった狭い急な流れです。攀縁植物がしばしば流れを横断して伸び広がっていて、船がその下を通り抜けるとき、それらをかいくぐっていくのがたいへんでした。最初、私は連れのペドロとともに船に乗り組み、彼は船首に私は船尾に陣取って、それぞれ櫂を手に流れを渡りました。しかし私は舵で船を操ることには慣れておりましたが、櫂でそのようなことをしたことは一度もありませんでした。私の技術不足のために、船はときどき藪のなかにどしんと突っ込みました。そしてそのことがペドロの平静さを少なからずいらだたせていることがわかりました。

上陸後、彼が姉に一般語で「この男はなんにも知らない。——とても矢で鳥を射止めたりなどできないだろうよ!」といっているのが聞こえました。これは一二歳の少年ならだれでもできることと考えられています。私は、ヨーロッパでもっともすぐれた植物学者が櫂を手に、インディオの船の船尾に座らされても、私よりましな印象をあたえることはたぶんないだろうと考えて、私の傷ついたプライドを慰めました。しかしその実習のおかげで、以来私は櫂で船を操る技量にかけてはかなりの専門家になりました。

新発見の食べられる植物の根

チューリップの球根に似ているけれどもそれよりはるかに大きな根茎がいくつか家の近くに転がっているのを見て、これはなにかと尋ねましたら、これらはマンジョーカの根と同じように食料にしているのだと告げられました。彼らは調理中のすりつぶした根を私に見せ、もうできあがっていたファリーニャを分けてくれました。これらの人々から教えられたことですが、この根はごく最近になってタプヤ族インディオが使いはじめたこと、そして最初はプルス川に居住するプルプル族インディオが食べていたようで、彼らはこれをバウナとよんでいることを知りました。ムラ族インディオもこれを知っていてマアオンとよんでいます。タプヤ族インディオはたんにマニオカ=アスすなわち大きなマンジョーカとよんでいます。私の見た最大のものは目方が二一キロもありました。

翌日私はインディオを一人連れて、ジャウアウアリ川の南岸の森にひじょうにたくさん生えているバウナの木を見に出かけました。われわれはそこでそれを少しばかり見つけました。そして茎と葉の標本を手に入れ、根を掘り起こしましたが、花と果実はありませんでした。

バウナはマンジョーカよりも有毒です。新鮮なものはまったく味がありません。健康に良いファリーニャとタピオカにするには、くりかえし水でこす必要があります。リオ・ネグロ川の河口に住んでいるある家族は、水でさらさずに焼いた根を食べて危うく死にかけました。正しく調製されたバウナの粉はマンジョーカのそれとほとんど区別できません。私は三日間バウナとミルクだけで暮らしたことがありますが（一回だけ蒸した魚を一切れ食べました）、それは健康に良く栄養があることを発見しました。

私はジャウアウアリ川から帰った直後、私が出かけたあとに、その川沿いに住んでいるインディオが大勢牛飼いの家に一団となっておしかけ、牛飼いの女房にたいへんな剣幕で、食料の不足するときの代わりになる大事な薯のことを外国人に教えたといって詰め寄ったということを聞きました。彼らは「バーラの人たちがこの薯を探しに川を越えてきて、薯はすぐなくなってしまうだろう。そして司令官も危うく命を落としかけた河口に住む家族のことを聞いて、私たちがかかる危険な食物をこれ以上利用するのを禁止するだろう」といったそうです。

彼らの警戒は、ナッテラー博士がサルサパリラの種子を手に入れたリオ・ネグロ川上流のある商人の警戒に劣らず重大でまた根拠がありました。この男はあとでセニョール・エンリケにつぎのようにいったそうです。「もしこの外国人がこれを彼の国で栽培するために種子をうまく手に入れ、全農地をこの栽培にあてるようになると、われわれの貿易に致命的な打撃となるだろうと私は考えてね、種子を彼に渡す前に《茹でて》しまったのさ」。ナッテラー博士がその種子がなぜ生命を失っていたのかわかったかどうか私は知りません。

イパドゥー

ジャウアウアリ川で私はイパドゥーの小さなプランテーションを見ました。この小低木の葉は粉にされて、リオ・ネグロ川全域のインディオが飲んでいます。私が思っていたとおり、それはコカ *Erythroxylum coca*（=*Erythroxylon coca*）であることがわかりました。この葉は炒ってから、ププニャ椰子の幹で作ったすり鉢でつきます。すり鉢は、長さ一・二〜一・八メートルの幹の根の部分を底に残し、柔らかい幹の内部をくり抜いたものです。そのように長いのは粉の微妙な性質のためです。長型になっていないと、粉末が舞い上がって作業をしている者が息苦しくなるからです。そして仕事がしやすいように、すり鉢は地中深く埋められます。すりこ木はありあわせの硬い木で作ったものです。よくついたところで、それに硬度をあたえるため、少量のタピオカが加えられます。イパドゥーを一口嚙んだだけで、インディオは二、三日食物をとらず眠りたいとも思わない状態に陥ります。

イパドゥーの粉末と、花をつけたコカの木の標本をお送りします。すり鉢もお送りしたく思いましたが、これはいくらお金を積んでも買うことはできません。インディオたちから彼ら自身が作ったものを買い取るのはひじょうにむずかしいことを知りました。それは代わりを作るのにたいへんな時間がかかるためだと思います。そしてインディオたちは安楽であることをなによりも貴びます。少し前、私はあるインディオの家でなにかの木の皮でたいへんきれいに作った釣り糸を見ました。私は売ってくれるようあれこれ頼んでみましたが、手に入れることはできませんでした。彼は「私は生きるための糧を得るのにこれが必要なんだ。あなたのお金ではこれに代わるものを買うことはできないし、私が代わりのものを作るには数週間かかるからね」と彼にいわれました。このような議論はまったく不毛です。そして彼がまことに達観した眼でお金を見ていることを残念に思うしかありませんでした。

異なる植生をもつ乾燥したカンポ

川の同じ側の、バーラの近くに別のカンポがありますが、それはあらゆる点で私が先に記載したそれとは大きく異なっています。それは川から三〇メートルほど高いところにあります。そして土壌は砕けやすい白砂です。植生はおもに灌木からなり、ウミリという低木の一種がひじょうに多く、そのことからこのカンポは「ウミリサル」とよばれています。それは熱帯アメリカに特有のフミリア科という小科に属するフミリウム属*Humirium*の一種です。これはたいへん美味しいと評判の果実をつけます。この他にユムラ=セーム、すなわち甘い木とよばれる低木がほぼ同じくらいたくさん生育しています。この果実は二月に実ります。それはフクギ科に属しています。これ以外に灌木はわずかに数種があるだけで、そのおもなものはツルマンリョウ属*Myrsine*と、二、三種のフトモモ科です。

しかしカンポで私の眼をもっとも楽しませてくれたのは、ここかしこの焼けた砂地に生育するハナゴケ属*Cladonia*（=*Claydonia*）の四種の大きな群落でした。そのうちの二種は英国でふつうに見られる馴鹿《トナカイ》の苔といわれるハナゴケにとてもよく似ています。三番目の種は明るい赤色の果実をつけ、見たところ英国のコッキネア種*C. coccinea*にひじょうによく似ています。これに加えて、灌木のあいだのいたるところに、英国でふつうに見られるイノモトソウ属*Pteris*ととても区別のむずかしい、草丈の高い羊歯類のカウダタ種*P. caudata*が生育しているといえば、どんなに強烈に私が英国のヒースの荒野を思い出しているかがよくおわかりでしょう。

しかしながら珍しいフサシダ属*Schizaea*の羊歯が二種ありました。——その一つはもっとも陽にさらされる場所を、そしてもういっぽうは灌木の下を好んでいるようで、両方ともかなりの量が生えていました。——もし私が故郷を思い描いていたなら、一瞬にしてその幻影が消え去るほどきわめて《熱帯的》でした。

イネ科草本——一つはひじょうに小型で、もういっぽうは草丈が高く葉も茂ったものです——とイネ科草本に似たスゲ類以外の、唯一の他の草本植物は、細い葉と垂れ下がった燃えるような花をつけるガガイモ科の一種と、そして花は咲いておりませんでしたが、二・七メートルの高さになる広い多肉質の葉をもった蘭の一種でした。

ウミリサルまで行くためにわれわれが上陸したところは岩の多い場所で、そこではカンポのものとはだいぶちがう数種の植物が手に入りました。バーラの川上のこの北側の岸辺で、私が登ることができた範囲はすべて、岩まじりのもっとも収穫の上がった植物採集の場でありました。

ウィリアム・フッカー卿殿

一八五一年四月一八日、バーラ・ド・リオ・ネグロにて

たえまなく降る雨

ここで私は三週間にわたって、ずぶ濡れにならずに帰ってこられたことはありませんでした。たぶん降りつづく雨のためだと思いますが、平均気温は低く、そのためサンタレンよりもこのほうがはるかに快適です。三月中は寒暖計が摂氏二七度に達しない日がたくさんありました。三月に私が記録したもっとも高い気温はわずかに二九度でした。二月の最高気温は三一度でした。寒暖計が低い温度を示すとき、すなわちまずまずの晴天で、日の出前の気温が二一～二四度であるときは、それが晴天を約束するかなりたしかな指標となることを知りました。そしてどんなに空が晴れ渡っていても、寒暖計が高温を示しているときは逆です。

コレクションの記載

私のリオ・ネグロ川で採集した植物標本はほぼ全科を網羅しています。マメ科はあいかわらずそのうちの大きな比率を占めています。しかしジャケツイバラ属とオジギソウ属はマメ科よりもたくさんありました。以前訪れた場所ではそうではありませんでした。サンタレンでは見つからなかった大きな花を開くヤドリギ科を数種、たくさんのアカネ科、フトモモ科を手に入れました。ノボタン科の数はほとんど際限がありません。そしてフトモモ科とノボタン科のあいだには中間型が見られました。サガリバナ科は珍しくはありません。しかしそれらの多くは喬木であるために手に入れることが困難です。小さな果実をつけるパラダイスナットノキ属 *Lecythis* の種を、インディオたちはマカカレクヤすなわち猿の湯飲みとよんでいます。果蓋が落ちたあとの果実がお椀によく似ているためです。

ヤブコウジ科は、私がアマゾン河で見たよりも、ここでははるかに豊かに生育しています。それらはみな灌木かあるいは丈の低い小木です。その外見から、そしてしばしばその垂れ下がった総状花序の小さな花の香りから、私は酸塊《すぐり》の実を思い出しました。しかしこちらの色のほうがときにもっとはなやかです。以前気づかなかった五種のニクズク属 *Myristica* の植物をバーラで手に入れました。私が以前見たことのある本属の木

は、すべて枝が五輪生に配列されていたことは特記する価値があります。しかし二回目の分枝は同じ法則にはしたがっていません。

われわれが到着してしばらくすると、小川の岸辺は小さなシナノキ科の木が大きな白い星のような花をつけて、たいへんはなやかな眺めになりました。多くの特徴がモリア・スペキオサ *Mollia speciosa*（バーラでも採集）によく一致しているため、シュテファン・エンドリッヒャーの述べている特徴とはいささか異なっていますが、私はこれがまったくの同一種であるということには若干の疑問をもっております。雄蕊は集まって「五つの雄蕊束」を作るかわりに、一〇組に配列（五本が外側に五本が内側に）されています。外側のものは《紫色の葯と緑色の花粉》をもち、内側のものは《黄色の葯と黄色の花粉》をもっています。

イネ科草本の数はここではサンタレンほど多くありません。しかしこれらはいちだんと珍奇な形をしています。森のなかにイワヒバ属 *Selaginella* が三種生育しています。しかし羊歯はまれで、わずかに小川の源流付近に見られるだけです。それらのなかには私にとっては新規のマメゴケシダ属 *Trichomanes* が数種含まれています。蘭はやはりあまり多くはありません。しかし私の以前見たことのない地上種と着生種の両方が若干あります。

新しい興味深い椰子

私は椰子にたいへん興味をもちました。椰子の仲間はサンタレンよりもここのほうがその数ははるかに多く、なかには数種の未記載種があるものと信じております。新種のなかにはマキシミリアナ属 *Maximiliana* 一種、キャベツヤシ属 *Euterpe* 一種、イリアルテア属 *Iriartea* 一種、ステッキヤシ属 *Bactris* (=*Bactrides*) 二種、ウスバヒメヤシ属 *Geonoma* 二、三種はあるものと期待しています。これらのすべての標本をお送りいたします。しかしこれらの記載については、お送りする前に、なおじゅうぶん観察する時間をもちたく思っております。

バーラの森でもっとも堂々とした椰子はたぶんパタウア椰子でしょう。この幹はときに高さ二四メートルに達し、葉は計り知れないほどの大きさになります。実をつけた肉穂花序は一人の男では支えきれないほどの重さになります。果実はひじょうに油脂質に富んでいますが、ここではアサイ椰子のそれと同じような、椰子酒の製造に用いられるだけです。数年たった幹は、長さ約六〇センチの上方に向いた細長い丈夫な刺で厚くおおわれています。これらは葉柄の基部を包む葉脈で、柔組織はこの部分から腐朽していきます。土地の人々はこれをバルバ・デ・パタウア［パタウア椰子のあごひげ］とよんでいます。幹が長さ四・五から六・〇メートルに達したころ、「あごひげ」は基部から腐食しはじめ、やがてその支えを失った上部はかたまって地上に落下します。

［パタウア椰子に近縁のサケミヤシ属 *Oenocarpus* の写真をここに掲載した。これはパラではふつうに見られる種であるが、これについてスプルースは述べていない。私は拙著『アマゾンの椰子の木とその用途』にはその絵を載せることはできなかった。小葉はリオ・ネグロ川の種よりもさらに垂れ下がっている。さほど聳え立つ種ではないが優雅な椰子である。――編者］

イナジャー椰子（マキシミリアナ・レギア *Maximiliana regia*）では樹高が一定の高さに達するまでは、その幹は同じように葉柄の基部に取り囲まれています。それゆえ高さ一二メートルのイナジャー椰子は、六メートルのそれとはまったく異なった植物に見えます。パタウア椰子のあごひげからインディオは吹き矢筒の矢を作ります。吹き矢筒そのものはイリアルテア属 *Iriartea* の椰子の小さな幹で作ります。私はバーラの背後の深い森でこの椰子の木に出合いました。それはパシウバ＝イ、すなわち小さなパシウバ椰子とよばれております。高さ三～五・五メートルに生長し、太さは二・五センチ強です。……

美しいモモミヤシ

バーラと近郊の農園にたくさん栽培されていて、リオ・ネグロ川の上流に野生しているといわれている椰子は、ププニャ椰子です。これはフンボルトが上オリノコ川に生育すると報告したピリアオン椰子（グイリエルマ・スペキオサ *Guilielma speciosa*＝現在モモミヤシ *G. gasipana*）と同じであると私は考えます。この果実はたぶん他のどんな椰子の果実よりも食用として貴重でしょう。果肉は大量の澱粉を含有し、それはときとして核が完全になくなるまで生長します。蒸すか焼いた果実は塩をかけて食べると馬鈴薯によく似ています。しかしそれはまた糖蜜といっしょに食べてもたいへん美味です。ププニャ椰子の熟した果実をつけた肉穂花序は、植物の世界で見ることのできる最高に美しいものの一つです。果実の上側半分はもっともあざやかな深紅色を呈し、下に行くにつれて黄色くなり、そしてその基部は緑色となります。

別紙にバーラの近郊の森で野生状態で発見される食用となる果実のいくつかについて少しばかり説明を書いておきました。このほかにもまだ手に入れていないものがいくつかあります。たくさんのフトモモ科、ノボタン科の果実もまた食べられます。しかしなんらかの大きな長所をもっているものは少ししかありません。たぶん最上のものはバンジロウ属 *Psidium* のさまざまな種のグアヤバでしょう。果実の標本をつけてサンタレンからお送りしたフトモモ科の木は外観がグアヤバによく似ていますが、一二の小室に分かれています。この木はここにはひじょうにたくさん生育しております。果実はタピイラ＝グアヤバ

第9図　サケミヤシ属 *Oenocarpus* のディスティクス種 *O. distichus* バカバ椰子、パラ

すなわち貘《ばく》のグアヤバとよばれています。しかしそれには風味がありません。

インガ属 *Inga* のさまざまな種は甘い綿状の果肉のなかに種子をもっていて、それはひじょうに好ましい食べ物です。インガ＝シポ（この果実は以前お送りしてあります）はもっとも高く評価されています。

バーラの牝牛の木

牝牛の木（カウ・ツリー）ではリオ・ネグロ川には二種のキョウチクトウ科があります。そのクマ＝イとクマ＝アスは両種ともコロフォラ属 *Collophora* に属し、それらのうちの一つだけがマルティウスによって知られております。前者はバーラの近くでよく見かけます。三月の初旬に森を、ことに川の近くをはなやかに飾り、赤い花の散房花序型の集散花序で惜しみなく包みます。それは樹高九～一〇メートルに生長し、幹の直径は約三〇センチとなり、枝と葉は三股に生長します。樹皮につけられたわずかな切り口から乳液が豊富にあふれ出ます。それは新鮮な乳汁の濃度をもち、純白で、味はひじょうに甘く、インディオは口を切り口にあてて滲み出る乳液を直接飲んでいます。この方法で私も何回か飲んでみましたが、あとでぐあいが悪くなるようなことはまったくありませんでした。その強い粘着性のために下痢のときに使われるようになりました。もしじゅうぶんな量をとれば、本当に腸をひきしめる効果があることは疑う余地がありません。

クマ＝アスはこれよりはるかに大きな木ですが同様の性質をもち、乳液はさらに高い濃度をもっています。花は年末近くに咲くといわれています。これら二つの木の果実はリオ・ネグロ川沿いではなによりも最高に好ましいものであるといわれています。そしてナシ属 *Pyrus* のソルブス種 *P. sorbus* の果実に似ていることから、ポルトガル人移民はこれをソルヴァスとよんでいます。

新しい登攀植物

たぶんもっとも大きな植物学的な新発見ができるのは、巻きつき植物すなわちシポのなかではないかと思います。多くの場合、採集がきわめて困難で、そのため相当たくさんのものが旅行者によって見過ごされてきたことは疑う余地のないところです。私は今それらにとくに注意を払っております。私のバーラでの採集品にはマメ科、マメモドキ科、ヒメハギ科、キントラノオ科、ムクロジ科、ヒルガオ科、デチンムル科の巻きつき植物が含まれています。

ゼーマン博士殿

一八五一年四月二五日、バーラ・ド・リオ・ネグロにて

貴殿あて長文の手紙を書く時間があればと思います。しかし

英国へがらくたを送るための荷作りの仕事に深くはまりこんでいて、いきおい簡単なものにならざるをえません。私は今やこの生活にたいへんよくなじみ、日々の暮らしを楽しみはじめているような気がいたします。パラでの最初の三、四日をのぞけば、だれかが熱帯に行って感じたという、膨大で多様な植物の型を目のあたりにしてのとまどいを、私も味わったとはいえません。とはいえ、ここにはただ樹しかありません——樹——樹！　それらは一年を通して順番に花を咲かせています。一度にけっしてそうたくさんは開花しません。ですからそれらを保存するために、過度の仕事を強いられるということはありません。とはいえ、手に入れるのがむずかしい花がよくありますが。

私はキョウチクトウ科やツヅラフジ科などの、ある種のシポすなわち巻きつき植物のなかに、たいへん珍しいものを発見しております。こうしたもののいくつかは、猿だけがそれらの花や果実をかき集めることができるようなところまでよじ登っていって咲いています。それでも、私は一度巻きつき植物の葉を見つければ、その花を発見するまでけっしてその姿を見失うようなことはありません。そして究極的にはおおむねそれらの標本を手に入れるのに成功しています。……

キュー王立植物園学芸員ジョン・スミス様

一八五一年九月二四日、バーラ・ド・リオ・ネグロにて

採集の困難な椰子

貴博物館にお送りしました椰子の標本を、マルティウスの大著のなかの図版などと比較検討してくださるようお願いするとともに、それらに関して貴殿のご意見をお伺いいたしたく、ここに書信を記すしだいであります。

私は椰子については教示が得られる人をいまだ見つけることができずにおりますが、目下椰子の仲間にひじょうに興味深いものを見つけました。椰子の類はこれを採集して保存することがたいへんむずかしいことは事実です。船から遠く離れた森の奥で切り倒した刺の生えた椰子の木は、一人の男の手には負えない大きな荷物で、はなはだ好ましからざる存在です。というのは、道をふさいでいる巻きついた植物をひっきりなしに切り払って横にどけていかなくてはならないからです。本土の中心部に生育するミリチャー椰子は、海岸地方の種とはたぶん別種であると思われます。その肉穂花序は大の男二人でかかっても持てないほどの大荷物で、私のような旅行者のあつかえるしろものではありません。しかし行く手にどんな困難が待ち受けていようとも、かくも多くのすばらしい植物をまったく無視しておくことこそ、たいへんな罪悪ではないかと私は感じておりま

す。

リオ・ネグロ川の上流にはたくさんの椰子の新種が発見できることはたしかです。ウォレス氏がちょうど辺境地帯からいくつかの椰子の写生図を持って帰ってまいりました。その多くはまったくの新種であることは疑う余地がありません。少なくともそのなかには、マルティウスが記載したいずれの種ともまったく異なる《テングヤシ属 *Mauritia* の大きな二種》があります。……

私は今私が発見したすべての椰子の完全な記載をおこなっております。またそれらの大部分の写生図を作りたくも思っております。そうすれば私が英国に送った標本も参考にして、いつの日にかこの仕事を集大成できるでしょう。私は今ではごくふつうに見られる椰子はすべてその外見で種をいえるようになりました。しかしそれぞれの種にあたえられている土地の名前を信用するのはひじょうに危険であることを知りました。事実これらの名前はたいていの場合《総称的》なものです。アサイ椰子、バカバ椰子、マラジャ椰子などその例で、パラやサンタレンでバカバ椰子といわれているものは、オエノカルプス・バカバ *Oenocarpus bacaba* でなく、ディスティクス種 *O. distichus* です。マラジャ椰子といわれるものの種の数は際限がありません。

ひじょうにまれな羊歯

内陸のここでは羊歯はきわめてまれであることを知りました。バーラの近くで興味ある種を若干手に入れました。しかしそれらはめったに生えていないため、いくつかの種は、見つけたものはすべて採ることになってしまいました。きっとリオ・ネグロ川の上流でもっとたくさん発見できるでしょう。

ジョージ・ベンサム様

一八五一年一一月七日、バーラ・ド・リオ・ネグロにて

二日前に、七月二二日付の貴信を拝受いたしました。そしてまた上リオ・ネグロ川へ同行してもらうために長いあいだ探しておりましたインディオたちがやってきました。私は今、採集品をあなたにお送りする梱包の仕事と、遡行にそなえて取引用の品々の購入に大忙しです。リオ・ネグロ川の上流では、わずかばかりの銅貨以外、金を持っていってもなんら役に立ちません。私は全財産をプリント地、その他の綿布、斧、山刀、釣り針、ビーズ、手鏡、そして多数のこまごましたものにつぎ込んでいます。これらの取引には多大な時間を浪費しますが、しかしこれにかわる手段は他にありません。

われわれは最近パラから悲しい報せを受け取りました。シングルハースト商会の船であるプリンセス・ヴィクトリア号が川

の入口に入ろうとしていたとき沈没し、その積み荷はなに一つ回収できずに終わりました。難破の現場を見にパラから小舟で出かけたミラー氏はそこでひどい悪寒に襲われました。その興奮状態は悪化して脳炎を併発し、あっという間に亡くなってしまいました。……

気の毒なミラー氏はまことに立派な青年でした。私にとって彼の死はかけがえのない人を失った思いです。彼は私が必要とするものはどんな犠牲を払ってでも用意してくれました。彼はガードナー［『中央ブラジルで膨大な植物を採集した植物学者で、『ブラジル内陸紀行』と題する興味深い本を出版した。――編者］とは学友でした。ミラー氏がアラカティに駐在していたとき、ガードナー氏はそこを訪れて彼から多大の援助を受けています。

ガポの木

先にあなたに書信を記してからは、私は以前にもましてたびたび旅に出ております。そしてあなたはきっとこの採集品のなかにはありふれたものは一つもないことに気づかれるでしょう。

五月の雨季のなかごろは、カアポエラすなわち森では花をつけている木は一本も見かけませんでした。しかし私はたしかにこの季節にはガポに生えている巻きつき植物が花を開きはじめていたのを見ております。そして川の南岸と、ソリモンエス川とリオ・ネグロ川のあいだの氾濫する三角洲が、まもなくセルヤニア属 *Serjania* やガガイモ科などでたいへん美しく彩られました。ガポの木々は水が引きはじめるまでは花を開きません。

この月はまた私はリオ・ネグロ川の河口のほうへ下っていって（バーラから約一三キロメートル下流）、そこに四日間滞在いたしました。後日この季節に再度訪れることを私に決心させたほど、ここはすばらしい土地でした。私はここで一人のインディオの大工に会い、彼に私の船の船室（トルダ）を作ってくれるよう注文しました。そして七月にそこまで私は船を運んでいって、トルダが完成するまでそこに泊まりました。リオ・ネグロ川とソリモンエス川の合流点にあたるアマゾン河の両岸の植生にはなみなみならぬ相違があります。あなたは私の採集品のなかに、「リオ・ネグロ川河口」と記したものと、「ソリモンエス川河口」と記したものとを発見するでしょう。それについては次頁の概略図によって説明いたしましょう。

前者の植物は《黒い》水で洗われ、後者のそれは《白い》水で洗われています。だれもが最初に見たときは、リオ・ネグロ川の広さと流れる方向とから、アマゾン河はリオ・ネグロ川の延長であると思います。しかしリオ・ネグロ川は水の量と流れの速さの点では、ソリモンエス川とはまったく比較になりません。ソリモンエス川の河口で私が得たわずかな植物を、ふたたびだれかが採集するのはまだずっと先のことでしょう。――私

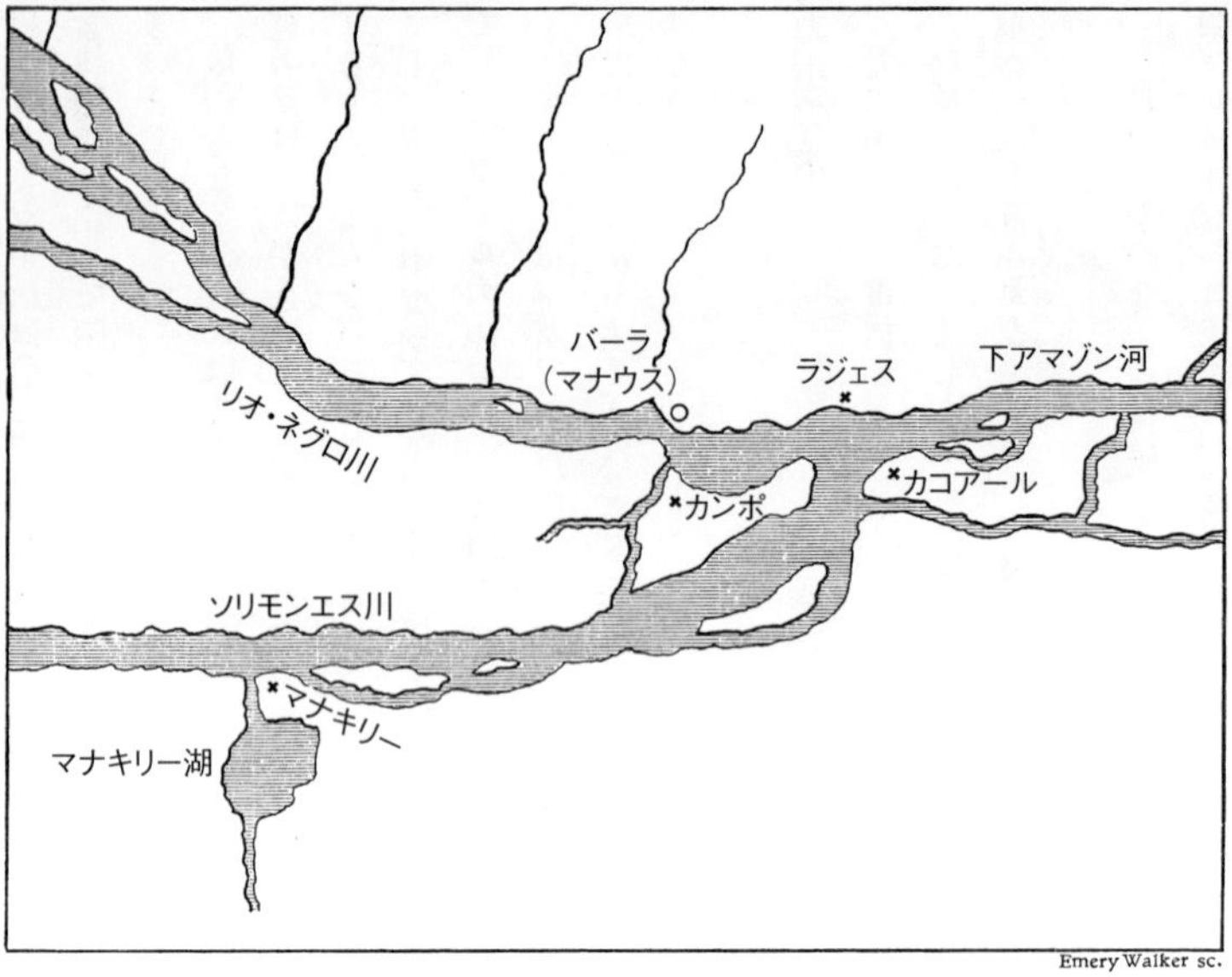

第10図　マナウス周辺の概略図。1センチ＝約13キロメートルの縮尺

もかつて出合ったことのないほど、森のなかに蛇や蟻の多い場所ですから。雨季に数千キロにおよぶ森林が水に浸かるときは、あらゆる陸生動物はみな樹上に移動しなければなりません。

リオ・ネグロ川の河口に生える森の植物では、カジュー＝アスほど私にとって興味深いものはありませんでした。これはアマゾン河でかねがね話に聞いていた木ですが、しかしそれまで一度も出合ったことはありませんでした。あきらかにこれは真のカシューナットノキ属 *Anacardium* の木で、二七メートルもの高さに生長します！

マナキリーへ

六月に私はマナキリーをめざしてソリモンエス川遡行の旅に出ました。一群の農園が大河の南側の小さな川の岸辺と、同じ名前の湖の浜辺にあります。それはバーラからほんの三日の旅であるといわれましたが、私の場合は四人の男の力で一週間かかりました。雨季の最盛期の流れは強く、風がほとんど吹かなかったからです。［マナキリーはリオ・ネグロ川の河口から約八〇キロ川上にある。――編者］

ゆっくりとした航行にもかかわらず、植物の採集にはたいへん苦労しました。われわれは岸辺に沿って徐行したのですが、めったに花を摘み取れるほど近づくことができなかったからです。私はときどき鉤のついた長い竿を持って船首に立ち、なにかの巻きつき植物の近くまできたとき、それに「ねらいをつけました」。この方法でたいへん美しいバシクルモン属 *Apocynum*、トビカズラ属 *Mucuna* 他数種を採集することができました。とはいえ、当然ながらごくわずかな量です。日中船を長時間停泊させて、私がモンタリアでガポのなかまで分け入ることができたのはわずかに二、三回でしたが、この方法で少しばかりの珍しい水生植物を採集品に加えました。あなたの設けた新属のエウキリスタ属 *Eukylista* の二つ目の種とその他のいくつかの種です。ついでながら、わが国では少ないコミカンソウ属 *Phyllanthus* のフルイタンス種 *P. fluitans*（トウダイグサ科）がここには豊富に生育しておりました。本種の胚が双子葉であることはたしかですか？　トチカガミ科とは（控えめにいっても）いちじるしい類似があります。

私はまた葉を作るためのはさみ紙を乾かすのにたいへん苦労しました。それは雨のことをいっているのではありません。一週間の航行中、《まったく陸地を見なかった》ことです。そこで、はさみ紙の乾燥は全部船の上でしなければなりませんでした。しかし風があったときはあったときで、紙が吹き飛ばされるため、それを防ぐのに困難をいたしました。そして風が皆無のとき、私は漕ぎ手の邪魔にならないようにかろうじてそれを広げることができました。こうした細かなことに立ち入ったわけは、あなたの観点からはご想像もつかないことでしょうが、ある種については求めに応じられるだけの数がないのには理由があることをただご説明したかったからです。

ザニ氏訪問

マナキリーで私はザニ氏を訪ね、一夜を彼とともにすごしました（彼はパラ州でスピックスとマルティウスに同行するようブラジル政府から任命されたザニ陸軍大佐の息子です）。この二人の博物学者はマナキリーで数日間をすごしたと彼は語っておりました。それゆえ私はマルティウスがここで採集したのと同じ種を若干得られるものと考えています。マデイラ川とプルス川のあいだの土地は全部有名なカカオの栽培地です。ザニ家のうしろの森で、私は新種を二つ発見しました。その一つは花が咲いていて、それを採集することができました。

私はマナキリーの滞在とそこへの行き帰りに三週間以上を費やしました（帰途はたった一八時間でした！）。しかし天候はひどいもので（まさに雨季の残り滓です）、そのために採集とその保存の両方でたいへん支障をきたしました。あわせて私は森林の植生にはいまだまったくの新参者でした。私ははじめて見る葉をつけた膨大な数の樹木を見ました。しかしそれらは花を見せはじめておりませんでした。

どのようにインディオとつきあうか

私は一人ぼっちであるうえに、採集もこれらを乾かすことも全部自分でしなければなりませんが、私のコレクションは去年の同じ月のそれよりも、あらゆる障害に悩まされたわりには、断然優っているものと思っております。インディオたちは接し方を心得さえすれば、野外でじゅうぶんよく仕事をしてくれます。フンボルトはその著書『自然の景観』のなかの若干の記述によれば、この技術を会得していなかったように思われます。いくらお金やものを積んでも、彼らになにかを《仕事として》やってくれと頼んだらぜったい駄目です。私はいつも「ヤッソ・ヤオアター（さあ散歩に行こう）」と誘うことにしています。われわれはこうしてモンタリア（小舟）に乗り込み、イガラペ（小さな流れ）に漕ぎ入れます。そして森の中心部に着けば、彼らはみなてきぱきと木に登り、木を切り倒し、花を採集します。これをすべてたんなる娯楽とするのです。

私はパラからここの当局あての紹介状をまったく持ってきておりませんので（かれこれ一年半以上にわたって英国領事が不在なのです）、私はサン・ガブリエル・ダ・カショエイラのような遠くまで人手を求めなければなりませんでした。そこはバーラの川上少なくとも一カ月のところにあります。数週間前に彼らが来てくれるはずでしたが、彼らはみな病気だという報せを受け取っておりました。それで今月五日の夜、彼らが到着したときは、もう来ないものとほとんどあきらめかけていたところでした。全部で五人いて、一様にがっしりした体格の男たちでした。私は船が順調に航行するあいだ楽しくやっていけるように、ここでさらに二人（一人はモヨバンバから来たペルー人のインディオ）を「アレンジ（手配）」しました。

私は最初の休憩地をサン・ガブリエルにおくことを提案しています。そこは急湍《きゅうたん》と山岳の中央部の、ちょうど赤道上に位置しており、なにかすばらしいものがもたらされるはずです。滝に生育するカワゴケソウ科は、半年間にわたって先住民の命の糧となるおもな食料です！

［スプルースのリオ・ネグロ川とオリノコ川の旅の日記を含む原稿のなかに、前に記した書簡にも引用されているものであるが、バーラ滞在中に彼がおこなった長期の遠出に関する若干の覚書がある。その最初のものは五月二一日から二四日にかけての遠出で、このとき彼はリオ・ネグロ川を町の下手約一三キロのアマゾン河との合流点まで下っていった。そこにはラジェスすなわち岩棚とよばれるインディオの小さな開拓地があった。――川の縁から突出した平らな砂岩からこうよばれたものである。ここで彼は三日間をすごした。そしてのちに七月から八月にかけてふたたび三週間近くここに滞在している。この場所に関する覚書はこのあとのほうの滞在中に書かれたものである。最初の訪問後、彼はアマゾン河を横断して川の南岸に渡り、そこで上陸、そこから川を少し遡行した。それから川を横切ってソリモンエス川とリオ・ネグロ川のあいだの三角地帯に渡り、バーラに向けて川を横断する前にリオ・ネグロ川を数キロ遡行している。つぎの覚書はこの帰りの旅について述べたものであ

る。一四四頁の概略図がその理解を助けるだろう。〕

見捨てられたカコアール

ソリモンエス川の右（南）岸の河口、すなわちそこからまさにアマゾン河の名前がはじまっている地点は平らな土地で、隣接した部分よりわずかに盛り上がっていて、ほんの数センチのちがいであるが氾濫を免れている。この場所には以前農園があって、カカオその他の大きなプランテーション（カコアール）が営まれていた。今はあとかたもなく消え失せて、ふたたび森に帰りつつある。しかし若干のカカオの木が残っていて、パンノキの生えた大きな平地がある。これらはしっかり根づいて伸びつつあるようである。というのは、下生えは同じ木の無数の実生以外繁茂した木はまったくないからである。それゆえ外から来た種に腐食した葉がなにか有害な影響をあたえているのではないかと思われる。

ソリモンエス川の岸辺の植生は、内陸のパラナ=ミリのそれより旺盛である。とはいえ、ほとんど全域にわたってくりかえし起きているテラ・カイーダ〔河畔の地崩れ〕のために、川岸はぼろぼろである。両岸の大きな部分が乾季に毎年崩れ去って、船の航行に大きな支障を来している。

一群の人々がソリモンエス川の砂浜で亀の油を集めていた。数隻の小舟が陸地に引き上げられ、そのなかで卵はつぶされて油が採取されていた。そのとき反対側の巨大な森のかたまりが、雷のような轟音とともに川のなかに倒れ込み、川幅は約五キロもあるのに、波が岸辺を駆け登ってきて、船も卵も油も一切合財運び去ってしまった。落下する土塊の力によって船が水没することもけっして珍しくはない。こうした倒壊のために、密生した森のなかで生長をなしとげ、輪郭に永遠の森の外縁で見られるのにふさわしい丸みをもたない樹木が人目にさらされることとなる。

早朝の川の岸辺

内陸の河川の岸辺は、早朝、陽が昇る前後に見るべきである。朝六時ごろにそうした岸辺の一つを通り過ぎていくと、深い暗黒の底から立ち上がった樹々がその美しい淡緑色や淡紅色や赤色の新しい葉をほとんど開いている（ここでは樹木はすべて常緑樹で、温帯圏におけるような秋の紅葉というものは見られない）。ときどき優雅なアカシア属 *Acacia* のみごとに分かれた刺激に敏感な葉や、大きな白い星の形をしたヤルマ属 *Cecropia* の葉がそれに変化をそえる。かと思えば、ここかしこに紫色の花を少しつけたノウゼンカズラ科の花綵や、白や赤の花をつけたヒメハギ属 *Polygala* の蔓《つる》植物が、しばしば最高にかぐわしい香りを発散し、またかろうじて水から突き出ている低い灌木は、さまざまなヒルガオ科の無数の花で飾られている。ヒルガオ科はおもにサツマイモ属 *Ipomoea*（=*Batatas*）の一種で、黄や紫の花をつけたインゲン属 *Phaseolus* の二、三種があちこちで交ざっている　――真昼の強烈な光のなかでは、これらはすべておおむね生気を失っている。眼はなにかをじっと見ているうちに疲れてしまう――緑さえまぶしく見える――光はあらゆるところに差し込むため、眼はときにはとても心地好い日陰の奥まった場所をむなしくあちこち探し求める。……

雨季の最盛期における最高の眺め

これらの川の周囲が引き立って見えるのは雨季の最盛期だけである。――そのときにはすべてが美しく清らかである。しかしいったん水が六メートルも退けば、根元のあたりが黒い小根でもじゃもじゃとなった色あせた幹や、泥だらけの灌木の絡まった茎が現れる。それらはふつうは絡まり合っていないが、破竹の勢いの水に抗しておたがいに支え合うために絡み合ってしまったようである。草本の蔓はすべて死滅し、枯れて黒い細紐のようになってしまう。川の流れに乗って下ってきたとき、枯死した草のかたまりやその他の見苦しいものが、ところかまわずぶら下がっている。とはいえ、森の樹々の多くが花を開くのは乾季である。

［ソリモンエス川を約八〇キロさかのぼったところにあるマナキリーの訪問と滞在に、六月の大部分が費やされた。この訪問のことは一部ベンサム氏あての書簡に述べられているが、帰って直後に書かれたつぎの覚書をのぞいて、とくに日記には記されていない。］

アマゾン河地方ではコーヒーの木の葉はしばしばその実の代わりに飲用されている。トロンベタス湖では、その葉は壁の割れ目に突き刺した棒に紐で縛りつけて完全に乾ききるまで乾かされる。しかしリオ・ネグロ川では、葉は生のままと乾かしたものとの両方が用いられている。

イネが自生しているマナキリーの湖沼地帯では、アマゾン河とソリモンエス川の他の多くの場所におけるのと同様に、ひじょうに簡単な方法でその籾が収穫されている。雨季の終わり（六、七月）に種子が実ると、モンタリアを湖に乗り入れて、ゆっくりと漕ぎ進めながら、男たちはモンタリアの両舷から長い茎を船のなかに倒し、実った種子をことごとく船のなかに振るい落とす。この方法で、数時間のうちにかなりの量の籾の山がモンタリアのなかにできあがる。

［つぎにあげる簡単な覚書はラジェスについての記述である。スプルースは腕の良いインディオの大工に自分の船を整備してもらうためにここへ出かけたのであるが、ここで彼はかなりの数の新しい興味深い植物を採集している。］

ラジェスへの遠出

ソリモンエス川とリオ・ネグロ川の合流点、とくにそのあいだの三角州は今は氾濫している。しかしリオ・ネグロ川の河口付近の左岸は川からかなり上がった高台となっている。

ラジェスの平地からいきなり切り立っている森の丘はここで五二メートルの高さがあり、そのいただきからはすばらしい景観をほしいままにできる。そのすぐ前方にはひじょうに大きな島がマデイラ川の河口に向かって下手に広がっている。島の後方の水道は、ラジェスの猛り狂う水の流れを避けて上流に向かう船がしばしば利用している。ラジェスの下方の川は右に大きくカーブを切っている。左岸の岸はどこも高い土地であるが、たくさんのくぼみがあってこれらが湖となっている。最初はラーゴ・ド・アレソすなわちアレソ湖である。たぶん長さ二・五キロで、その向こう側の端を眺めると、二本のイガラペが高い森の茂る両岸のあいだに入り込んでいて絵のように美しい。この少し先に、これより小さなタパラ湖がある。そしてそのまたちょっと先に大きなプラケコアラ湖がある。

右側のアマゾン河を見下ろすと、アンタス川とマデイラ川の河口に、おびただしい群島を形成する一連の島がぼんやりと見える。この地点から、アマゾン河の水とリオ・ネグロ川の水とのせめぎあいのようすをよく見ることができる。後者が左岸をはるか下手まで、その水の色を失わずに流れ下っている。……

さまざまな植生

ラジェスの下手に近い森におおわれた深くて狭い谷には、ミリチャー椰子（テングヤシ属）の木立がいっぱい自生している。たぶんこれはパラのミリチャー椰子とは異なる種だと思われる。《幹が上方に向かうにつれ膨らんでいて》、高さはけっして九メートル以上にはならない。ミリチャー椰子に交じってトリプサクム属 *Tripsacum* のなかば直立した葉をもった、長さ一・八メートルの、しかし花をつけていない美しい草が生えている。

沼地の多い谷の上流部には、サンタレンで知られているそれと同じヘゴ属 *Cyathea*（=*Alsophila*）の木生羊歯が大量に生育している。この幹の高さがときに五メートルにおよぶ木生羊歯といっしょに生えているのは、インガ属 *Inga* のウェルシコロル種 *I. versicolor*（新種）で、長い白色の雄蕊をもった花は花粉が落ちると朱色に変わり、そのために木はたいへんはなやかになる。

もっともすばらしい森林樹の一つはカジュー=アス、すなわちカシューナットノキ属 *Anacardium* のスプルケアヌム種 *A. spruceanum* である。この葉はとくに若いときは上部が白色で、下部は緑色が勝ち、そしてごく若いものは淡紅色を呈する。谷の片側に生育し、それを反対側の高台から眺めると、最高に繊細な紅色の色彩を帯びた大きな白いふさふさとした葉の冠に、鮮紅色の果実がキラキラ光りもっとも美しい。この果実はふつうのカジューとまったく同じ形をしているが、若干小型で、香りは強い酸性である。われわれは数本の木を見てまわった結果、それらはほとんど同じ大きさであることを知った。これらはすべておそらく先住民によって、同じころに植えられたものと思われる。恐ろしく大きかったが、私はぜひともこの標本を手に入れようと決めていたので、一本切り倒す作業をはじめて、一時間かかってこれに成功した。この木を倒してからその大きさを測ってみると、高さは二七メートル、根元の近くで直径は九〇センチを超えていた。完全にまっすぐで、最初の枝が出ている一五メートル上方まではその太さはほとんど減少していなかった。これは高さがめったに四・五メートルを超えないふつうのカジューとの大きなちがいである。カジュー＝アスの木質部と樹皮は樹脂のにおいがする。

［ヨークシャーに住むスプルースの隣人で友人のジョン・ティーズデール氏あてに書かれた二通の長い書簡をここにあげる。これらは彼の長期にわたるバーラの滞在と、たいへん興味深いラジェスとマナキリーへの遠出のようすをくわしく知るうえでたいへん役立つであろう。ディーズデール氏には彼は自由にのびのびと書いており、植物学上の文通相手に書かれた書信よりもよく彼の性格が表れている。このなかで彼の先住民族への関心と共感と、また奴隷制度に対する嫌悪の情を、そして彼を取り巻く自然の広大な景観の気高さと美しさに対する深い畏敬の念をうかがい知ることができる。教育問題に関する彼の意見（そして逸話）を私はあえて削除しなかった。なぜならば彼がそれを書いたときよりも、現在のほうがあてはまっているからである。］

ジョン・ティーズデール様

一八五一年一月三日、バーラ・ド・リオ・ネグロにて

あなたは気温はどうかとお尋ねですね。私がブラジルに到着して以来経験した最低気温は、マラジョ湾の沿岸での早朝五時の摂氏二一度です。そのときだれもが恐ろしく寒いと泣き言をいっておりました。私はそのとき毛布をもう一枚取り出すために、数時間早くハンモックから起き出さねばなりませんでした。

最高気温はサンタレンで観測しました。そこで温度は三二度を少しばかり上まわりました。しかし私は南フランスにおける気温はこれより高いことを知っております。そしてリオではときどき四三度になります。われわれがここで愚痴をこぼしているのは、じりじりと長くつづく熱気です。サンタレンでは何日も昼も夜も気温は一回も二七度より下がりませんでした。この気候のもとですべての人を蝕む無気力を生じるのはこれなのです。そしてこれは外国人よりもこの土地の人々により深刻な影響をあたえています。……

亀と鰐

さてつぎに亀についてお話しいたしましょう。サンタレンの町は亀の棲息地からは少しばかり離れた下流に位置しています。ですから亀が町に現れるのは珍しく、町では亀はたいへんな貴重品でした。われわれは今まさにその亀の棲息地の中心におります。そしてわれわれの朝食あるいは夕食の食卓で（ブラジルでは一日二食）、さまざまに調理された亀が出ないことはまったくありません。

われわれはここではイタリア人商人のエンリケ・アントニー氏のところで食事をしております。彼のところの料理はすばらしく、亀の料理は最高です。何種類の料理法があるのか私は知りませんが、われわれの食卓にのる亀の料理は五種類以下ということはけっしてありません。すなわち、一、タルタルガ・ギザーダ（煮るかシチューにしたもの）、二、タルタルガ・アッサダ・ア・カスカ（甲に入れて焼いたもの）、三、タルタルガ・ピカーダ（挽き肉料理）、四、タルタルガ・ア・ラ・ロスビフ（ローストビーフ風）、五、ソパ・デ・タルタルガ（スープ）。これらのうち挽き肉料理がもっとも人気がありますが、私はシチューのほうが好きです。……

さてつぎに、あなたもぜひ知りたく思っておられるアリゲーター鰐（ここではジャカレとよばれています）についてお話ししましょう。オビドスより川上で、われわれはかなりの数のこの優雅な動物に出くわしはじめました。とくに静かな湾に錨を下ろしたときにはたくさん出合いました。明るい月夜の晩には、思い思いの方向に浮遊しているのを見ることができました。ときにまったく不動のまま水面に浮いています。注意深く見てやっと材木との区別ができます。彼らの鳴き声は、お人好しの豚が口を閉じてうなる一種のブーブー声です。ただこちらはいささか声高です。われわれはその鳴き声をまねて彼らをごく近くまでおびき寄せることができました。彼らはマスケット銃の弾をほとんど気にしません！

われわれがパラナ＝ミリに入ったとき、とくにピラルクーのたくさんいる湖を訪れたとき（こうした湖は文字どおりあちこちにあります）、鰐が巨大な黒い石か、あるいは木の幹のように、そこに横たわっているのを見ました。鰐と漁師のあいだになんとも完全な信頼関係が存在しているらしいのを観察することは楽しいものです。鰐は屑肉の分け前をじつに辛抱強く待っています。大きな魚を釣り上げたとき、漁師は鰐のまさにどまんなかに飛び込みますが、鰐は自分の出番がくるまで、ただ漁師に道を開けて待っているだけです。鰐が人間を襲うようなことはめったに知られておりません。とはいうものの、それはときおり起こり、われわれは恐ろしいその凄惨な現場を眼にいたしました。

私はあなたがた英国人の一般的な総合教育制度に関する意見

が一致してくれればよいがと願っております。このような重要な問題に関するつまらぬ口論についての記事を読み、なんと狭量な考えの存在するかを知ることは悲しいことです。そして今このとき、つねに英国の刑務所には、州政府がまったくなんの知的《道徳的》な訓練をあたえてこなかった幼少な非行少年少女が大勢入れられているのです。この道徳教育が《教義的》教育とは別にあたえられないものでしょうか？　というのは、論争の中心から遠く隔たったここでは、たいていの教義上のちがいは、私には本当に無意味なものに思えるのです。——その半分以上はたんなる意見の相違です！　もしドグベリーがいったように、「人に愛されるは神の賜、しかし読み書きは生得のもの」ということが本当ならば、本当にわれわれは生得となることを助けるべきです。

私はしばらく前に「パンチ」誌に載った、父と息子の教育問題に関するみごとな対話を覚えています。息子がこう尋ねます。女王様が貧しい少年少女に教育をあたえないため、彼らは罪を犯すことしか知らず、それで彼らは刑務所に行くことになり、足踏み車を動かすとはどういうことなの。父親はこう答えます。女王様は人々が許してくれれば、喜んでそうするだろうよ、と。このあとさまざまな教派のさまざまな宗教上の意見についで会話が少しつづきます。少年は例をあげてくださいといいます。そこで父親はある教義をとりあげて説明しようとこころみるのですが、少しむずかしいことに気づいて口ごもり、結局こういいます。「お前もいつかよくわかるようになるだろうよ。だが今それはお前にはなんの関係もないよ」。「じゃあ、ねえ、パパ」と少年は尋ねます。「貧しい少年少女にはどういう関係があるの？」。これにはとても答えられないと私は思います。

ジョン・ティーズデール様

一八五一年八月一七日、バーラ・ド・リオ・ネグロにて

奴隷と彼らの処遇

道路の向かい側に住んでいる私の家主のところから、数カ月前に五人の奴隷が逃げ出しました。彼らはプルス川を上っていきましたが、警察による追跡がおこなわれ、約一週間後に全員連れ戻されました。そのうちの一人が手におえなかったため、屋敷内の棒杭に鎖で脚を結わえつけておく必要があると判断されました。その夜七時に主人は月光のもとで水浴をするつもりで、屋敷内を川のほうへ下りていきました。屋敷を抜けて奴隷のそばを通り過ぎようとしたとき、奴隷は主人に飛びかかり、懐に隠し持っていたナイフでその脇腹を突き刺しました。しかしさいわいにも、主人はその動きをすばやく察知して飛び退き、傷はごく軽度ですみました。かくして主人の殺害に失敗した男は、ナイフの柄を柱に立てかけておいて、もはやこれまで

と、それに自分の腹を突き刺して自害してしまいました。

つぎの日の朝、私が水浴びに川へ下りていったとき、仲間の奴隷たちは死人をかたづけておりました。死体は袋に入れて縫い合わされ、川の中央で投げ入れるために船に下ろされました。彼らはあたかも死んだ犬でも運ぶかのように笑い冗談をいい合っておりました。この事件は隣人たちになんの印象も影響もあたえなかったようです。奴隷制度の《美》とはこんなものです！……

アス・ラジェス訪問

私はつい先ごろリオ・ネグロ川の河口から帰ってきました。バーラからはたっぷり一三キロメートル下流のそこにはアス・ラジェスという小さな集落があって、純粋のインディオと混血のインディオだけが住んでいます。私は五月にここを訪れ数日をすごしました（そのときここは植物の種類の豊富なところであることがわかりました）。私はまたそこで私の船の船室を作ってくれるという大工にも会いました。そのため七月の終わりごろ、私は船をラジェスまで運んでいきました。そしてそこに約二週間滞在し、船の改造を監督しながら、植物のコレクションを大幅に増やしました。

私は数日間インディオたちとの生活をおおいに楽しみました。それがもし強制的で永遠につづくものであれば、私もいやになるでしょうが、町の外に出ることはこのように気晴らしになります。というのは、ここのブラジル人はあなたがさだめし思い描いておられるようななかば文明化されていない人々なのですが、礼儀作法と服装については世界一やかまし屋なのです。黒のコートと帽子の重みにあえぎながら「最新のパリっ子の服装」で身を固めてミサに参列する彼らの姿は滑稽です。この気候のもとではじつにいまわしいものです。

これとは正反対に、ラジェスの人々の《無頓着》はまことに喜ばしいものです。軽いフランネルか綿のジャケットとズボン以外衣服はなにもつけていない私の姿をご想像ください。シャツもなく（だからコートもチョッキもいらない）、帽子もなければ靴も靴下も履きません。これでも私はほとんどの男より完璧に装っているのです。男たちはズボン以外めったになにも着ません。

女性の服装はたった二つの衣装から成り立っています。——胸の下にぶら下がっているカミーザと腰から下がっているサヤ（あなたがスカートとよぶものに相当します）です。二つは重なり合うこともありますし、そのあいだに空間ができることもあります。結婚適齢期に達しない若い少女はこれらの装束をたいていどちらか一つしかもっていません。——それが上側のものか下側のものかは《たいした問題ではありません》。しかしどちらであっても、見知らぬ人がイガラペや湖のはるか上方にあるこれらのシティオの一つにやってくると、恥ずかしがりやの少女たちは白人の男の凝視を避けるために、彼女の唯一の衣装を引っぱり上げて自分の眼を隠します。私はカイロの奴隷市場のチェルケス人の少女の記事を思い出しました。

［当地に滞在中、スプルースはこれらの混血家族の三人の子供の鉛筆画を描いている。それは芸術作品としては稚拙なものであるが、下アマゾンの多くの場所で見られるこうした子供たちの特徴と表情をひじょうによくとらえている。これらの絵は約半分に縮小して掲載した。］

ここのインディオたちは、私が今まで出会ったほとんどどのインディオよりも良い生活をしておりました。それぞれの家族は、必要不可欠なファリーニャを供給してくれる自分たちのロサ、すなわちマンジョーカの畑を各自耕しています。そして家のうしろの丘の斜面には、それぞれが小さなコーヒーのプランテーションを持っていました。その丘の頂上には、共有の財産であるタバコの畑がありました。家の近くには、オレンジ、ライム、アバカチなどのさまざまな果樹のプランテーションがありました。リオ・ネグロ川の河口の左側の岸辺は盛り上がって、約六〇メートルの高さの傾斜の急な森の尾根を作っています。その麓と水際（水はここでは平らな岩の川床を流れています）に彼らの家が建っています。ほとんどのロサは少しばかり内陸に入った絵のように美しい湖（アレソ湖）の岸辺にありました。

丘の頂上からは、ソリモンエス川とリオ・ネグロ川の合流点と、アマゾン河の下流域のすばらしい眺めが得られます。本当に森と水と空以外はなにも見られないのです。森と水の割合はほとんど同じです。――湖、水道、そして島がアマゾン河の南方向に、いっぽうの側はプルス川の河口まで、そしてもういっ

第11図　マリア、8歳（R・スプルース画）

第12図　ルフィナ、3歳。マリアの妹（R・スプルース画）

第13図　アンナ、8歳。マリアとルフィナの従姉妹（R・スプルース画）

ぽうの側はマデイラ川の河口まで広がっています。景観はまことに壮大です。とうとうと大洋に流れ出ていく、かかる無限の水塊を広大な大陸のまんなかに最高の賞賛の念を感じずに見ることは不可能です。そして沈みゆく太陽のもとで眺めたとき（私はこの景色をいくたびか眺めました）、そしてそのあとで垂れ込め深まりゆく薄暗がりがすべて溶け合って、見分けのつかないかたまりとなっていくとき、せめぎあう水の擾乱はまだはっきりと聞こえてくるのですが、私の心のなかには優しさと畏怖の混じり合った、なにかよくわからない感動がわき上がり、その場所から立ち去るのがむずかしく感じました。

はじめて私がこの丘に登ったとき、私はコンパスとアネロイド気圧計を携え、そして胴乱を運んでもらうために一人のインディオを連れていきました。私は彼にこの二つの機器をどうやって使うかやって見せて説明しました。彼は不思議な思いにかられたようで、何度か「白人は悪魔だ」とつぶやいているのが聞こえました。同じようなこうした感嘆の声が、彼らの理解を越えたものを見たとき、これらの人々の口から出るのを私はしばしば聞いています。

マナキリーにて

六月に私はソリモンエス川をさかのぼる旅に出ました。めざす先はマナキリーで、そこには一群のシティオが、ソリモンエス川の南側の岸から数キロメートル離れたいくつかの水道と湖のそばにあります。そこまでは好適な条件下でも三日はかかります。しかし川はそのとき最高水位にあるうえに、すみやかな流れに抗して進むのに必要な風がめったに吹きませんでした。このためわれわれの船旅はまる一週間を要しました。この期間われわれはまったくこの川の岸辺を見ませんでした。見たのは島ばかりです。

マナキリーの私の訪問先はセニョール・エンリケの義理の父親にあたるポルトガル人です。彼は一七九八年にここにやってきており、けっして最近の入植者ではありません。年齢は現在七〇歳を越えていますが、達者で陽気で、息子たちのだれよりもよく仕事をします。他の人々についても気づいたことですが、彼についての私の意見をここに記しておきます。夏の太陽にも冬の雨にもめげず、この気候のなかで、もっとも活動的な生涯を送ったこれらのヨーロッパ人たちは、つねに最高の健康を謳歌しています。いっぽうブラジル人の安易な生活にはまった人たちは（そしてこういう人たちが大多数です）、病気がちで肥満となり、努力を嫌うようになります。

彼の屋敷は私がこの国で見た他のどれよりも私に英国の農場をしのばせました。家は小さなカンポ（サバンナ）のなかに建ち、そこには馬、乳牛、羊、豚が草を食み、木陰で休んでいるのが見られました。しかしこれらの木々はたしかに英国のそれとはまったくちがっていました。そのなかに一八一七年の秋に植えられた、私の年齢とまったく同じの、ひじょうにみごとな三本のタマリンドの木がありました。しかし生長力は私よりはるかに優っていて、腰回りは両手で抱えきれないほどありました。オレンジの長い並木道は熟した実をいっぱいつけていました。もし英国でこのようなものをもつことができれば、彼は一財産は築けたにちがいありません。数本の大きなマンゴーの木、グアヤバ（銀梅花《ぎんばいか》の一種で李ほどの大きさの実をつける）の茂みもありました。そしてもしこれらがこの眺めに熱帯的特徴をじゅうぶん示していないというならば、さらに一群のバナナとポポーがあり、そして周囲の森のあちこちからちょっと姿をのぞかせているさまざまな種類の椰子が見られます。少し離れたイガラペの堤の上には砂糖黍の畑があって、そこにブランダン氏は糖蜜とアグアルディエンテの製造工場を建て、その動力には牡牛を使っていました。

ブラジルの田舎の祭り

私のマナキリー滞在中に大きな年祭が聖ヨハネの晩禱の日にとりおこなわれました。それは母国の古い慣例をまねたものと私は思いますが、ローマ教会のおもな祭りをとりしきる男女の世話役を選出するというのは、ブラジルの奇妙ならわしです。彼らは守護聖人の名においてあたえられる寄付金に援助されて、祭りの費用を負担します。たとえば、サンタレンのような大きな町においては、これらの「祭礼の統治者」は「皇帝およびその后妃」とよばれていますが、ここではもっと控えめな「ジュイス」と「ジュイザ」という名前が使われていました。ご想像どおり、ジュイスは財布の重みによって選出され、ジュイザは個人的魅力の量によって選ばれていました。私は前々からこの国の踊りを見たいと思っていました。というのは、ある民族の性格の多くはその固有の踊りのなかに表れるからです。私はジュイス、ジュイザから、祭りに出席して、ドーセ（甘いお菓子）をお召し上がりくださいと親切な招待を受けたのをさいわいに、この機会を生かそうと考えました。

私がブランダンの息子とエスタニスラスという白人らしき若者をともなって家を出たのは、夕方六時過ぎでした。――エスタニスラスはリオの生まれですが、幼少のころ博物学の標本を集める助手を務めるよう政府からここに派遣されてきた者で、一四歳のとき妻をめとり、現在は三六歳で、数年前お祖父さんになっていました。この国における旅行はいずこも同じ、乗物は船で、道は水の上に敷かれていました。祭りの会場までの距離は約四・八キロほどで、われわれは氾濫した森を縫うようにして行きました。しかし川の流れに沿って行けばもっとかかったろうと思います。

祭りがおこなわれている家に着いたときは暗くなっていました。そこは祭りのために借りられたマナキリー川沿いの農園でした。そしてそこの一室が聖ヨハネを祭る臨時の教会に作られました。われわれがその場所に近づいていくと、無数の光が水の上や家への登り坂に輝いていました。そして聖人の像を乗せた一艘の船が、オレンジの外皮を半分にして亀の油を満たしたランプを燃やした光で完全に包まれていました。その船は川のまんなかにつながれており、小さなランプは一つ一つ水のなかに落とされていきました。急な水の流れが母なるアマゾン河に向かってランプをすみやかに運び去り、長い炎の線を描いていました。会場はたくさんの狼煙《のろし》とほとんど銃口まで火薬を詰めたマスケット銃の音や、ガイタス（二つの穴をもった竹製の笛）に合わせて歌われる雑多な粗野な歌声や、激しい太鼓の音といくつかのタンバリンの音で盛り上がっていました。

聖像が岸から上げられて礼拝堂に安置されると、われわれも船から上がりました。私はジュイスとジュイザに紹介されました。そこではもちろん私はたんなる傍観者でしたが、彼らは私を祭壇の下まで導いてくれました。彼らとその随員は半円形に並び、ジュイスが聖像を戴き、そのかたわらにジュイザがリボンで派手に飾った長い杖を持って立ち、残りの人たちも同様に装飾された小さな杖を持って並びました。そこで晩禱が歌われました。それはこの場にふさわしいものであったと私は思います。会衆はこれに唱和しました。礼拝のなかほどで、出入口のちょっと内側にいた一人の歌い手が、外にいた仲間の一人を見て大声で叫びました。「ピーター、なんでそこにおるんや？こっち来ていっしょに歌えや！」（雰囲気を伝えるために正しい英語でなく、《ヨークシャー》訛りで訳します）。これはちょっとした笑いどころではなく、大勢の人々の爆笑を誘いました。

祈禱が終わり、われわれはみなドーセのテーブルに招かれました。白布を敷いたテーブルが長いベランダに広げられました。その上にコップに盛られたポポーのドーセが出され、スプーンとタピオカのビスケットが各自に配られました。白人が最初に手をつけ、そのあとで婦人とあらゆる肌の色合いの紳士たちが食べました。（《真の白人》はたった二人きりしかいません──それは不肖私とヴァスコンセラスという名のポルトガル人入植者です。というのは、ブランダン氏の息子は母方の祖先にインディオがいたからです。──残りの者は白人とタプヤの混血のマメルコで、ムラート、タプヤ、そしてさまざまな肌の色合いのメスティーソでした。）

ドーセのあとにコーヒーとカシャサが出ました。不幸にしてカシャサはあまりにも大量でした。そのあいだに数人の者が家の周囲をたくさんの火で照明する仕事をしていました。少年少女と、数人の若い男女がそれをかいくぐって飛び跳ねていました。火の輪を決められた数だけくぐり抜けた者は、その先一二カ月間は、どんな危険な災難も疫病も、また《魔法》も免れるとされているからです。

牡牛に似せた衣装をつけ、本当の牡牛の頭と角を被った一人の若者は輪のまわりを引き回され、踊らされ、楽器の音や彼を導く人の声に合わせてさまざまな悪ふざけをさせられました。牛を引く人は昔と今の彼の牡牛の手柄を即興で歌っていました。別の二人は高さ約三・七メートルの男と女の「巨人」を演じていました。その色で塗られた厚紙の顔は鼻すじに段のあるローマ鼻をつけ、体と腕は木の枝や葉でできていました。そのなかの人はいずれもタプヤでした。残りの人たちは、二人一組になって火のまわりを回ったり、くぐり抜けたりして踊っていました。見物人たちはこれを見てたいへんおもしろがっておりました。

この遊びにあきてきたころ、ベランダはきれいにされ、一挺のバイオリンと二、三挺のギターが踊りの曲を奏ではじめました。最初の踊りは《英国のコントルダンス》でした。私はこれらに加わるつもりはありませんでしたが、ジュイスがやってきて私をジュイザのところへ連れてゆき、彼女と舞踏会の初番を踊ってくれと要請されました。それは私に敬意を表してのことで、もし私が断れば、ずいぶんいばっていると思われるだろうということがわかりました。そこで私は彼女を連れ出し、まず同席の人たちと対等になるようにコートも靴も脱ぎ捨てました。最初の踊りは成功裏に終了しました。終わったときいっせいにいいぞの声が上がり、「他の民族の風習を軽蔑しない良き白人」への拍手がありました。一度「足をつっこんでしまった」私は一晩中踊るはめとなりました。

場が盛り上がってきた一一時ごろ、踊り手が二手に分かれて、大声を上げながら別々の方向へ走っていくのを見て私は驚きました。彼らのようすから緊急事態が発生したことがわかりました。まもなくその原因があきらかになりました。別の部屋で二人の混血が喧嘩をはじめたのです。数人の者が巻き込まれ、何人かがなぐられ、ナイフが抜かれました。私はブラジル人の「騒ぎ」とはどのようなものであるのか、とどまって見てやりたく思いました。しかし私の連れは、私の腕をつかむやいなや私を船に連れ帰ってしまいました。それはなにか深い事態になって、目撃者としてよび出されることを恐れたからだけではなく、これらの人々は、とくにムラートの場合など、一度血を見ると彼らの持って生まれた残忍性が頭をもたげ、白人が確実にまず最初の犠牲者になるからでした。

予定では真夜中にジュイザができるかぎり多くの人々を引き連れて、彼女の家でドーセをふるまうことになっていて、争っている人たち以外は全員その訪問を楽しみにしておりました。彼女の家までの距離は約一キロ半あり、途中はたくさんの船でにぎやかでした。夜はまっ暗闇でしたが、さいわいにもわれわれは夜じゅうほとんど止むことのなかった雨の合間に行くことができました。

土地の人々の踊り

ジュイザのところでは、われわれはとても穏やかで静かなパーティを楽しみました。私はそこでいくつかの《輪舞》を見て、それにも参加して満足しました。この踊りについて私はたいへん奇妙な思いをしました。これらの踊りはポルトガル由来のものですが、場所が変わると変化しています。もっとも楽しいものの一つはピカパオすなわち啄木鳥《きつつき》とよばれる踊りで、これがどんなものか、おおまかにご説明いたしましょう。男女がまずわが国のダンスでするときのように整列します。そして輪になって数回まわりそして歌います。——

「啄木鳥さんどこへ行くの？」

「啄木鳥さんどこから来たの？」

そこで彼らは突然踊りの輪を解き、各自の場所に行きます。それから啄木鳥の動きをまねてぴょんぴょんと飛びます。——男も女も横向きに飛ぶのですが、反対の方向に行きます。最初は直立のまま、それからしだいにあごがほとんど膝に着きそうになるまで身を沈めていきます。楽器を奏でながら歌う歌い手はそのあいだずっと啄木鳥とその相棒の対話を即興で歌います。それが終わると全員が飛び上がり、男と女が歌いながら近寄ります。——

「あなたが居残るならば、さようなら、私の恋人よ！」

と、歌いながらくりかえし手をたたき指を打ち鳴らします。

これが踊りの《要旨》とでもいうものでしょうか。しかしくりかえすたびに、楽士はなにか新しいものを即興しメロディーを変えます。私は何度大笑いしたかわかりません。とくに跳ねるときです。これらの《輪舞》はすべて芝居がかっていて、多くが楽士の腕しだいです。われわれの楽士はすばらしく、あらゆるものをとにかく滑稽に演ずる工夫をしておりました。

他の踊りはアサイ（彼らのお好みの椰子酒）とよばれるものでした。これは輪（人数は奇数でなくてはなりません）になってしばらく踊ったり歌ったりしたあと、歌のある箇所にきたところで踊りの輪が解かれ、踊り手たちはぐるぐる回って、それぞれがたまたまそばにいた人を腕のなかにかかえこみます。不幸にしてたった一人残された者をのぞいて全員がペアを作ります。一人とり残された者は輪の中心に連れ出されて、さまざまなこらしめと罰を受けます。そのあいだ他の者たちはその周囲を歌いながら踊って回ります。女たちはこの踊りがたいへん好きで、とくに抱き合う瞬間を喜んでいました。私はしばしば彼女たちの抱擁から逃げ出すのに苦労しました。

踊りの合間にわれわれはコーヒーを飲みました。そしてときどきインディオ特有の踊りが披露されました。私はそれに加わろうという気持ちはまったくありませんでしたが、それらは見物人をじゅうぶん楽しませるものでした。それらの一つはジャカミン＝クーニャとよばれるものでした。ジャカミンとは鶴の仲間の鳥でこの川には数種います。すべて体は多少とも暗色で、白色の臀部をもっています。これは鳥たちが臀部をこすり合わせるために白くなったのだと言い伝えられています。クーニャとは婦人です。踊り手は輪になって踊って回り、歌のあるところにきたとき（全員が歌い、男たちはほとんど全員太鼓、タンバリン、そしてガイタなど、なんらかの楽器を持っています）、男たちは彼らの相手に対してうしろ向きになってつづけざまにぶつかります。あまりに好意が大きいと、一方が部屋の片側へ押しやられてしまいます（それは女ばかりでなく男の場合も同じくらいよくあります）！　また別の同じような踊りはタツーすなわちアルマジロとよばれるものです。これらの踊りに合わせて歌われる歌にはインディオのリンゴア・ジェラールすなわち一般語が使われていましたが、いかなるヨーロッパの言語にも品良く翻訳できないような内容でした。

女性の踊り手のなかに二人のとても美しいマメルコの少女がいました。世界のどこに出してても白人としてまかり通ると思われるほど、彼女たちの肌の色はほとんど白色でした。それ以外の女性はまあまあでした。この夜のあいだに私は全員と踊りました。

遊戯

明け方に、私の友人のエスタニスラスと楽士が「針探し」という手品を披露して見せてくれました。私にはそれはとてもうまくできていると思われました。それはつぎのようにおこなわれます。まず針を探す役にまわった人が部屋の外に出されます。そのあいだに、針が会場のだれかのところに隠されます。準備が整うとギターが低い単調な旋律を「奏で」はじめ、針を探す人がふたたび部屋に招き入れられます。彼は部屋の中央まで大股に進み、腕を組み、眼は天井を睨み、夢想にふけっているかのようです。それから高まる楽の音に目覚めて、あたかも自分自身のどこかに隠されている針を発見しようとしているかのように、頭のてっぺんからはじめて自分の体をいとも注意深くなで回しはじめます。会場のだれかの体に針が隠されているまさにそれと同じ場所に来ると、あたかもそれにひどく刺されたかのように自分の指を調べ、口で吸い、とても痛いかのように手を振って見せます。（あたりの雰囲気にはいささかの変化もないようでしたが）私はすぐこの秘密は音楽の《弱音》と《強音》に隠されていることに気づきました。二人の演者は前もってこの方法による一連の合図を申し合わせていたのです。今や針を隠し持っている人間を探し出すことだけが残されています。男は部屋をぐるぐるまわり、なみいる人々を一人一人のぞき込んでは吟味します。音楽はもちろんどこで止まるかを指示します。そこで彼は針を持っている人に歩み寄って、すぐさま手をその人の上において針を抜き取ります。

赤道直下で踊るのがあまり涼しくないことは、あなたにもよくおわかりでしょう。しかし朝五時、あらゆる毛穴から汗を吹き出しながら踊っていた踊り手たちは、いっせいに川に向かって走っていって水に飛び込みました。これはあなたの国の気候のもとでは危険でしょうが、ここではまったくそういうことはありません。ここでは昼の盛りをのぞいて、水の温度は気温より高いのがふつうです。私がトロンベタス川の上流にいたとき、日中雨が降ってきましたが、そこのインディオたちはすっ裸になって、じつに平然と篠つく雨のなかに立っていました。

しかし雨が止むやいなや、彼らは文字どおり温まるために川に飛び込んでいました。このときの気温は二四度で、水温は二九度であったと申し上げれば、あなたも納得なさるでしょう。

夜明けに朝食の支度がはじまりました。――豚と亀が殺され、いろいろな鳥が絞められました。われわれは残って食事をしていくよう熱心に勧められ、仲間の者たちはその招待に応じましたが、私は楽しみのために自分の仕事をないがしろにはできないと決断して、ブランダン氏のシティオの近くの農場に帰っていく女の子たちといっしょに六時にそこを辞しました。

あなたがこの話を、私が実際に体験したほどおもしろくもなんともないと思われるのではないかと考えます。しかし古い英国のそれとはずいぶん異なる作法と習慣をわずかでもあなたにお伝えできたのではないでしょうか。

［英国の植物を研究していたスプルースの友人マシュー・B・スレイター氏あてのつぎの書簡は、壮大なアマゾンの森の植物学的特徴をきわめていきいきと説明している。それはキューの植物学者たちにあてた書簡よりも一般の読者には興味深いであろう。］

マシュー・B・スレイター様

一八五一年一〇月、バーラ・ド・リオ・ネグロにて

マナウス周辺の植生の概観

あなたはときどきは苔や地衣の採集をなさっておいででしょうか？　私は隠花植物の研究をまったく断念せざるをえなくなってきているとは申しませんが、しかしほとんどそんな状態です。苔類はきわめてまれで、種の数も限られていることだけが原因ではありませんが、今私は高等植物群の新奇な種のまっただなかにいるため、いきおいそれらを無視するわけにはいかないのです。それでもなお蘚苔《せんたい》学の研究は、私に正確で忍耐強い解析能力をあたえてくれるきわめて有用な学問です。そして苔類の蒴歯その他を解剖したあとは、顕花植物の解剖はたいてい比較的容易になっていることに気づきます。私は今では卵子と胚子を調べるとき以外、めったに顕微鏡を取り出しません。

あなたが一週間でもここにおいでいただくことができればと思います。――そうすれば英国で一年間勉強するより多くの分野の植物の研究ができるでしょう。これはあなたの研究するヨーロッパの植物相を含む、少数の植物群のみについていっているのではなく、熱帯に特有のすべての植物群についていっているのです。それについてはあなたが利用なさっている植物標本庫や植物園ではぜったいふじゅうぶんです。パックストン氏の

水晶宮を平均気温二七度に保つことができなければ、貴重な月桂樹やカポックなど——これらは南アメリカの森の誉れです——は、英国ではそれらの正常な発育過程はまったく得られないでしょう。

ほとんどすべての植物がここでは高木です。世界最大の川が世界最大の森を抜けて流れています。もし可能ならば《五〇〇万平方キロの森》がそれを縦断する流れ以外には邪魔されずに、とぎれなくつづいているさまを想像してみてください。というのは、ここかしこに散在するサバンナ（ここではカンポとよばれています）はあまりにもとるにたらない存在であるため、英国最大の森で一本の大きなオークの木を切り倒したときにできる空隙は、無限のアマゾンの森のなかにこうしたカンポの一つが作る間隙よりも、大きいのではないかと私は想像するからです。こうお話しすれば、ここではほぼあらゆる分類群の植物の代表種のなかに《高木》があることがおわかりいただけると思います。

ここでは草本（竹のことです）の高さは一二メートル、一八メートルあるいはそれ以上あります。それらはときに直立し、ときに刺の生えた藪となって絡まっております。これは象でも通り抜けることはできません。熊葛《くまつづら》は栃《とちのき》のような掌状の葉をつけた枝を大きく横に広げて木立を形成しています。ヒメハギ属の植物はがっしりした木質の巻きつき植物となって、もっとも高い木のてっぺんまでよじ登り、高木自身のものでない香りの高い花綵でそれらを飾っています。英国のツルニチニチソウ属の代わりに、ここではときには健康に良く、ときには死をもたらすほどの猛毒ともなる乳汁を分泌し、それに対応した性質をもった果実をつけるみごとな樹種があります。林檎の木の大きさほどのスミレ属植物があります。デージー（あるいはデージーらしきもの）は榛《はん》の木《き》のような木の上に生えています。

出現する頻度が高いことでアマゾンの植生を特徴づけている植物群は、おもに英国の植物相にはまったく見られない仲間です。蒲桃《ふともも》類はその種の数がとびぬけて多く、そのうえしゃくにさわるほどどれもよく似ていますから、ヨーロッパの南のふつうの蒲桃を見てきた者はだれしも世界のどこにでも生えている蒲桃だと断言するかもしれません。それらは同時に咲き、短命であることが特徴です。ある日突然に、森中に散在するある種の蒲桃の木がいっせいに、雪のような香りの良い花でおおわれます。翌日には無残な萎れた残り滓しか花はまったく見られません。それゆえ、植物学者はもしその花が突然に開く日に採集を怠れば、彼の「栄冠」のなかにそれらを加えることはできません。

他の仲間で、構造的にはこれにおおむね似ていますが、ヨーロッパの植物相のなかには比較できるようなものがまったくないのはノボタン科です。これは蒲桃と同じくらいたくさんあり、種の数においては蒲桃を上回ります。肋のある対生葉はそれらにほとんどまちがいなくそなわった特徴です。それらのなかには若干のひじょうに美しいものもあります。これらの二つの仲間と、ナス科とクスノキ科は、都市部近郊で見られる植物の大部分を構成しています。

とはいえ、すべての植物群のうちアマゾンでもっとも豊富なのはマメ科です。この仲間の数は、私が採集した顕花植物とシダ類をあわせたものの六分の一を占めています。それらのなかには最高においしい果実をつけるものや、そして（あなたは驚くかもしれませんが）もっとも毒性の高いものなど、原生林でもっとも貴重な木のいくつかがあります。半数以上が蝶形花冠をもっておりません（ネムノキ科とジャケツイバラ科）。それゆえこれは英国の植物学者にはきわめて不思議なことでしょう。若干の核果をもつものさえあります。その点でクリソバラヌス科に近づいています。クリソバラヌス科はここでたいへん個体数の多い仲間で、あなたの住んでおられる島の李と桜桃《さくらんぼ》に似ています（それらの位置を占めているといえればいいのですが）。刺激に敏感な植物はここでは「眠り草」とよばれています。これはあなたは奇妙に思われるかもしれませんが、ここではひじょうに多くて、ほとんど毎日のように私は指や向こう脛をこの仲間のどれかの種の刺に引っかかれています。

●第八章

リオ・ネグロ川遡行、サン・ガブリエルへ

（一八五一年一一月―一八五二年一月）

（編者によって短縮）

「一八五一年一一月一四日――今日（金曜日）、私は六人の舟《か》子《こ》とともに私の船に乗り組み、上ネグロ川をめざしてバーラをあとにした。少しばかり風があったが、これもまもなく止んでしまった。バーラから約二四キロメートル川上の対岸のパリカトゥバでその夜は眠った。ここで私はわが国の展示用温室でよく知られているサルスベリ *Lagerstroemia indica* に近縁の美しい小木の種子を集めた。」

かくして日記は、その日その日のきわめて似たような自然界の描写ではじまっている。彼は立ち寄ったさまざまな場所の土壌の異なる性質について、粘土か砂か岩かとか、また砂岩か花崗岩かと記録している。そして岩の多い場所ではこの季節には砂質の土壌よりも花ははるかに多いこと、そしていたるところで川岸の水際で花を開いた高木や灌木を発見したと述べている。突然の嵐と静けさが交互にやってくること、大河の島々と岸辺のさまざまな表情、長い間隔をおいて通り過ぎるさまざまな小屋や小さな村々、乗り組みのインディオの狩猟や魚取りの成功、追い風を受けての帆走の日々、あるいは日がな一日櫂による船の航行のことなど、すべてが記録されている。また刻々と移り変わる植生の特徴や、彼の経験を積んだ眼が珍しいものであることに気づいたさまざまな高木、灌木、椰子のことが記されている。彼が集めることのできた多くの美しい花には新種だけではなく、ひじょうに独特な構造ゆえに、新属を構成するものもあった。これらはすべてかくも熱狂的な植物学者にたえず知的喜びをもたらした。

とはいえ、一カ月におよぶ旅行中のかかるできごとの日々の記録は単調で、一般の読者には興味あるものではないであろうし、より重要な植物学上の発見については、彼のさまざまな知人にあてて書かれた書簡を参照すればよいことであるから、日記のなかから彼が立ち寄ったいくつかの場所で起こった、より

一般的な興味の対象となる二、三のできごとについて記された部分のみ全部掲載することとする。最初のものは旅のなかごろのもので、ここで日記は一段とおもしろくなってくる。」

岩絵

一八五一年一一月二四日——リオ・ブランコ川の河口の下手に、有名なイリャス・デ・ペドラス（岩の島）とかウアラパナキとよばれる場所がある——これは川のなかほどの花崗岩の島で、この上にたくさんのインディオの岩絵がある。絵の数はひじょうに多く、動物の絵もいくつかある。一つは大勢の人が両手をつないでいるもので、「踊る人」とよばれている。そして一つはあきらかに教会での粗野なふるまいが描かれ、その下にあきらかに同じときに書かれたと思われる《デオス》（神）の文字がある。絵はなにか硬い道具を使って、岩の上に太い線を彫って描かれていた。ときどき絵全体が浮彫りされていた。これらの絵がすべて同じ時代の作品であると考える必要はないように思われる。確かなことは、最近は（おそらくこの一〇〇年間）こうしたものは描かれてこなかったことである。

私は「図形文字とか絵文字」という言葉を使うことには抵抗がある。それは絵が象形文字のようなものであるとの解釈を導いてしまうが、これらの絵はそのようなものではないと私は確信しているからである。

少し先に行った川の右岸に立つほぼ放物体状の三つの大きな隣り合った花崗岩のかたまりの上に、さらにたくさんの絵がある。そこに大きなカイマンすなわちアリゲーター鰐が鹿を捕まえている図が描かれている。

数がもっとも多く変化に富んだ絵は、もう少し先で通過するパラナ＝ミリ（側水道）のいくつかの岩の上に見られるとペスタナはいっていた。それらの岩はトゥカナロカすなわち巨嘴鳥《おおはし》の巣とよばれている。

モウレイラにて

一二月四日——朝八時に、赤土の連丘の断崖の頂上に立っているカブケナ（地図上のモウレイラ）に到着した。私はファリーニャを手に入れるつもりで上陸したけれども、この川筋ではそれはたいへん品不足であることを知った。とはいえ、この川筋ではいちばんの船乗りであるジャコボと名乗る男から、たった一籠ではあったが買うことができた。

彼はオリノコ川を行き来する船乗りで、ションバークがエスメラルダに到着したときちょうどそこに滞在中であった。彼は、ションバークはなんら困難なくオリノコ川の源流を発見したのではないかといっていた。というのは、彼みずからも、その後まもなくエスメラルダより上流のオリノコ川を一カ月かけて遡行する旅に出たからである。そして彼のモンタリアはそれ以上は上れない、ほとんど飛び越えられるほどの川幅のところまで達した。彼はグアライボ族インディオがたいへん友好的であることを知った。グアライボ族は船のひび割れに詰めるのにトゥルリの樹皮をごくふつうに用いていたそうだ。ジャコボはまたリオ・ドス・カウアボリス川とマラウイア川を遡行し（いずれも同じ高い山脈に水源をもっている）、そこでオリノコ川の源流部から来たインディオに遭遇している。彼らは短い陸路をやってきていた。

ジャコボの話ではエスメラルダの上のオリノコ川にはいくつかの急湍《きゅうたん》があるが、規模においてアトゥレスやマイプレスのそれらとは比較にならない。彼はナッテラーがリオ・ネグロ川に来たときのことを覚えていた。ナッテラーはカスタニェイロの前のやや低い山に登ったそうである。

一二月一六日――今日はわれわれの航行の助けとなるような風はまったくなかった。いくつかの小さな急流を過ぎたのち、一連の急流の入口に日没少し前に到着した。そこはあまりにもむずかしそうなので、通り抜けるのは朝まで待ったほうが無難であると判断された。それらはジュルパリ＝ロカ（悪魔の家）とよばれているが、たぶんこの名称はある大きな花崗岩の岩塊に由来するものであろう。それは滝の左側にひじょうにゆるやかな傾斜角で約一二メートルの高さに盛り上がり、たいへんすすけた色合いをしていて、頂上近くには深い空洞がいくつかできていた。

私は日没直後にその頂上に登り、ひじょうにすばらしい景色を満喫した。眼下には轟音を立てて花崗岩のかたまりのあいだを転がり落ちる急流があった。その音はわれわれがそこに到着する一時間前から聞こえていた。五つの大きな森におおわれた島々のすきまから差し込んでくる、沈みつつある太陽の光に紫色に染まった神々しい川が前方に開けた。いっぽうさまざまな形に崩れた花崗岩のかたまりが川のなかのここかしこに突き出ていた。裸のものもあれば、裂け目にわずかな植物が見られるものもあった。水はあらゆるところで旋回し、渦を巻き、沈んだ岩棚の上を勢いよく流れ下っていた。私のすぐ背後には、さまざまな型の群葉からなる濃密な低木の森があった。その上には高い椰子の木の樹冠や、駝鳥の羽毛のような優雅な竹の笹が突き出て変化をあたえていた。そしてあらゆるものがくっきりと浮かび上がり、落日だけが授けることのできる色合いに輝いていた。……

ワナワカにて

一二月一八日――明け方はどんより曇っていたが、しだいに空は澄み渡っていった。ワナワカの集落は川岸の大きなジェニパパ（果樹のゲニパ・マクロフィラ *Genipa macrophylla*）の木のうしろに見えてきた。正午ちょっと過ぎに、人工的に造られたカンポの盛り上がった広場に心地好げに立っているシティオに到着した。あちこちにタピリバ、バカーテ、オレンジ、ライムなどの木があり、そのなかにプシリスの若木が三本あったが、すでにそれらは果実をつける樹齢に達していた。私は農園主のマノエル・ジャシント・ダ・ソウザ（警察署長代理）の大歓迎を受けた。彼は私に一部屋を提供してくれた。私はサン・ガブリエルまで私を連れていってくれる男たちを確保できるまで、旅行中のコレクションをそこに収めた。というのは、いっしょに連れてきた男たちは、みなワナワカとその近所の者たちで、一人を残して全員彼らの畑に帰って働きたいと望んでいたからである。

ワナワカには一月六日まで滞在した。そのあいだに私が旅行中に作ったコレクションを整理し、その多くをパラに送ってもらうために一つの箱に詰めてジャシント氏のところに残した。

遠出

私はまたこの間に二回遠出をした。その一つは川の反対側の湖の縁の増水期になると氾濫するカンポである。今は乾燥していて外見がホタルブクロ属 *Campanula* のラプンクルス種 *C. rapunculus* に似た、リシアントゥス（トルコギキョウ）属 *Lisianthus*（=*Lysianthus*）の明るい青色の花で飾られていた。もう一つの遠出はワナワカと同じ側の盛り上がったカンポで、そこはバーラのウミリサルとたいへんよく似ており、私はその付近のカアポエラ（二次林）でコクラ=アスを集めた。家の近くをちょっと歩いて、私はノボタン科の数種とその他の興味深い植物を採集した。

［ワナワカとサン・ガブリエルのあいだの急湍の危険な遡行に入る前に、私は絵のように美しいここまでの旅のようすを記録した二通の書簡をここで紹介しておきたい。最初のものは当時キュー王立植物園の学芸員であったジョン・スミス氏にあてて書かれたもので、航行の途中の植物学的な景観に関するおなじみの描写と、彼が集めることのできた珍しい植物についての覚書である。二つ目は彼の古くからの友人である隣人のジョン・ティーズデール氏にあてたもので、より一般的な旅のようすをたいへん自由にそして親しい口調で陽気に語っている。この二通の書簡は日記のやや形式的で無味乾燥な記録を補っている。］

キュー王立植物園ジョン・スミス様

一八五一年一二月二八日、リオ・ネグロ川のサン・ガブリエルの滝の下手にあたるワナワカの農園にて

「今までのところなんの障害もなく大地の深奥まで進みました」。滝の冒険に出かける前に（たぶんそこで私は野鴨のようにずぶ濡れになりましょう）、私がここに来る途中で採集した美しいミゾハギ科の木の種子をあなたに送る機会をつくるつもりです。それはバーラの上方約三二キロの砂の岸辺に生長しています。そして私がその花を集めたのは一〇月一日です。その特性はほとんどサルスベリ *Lagerstroemia indica* と同じですが、花はこちらのほうが派手でした。私は七、八メートル以上ある

木をまったく見ておりませんし、すべての木はほとんど地面まで花におおわれておりましたから、あなたは一・二〜一・五メートルの高さでこの花を咲かせることができるにちがいないと思います。それはフィソカリムマ属 *Physocalymma* の一種と思われます。本属は（もしパックストンを信頼するならば）栽培種ではありません。私の標本は植物の美しさをまったく残しておりません。採集した直後私は病気になってしまい、それらははさみ紙にはさんで保存する前にほとんど駄目になってしまいました。

私は一一月一四日にバーラをあとにして、一二月一八日にここに到着しました。航行中ずっと仕事をつづけ、そのためしばしば船を止めたことを考えても、今回は良い旅であったと思っております。私はこの旅のあいだに約三〇〇〇の乾燥標本を作りました。——これはそれ以前の私の旅において作ったものにくらべてもたいへんな数です。そして私は目下その分類と整理に追われています。梱包してここに残しておいてパラに送ってもらうつもりです。

私の船の乗り組みを構成する六人のうち五人まで提供してくれたのは、このシティオの持ち主である、警察隊の副隊長を務めるマノエル・ジャシント・デ・ソウザ氏です。男たちはワナワカより上へは遡行の義務はありませんでしたが、自分たちのロサで二週間働かせてくれることを条件に、サン・ガブリエルまで私に同行することを承知してくれました。男たちを遠方まで連れ出すことは、三カ月を待たなければならなかったことと、そして遡行のおりと同様、下航のためにやらなければならなかったことと、そして遡行のおりと同様、下航のため

ればならなかったこと、そして遡行のおりと同様、下航のための費用と、またバーラで彼らが私を待っていた時間に対しても支払わなければならなかったこと（彼らはまったく予期に反してやってきました）の煩わしさは生半可ではありませんでした。このような条件でも私は彼らを確保しえたことをうれしく思いました。ここではなにかをするために人手を得ることの困難はこのように大きく、ベネズエラではこうしたことから解放されたく思っております。……

航行中の植物の観察

私はリオ・ネグロ川を再度遡行したく考えております。その理由は、その沿岸にあまりにもたくさんのすばらしい植物を未採集のまま残しておかなければならなかったからです。バルセロスを過ぎたあとは、ほとんどの植物が私にははじめてのものでした。そしてその多くのものがちょうど花を咲かせておりましたため、私はもっとも珍しい構造の植物だけに集中せざるをえませんでした。以前このようなことは私には一度もありませんでした。

たとえば銀梅花《ぎんばいか》、月桂樹、インガ、その他の若干のものには眼をつぶらなければなりませんでした。バーラとワナワカのあいだで、私は花を咲かせているパラダイスナットノキ属 *Lecythis* の種を少なくとも一四種数えました。そしてその一つ

をのぞいて、すべて私にとっては新しいものでした！　しかしこれらの標本をまだ四つか五つしか手に入れていません。その理由は、そのようにたくさんの物を保存することがむずかしいということはもとより、部下のインディオたちの仕事を途中で止めると、ふたたび仕事につかせるのがたいへんむずかしいことを知ったからです。そして木を採集するときに無駄に失われる時間を考えれば――というのは、ほしいと思う木はめったに水際にはなく、山刀で道を切り開いてその根元まで行かなければなりません。そしてそれから木に登るか切り倒すかしなければなりません。――私はたいてい食事を作るために船を止めている時間をねらって、なんとかコレクションを作ろうとしているわけですが、ご理解いただけることと思います。

私はマメ科の花を二つあなたのために同封いたします。これは川を遡行中ずっと花を咲かせて川岸の大きな装飾となっていたものです。それはヘテロステモン属 *Heterostemon*（もっとも顕著な属の一つ）です。しかし記載されたものかどうか私にはわかりません。花弁は少しばかり紫の勝ったあざやかな青色です。そして雌蕊は赤色です。実った莢をまだ見ておりません。しかし若干送れるよう努力いたします。しばしばこれは三メートルの高さで花を咲かせますので、栽培種としてはひじょうに適しています。しかしリオ・ネグロ川でもっとも壮観なのはノウゼンカズラ科の木（あきらかに未記載の属）です。これは輪生した葉と、ジギタリスの花と同じくらいの大きさの薄紅色の花を豊富につけ、二七メートルの高さまで生長します！

ただ隠花植物類については、私はリオ・ネグロ川ではこれを求めていつも眼を皿のようにして探していたのですが失望しました。以下が今までのところの隠花植物類に関する総括です。羊歯《しだ》類0、セン類0、タイ類1、地衣類3か4の葉上種！　あなたはリオ・ネグロ川はこうだと期待しておられましたか。私は若干は改善されるものと心から念じております。しかしこれらの仲間のかわりに、水面に出た花崗岩（ついでながら、このために船での航行はたいへん危険です）の上にはカワゴケソウ科があります。しかしこれらはすべて《完全に》枯死し焼け焦げてしまっております。私がサンタレンで観察したように、カワゴケソウ科はすべて水がそこを退いていくちょうどそのとき、すなわち乾季のはじめに花を開きます。私は乾季の終わり近くにリオ・ネグロ川を遡行しました。しかしこれら小さなものどもとはいえ、私が生きているかぎりはけっして私の探索から逃れられないでしょう。それらの果実は一年のうち六カ月あるいはそれ以上、燃えるような太陽にさらされるのですから、それらが郵便のなかに入って英国まで安全な旅をしない理由はありません。そこで私は最大種の一つの蒴果を同封いたします。これは水槽の水面すれすれに現れた石（とくに花崗岩）の上で生長するはずです。けれどもここではけっして《静止した水》のなかでは生長しません。――つねに水がその上を駆け抜ける急流とか急湍で生育しています。

二日前、友人のウォレス氏の悲しい知らせを受け取りました。彼は今サン・ガブリエルの少し上方のウアウペス川河口のサン・ジョアキンにおりますが、悪性の熱病で死にかかっているとだれかに代筆してもらった手紙を私によこしました。ハンモックから起き上がれず、食事さえ自分でとれないほどの衰弱状態にあるようです。私に手紙を届けてきた者の話では、彼はオレンジとカシューのジュース以外数日間まったく栄養分をとっていないそうです。

私がパラに来て以来、リオ・ネグロ川の熱病は、エドワーズの『アマゾン河遡行、あわせてパラの滞在』に登場する、ともにひじょうにすばらしい若者であったブラッドリーとベルヒェンブリンクの二人に不幸な最後をもたらしました。私といっしょの船でリヴァプールからやってきたウォレス氏の弟さんも、去る五月亡くなりました。気の毒なこの若者は英国に帰るつもりでパラに出て、そこで黄熱にかかり数日のうちにあえなく亡くなりました。

リオ・ネグロ川は死の川とよぶべきでしょう。私はこれほど荒廃した地方を見たことはありません。サンタ・イサベルとカスタニェイリョに私が来たときは人っ子一人見当たりませんでした。私が持っている最新の地図上に記されている三つの町は地球上からまったく消えてしまっております。ここにやってくるときはたいへん良い天候に恵まれました。私と仲間の全員が健康でここに到達しえたのはこの好天のおかげでしょう。……

私より一カ月以上も前にバーラからこの川を遡上してきたウォレス氏は、その途中熱病にかかるようなことはありませんでしたが、サン・ジョアキンに足を踏み入れたその日にやられました。

フンボルトの記載したマウリティア・アクレアタ *Mauritia aculeata* はなんと美しく可愛い椰子なのでしょう！　それが《一かたまり》になって生長することは注目に値します。私が座ってこの手紙を書いているここから、川の対岸に生えているたぶん五〇本からの茎の集まりを識別することが可能です。上リオ・ネグロ川の全域にこれは豊富に生育しています。やがてあなたのもとでこれは美しい実を結ぶことでしょう。

ジョン・ティーズデール様

一八五二年六月二四日、リオ・ネグロ川のサン・ガブリエルにて

私がバーラからあなたあての書信を記しましたのは、ちょうどリオ・ネグロ川の遡行の旅に出ようとしているときで、私の小さな船とそれを運航するために必要なインディオたちがすべて整ったところでした。私はあなたに私の日記をそっくりそのまま書き送ろうと思っておりました。それがあなたにとって興味深いものとなるだろうと考えたからです。しかし私はそのご

く一部の抄録をお送りすることで満足しなければなりません。

総じて私のこの旅は、私がアマゾン河をサンタレンから遡行したときのそれとは、完全にちがっていたことを前置きしておきます。そして端的にいって、これは私が南アメリカでもつことのできたはじめての満足するに足る旅でした。船は私自身のものでしたから、私は運航を指揮する船長でした。私は好むところに止まり好むときに出発することができました。また船室は新しく広々としており、なかにハンモックを吊るだけのじゅうぶんな長さがありました。さらにブラジルナットノキの樹皮を厚く重ねた心地好いベッドも自分で作りました（この木については *Bertholletia* の名前でフンボルトが述べていることはご存じでしょう）。壁際に並べた大きな箱はテーブルの役をし、小さい箱は腰掛けに用立てました。天井からは、私が必要とするときはすぐ手にできるように、銃やさまざまのものを吊るしました。

《トルダ・ダ・プロア》という船首側の船室はファリーニャの籠、数ブッシェル〔一ブッシェル＝約三〇リットル、約二斗〕の塩、インディオとの物々交換のために持っていかなくてはならないさまざまな品物で占められておりました。ここは雨降りのとき男たちの眠る場所にもなりました。彼らはそれ以外のときは外で眠るほうが好きでした。私自身については、こうした川の上で夜露に濡れて眠ることの危険を過去に経験した用心から、いつも夜は船室ですごしました。リオ・ネグロ川の上でたくさんのヨーロッパ人が身をもって証明した、致命的な熱病に私がみまわれなかったのは、このおかげだと思います。夕方と夜の早い時間の冷涼な空のもと、とくに月が輝いているときは、私はいつも船外で座ってすごしました。そしてこれによってアマゾン河を旅行する者たちの最大の悩みの種である吸血害虫の攻撃にさらされずにすみました。

黒い水の上を航行するときの最大の利点は、人々の休息を妨げるカラパナーすなわち蚊（スペイン人はサネウドとよんでいます）がまったくいないことです。私はまたフンボルトが『自然の景観』（第一巻二一五頁）のなかで、黒い水に夜空の星が反射する不思議なほど透明な水について述べた言葉をしばしば思い起こしました。私は夜間リオ・ネグロ川の静かな湾に錨を下ろして船を止め、波立たない水を見下ろしたとき、「はるかな下界の空」かと思われるものを、これほどみごとにはっきり見たことはありません。しかし櫂を一かき漕ぐごとに五〇個からの星影が砕け散り、快い幻影がかき消されます。

リオ・ネグロ川には《昼間》は吸血昆虫がいないわけではありません。それはひじょうに微小なピウン（蚋《ぶゆ》）とマルイン（スペイン人は本当の「蚊」をこういいます）で、その螫刺《せきし》にはたいへん悩まされ、かなりの腫れと焦燥をこうむります。これらはサン・ガブリエルのような氾濫する川の花崗岩の岩場のいたるところに、とくに白い水の流れるリオ・ネグロ川のいくつかの支流の河口あたりに発生します。つぎはサンタ・イサベルで書かれた私の一二月一二日の日記の一節です。「昨日と今日はマルインにたいへん悩まされた。私の手、首そして足は彼らの螫刺で血塗られた。書き物をしているあいだ、私の眼と紙のあいだをこの大群が漂い、そのいくつかが私の手と顔の上の血の饗宴に連なっていた」。このように彼らの襲撃にさらされることはけっして些細なことではありませんが、静かな夜の休息がかなり確実に期待できるときはほとんど気になりません。私はオリノコ川のエスメラルダを訪れた多くの人たちと話す機会がありました。みなそこの止むことのない蚊の拷問についてフンボルトが述べていることは真実だと認めています。彼らは日中はどんな仕事も不可能だといっています。

私の船の乗り組みの者はすべて純粋のインディオの血統で、これはたいへんけっこうなことでした。というのは、インディオの血管のなかに白人の血がわずかでも混じっていると、彼らの横柄さと反抗心は一〇倍にも増大するからです。

彼らのうちの四人はバーレ族、一人はウアウペ族、そして一人がマニオア族でした。マニオア族の男は数年バーラにいましたが、生まれ故郷の森を訪れてみようと思い立ちました。彼の母と姉妹はサン・ガブリエルの滝の下のサン・ペドロに定住しています。私は航行中彼がすぐれた銃の使い手であることを知りました。そこで私は猟師として私のところにとどまらないかと誘い、彼も私の申し出を受け入れてくれました。

彼はひじょうに大きな助けとなりました。というのは、私は今、ファリーニャ以外のあらゆる食料は、川と森から調達しなければならない地方にいるからです。そして私のいるサン・ガブリエルは、卵やバナナのようなものまで好意でも金でも得られない、他に例がないほど惨めな場所です。このインディオは狩りの獲物を私の食卓に届けてくれたばかりでなく、私の遠出のおりはモンタリアを漕ぎ、木に登りまた切り倒すなど、私のためにひじょうに役立ってくれました。

彼はきわめて強靭な活動的な男でしたが、ときおり胸部と脊柱が激痛に襲われる持病がありました。パラで船の積荷を下ろす仕事をしていたときの無理な労働がたたったのだそうです。そして私のところにやってきて六カ月目に、私の簡単な薬の投与などではどうにもならない、無視できないほどの熱をともなうひどい発作にみまわれました。彼はハンモックに数日間寝たきりでしたが、まったく良くなる兆しが見られませんでした。それで私は彼を母親のもとで健康を取り戻すまでとどまるよう帰してやりました。数日前、私に伝言をもって滝を上ってきた者によれば、彼はまだ良くなっていないそうで、そのため私はこれ以上彼に働いてもらうことはあきらめました。

私の要求にこれほどよく応えてくれそうな男に再度出くわすことはないだろうと思っておりましたから、私にとってはひじょうな痛手でした。彼はたぶん私が今までに出会った唯一の働き者のインディオであったと思います。そして「主人」の私が彼にしてもらいたい仕事がなくひまなときはいつも不機嫌そうでした。私はもう一人別のインディオにも働いてもらっておりますが、彼の半分も働いてくれません。

　以前なにかをしてもらった男たちにくらべれば、これらのインディオたちははるかに従順ですが、彼らはバーラで私にたいへんな面倒をかけました。そこで彼らは私を一〇日間も待っていてくれました。というのは、彼らはやや唐突にやってきたからで、私は荷物を箱詰めにしたり、英国へ手紙を書くなどたくさんの仕事がありました。「酒」を愛すること――北アメリカの彼らの兄弟同様、これらインディオの生得的なものです――がこのトラブルの原因でした。

　ある老人は早速彼の生活に必要な品物、すなわちハンモック、シャツ、ナイフ、火口箱《ほくちばこ》（自分自身のために唯一ズボン一着だけは残して）を全部処分して、かわりに受けとった品で堂々と酔いつぶれ、二日間にわたって完全に機能麻痺の状態にありました。けれどもこの男からカシャサの臭いが消えたとき、彼は仲間のうちではじつに最上の男であることが証明されました。――彼はいつも上機嫌で、つねに進んで仕事をはじめ、私が希望すればどんな木にもまっ先に花を採りに登ってくれました。他の者たちは酔えるだけのカシャサを買うために雇い主に金をねだり、雇い主はそうするよりしかたがありませんでした。というのは、もしあたえずにいると、彼らは平気で逃げ出すか、あるいはだれか他の人に雇われてしまいます。

　アマゾン河とその支流ではどこでも船はすべてインディオによって運航されていますが、船を操るインディオの数は行き来する船の数に対してじゅうぶんとはいえません。《ネゴシアンテ（商人）》連中は、他人からインディオを盗み出すというたいへん悪い習慣をもっています。彼らは夜間にカシャサを下げて自身で出かけるか密使を送るかして、インディオを酔いつぶしてしまいます。それから丸太のように船に彼らを転がし込んで、そのまますぐ船を出してしまうのです。インディオは酔いが醒めて起き上がったとき、自分が港からはるか遠くにいることに気づき、夢想だにしなかった船旅に乗り出すのです。とはいえ彼らはほとんど気にしません。敵陣に連れ去られることを恐れない馬鹿者同様に、彼に課せられた仕事の量という点ではほとんどちがいはないであろうことを知っているからです。

　私のインディオにこの種の誘惑がないわけではありませんでした。しかし少々警戒して、私は出発のときまで一人残らず全員手元に確保しておくことができました。そしていったんバーラを離れると、彼らはみな私が望むように従順に勤勉に働いてくれました。

　私がバーラを発つとき、食料の確保にはたいへん苦労しました。それはアマゾン河の水が例年のごとく退かなかったためで、ピラルクーがまだ捕れておりませんでした。これはこの地方の船旅には主要な食料と考えられております。代替品としてセニョール・エンリケと私とで若い去勢牛を一匹購入し、私がその半分を取って船旅のために塩蔵しました。私はまた亀をできるだけたくさん買いつけました。そしてアイラオンの近くの小さな川の河口から荷物を積んで出てきた船に遭遇、この船の男からさらに若干買い入れました。

（原注　亀はリオ・ネグロ川では、その下流のいくつかの支流以外ではめったに見られない。ピラルクーは白い水にしか棲まない魚である。）

とはいえ、私は金を使う必要はありませんでした。というのは、男たちはすぐれた漁師で、新鮮な魚が手に入らない日はめったになかったからです。彼らは魚を捕るのに弓と矢以外の武器はめったに使いません。ここで私がなによりも賞賛したのは、彼らの狙いの正確さよりも視力の鋭さでした。彼らは水中深いところの魚を見つけ出し、そしてまったく私が見分けることができないときも、その種がなんであるかを正確にいいあてておりました。彼らがモンタリアに乗って魚のあとを静かにつけ、表面近くに魚が浮かび上がってきたとき、つがえた矢を引き絞って放ち魚を射抜くのを見るのは、たいへん興味深い眺めでありました。この方法で魚を捕ることのできるのはガポ（氾濫する森の浸水林）のなかと、イガラペの河口だけです。これらの男たちの熟練した腕がどれほどのものかは、ある朝半時間で、二人がイガラペで弓と矢で二〇匹の魚を捕り、そしてそのなかの最小のものでも、私が一回の食事では食べきれなかったと申し上げれば納得がいきましょう。

私の猟師はまた私の銃を使って若干のすばらしい獲物を朝夕の食卓にもたらしてくれました。彼はいつも夜明け前に森に入っていって、木のなかでまだ眠っている鳥たちを撃ちまくっておりました。その時刻には、私は水中の魚を見きわめることができなかったように、森のなかの鳥たちをはっきり認めることはできませんでした。

この方法で彼は私どもにいくつかの大きな野鳥、とくにムトゥン（鳳冠鳥）を仕留めてきてくれました。この鳥は七面鳥と同じくらいの大きさです。しかし七面鳥よりは短い羽毛、頸、脚をもっています。じっくり料理するとすばらしい食べ物となります。われわれ全員の夕食に出された一羽のムトゥンの肉は、翌朝私の朝食にじゅうぶん残るほどでした。イナンブという別の鳥はわれわれの岩鷓鴣《いわしゃこ》よりも大きめですがたいへんよく似ています。私にはこれらはあらゆる森の獲物のなかでも最高の味に思われました。その生肉はすばらしく白く良い風味でした。これは旅行中かなりたくさん手にすることができました。同じ鳥はサン・ガブリエルの森にもいます。

獲物は他にもさまざまありますが、おいしいものもあれば、鸚哥《いんこ》や巨嘴鳥《おおはし》のように、他になにもないときにだけ食べるようなものもあります。またクチア（アグーチ）、野豚（ペッカリー）、アンタ（貘《ばく》）などの若干の四足獣も食卓に上りました。そしてさまざまな種類の猿について述べないわけにはまいりませんが、そのうちワイアピサとよばれる黒猿の肉は第一級の食材と考えられています。

われわれの旅が楽しいものであったのは、遡行のほとんど全行程で享受できたすばらしい天候によるところ大でした。バーラを出発したとき、旅行中、突風と土砂降りの雨に出遭いはしないかと心配されたほど季節は進んでおりました。しかしリオ・ネグロでは天気はまったく予測できません。晴れた空を待ち望んでいると雨が降ります。その反対もあります。この好適な状態を最大限に利用するために、サンタ・イサベルの少し下手からはじまる急流地帯に着くまで、おもに夜間船を進めたいという男たちの申し出に私は同意しました。それ以後は夜間船を進めるようなことは、もはやありませんでした。

このようにして日中に風のなかったときは、私のはさみ紙を太陽のもとに広げるのによい場所——砂の浜辺のようなところ、またとくに大きな裸の岩（バルセロスから上流の島でしばしばこうした場所に出くわしました）——に、午前一〇時か一一時ごろから午後三時か四時まで船を止めました。男たちが休息しているあいだ、私は私の植物と紙を乾かし、そして花を求めて付近の森を探索する仕事に精出しました。花の咲いているなにか高い木を見つけたときには、インディオの一人をよんでそれを採りに登ってもらいました。それから彼らは夜一〇時ごろまで櫂を漕いで船を進めました。そして朝の二時か三時にふたたび漕ぎはじめました。バーラからバルセロスの上方かなりの距離までは、われわれは貿易風におおいに助けられました。

私の船はけっして均整のとれた良いできぐあいではありませんでしたが、帆を張るとすばらしくよく進み、もっとも強力なロヴォアード（強風）も乗り切ることができました。

フンボルトがいっている「冒険は命の詩を高揚する」というのは真実かもしれません。しかし私はその言葉を損なう嘆かわしい傾向のあることを証明することができます。……私の旅の場合は、川の流れが平穏で水深があるかぎり私の小さな船も堂々と進み、私の仕事が中断されることもありませんでした。ところが川の流れが岩にさえぎられ、水の流れが猛り狂いはじめると、不安は喜びにとってかわります。そして私は植物の世界で働くかわりに、船と積荷の安全を監視する役にあたらなくてはなりませんでした。かくしてバーラからサンタ・イサベルまでの旅では、お見せするものはたくさんありましたが、お話しするようなことはわずかでした。そしてサンタ・イサベルから上流では危なかった水についてはいくらでもお話しすることはできますが、その沿岸ではわずかな植物しか集めることができませんでした。……

多くの場所で川はとほうもなく広がっています。北岸の大部分についてはそのたしかなことはまったくわかっていません。しばしばそこには島が散在しており、ときとして湖のように広がっております。それらはあまりに広くて、取り巻く高い森がなければ対岸は見えないでしょう。島を散在させた川といえば、きっとあなたはさまざまな楽しい景観を思い浮かべることでしょう。しかし島はまったく高低のない平面にあって、ときれない森におおわれていること、そして多くはハワード城公園ほどの大きさで、いっぽうそれらに挟まれた水道はときとしてテムズ川のロンドン橋のあたりの幅しかないということを聞かれたとき、あなたも景観は旅行者にとってはただ単調なだけだときちんとわかってくださるでしょう。川が狭くなりはじめ、そして眼に見えるような流れが現われはじめると島は小さくなり、そして岩が現われはじめるとしばしば絵のように美しくなります。

月食

［滝を上るためワナワカをあとにして最初の夜を、スプルースは左岸のサン・ジョゼ村ですごした。そこには混血の地区監督官がいた。彼はリオ・ブランコ川経由でギアナのような遠方まで旅行したことがあった。彼の家の戸口のところの木の切り株に、ときどき面倒を起こすマク族インディオとの戦闘に用いる古いラッパ銃が固定してあった。ある夜、ここでつぎのような騒ぎが起きた。——編者］

真夜中、トルダで眼を開けて寝ていた私は、女の長い悲鳴とこれにつづくマスケット銃の銃声に驚いて飛び起きた。すぐに監督官のラッパ銃となにかの火器のすさまじい炸裂音がつづいた。それは荒々しい大声といっしょに数分間つづいた。私はごく自然にマク族の襲撃だと考えた。そして船室の入口近くで横になっていた水先案内人をよんでどう思うかと尋ねた。彼はまったく途方に暮れたようすであったが、叫び声は戦闘中の人々のものではないといった。それでももしかしたらマク族が付近の森に姿を見せて、人々が彼らを脅して追い払おうとしているのかもしれないといった。にわかに彼は空を見上げてぷっと吹き出した。彼が笑いをこらえ、ようやく冷静に話し出すまでしばらく時間がかかった。「旦那、それはお月さまです——月ですよ。出てきてごらんなさい！」。「主よ救いたまえ。これは村じゅうをいっせいに巻き込む新しい形の狂気だ！」と私は思った。そして月の女神に問いただすためにトルダから飛び出した。しかし空は少しばかり雲がかかっている以外晴れているのに、中天にあるはずの月がどこにも見られないのである！　私はただちにわれわれは今皆既月食のなかにいるのだということを理解した。そして約一分後、月は私が最初に彼女に眼を向けたときかかっていた小さな雲のうしろから、そのおぼろな顔を見せた。

私は水先案内人と、また朝になってから村人たちから、彼らは月が完全にいなくなってしまうのではないかと恐れたこと、そして発砲と叫び声は月が戻ってくるよう脅していたのだということを聞いた！　私はまた、もし月が行方をくらますようなそぶりを見せたら、英国でも同じような行動をとるのかと聞かれた。そして英国ではなにもしないというと彼らはたいへん驚いていた。彼らの騒々しい示威行動は最初は威勢よく、そのあとは月食がほとんど終わるまで、長い間をおいてはつづけられていた。[1]

サン・ガブリエルまでの滝をさかのぼる一週間の危険な旅

……一〇時ごろわれわれは大きな急湍の下手のもっとも恐ろしい急流に到着した。そこでは川は長い島によって二つの狭い水道に分断され、これらを横切って連なる崩れた岩塊が急流を引き起こしていた。航行の困難な場所は花崗岩の陸地が流れのなかに突き出ているところで、われわれはそこを通過しようといろいろ手をつくしたが成功しなかった。

すぐ近くにシティオがあったので、そこの主人に手を貸してくれるよう頼んだところ、彼はすぐやってきて助けてくれた。私はひじょうに不慣れであったのに船の舵をとる位置についてしまった。水先案内人と他に二、三人の者が水に飛び込み、船を肩に載せた。甲板の上に残った者が、そこから前方の陸地に固定した綱をたぐり寄せる役にまわった。行く手には水底に沈んだ岩が一つ横たわっていたが、船はそこを突破できるだろうと考えた。ところが船はその上にぶちあたり、すぐさま横倒しになってしまった。船はぐるっと回転して、男の手から綱をもぎとろうとした。男たちは私の荷物の安全などほとんど顧みず、すぐ水のなかに飛び込み、私一人が残された。

私は根気強く舵にかじりついていた。船はふたたびくるっと回転し、反対側に傾いた。船は完全にひっくりかえるものとだれもが思ったが無事だった。再度旋回してうまく岩をかわし、同時に水中で立ち直った。私が船首を滝の方向に向けると船は矢のように突っ走り、一瞬のうちに流れの渦のなかに到達した。そして私はわずかばかりの引き潮を利用して船首を岸に向け、小さな入江に誘導することができた。そこで舟子たちは急いで私といっしょになった。

これらすべてはものの一分のうちに起こったことである。そのあいだ私は恐怖心のようなものはなにも感じなかった。しかしそれが終わったとたん、それまで直面していた危険がわかり、急流で舵を持って二度とこのようなことはすまいと心に誓った。

協議のすえ、私はたぶん助力が得られると思われた川向こうのシティオへ人を行かせることにした。二時間待ってモンタリアが一人の男を乗せて帰ってきた。そこでふたたび急流の突破をこころみた。しかしそれでも、もしそこにさわやかな風が吹いてこなければ失敗していたであろう。そのような状況下ではわずかに一センチずつ進むことができただけで、三〇秒で下れるところを、半時間かけて上った。

一月一〇日――朝八時、パイレーテ氏はクリクリアリ山の景色を見せてあげようと、私を川の向こう岸に連れていってくれた。この山はクリクリアリ川の東側の彼のシティオのまうしろに横たわっており、そこまでは一日の距離であるが道はない。……深い靄がかかっていなければ、そこからは山の景色がはっきりと見えるはずであった。もっとも高い地点は褐色と白色の斑のたいへん急な岩で、南側からはまったく登ることはできない。しかしそれと右手のうしろが平らな森の茂る山のあいだの鞍部をたどれば山頂に達することができるかもしれない。

午後、私は原生林のなかを歩いた。花の咲いている木はわずかであったが、私には新しいたくさんの植物を見ることができた。

一月一一日――わずかに雨の降るどんよりとした朝であった。私の水先案内人とパイレーテ氏のところの男の一人が朝早く猟に出て、一〇時過ぎに二羽の鳳冠鳥を下げて帰ってきた。正午、われわれは船を出した。乗組員はパイレーテ氏のところから借り受けた優秀な船首の漕ぎ手のタプヤと、もう一人トシヤナ族の男を加えて強化され、私は都合七人の漕ぎ手をもつことになった。とはいえ、依然として急流がしばしば行く手に現れてのろのろとしか進めなかった。日没にクリクリアリ川の河口に到着、その夜はそこに停泊した。……

一月一二日――午後五時半に、サン・ガブリエルの急湍のはじまりと思われる、カマナオスの大急流の下に到着した。私はただちに水先案内人を、この滝のガイドであるディオニジオという混血のインディオを捜しに行かせた。しかし彼のシティオは左側の岸をかなり上がったところにあった。(われわれはそこまでたいへんな困難をし危険を冒して川を横断したばかりであった)。私は急流に抗してそこに到達するのに要する時間の計算を誤った。私の使いの者がそこに到着したときはすでに暗くなっていた。そして捜していた男は木の切り株の上に倒れたとき足を怪我して臥せっていた。朝になって水先案内人は代わりにキンティリアーノと名乗るタプヤを連れて帰ってきた。彼はディオニジオにくらべて大分劣っているように私には思われた。

一月一三日――今朝九時ごろ、キンティリアーノが船に姿を現した。そこでわれわれは一〇時に航行を開始した。近くのロサ(畑)で働いていた数人の人々にも一日中助けられた。つまり、私は常時一一人の、ときにそれ以上の人々を使っていたことになる。水が浅いのと船底が深いのとで、たくさんの滝と急流を通り抜けるのにたいへんな苦労をした。そして船はしばしば粗い花崗岩の岩肌をかすった。私は船室の壁際に重たい箱類を固定する注意を怠らなかったが、そうしておいて良かったと思った。でなければ、たびたび船が傾くたびに、箱類がたがいにぶちあたって、かなりの破損は免れえなかったからである。

水先案内人の家の前にもっとも危険な滝の一つと考えられているのがあった。ここに花崗岩の列によって分断された二本の水道があったが、われわれは川の右岸に接したその広い方をさほど困難もなく通過した。しかし雨季には狭い方の水道を通らなければならないし、滝はひじょうに大きいために、荷物は下ろして滝の上まで岩の上を運ばなければならない。

われわれの船の進め方は以下のとおりである。水が恐ろしい勢いで流れていたり、いきなり一メートルも落下しているような花崗岩の岩場は回避する必要がある。そこで太さ一三センチの綱をそれより先のどこかの岩に縛りつけるのに、インディオが水に潜ったり、水に出ている花崗岩を渡ったりしてそこまでそれを運んでいく。これはたいへん骨の折れる危険な作業である。甲板に残した綱の一端をマストにしっかりとくくりつける。そして頑丈なオールを二本トルダを横切るようにして並べしっかりと固定して、男たちが座ってロープを引っ張るとき、足をそこで支えられるようにする。それより短い太さ八センチの綱を船首に結びつけ、二人以上の男が体をそれにしばりつけ、やや岸辺よりに引いていく。彼らの役目は強い水流に船が川のなかほどに引っぱられないようにすることである。船上では場所があるかぎり大勢の男が太さ一三センチの綱をにぎり、水先案内人は岩を回避するのに必要だと思われるだけ船を急流に乗り入れた。そして男たちは全力で綱をたぐりはじめた。

もし水深がじゅうぶんあれば事故もなく通り抜けは可能である。危険なのは、第一に、船首が岩に激しく乗り上げて男たちがロープをしっかりと引いておれなかったときである。しかし私はそうした場合にそなえてつねに男たちに見張らせていたし、水先案内人と二、三人の男たちは何度も水に飛び込んで、船が岩にあたらないように支えていたから、われわれはこの方法によって事故を回避することができた。

第二の危険は綱が切れることで、これが起こる可能性はひじょうに高い。というのは、ピアッサーバの繊維はひじょうにもろいからである。それがピンと張ってバチバチ割れていくので、これがマストに巻きつけられていくときは、だれしも一センチといえどもぜったいに眼を離さない(とくに自分の船の場合は)。この不慮の事故もまたさいわい回避することができた。しかしはるかに大きな危険は、沈んだ岩が行く手に横たわっていることである。この上を船は船首を接触しないように通り過ぎるが船尾がやられてしまう。

今やさえぎるものがなくなった水流は抗えないほどになった。というのは、われわれの針路はつねにそれに向かって多少とも斜めにとっているからである。短いほうのロープを持った男たちは水中で引きずられ、手を放さなければこなごなに砕けるところだった。いっぽう甲板の上の者たちもいろいろやってみたが大惨事は防げない。船は半回転して横倒しになった。男たちはできるかぎりつかまっているが、ついに水に飛び込んで船を手で支えてすべてがひっくり返るのを防ぎ、できることならちゃんと立て直そうとした。これが数回起こった。そして一度は(二回目のことである)船は完全にそしてぜったい回復不可能と思えるほどひっくり返って、私は絶体絶命と観念した。

私の炊事道具はセニョール・エンリケからもらった大きな古い煤けた大鍋であった。ついでながらこれはウェールズ製であった。私はこれに土を半分ほど入れ、その上に大きな石を三個おいて格好のコンロにしていた。それは船尾においてあった。相当重量があったにもかかわらず、事故が起きたとき、それは舵柄を飛び越えて投げ出され、そして水のなかにしぶきを上げて落ちた。さいわいに水先案内人はすでに反対側から船外に飛び込んでいたが、さもなければ彼は粉々になっていたであろう。私は大鍋にはここで別れを告げたつもりでいたが、船が滝を通り過ぎるとき、頼みもしないのにインディオたちがそれを拾い上げてきてくれた。じつは船をこの岩から離礁させるのに一時間もかかった。船が数回倒れて、そのたびに姿勢を立て直さなければならなかったからである。もう船はここに残していかなければならないのではないかと観念した。

こうした状況から水の流れの強さがいくらかなりともわかるだろう。綱で引いて急流をさかのぼる場合、まず綱を持った一人の男がモンタリアで川を上り、行く手の岩にそれを結びつける。モンタリアは激しい水に押し戻されてくるので、その上の男はうっかり本船に近寄りすぎると、モンタリアもろともその下に吸い込まれる。彼は冷静沈着に片方の手で船をつかみ、同時にもういっぽうの手で櫂を持っていた。彼が船を飛び越えた瞬間、モンタリアはすでにその下をくぐって数メートル川下に、底を上にして漂っていた。彼は躊躇なく水に飛び込むとモンタリアまで泳いで、馬乗りになってそれを静かな水の淀みのなかに導いた。そしてひっくり返して櫂で水をかい出し、ふた

第14図　サン・ガブリエルの滝のフォルノの下の岩（R・スプルース画）

たび力をふりしぼって流れをさかのぼった。
私はたいてい帆柱の近くにいて、船とその積荷全般に注意を払い、男たちを励まし、私の出る幕があるときは手を貸すのが仕事であった。

午後五時に雨が降ってきた。そしてそれはその後ほとんど夜通し霧雨となって降りつづいた。われわれは早めに仕事を切り上げたが、男たちはひどく疲れきっていた。前夜のように魚取りをしたりはねまわるかわりに、彼らは明々と火を焚いて早々に自分たちのハンモックに潜り込んでしまった。

一月一四日――今日も昨日のように過ぎていった。われわれはコジュビという高い滝を上った。ここでは重たい荷物は陸路を運ばなければならなかった。雨季にはフォルノとよばれるいくつかの絵のように美しい岩のまわりに、また別の危険な滝が出現する（もっとも高い岩の上に、二つの直立した岩に支えられた平らな石が載っていて、これがマンジョーカの竈《かまど》にどことなく似ていることからフォルノすなわち竈とよばれている）。しかしわれわれは荷を下ろさずに通過することができた。

一月一五日――今朝起きたら、わずかな倦怠感と不快感があった。昨日までの二日間と同じような日をまた迎えなければならないのかと思うといかにも憂鬱であった。時間とともに興奮は消え去り、精神的反動が起こりつつあった。しかしながらサン・ガブリエルの町は眼の前にあり、美しくはっきりと見える太陽が昇ってきた。すると山にかかっていた霧は消え失せ、山は金色にいろどられた。自然の美に敏感な心にとって、かかる風景はたえず心を静め元気づける効果があるものだ。そしてこれはさらに香りの良い一杯のコーヒーの刺激によって助けられた。「リチャードはいつもの彼に戻った」。われわれは出発してまもなく登らなければならない一つのかなり高い滝を目前にしていた。しかしそれからのちは、サン・ガブリエルの町がある丘の麓の最悪の滝に達するまでは、すべて早瀬だけで容易に通過できた。その滝は川の左岸のその下に広がる広い砂浜から「大きな浜の滝」とよばれている。

ふたたびわれわれは重い荷物を担いで陸路を行かなければならなかった。町に入る広い道が滝の下からずっとつづいていた。しかし滝の上から来るときよりもはるかに遠かった。しかし私は司令官に面会するためにここを歩いて登った。雲一つない空から照りつける太陽に熱せられた花崗岩の山を上り下りするのはたいへんな重労働であった。マノエル・ジャシント氏の紹介のおかげで、私はここでは最上級の家を借りることができた。家を確認したあと、滝を引きずり上げている船を見るために川に戻った。守備隊の兵士数人が助けにきてくれて、今や人手が足りないということはなかった。たぶん彼らはアグアルディエンテ酒にありつけるだろうという期待に惹かれてやってきたのだろう。一五人の男が体にロープを縛りつけて働いたが、それでも滝を征服するには一時間半を要した。

私は私の小さな船が運ばれていくのを心配しながら花崗岩の断崖の下に座って監視をつづけた。そして船がついに危険な場所を完全に通り抜けたときは、心の重荷がすうっと消えていくのを感じた。私は船旅のあらゆる危険を無事くぐり抜け、船はもちろん、私にとってなにより貴重な荷物を一つとして失うことなく、私をここまで導かれた神の優しい采配に心のなかで感謝した。

私は命に関しては恐怖心はまったくなかった。急湍を登るときはいつもできるだけ軽い衣服をつけるよう心がけた。それは船から投げ出されて泳がなければならなくなったとき、邪魔にならないためである。しかしこうした事故もさいわいになにも起こらなかった。私は通り過ぎたいずれの場所でも泳ぎきれたろうと思う。私のために働いてくれたウアウペ族インディオはもっとも危険な滝を泳いで下ることもまったく意に介しておらず、むしろそれを楽しんでいるようにさえ見えた。彼らは泳ぐときは足だけを使い、腕を頭と胸より前方の水の下に伸ばし、それによって沈んでいる岩にぶつかるのを回避していた。

船の荷を下ろし、品物を私の新しい住まいにきちんと収容できたときは、すでに四時を回っていた。首長と男たちに支払いをすませ、その帰りを見送ったときにはほとんど暗くなっていた。私は彼らが手鏡をもっともほしがることを知った。一人の若者は二つも受け取っていった。これにつぐものは山刀であった。首長はちょっとしか仕事をしなかったが、私に男たちを提供してくれたから、彼には派手なハンカチーフをあたえた。彼らはみなたいへん満足したようすで、品物を手にうれしそうに帰っていった。彼らはまことに気持ちの良い男たちであった。いつも上機嫌で、主人がなにかをほしがったときはまっ先にそれを取ってきてくれた。

彼らのなかのイグナシオという男が、船旅のあいだにサン・ガブリエルで私といっしょに生活することを申し出てくれた。私は喜んで彼を雇うことにした。彼は背の高い丈夫そうな好男子で、たいへん性格も良さそうに見えた。

一月一六日——午後六時に私の家（教会の向かいにある）の敷居の上の気圧計は三〇・四七〇度を指し、司令官の家の下では三〇・五七〇度で、二六メートルの高度差を示していた。

原注

1　その後、私は、こうした月食のおりに、インディオたちはたくさんの矢を月に向けて放ち、そして朝になって、その矢を使えば狩りの獲物は百発百中の命中率であると信じて、矢を拾い集める習慣があることを知った。

●第九章

サン・ガブリエル周辺の急湍と山岳樹林

（一八五二年一月一五日—八月二〇日）

［本章の最初の部分はベンサム氏あての二通の書簡の抜粋からなる。おもにそこに書かれていることは、この地方の植物学的特徴の記載と、また旅をすることと食糧の確保のむずかしさ、あわせてこのような遠隔な土地で博物学者が働くうえで障害となるさまざまな興味深いことがらである。

残りの部分は日記（一八五二年一月〜八月）からの抜粋で、一般的な問題がとりあつかわれている。これには独立した岩山の一つに登ったおりの、やや冗長な説明が含まれるが、それを完全に収録したのには二つのわけがある。まずこれはアマゾン平野の通常の自然林とはいちじるしく異なる、大花崗岩地帯の奇妙なカアティンガの森（低樹林）の、ひじょうに興味あるそして読みごたえのある解説だからである。そしてこのような山の登攀に要する多大の労力と時間と、また経費と、それにもかかわらず得るところきわめてわずかなものであることが述べられているからである。他の場所でもそうであるように、ここでは新奇な植物や特別興味深い植物のほとんどすべては、山の麓の平らな土地に発見された。いっぽう山頂は森でおおわれてこそいたが、山のなかではほとんどなにも発見されなかった。これはそれ以後、彼がこのような山岳にはまれにしか登らなくなったことの説明となるであろう。そして彼は下アマゾンをあとにするとき、「その山の植物の宝庫をくまなく探して手に入れる」つもりだと話していたにもかかわらず、上オリノコ川の高峰ドゥイダ山には登ろうとさえしなかったのである。

私はまた先住インディオの祭りの詳細な記載も収録した。それは、読者の多くが未開の人々の習俗と民間伝承に興味をもつだろうと考えたからである。］

ジョージ・ベンサム様
一八五二年四月一五日、リオ・ネグロ川サン・ガブリエルにて

自分の船で旅することの利点

私は自分の持ち船で旅をすることの大きな利点を発見しました。私は快適に仕事ができ、そして乾燥した植物標本をきちんと片づけておけるよう自分の船を整備しました。また日中船を止めることができなかったときは、船室の屋根の上ではさみ紙を乾かすことができます。また思うように自由に船を移動することができましたし、インディオたちを機嫌良くしておく必要はありましたが、私の好む場所に好きなときに船を止めることもできました。

インディオは寒い天候のときは曳き船の仕事につくことは好みませんでした。しかし暑い太陽にあぶられて苦しんでいるときは、むしろ錨を下ろして止まっていようとしました。旅の終わりごろには、暑い午後船を進めているとき、彼らは木のなかをじっと見つめるようになりました。そして船室で紙の束にまぎれて忙しく働いている私を、「旦那、きれいな花がありますよ」といってよんでくれました。もちろん私はそれが新しいものであるかどうか見るために飛び出していきます。そしてそれらはしばしば新種でした。

リオ・ネグロ川の植生

パラダイスナットノキ属 *Lecythis* はあまりにも数が多く、私が見たものをすべて集めて保存する時間はありませんでした。私はここでは果実をつけているものを若干手に入れたいと思いました。しかし滝のガポ（氾濫原）ではパラダイスナットノキ属は一本も見られません。

ディプロトロピス・ニティダ *Diplotropis nitida* とその他のマメ科植物には行く先々でたびたび出合いました。……

高さ二四メートルの木本となるディコリニア・スプルケアナ *Dicorynia spruceana* は、バルセロスのちょっと下手から滝口の近くまでたびたび見られ、ひじょうに装飾的でした。滝の近くでは、これに代わって他のジャケツイバラ科の木のアルディナ・ラティフォリア *Aldina latifolia* が現れます。私はこれらの花の咲いているのを集めましたが、熟した果実も手に入れたく思っております。

ここに到着してまもなく、ある夜、私のモンタリアをつないでおいた綱がはずれて、船は滝を越えて流れていってしまいました。私はそれを探しに舟子《かこ》の二人に行ってもらいました。彼らは一晩出かけていましたが、つぎの日モンタリアを引いて帰ってきました。船は一人の正直なインディオが、ほとんど無傷のまま岩のあいだに挟まっているのを発見してくれていたのです。彼らは花の咲いている木の枝を一本持ち帰りました。それ

は小さな葉のディコリニア属 *Dicorynia* であることがわかりました。三、四日後に、私はこれをもっとたくさん手に入れようと滝を下りて行きましたが、花はすでにほとんど散ってしまっていました。そして不思議なことに舟子の男が枝を切り取ってきた木しか見つけられませんでした。

グスタウィア属 *Gustavia* はかなりひんぱんに見られました。しかしこれにはおびただしい数の鱗翅目幼虫が喰い入っていて、ほとんどの花は標本になりませんでした。

ヤマモガシ科がリオ・ネグロ川の岸辺ではきわめて数多く、そこの植物相の顕著な特徴となっている（それは種の数ではなく個体数のことです）ということを聞くと、たいていの人は驚かれるでしょう。私はテラ・フィルメ（浸水しない陸地）で三、四種のヤマモガシ科（アンドリアペタルム属 *Andriapetalum*）を見ています。しかし花の咲いたものや実をつけたものはまだ見ておりません。サンタレンでの一種を含めて、私がこれまで集めたのは全部がガポに生長したものです。すべて幼植物の葉が多型で、羽状、羽状中裂、あるいは不規則に切れ込んでいます。エンドリッヒャーはアンドリアペタルム属について、こうした特徴は認めておりません。

リオ・ネグロ川でもっともすばらしい木はあきらかに未記載のノウゼンカズラ科の一種です。もしこれが新属であるならば、エンリケ・アントニー氏に敬意を表して、私はそれをヘンリケジア属 *Henriquezia* とよぶことをお許しいただきたく思います。氏はイタリアのリボルノ出身ですが、リオ・ネグロ川のバーラに定住してすでに三〇年以上になり、その間に科学者のみならず、その他多くの旅行者にたえずあらゆる援助を惜しみませんでした。それはこれらの川について最近出版されたすべての本をお読みくだされればおわかりいただけると思います。

急湍で駄目になった植物の乾燥標本

ワナワカから上はすべて急流でした。本当にサンタ・イサベルより川上にはそれ以外の部分はほとんどありませんでした。

旅行中つねに急湍《きゅうたん》のなかにいなければならず、ここでの仕事はまったく楽しいものではありません。私は一度つぎからつぎへと現れる滝を全部登り、そしてそこを再度登りました。私は四日間、野外に出ておりましたが、そのうちの二日間はまったく時間の無駄遣いでありました。私は滝の麓にある滝の案内人の家に私の仕事場をおいたのですが、彼らの大きな祭りの一つのはじまりが見られるときに到着しました。まったく私の意にはそぐわないことではありましたが、私はその終わりまで見ざるをえませんでした。二日間の飲酒と二夜の踊りが終わるまでだれ一人働こうとしなかったからです。バーレ語で歌われたマンジョーカの根の発見に関する伝説を聞いたことは興味深いことでした。しかしこれはかかる時間の損失にとってはほんのわずかな慰謝でしかありませんでした。小さな岩の島に囚われの身となっている私のいらだちがいかばかりであったかご想像いただけるかと思います。

泡立つ流れに取り囲まれ、そこで私は未採集の花は一輪も発見できずにおりました。帰りは四人の男といっしょで、先に述べた大きな滝に着くまでは事故もなくすべての滝を通過しました。ここで岩の上を船を引いて上がるとき、船は完全に水に浸かってしまい、紙に挟んで約九〇センチほど積み上げてあった植物の大きな荷物が水を吸ってしまい、二人の男がかろうじて運べたほどでした。新しい標本がいっぱい詰まった二つの大きな胴乱が流れ出しましたが、あとでそれは取り返しました。籠のなかにただ放り込んでおいたわずかな植物だけを失いました。朝六時から午後五時まで水の上にいて私はへとへとになりました。とはいえ、今度は水を吸った荷物を開け、乾いた紙に植物を移す作業がありました。その作業は夜半までかかりました。いくつかのものにはすでに悪い影響が出はじめておりました。葉が付け根で分離しはじめていました。同じものを再度発見することはたぶんないでしょうから、あなたにはこの標本をそのまま受け取っていただかなければなりません。

サン・ガブリエルにおける損害

植生が興味深いという点で、サン・ガブリエルが活動の拠点としてどんなに利点があったとしても、不都合な点はまたあまりにも多く、もし私が南アメリカでの採集をここから開始したとしたら、きっと絶望してやめてしまったことでしょう。

私が住んでいる家はひじょうに古い家です。屋根には鼠、吸血蝙蝠《こうもり》、蠍《さそり》、蜚蠊《ごきぶり》その他の害虫がいっしょになって巣くっています。床は（それはたんなる母なる大地でありますが）葉切蟻《はきりあり》に掘り返されて強固なものではありません。これらとも私はある程度のわずらわしい戦いをしました。一晩のうちに葉切蟻は私が一カ月間は食べられるほどの大量のファリーニャを持ち去ってしまいました。それから私の乾燥した植物標本を見つけ出し、それを噛み切って運びはじめました。私は彼らを焼き殺し、煙で燻し、水攻めにし、そして踏みつぶしました。ようするにあらゆる手段を駆使して対抗しました。だから一寸のあいだは蟻は家のなかには顔を見せないだろうと私は信じています。しかしたえず警戒を怠るわけにはまいりません。

また白蟻はその加害の方法のゆえにさらに油断ができません。彼らはいたるところの柱や梁に沿って覆いのある坑道を作ります。彼らはすでにタオルを喰いつくし、そして樅材《もみ》の荷造り用の箱にも坑道を作りはじめました。しかしさいわいに、そこで彼らは食料となるようなものはなにも見つけることはできませんでした。

とはいえサン・ガブリエルで最大の厄介者は、私が予見していなかったものでした。住民はほぼ全員が守備隊の兵士です。ブラジルの軍隊はどのようにして徴兵されるかご存じでしょうか？　ある人が流刑に値する罪を犯したとき、彼は兵籍に編入

第15図　サン・ガブリエルとクリクリアリ山脈。教会の数メートル東側から川を見下ろした風景（R・スプルース画。1852年7月）

され、国境の駐屯地の一つに送られます。ですから一四人からなるサン・ガブリエルの守備隊のなかになにか重い罪を犯さなかった者は一人もおりません。そして少なくともその半分は人殺しです。私が数日家を留守にするとき、どうして安全策を講じられると思われますか。すでに二回、空き巣に入られました。そして約二ガロンの酒と相当量の糖蜜と酢、そして若干の品物を持っていかれました。

インディオの処遇

私は今二人のインディオ――一人は猟師で一人は漁師――といっしょにこの家に住んでおります。ここでは一個の卵も一本のバナナも買えるようなものはなにもありませんので、少なくとも彼らのうちの一人は私が飢えて死ぬことのないようぜったいに必要です。ファリーニャさえ私はウアウペス川へ取りに行かなければなりませんでした。私がバーラから連れてきた猟師はすぐれた銃の使い手で、私のためにたいていじゅうぶんな獲物を仕留めてきてくれます。彼はまた木に登り、船を漕ぐことで私の役に立っています。その両方の仕事で彼以上の者はおりません。しかし彼はその部族のたいていの者同様、酒にかけてはたいへんな厄介者であります。

私はワナワカからいっしょにやってきたウアウペ族インディオの一人に私の漁師になってくれないかと誘いました。彼は要塞の司令官がバーラへ郵便物を運ぶ仕事に徴発するまでの約二カ月間私のところにおりました。特使の船を漕ぐインディオたちはこうした方法で獲得されています。分遣隊の兵士は夜間にシティオを襲い、男たちを必要なだけ拘束し、そのまま船が出るまで牢獄にぶち込んでおきます。もし抵抗しようものなら鎖につながれます。船の旅は平均五〇日かかります。こうした哀れな者たちはこの間賃金を支払われることもなければ、食料さえあたえられません。しかしインディオは彼らの仲間が食料を持っているときは飢えで死ぬようなことはけっしてありません。ときどき男たちはファリーニャをわけてもらうためにもっとも近くのシティオを訪ねます。とはいえ、かかる仕打ちは政府にとって大きな不名誉です。特使の船が派遣されそうだという噂が伝わると、インディオたちが森のなかに隠れてしまうのも不思議ではありません。

ここ数日間私は別の漁師を雇うことができてさいわいしました。これら二人の男を私の採集行のためにだけ雇っておけることは私にとって価値のあることです。というのは、最低二人の櫂がなくては滝のあいだを進むことは危険だからです。

サン・ガブリエルをめぐる山岳の植生

サン・ガブリエルをめぐる山々は私がここに定着することになった大きな誘因でした。私はサン・ガブリエルの背後に盛り上がっているそのもっとも低い山からまず仕事をはじめました。その麓のまわりの流れで私は若干のシダ類を発見しました。しかし山の上ではなにも得られませんでした。それから川を半日上ったところの、右岸の前面に姿を見せている山への登頂を決行しました。ションバークの作った地図にはそれはワナリマパン山と記されていますが、だれもこの名前ではこの山を知っておりません。インディオ名はウルク＝イニテラ（アナットの丘）です。しかしそれはもっと一般にポルトガル語名のガマ山で知られております。……

私はこの山の最高地点への登攀に成功しました。しかし一週間かかりました。そしてこの山も珍しいものはまったくない不毛の土地であることがわかりました。頂上まで深い森でおおわれ、水は麓付近以外にはわずかしか蓄えられておりません。高さはサン・ガブリエルのところで川から四九〇メートルあります。これらのすべての山々は平地からいきなり盛り上がった巨大な花崗岩のかたまりです。あなたはこうした山に登るとはどういうことかおわかりにならないでしょう。その麓までは教会ほどの大きさの岩塊が散乱しています。すべてが森に包まれ、上方では巻きつき植物が網を張ったように絡み合っています。ガマ山の麓のカアティンガ、すなわち「白い森」で私は興味あるコレクションを作りました。近所にはまた他のカアティンガがあります。土壌は花崗岩の上を白い砂が薄くおおっていて、樹林は低く、巻きつき植物はほとんどなにもありません。木の幹からはシダ類、ハクサンチドリ属 *Orchis* が垂れ下がり、枝にはタイ類がついています。シダ類にはたいへん興味深いもの

第16図　リオ・ネグロ川のサン・ガブリエル村。川上の眺め。左側の高峰を赤道が通過している（R・スプルース画）

があります。ハクサンチドリ属は数は多いのですがたいしたものはありません。タイ類の種類はわずかです。今、花を咲かせている木はほとんどありませんが、それらは全部特有の樹種のように思われます。

クパナとよばれるガラナ

私は今また別の大きなガラナの栽培地帯に入ろうとしております。私はシティオでわずかばかりの木を見ました。しかしそれが栽培されて大量に消費されているのは国境地方です。ベネズエラのバーレ族インディオは莫大な量のガラナを飲用しています。とくに朝の最初の一杯をコーヒーの代わりに、新鮮な実をつぶして砂糖を入れずに飲んでいます。彼らはそれをクパナとよんでいます。……

ジョージ・ベンサム様

一八五二年八月一八日、リオ・ネグロ川サン・ガブリエルにて

サン・ガブリエルにおける餓死寸前の生活

この前お便り申し上げてからのち、私のコレクションにほとんどなにも追加することができませんでした。私の猟師が三カ月ほど前に重い病気に倒れてしまいました。たぶん彼はもう猟師としての能力をまったく発揮することはないだろうと思います。

このインディオの体が不自由になってしまうと同時に、聖霊降臨祭の前夜からはじまり一カ月以上にわたってつづく、サン・ガブリエルの祭りがやってきました。この期間中はだれも狩猟にも魚取りにも出ようとしませんでした。いずれにせよ、釣り竿と釣り糸を使う魚取りは、水位の上昇のためにほとんどできなくなってしまいました。私はこれほど飢え死にしかけたことはかつてありませんでした。私は銃を肩に、朝早く鸚哥《いんこ》や釣巣鳥《つりすどり》を求めてカアポエラ（二次林）に入っていかなければならないはめになりました。雨がひどく降ってくることさえなければ、たいていは夕食を確保することはできました。しかし私は一度インディオの飲み物であるシベ（ファリーニャと水を混ぜたもの）だけで三日間をすごしたことがありますし、ときど

きそれ以外の食物を取らずに数日をすごすこともあります。しかしそれに慣れない人は鼓腸症〔ガスが胃や腸にたまる症状〕になるばかりで飢えを和らげることはできません。

川が増水しはじめると大型の狩猟動物は森の奥深く入っていってしまいます。そこである程度水路を入っていって夜は森のなかですごし、夜が明けると同時に追跡をつづける必要があります。しかしこれには幼少のころから森のなかを縫うように歩きまわり、木のなかや、それらのあいだに潜む獲物を見つけ出すことをおこなってきているインディオの眼が要求されますから、ここで猟をしたところでまず無駄であります。

私の朝の猟はあまりに時間がかかるので、午後にはほんの短い採集行しかできませんでした。また滝も私のモンタリアで三人以下のインディオで越えるには危険になってきました。それにそんなに大勢のインディオはめったに集められませんでした。六月と七月の二カ月間は本当にほとんど花は手に入りませんでした。大きな森には花をつけた木は一本もありませんし、ガポにもめったにありません。ここにはガポはほとんどありません。その結果、バーラの近くで木の頂上付近を漕ぎまわってよく集めた、草本や木生の巻きつき植物は、ここにはまったくありません。ガポの木は今ちょうど花を開きはじめております。そして私はその適期に出かけたく考えております。

私の船はもう長くはもたないだろうという兆しが見えてきました。私はこの種のことはまったくわからなかったため、船の購入については全面的にセニョール・エンリケにまかせていました。ところが売ろうとしていた船の持ち主はエンリケとは私よりはるかに古い友人であることをあとで知りました。私はまんまと一杯喰わされたわけです。私の船もそうですが、ベネズエラで建造される船はおおむね三〜五年以上はもたないと考えられています。私の船はすでに三年を過ぎており、かろうじてもう一年もつかどうかというところです。

私が英国をあとにしてすでに一年になります。今まで新聞もなにも私の手元には届いておりません。文明にはもう最後の別れを告げたかのように思われます。……

吸血蝙蝠

サン・ガブリエルには吸血蝙蝠の被害が恐ろしく蔓延していて、古くて屋根の崩れた私の家には蝙蝠たちがふつう以上に棲み着いている。私が家に入ったとき、乾いた大きな血の染みが床にたくさんついていた。これら夜中の瀉血者のしわざによる前の住人の血である。私の下働きの二人の男は最初の晩に早速これにやられた。一人は一方の足の三本の指ともう片方の足の一本の指の、都合四本の足指の先を嚙まれた。同じことがそれ以後毎晩起こるようになった。加害は足指にとどまらず、脚、手の指の先、鼻、顎、額を嚙む。とくに子供が加害の対象となる。……

不思議なことが私がここにやってきてから隣家の家族に起こ

った。子供たちが夜毎吸血蝙蝠に体のさまざまな部分を噛まれてたいへん苦しめられていた。一匹の猫が日暮れ時に戸口のところにいてきわめて優秀な蝙蝠退治をおこなうことが観察された。ある晩たまたま家のなかに入れっ放しになっていた猫が、蝙蝠が子供のハンモックに飛来するたびに飛びかかった。朝になって子供たちは一度も噛まれていなかった。それ以来猫は常時彼らの夜番となっている。猫はまたあきらかに自分の役目を心得ていた。というのは、子供たちが夜眠るために横になると、猫はきまってハンモックのかたわらに陣取った。あわれな猫よ！　お前を「恩知らず」だとか「不実」だとかいう者たちの善行は、悪い世の中でめったにそのように輝くものではない！　私は若いときから大の猫好きである。するとよく聡明な女性たちが、あなたは死ぬまで独身でしょうという。もし私が一生結婚しなければこの予言は本当になりそうだ。

私の家の近くの花崗岩の岩の上を、しばしば住民たちの羊が夜間通り過ぎていた。そして朝になると吸血蝙蝠に噛まれた血の海がきまってそのあとに残されていた。

この吸血蝙蝠はひじょうに細い耳につながった被膜をもつ小型種である。バーラの私の家にいたカグラコウモリの一種は大きさがほぼ三倍はあって、耳はひじょうに大きく、つながっている被膜もたいへん広かった。

私は夜は靴下を履き、毛布で体をよく包み、そしてしばしばハンカチーフで顔をおおうようにしているので、今のところ蝙蝠に噛まれるようなことはない。しかし彼らは攻撃できそうな場所を探してしばしば私のハンモックにやってきた。最上の防御法は夜中にランプを灯しておくことであるが、しかし不幸にして油はここではたいへん希少な品である。

外科医は今日彼らの無痛の手術法を自慢するが、吸血蝙蝠はそれらすべての上をいっている。一匹の吸血蝙蝠に噛まれて眼を覚ましたという者に私は会ったことはない。しかし幾人かは目を覚ましたとき自分の体に蝙蝠が止まっていたのを見ていといっていた。彼らはこの動物が吸血中は翼で風を送るという話は本当だる。皮膚が丸く喰い取られて傷になる。一度私自身経験したことであるが、しばしばかなり分厚く肉まで切り取られる。それはあたかもナイフできれいに切り取ったかのような形をしている。たまたま細い血管の上に止まりでもしないかぎり、失われる血液の量はたいていごくわずかである。彼らは足指の先端を好み、つぎに手の指の先や鼻の頭を好む。

野外に放し飼いにされている家禽がときどき大きな被害をこうむっている。鶏の頭部を吸血し、あまりにも大量の血を吸うので、ときに三、四カ所も吸血されて死ぬことがある。私の一羽の雌鶏はこのために死んだ。

要塞のなかにはこれらがおびただしい数巣くっている。ある朝六時に私の家を訪ねてきた一人の兵士は蝙蝠にやられた足を私に見せた。足は噛まれた傷と新しい血に一面におおわれ、最初私は彼は刺の生えた椰子の苗床に転げ落ちたのではないかと思った。傷は全部蝙蝠に嚙まれたものであった。一方の足の親指には八つ以上嚙まれた跡があった。足指、踵、足首をもっともひどくやられていた。

私のところのウアウペ族インディオは、手伝いに来るとき前垂れを股間に下げる以外まったくの裸である。私は彼にシャツとズボンを作るようにと布地をあたえた。彼の連れは仕立屋で、ズボンができ上がったとき、私はその着衣式に参列した。あなたは英国でボタンのついた洋服をはじめて着た子供が、不自由さと自己満足の入り交じったようすを見せ、いかにもぎこちなく歩いてみて、それからうしろをずっと遠くまで見ようと首をむなしくねじまげるようすを見たことがあるだろう（まさに七面鳥の雄を思わせる）。このすべての動作が一人のがっしりした無邪気な顔つきの二〇歳の若者に誇張して表れているのを想像すると、イグナシオのこのときの姿を思い描くことができるだろう。私はこのようすをひじょうに楽しんだが、哀れな男の感情を傷つけるのを慮って笑うのは控えた。

サン・ガブリエルでもっともふつうの雑草の一つは、草丈一・二〜一・八メートルの藪になるナス属 *Solanum* のヤマイケンセ種 *S. jamaicense* である。一月の夕刻の薄暮や朝方の日の出時に何千もの黒色の半翅目がこれにつく。それは摂食時には蜂が群がるように植物の上を飛翔する。藪はそのためにほとんどまっ黒になる。日没後のある晩、私が戸口に立っていたら、この虫の一群が近くのその藪の上に止まっていた。私は小さな一パイント瓶を持ってきて、虫をつまんでは投げ込みはじめた。二度虫たちを驚かして瓶にたくさん詰め込んだが、ものの一〇分で葉の中肋以外なにも残っていなかった。それは体長三・二〜三・五センチのひじょうに小さな胸部と、翅鞘より突き出た大ぶりの胴部が特徴である。

ガマ山探検

サン・ガブリエルに到着してまもなく、私は川を上って半日行ったところにある右岸の山の登攀を計画した。その山麓にもっとも近いシティオに、ガマと名乗る七〇歳ぐらいの老人が住んでいた。彼の父がそのシティオの前の所有者であった。ゆえに、この山並みは今では「ガマ山脈」以外の名前では知られていない。……

三月五日の金曜日に、私は採集道具をガマのシティオに移した。私の小さなモンタリアは急湍で岩に衝突して駄目になったため、私は部下の一人をウバを購入するためにサン・ジョアキンまで行かせた。彼の留守中、私はガマ氏の家の周辺を探検してまわった。

森の植生

カアポエラの木はふつうより高いがほっそりしている。……カアポエラに隣接したカアティンガは、花崗岩の上を白砂が薄くおおっていた。地上にはイワヒバ属 *Selaginella* はなく、また木々のあいだに若干の巻きつき植物が生育しているだけで、森は容易に歩いて通り抜けることができた。かたまって生えている植物はジャケツイバラ科の木で（ワナワカのカアティンガでも採集したものである）、これらは高さ一五〜一八メートルを超えることはない。さらにこれより高く太い木がまばらに生えている。それらのすきまには少しばかり弱々しい枝を張ったさらに小さな木々がある（それらはノボタン属二種、その性質からたぶんボロボロノキ科と思われる二種、その他若干）。もっともたくさんあるのはアミリデア属 *Amyridea* の一種で、三〜四・六メートルを超えないほっそりした幹と、まばらに出ている長い不規則で弱々しい枝が特徴である。若干の巻きつき植物はたいてい草本である。

多汁質の茎をもつアカンテア属 *Acanthea* の一種は、支根によってよじ登り、ときに蔓《つる》が小さな木の上によく見られ、めったに九〇〜一二〇センチメートルより高いところまでは登らない。しかしどれよりも多いのはサトイモ科の一種で、そのほっそりして緑色の木質の茎は枝分かれして、輪状の根で支えの木をしっかりとつかんでいる。それはときにもっとも高い木によじ登るが、とくにアミリデア属を好み、しばしば親木を絞め殺して、死んだ木のてっぺんから遠い先端に葉をいっぱい蓄えた枝を送り出している。それはティンボ＝ティティカとよばれる蔓の一つで、綱としてたいへん重宝がられている。しかしこれよりさらに優れた種があって、これはさらに大きな葉とひじょうに丈夫な茎をもつ。この茎はむしろもろい。

カアティンガを越えてその向こうにはカア＝ウアスが横たわっている。ここでは下生えのほとんどはほっそりしたツルマンリョウ属 *Myrsine* である。どれも草丈は三〜五・五メートル、小さな淡紅色の花の円錐花序をぶら下げている。野生の桜桃《さくらんぼ》ほどの大きさの黒く輝く核果がそのあとにできる。同種は山への登り道にもたくさん生えている。ガリペア属 *Galipea* の一種と思われるミカン科もかなりたくさんあって、大きな掌状の葉の冠とそのいただきにクリーム色の花を総状花序につけた、高さ一・八〜九メートルの一本の茎が特徴である。これは魚を捕る魚毒に用いられている植物の一つでティンボの名前で知られている。バーラでエスピリト・サンドの花とよばれる同属の大きな巻きつき植物がまたたくさん見られる。

山麓のカアティンガの木はさらに低く、それらのもっともほっそりした枝はたいていセン類やツボミゴケ科でおおわれている。同じ仲間のものが、その基部にしばしば円錐形の鞘を形成している。セン類のあいだに羊歯《しだ》類（ミミモチシダ属 *Acrostichum* の数種）、パイナップル科、蘭の仲間が座をしめている。最後の蘭はおもに小さな花を咲かせる種である。セン類はまたあるところでは地上に、そして倒木の幹の上にも生長している。

ワナワカのカアティンガは湿度が高く、冬季は川からの氾濫はないが、カアティンガにはあきらかに水がつく。そこでは木の細根は濃密な網状のかたまりとなって地面から飛び出している。インディオはこれをサマンバヤとよんでいる。彼らは同じ名前を羊歯類にも用いている。

三月一〇日、水曜日。私はガマと私の部下の二人の男を山への登り道を切り開いてもらうために送り出した。彼らは夜までかかって仕事を終えて帰ってきた。しかし森を抜ける道を作ることは想像されるほどたいへんな仕事ではない。大事な点は進む方向を見きわめることで、これにかけてはインディオはじつに賢い。道は通りながらただ両側の木の枝を途中で折り曲げ外側へ倒していくだけで、ときどき蔓が道をふさいでいるときはこれを切り払う。ときに水が膝の深さを越えていなければ、流れの砂の川床に沿ってある距離歩くと都合が良い。この場合も両側の枝は同じように折り倒していく。このような道は慣れない眼にはたどるのはたいへんむずかしい。私は一人のときはゆっくりとそして注意深い足取りでそれをたどらざるをえない。しかしインディオはたしかな足どりで英国女王陛下の大通りを行くかのように、まるで両側をフェンスでしっかり守られて迷い出ることなどありえないかのように進んでいった。

探検は翌日おこなうことに決めた。しかし男たちが森のなかの道を探しているあいだに、パラから乾物や生の商品を船に積んで一人の商人がやってきた。彼のサン・ガブリエルの家は焼けてしまって、ガマのシティオに宿を求めてきた。この船の水先案内人はガマの長男であった。例のごとく、長い船旅からの帰着を祝って、大々的に狼煙《のろし》が上げられ、商人の「おごり」で二日間にわたって酒が飲まれ踊りが催された。そして三日目は暴飲暴食の後遺症からの回復に必要であった。

金曜の午後、郵便船がサン・ガブリエルに到着したという知らせを受けたので、私はなにか私あてに来ていないか見るために、ガマ氏と着いたばかりの商人といっしょに出かけた。帰途、われわれはすさまじい竜巻につかまってしまった。それは二分もかけずに、われわれに一本の乾いた糸さえ残さずに去った。雨は男たちの眼のなかまで入り、どうやって船を漕いでいるのかわからないほどであった。雷の轟きは早瀬の轟音とほとんど区別できなかった。夜がやってきた。しかし数秒ごとに稲光があらゆるものを照らし出し、不気味な赤い光でわれわれの顔を浮かび上がらせた。私は頭を両腕にうずめ、両手で膝を抱え込んで船のなかに座っていた。こうした小さな船におけるいつもの姿勢である。そして目的地に到着したときには服はずぶ濡れで、ようやく川岸に立つことができたほどであった。雨は私のズボンのなかを流れ落ちていった。土曜日もまたどんよりして雨がちであった。

三月一四日、日曜日。朝七時に私はガマ氏とインディオ四人とともに山をめざして出発した（私のウアウペ族インディオはこの恐ろしい冒険に加わりたくないために、近くのシティオに雲隠れしてしまった。ところがそこで砂糖黍を砕いている女たちの手伝いをしているとき、守備隊の兵士が現れて、彼と他の二人の男をまもなくバーラへ向けて出発する郵便船を漕がせるために捕まえてしまった)。われわれは三日分のファリーニャと、一日分の焼いた魚、一瓶のラム酒、そして必要となりそうなかなりの量の塩と唐辛子を持参した。武器は三挺のマスケット銃、三振りの山刀、そして四本の反り身のナイフであった。

たくさんの流れを横断し、多くの場所でそれに沿ってかなりの距離を行くためには裸足で歩かなくてはならないと私が知ったのは、出発して少しばかり行ってからであった。われわれは二〇回以上も流れを横断した。遭遇した最後の川は四、五回渡らなければならなかった。それはわれわれが出合った最大のもので、その上流部は幅が四、五メートルあったが、水深はそのときほとんど膝まできていなかった。しかし氾濫時には平均して一二〇センチ以上になる。それはウイワ＝イガラペ(矢の川)とよばれ、リオ・ネグロ川には直接流れ込んではいなくて、クリクリアリ川へ注いでいる。それはクリクリアリ川の上流部分の流れる方向が河口付近とは相当ちがっていることの証拠となる。するとまた、ガマ山脈とクリクリアリ山脈のあいだにははっきりした大きな間隙があるが、前者は後者の延長と考えてもよいだろう。ウイワ川の川底は砂で、水は澄んでいて黒くない。

登攀に適当な山の近くまで来たので、岸辺にテントを張ることにした。その砂のなかや、また砂から立っている岩の上で、私は若干の興味深いシダ類を採集した。

われわれが午後一時に休憩のために到着した場所のすぐそばに、少なくとも高さ三〇メートルに達する、まっすぐな幹のナンヨウアブラギリ属 *Jatropha* (＝*Loureira*) に属するトウダイグサ科の木があった。われわれはこの木に穴を開けて樹液を採り、滞在中私は一日二回これで渇きをじゅうぶん癒すことができた。乳液は以前私が見たものよりは薄かった。インディオのいうには、乳液を出す木はすべて乾季よりも雨季に大量に樹液を出すということである。樹高三〇メートル以上はあるかと思われたひじょうに高いアサイ椰子とパシウバ・バリグーダ椰子が少しあった。

仮小屋

私の部下の三人が、一つはアサイ椰子の葉で、他はパシウバ椰子の葉で屋根を葺いて、二軒の仮小屋を建てる仕事にとりかかった。それぞれの仮小屋にハンモックが吊れるように手ごろな距離にある二本の木が選ばれた。そして屋根を支えるために短い棒が三角形になるように筋交《すじか》いに結ばれた。

小屋ができあがったところに雨が降り出した。遠くでときどき雷がごろごろ鳴っていたが、とうとう降り出して、それは夜半すぎまでつづいた。他の二人の男は猟に出かけていたが、彼らもちょうど雨が降り出す直前にそれぞれ鳳冠鳥を下げて帰ってきた。われわれもここへ来る途中で鳳冠鳥を一羽仕留めたので、食料はじゅうぶんであった。火は二つの小屋のまんなかで焚かれた。その上に鳳冠鳥を焼く台が立てられた。しかしながら雨が降ってくる前に薪をじゅうぶん調達することができなかったため、夜間の半分以上は火の気なしですごさなければならなかった。

状況は完全に悲惨であった。雨のためにあたりは冷えてきて、私は明け方近くまで眠れなかった。なお悪いことに、私は体にかけるものはなにもなかった。私の部下の荷物をできるだけ少なくしようと思って毛布をおいてきたからである。われわれは文字どおりまっ暗闇のなかにいた。日中でさえその場所は、古い教会堂のように「後光のような光がおぼろげに」差し込むばかりであった。そして今や空の厚い薄暗がりからもれてくる月の光も星の光もなかった。夜半近くまで蛙の悲しげなセレナーデが聞こえていた。木の葉をたたく雨の雫の音と、流れのなかにびしゃびしゃと飛び散る雨音が、うってつけの伴奏となっていた。ときどき私は注意深く耳を傾けてはみたが、それ以外の音はまったく聞き分けることができなかった。

……明け方に虎（ジャガー）の咆哮を聞いた。しかしそれははるか遠方からのものであった。夕刻われわれが山から帰ってから二人の猟師が銃を手に森のなかに飛び込み、クチア（アグーチ）の通るけもの道を発見した。そしてこれをつけていくと、彼らは期せずして虎に遭遇した。虎もまたクチアを追跡していたようである。先頭の猟師が銃を虎に向けて発砲したが失敗した。虎は逃げるどころか彼に襲いかかった。彼はマスケット銃の台尻で撃退しようと身構えたとき、連れの猟師がやってきてこれに発砲した。虎はひどく傷ついた。とはいえ全速力で逃亡できないほどではなかったので、猟師たちは二度とこの虎には出合えなかった。

一方の小屋には二つのハンモックを吊るだけの余裕があったが、もう一方の小屋には一つしか吊れなかった。自分たちのハンモックを吊ることができなかった者たちは、小屋の下に椰子の葉を敷いてその上で眠った。しかしつぎの晩は晴れて乾いていたので、彼らはハンモックを戸外の木に吊って、夜じゅう盛んに火を燃やしていた。

セーラ登攀

三月一五日——朝、夜明け前に、三人の猟師が獲物を求めて出かけたまま帰ってこなかったので、ガマ氏と私は朝食をすませたのち、われわれだけで山をめざした。われわれは川沿いに進み、右側の土地が高くなりはじめたところまでやってきた。そこで川を離れて登頂を開始した。

花崗岩の岩塊と綱のように絡まった蔓の許すかぎり、われわれはもっとも高い地点をめざしてたえず登りつづけた。ときに大きく傾いた滑りやすい岩の上を、その上をはう蔓と根の助けを借りて登っていって、ついに二人とも休憩の必要を感じはじめた。腰を下ろして気圧計を出して計ってみたところ、すでに三〇〇メートルは登ってきたことを知った。それゆえ、すでに登り道の半分以上来たことを確信して、私は案内人を励ました。仲間がここで合流したので、われわれは行軍を再開した。まもなく反対側に急激に傾斜した狭い尾根に出た。そしてそれは頂上の峰につづく山の肩にまちがいないと判断した。そこから尾根に沿って楽々と進んだ。というのは、登りはわずかで、地面には巻きつき植物がほとんどなかったからである。

おもな植生はウビン=ラナで、ステッキヤシ属 *Bactris* も若干交じっていた。この尾根までは喬木の森で、やはりこれより上はもっとも高いいただきまで喬木の森であるのに、ここには大きな木が全然ないことから、ガマ氏は言い伝えにもあるように、この尾根には昔人が住んでいたのだろうと考えていた。

まもなく霧を通して峰がすぐ近くにぼんやりと見えてきた。しかしそれはあまりにも唐突に聳え立っているので、乗り越えることができないのではないかと思われた。とはいえ、われわれはたいへんな困難を冒して進み、ついに高さ一二メートルを越える垂直の壁にやってきた。その上には若干の藪と蔓植物がまばらに生えていて、それらに助けられ、われわれは私が思っていたよりもはるかに容易にそれを登ることができた。数分間ゆるやかな登り坂がつづき、また同じような他の壁に突き当たったが、これもまた難なく登ることができた。とはいえ、下りのほうがはるかに困難なのではないかという不安はあった。これ以後登りは急ではあったが、頂上に達するまでこれより険しい傾斜はなかった。

頂上は直径約二〇メートルのわずかにくぼんだ平らな台地で、高い樹木と藪で厚くおおわれていた。たいていの植物は下の平地で見られるものとまったく同じ種であった。たとえば、若干のイナジャー椰子がいくつかあり、その一本は高さが約一二メートルもあった。私は最高地点と思われたところで気圧測定をおこなおうとした。そのとき、強力な雀蜂の集団が私より先にそこを占拠していることに気づいた。私は彼らときちんと距離を保って、気圧計を手に持ち最高点に掲げて立っているしかなかった。

頂上をめざして登るあいだ、われわれは厚い雲のまっただなかにあって、木から落ちてくる雫にすっかり濡れてしまった。頂上でわれわれは脇道をとったけれども、そこから山と川の残る部分の良い眺望を楽しむことができるはずであった。しばらく待っていたら、雲はときおりわずかに吹き流されて下に低い尾根が見えた。それは最高峰をめざしてわれわれがその下を回ってきた最初の山の背であった。それは前に述べた肩によっていちばん高い峰とつながり、一種の圏谷を形作っているようであった。われわれは正午ちょうどに山頂を征服した。

下山のおり、垂直の壁のいただきからの下界の眺めはけっして快いものではなかった。とはいえ、なんの事故もなく下山をなしとげた。私の長い足と腕は蔓から蔓へ渡るとき活躍してくれた。私は道中ずっと胴乱を肩にかけて歩いた。これらの岩には葉の裏が銀色のイワヒバ属の大きなかたまりが房をなして育っていた。岩は一様に花崗岩であった。登りに通った肩からちょうど下りはじめたとき、太陽がどっと出てきて雲はすみやかに消えていった。晴天がつづくことはまちがいなかったが、ただ景色を見るために一五〇メートルもの山を再度登る価値はなかった。

翌日は帰途約二時間にわたってカアティンガのなかですごし、たくさんのシダ類とタイ類の良い標本を集めた。

［山頂と山麓でおこなった気圧計による慎重な観測結果と、サン・ガブリエルでの一カ月にわたる同時刻の観測平均値から、山の高さは四九八メートルであることがわかった。それに別に観測したサン・ガブリエルの海抜を加えて、全標高は約五四九メートルと見積もり、確率誤差一五メートルをあたえた。スプルースはこの計算の根拠をすべて詳細に記している。］

サルサパリラ根を採取する方法

三月二三日――滝からちょっと下手のタボカル（竹藪）のなかにサルサパリラの小さなプランテーションがある。そこへ私は今日プランテーションの持ち主といっしょにその根を掘り出す作業を見に出かけた。

選ばれた植物は根頭から五本の茎を出していた。そしてたくさんの根が三メートルほどあらゆる方向に放射状に伸びていた。根はまず掘り出される。植えられているのがサルサだけの場合はこれは容易であるが、よく他の植物の根と絡み合っているので、往々にしてたいへんな作業となり、ナイフか小さな山刀で切り出していかなくてはならない。根に薄くついている土は手か先の尖った棒でこそげる。長い時間かかってようやく全部の根が掘り起こせたら（今回は半日がかりの仕事であったが、大きな原生木の場合はときにまる一日はかかる）根の基部でばらばらに切り取る。いちばん細いものは二、三本その場所に植物を持続させるために残される。よく生長したものからは最初の収穫で一アローバ［スペイン、ポルトガル、ブラジルの重量単位で、ブラジルでは一五キログラムに相当する］、ときに二アローバも採れる。二、三年するとそれはふたたび切り取られるが、しかし収量ははるかに少なくて、根は細く、インディオのいうには澱粉の量も少ない。

インディオの祭り

四月一七日と一八日に私は、古いカマナオス村のちょっと上方の滝壺に近い島でおこなわれた、バーレ族インディオのダボクリの祭りに居合わせた。家は高台の気持ちの良い場所に建てられていた。そこへの登り道は実をいっぱいつけたコーヒーの木の並木道になっていた。そのあいだに三つか四つのププニャ椰子の群れがあり、ここかしこにコクラの木がぽつんと生えていた。家の前の半円形に踏み固められた平らな砂の広場は、踊る人たちのためにきれいに掃き清められていた。その広場は枝を伸ばしたインガの木に取り巻かれていた。その下の木陰にそれらを背にベンチが作られ、パシウバ椰子の挽き割りの席がすきまのないほど敷かれていた。

前もって大量のカウイン（砂糖黍から蒸留される酒）、イサナ川のインディオがパシウバ椰子の茎で作った長さ約一八〇センチのフラジョレット（六穴の横笛）二本とこれより小さなもの三、四本、ある種のヤルマ属植物の細い枝の節間で作ったたくさんのガイタ（フルート様の笛、髄を取り去ったあとその一端に風を通す穴を開けたもので、奏者はそのなかに息を吹き込む）、カラジュルの葉から採った大量の体に塗る粉、そして大量のイパドゥー（コカ）が用意された。

出し物は早朝フラジョレットとガイタの吹奏によって開始された。人々は九時過ぎまでにつぎつぎと集まってきた。それから男と少年たちが家のなかで踊りをはじめた。彼らは輪になり、それぞれ右手で口の笛を支え、左手をすぐ前の者の肩におき、そしてゆっくりとしたとても単調なガイタの拍子にあわせて円形に動き出した。歩調はたんなる強弱弱——長いステップ一つに短いステップが二つつづく——の連続であった。体を長いステップにあわせて前方に曲げ、短いステップにあわせてふたたびもとの姿勢に戻していた。数分間にわたってこうして踊ったのち、彼らは踊り場に姿を現し、そこで女や少女たちといっしょになった。男たちは今度はそれぞれその左腕を相手の女の首にまわし、女たちは右手で男の腰をかかえ、そして踊りは同じ調子とステップでつづけられた。しかし、しだいに速度を増していって、最後にはほとんど疾走するくらいにまでなった。笛の奏者が完全に息切れしてしまったとき、輪が解かれ、踊り手たちは一声大きく叫んだあと、休息のために椅子に腰かけるか、家のなかに引き揚げた（あきらかに常設のものと思われる椅子と板が、突き出た家の軒下に沿っておかれていた）。一休みすると男たちはまた踊りを再開した。それは午後三時ごろまでつづけられた。

そのとき祭りの指揮者とその随員が到着したという知らせが船着場から届いた。これはすでに家に集まっている人々とほぼ同じ人数であった。客はマンジョーカの塊根の入ったたくさんのアトゥラ（籠）と、他の籠には焼いた魚を、そしてまたベイジューすなわちタピオカで作った菓子を盛ったいくつかの浅い籠、二、三アルケイレ（ブッシェル、約七〇〜一〇〇リットル）のファリーニャを持参した。各自ヤツデグワ *Cecropia peltata* の幹で作ったアンバウバすなわち太鼓を持っていた。男たちの太鼓は長さ約九〇センチ、厚さ約一三センチ、そして穴の直径は約一〇センチであった。少年たちのはこれより小さかった。これらは燃え木で穴を開け、下端はすりこ木で磨りつぶした葉でふさいだものである。長い長方形の穴が管の上方の端に二つ並んで開けられていた。それは親指を一方の穴に、他の指をもう一方の穴に入れて持つようになっていた。下方の端は幅五〜七センチの部分が黒く塗られ、中央近くの三〇センチの空間には制作者が思い思いに描いた風変わりな紋様があった。

いくつかの型式的なあいさつが主催者と祭りの指揮者とのあいだで交わされ、指揮者とその一行は持参したみやげ物とともに家のなかに招き入れられた。しかしながら彼らは小一時間近く姿を現さなかった。そのあいだ、その家に集まった人々は自分たちの体にカラジュル〔チカ〕を塗っていた。腰から上が裸の男たちは体と顔と腕に、女たちは顔と腕に塗っていた。ようやく彼らは現れて一列縦隊になり、太鼓の音にあわせて地面を踏み鳴らしながら丘を登っていった。そして踊り場に到着すると輪になって並んだ。太鼓はなお打ち鳴らされていた。

カウイン〔ラム種〕が瓶や大きな椀に取り出された。それから小さなコップやカライペのコップ〔陶器〕に移された。カライペのコップは同じ材質の短い柄の両端にコップが一つずつついたもので、全体に派手に絵の具が塗られていた。フラジョレットの奏者は今や行進の先頭に立ち、カウインのコップを持った小さな少年たちがそれにつづいた。そして全員が輪になり、ガニメデ〔ギリシャ神話、オリンパス山で神々のために酌をして回った美少年〕たちはみな交替で太鼓の奏者全員に酒をついだ。あらゆる者の捧げた杯に口をつけるのがこうした会合の作法であった。並み居る男女は杯が空になるとふたたびそれを満たした。太鼓の奏者が飲んだあとはカウインは同じような方法で会衆の残りのものにまわされた。

女たちは全員、船着場まで指揮者とその一団の贈り物である品物を取りに行かされた。

魚、ファリーニャ、そしてベイジューが家のなかにおかれた。そしてマンジョーカの塊根が家の前に山と積まれた。女たちはただちにベイジューのカリベ〔タピオカで作った冷たい飲み物〕を作る仕事にとりかかり、その作業に数ガッサバ〔長さの単位、一ガッサバ=三・五メートル〕の場所を占領した、太鼓の奏者はその音にあわせて歌いながらマンジョーカの山のまわりで踊りはじめた。その歩調はスキップのようなもので、最後はギャロップにまで速まっていった。彼らの歌は短い一節に分解されるようで、それぞれ同じ言葉のくりかえしで終わっていた。最初の歌はバーレ語によるマンジョーカ発見の伝説であった。以下は私が訳してもらったその要旨である。

マンジョーカの樹はエデンの園の命の樹のように、森のまんなかにただ一本立っていた。それは今日のカポックのように大きなすばらしい樹であった。しかしそれが致命的な毒性をもっていることをみな知っていて近寄らなかった。ある日ジャプーという鳥が一人のインディオに、根に含まれる有毒な成分をとりのぞいて栄養のある食物に変える方法を教えた。あらゆる人々が不思議な食料を手に入れようとその樹に群がり集まった。そしてとうとう樹はそれ以上根を出さなくなった。すると人々は枝を切り取ることまではじめた。その枝は今日のマンジョーカの植物の茎の大きさであった。それを地中に突き刺すと親木と同じように塊根を生じた。それぞれの挿し枝は他のものとは異なるさまざまな変種を生じた。こうして生まれたすべてのマンジョーカとその変種が今日栽培されているのである。アマゾン河とその支流群の住民がこれを生命の樹とよぶのもうなずかれるであろう。

そのあと彼らが持ってきた供え物を並べ、祭りの主催者にそれらを受け取るように祈る歌がうたわれた。その歌の言葉の一部はだいたいつぎのようなものである。「どうか汝の兄弟が汝に贈るこれら大地と水の産物を受け取られよ。われらは同じものが支払われることを汝に期待してこれらを持ってきたのではなく、昔汝の祖父がわれらが祖父に魚とファリーニャを食べカリベを飲むようにとあたえたからである（バーレ族インディオにとって魚、ファリーニャ、カリベは、英国の農民にとっての牛肉、パン、エールと同じように欠くことのできないものである）。汝の父がわれらが父にあたえたように、汝はわれらにあたえ、そしてこれからも汝の息子はわれらが息子にあたえるであろうから」。

この曲のなかではもっと多くのことが語られたが、私に通訳してくれた者は、ポルトガル語をじゅうぶん話すことができないうえに、カウインを飲んで頭があまりに朦朧としてしまっていて、これ以上説明することができなかった。

歌が終わると、マンジョーカの山はきれいにかたづけられた。そして歌い手たちはカリベで気分をあらたにするために家のなかに引っ込んだ。カリベは大きな椀に入れて手渡された。祭りの指揮者は魚を所望する者に分配したが、ほしがった者はごくわずかで、しかも祭りがつづいた二日二晩のあいだ、カウインとイパドゥー以外一口も食べ物をとらない者もいた。そしてこのあいだじゅう、数時間ごとにイパドゥーが大きな椀に入れられて、壊れた大匙といっしょに手渡されていたことを述べておこう。大匙でそれぞれ二、三杯ずつとっていた。これが通例の一人あたりの割り当てである。イパドゥーを一服とると彼らはおおむね数分間口を閉じて、イパドゥーを頬の奥のすみずみまで注意深く行き渡らせ、その心地好い味わいを吸い込んでいた。私は彼らの膨れた頬としばし沈黙するときの厳粛な顔を見て笑いをこらえるのがたいへんであった。私は一匙分を二、三回服用してみたが、私にはほとんど効果がなかった。多少眠気はとれたけれども、たしかに空腹感を忘れるようなことはなかった。たぶん私の摂取量が少なすぎたのであろう。

イパドゥーは吸い込むのではなくて、唾液といっしょに少しずつ胃に入れていく。ひじょうに大量に飲んだからといって悪い影響はなにもないと私は聞いている。

夜が更けるにつれて、踊り場の隅々で火が焚かれ、これは踊る人々の動きを照らし出すにはじゅうぶんであった。今や太鼓をたたく人と笛を吹く人の二つの輪ができていた。太鼓をたたく人々の輪は一段と騒々しく、彼らの足取りはよりいきいきとしていた。そして太鼓は絶対的に女たちに人気があった。夜半ちょっと過ぎには女たちはみな戸外からはいなくなり、残りの夜はカウインとイパドゥーなしで満足していた。

眼前の光景を描写するために私はどんなにダヴィッド・テニールスの絵筆をほしく思ったことか！　絵のような衣装で身をかためた踊り手たちは、頭を巨嘴鳥《おおはし》の羽のティアラで飾り、体にはカラジュルで異様な縞模様を描いていた。長い太鼓は彼らの足の動きにあわせて鳴りつづいた。人々は体に派手に絵の具を塗り、広場の空間を占領していた。いっぽう老人たちは火のまわりに集まるか椅子に座って、カウインとイパドゥーのことを議論していた。火の輝きと取り巻く森のまっ暗闇と溶け合った黒い影のために、全体がこの世のものとは思えないような印象をあたえていた。いささか悲しみに沈んだ野生の楽の音は雰囲気を盛り上げた。もし真夜中に遠くからこれを聞いたならば、その音がどこから来るのか知らない者にはじゅうぶん恐怖をあたえるものである。

踊りは陽が昇っても終わらなかった。午後、もう一つ夜を徹してあらたにはじめようということになった。しかしカウインの効果がたいへんよく表れていて、ほとんどの踊り手たちはもうそれ以上奮い立たなかった。

第17図　マリア。バーレ族インディオの8歳の少女（R・スプルース画）

上述のバーレ族インディオの中心地となっている場所は現在リオ・ネグロ川のサン・カルロスにある。この部族の人々はカシキアーレ地方全体にあまねく分散していて、オリノコ川のマイプレスのようなところにも住んでいる。彼らはもともと川のはるか下流に住んでいたようであるが、しだいに北方に広がっていって、サン・ガブリエルの滝の下手のカスタニェイロやカマナオスのような南にも住んでいる。老齢のインディオたちは今日にいたるもバーレ族である。ここにあげたマリアと名乗る八歳のバーレ族インディオの少女の絵は、リオ・ネグロ川遡行のおり、カスタニェイロに短期間滞在中に描いたものである。

［日記の原本には、スプルースは遡行時も下航時もカスタニェイロに滞在したという記録はない。たぶん彼は近くのマザルビという場所でこれを描いたのであろう。彼はサン・ガブリエルに向けて遡行の途次ファリーニャを買うためにここに立ち寄っている。］

●第一〇章

ウアウペス川の急湍と未踏の森への探検旅行

（一八五二年八月二一日―一八五三年三月七日）

［本章はきわめて断片的な資料をもとに構成しなければならなかった。残された資料が少ない理由の一つは、《私》がスプルースより以前に二度この川を遡行していたことであるが、また一部には、スプルースはそこで発見したひじょうに豊富で新しく珍しい植物の採集と保存に彼のすべての時間をかけたため、川を遡行中の数日間をのぞいて、規則正しく日記をつけなかったことも原因している。そこで私は彼がそこに滞在中キュー王立植物園の友人の植物学者たちに送った書簡と、また私に書いてよこした一通の書簡をできるかぎり利用しなければならなかった。

彼がさまざまな年齢の男女のウアウペ族インディオを精密な鉛筆画に一〇枚も描いていたことからしても、これは残念なことである。私の友人はけっして芸術家ではなかったけれども、たいへんていねいで正確な絵を描く人であった。これらの人々（そしてまさにそこに描かれている何人かの特定の個人）について私自身が知っていることから判断しても、彼の絵にはこの美しいインディオ民族の容姿と顔立ちが忠実に描かれていることは保証できる。］

パヌレへの船旅の日記

一八五二年八月二一日、土曜日。私はサン・ガブリエルを発ち、ウアウペス川のパヌレ（サン・ジェロニモのこと）に向かった。川の水位は昨年の最高水位線（かなり高かった）より約九〇センチ下までしか上がらなかった。そしてそれは今ふたたび一メートル二〇センチほど下げていた。それでも流れは急であった。

船には九人のインディオ（ウアウペ族が八人と私の部下のタプヤが一人）が乗り組んでいた。しかし、午後一時にサン・ミゲルの急湍《きゅうたん》の下までやってきたとき、そこを突破するにはそれでも人手が足りないことに気づいた。そこで私はウバ（小さな船）に乗って川を渡り、二つのシティオに助けを求めにいかなければならなかった。遠い方のシティオに着いたのは夜であった。結局そこに明け方までいることになったが、その日の作業にさらに七人の男を集めるのに成功した。彼らに助けられながら、たいへんな労働をしてサン・ミゲルを突破した。私はそのなかの四人にウアウペス川の河口のサン・ジョアキンまで私といっしょに行ってくれるよう説得した。この大勢の乗組員の力ですべての急湍を突破するのに五日かかった。われわれはサン・ジョアキンの少し下手で五日目の夜をすごした。サン・ジョアキンには翌朝の夜明け前に到着した。二つの急湍を越えるのに積み荷を下ろして船をすっかり空にしなくてはならなかった。……

　われわれがようやくパヌレに到着したのは九月七日火曜日の真夜中近くであった。船旅は全部で一八日要したことになる。しかしモンタリアでなら七日で来られる。とはいえ、私は最後の一三日間に得たところが大きく、ひじょうに良い植物のコレクションを作ることができた。何度か激しい雷があったが、天気はリオ・ネグロ川にしてはおおむね良好であった。

ブラジル人商人

［日記にはこのあとでスプルースがジャウアリテの急湍へ短い遡行の旅に出る日まで、六週間以上の空白がある。しかしこの新しいひじょうに豊かな土地を調査するのに彼の時間の大部分があてられたために、彼は日課の植物学の仕事以外、他になにをする時間も見出せなかったのである。彼はサン・ジェロニモで運良く三人の白人商人（ブラジル人とポルトガル人）に出会った。彼らはなにくれと援助してくれた。そして彼らの存在が、スプルースのそこでの四カ月の滞在を可能にした。そのことは、これからここに紹介する彼の書簡の抜粋からもわかる。

　彼は私あての書簡のなかでつぎのように語っている（私は彼がサン・ジェロニモに到着する六カ月前にそこを発って、ちょうど英国に帰国したところであった）。――

「サン・ジェロニモは今とても活気づいています。大きな船を建造中の白人が二人います――シャガスとアマンシオです。私は彼らとの交流を楽しんでいます。ですが、彼らが村男たちをほぼ全員木の切り出しなどに駆り出しているために、魚を捕る者は一人もおらず、また土地はちょうど今あまりファルタ（稔り豊か）ではありません。人々は陰鬱な冬だった、『食べるものがなにも見つからなかった』とこぼしております。私がアゴスティーニョ[1]の家の一室に間借りしていることをお知らせしなくてはなりません。本当は彼がバーラから戻ってくる三日前まではこの家は全部私専用だったのですが。私には手伝いのインディオが三人いますが、彼らはごろつきで、私は一人でいたほうが食物に関しては、はるかにましだったのではないかと、つくづく思います。……

サン・ジェロニモ周辺の私の最初の遠出は水路による急湍への旅でした。私は急湍をくまなく回ってカルル（カワゴケソウ類）を探しました。大きな台地は奇妙なことに不毛地帯です。しかしその北に横たわっているカアティンガ（低樹林）と、川の南側のもう一つのカアティンガは、私に多くの新しいものをもたらしてくれました。ひじょうに良い天気が数日間つづいたため、蝶がいたるところにたくさん見られます。

私はここに何日滞在できるかよくわかりませんが、一二カ月、いや一五カ月は滞在する必要があります。しかしそのあいだに、マラビタナスかどこかに、もっとたくさんの梱包を作るための厚板を探しにいかなくてはならないでしょう。私は今アゴスティーニョといっしょに約二週間以内にジャウアリテの急湍まで出かける準備をしています。私はそこに二、三週間以上滞在しようとは思っていません。もしジュリパリ（悪魔の滝）――神が《あなた》[訳注1]をそこから救出されました――に行くならば、ジェズイノに会うのは一月になるでしょう」。

書簡の最後で彼はつぎのようにいっている。「あなたご自身とその標本が英国に無事たどり着いたか、そしてなにより、あなたの英語が上達しているか、そしてもう故国の人にあなたのいうことを理解してもらえるようになっているか、ぜひ聞かせてください。――あなたの忠実な友で、かつてこの荒野をともにさまよった仲間である

リチャード・スプルースより」。

この手紙の最後の一節は、私が帰国の途中にサン・ガブリエルで彼と会ったときのことを述べたものである。われわれは英語で話し合っているとき、どちらもとてもひんぱんにポルトガル語の単語や文章を使い、話の約三分の一をポルトガル語で語らずにはいられないのに気づいた。「しばらく英語を話そうよ」といったときでも、それはひじょうに注意してほんの数分しかつづかなかった。そして話に熱中したり、なにか特別なできごとについて話さなくてはならなくなると、またポルトガル語に戻ってしまったのである！

先に述べた、スプルースがアゴスティーニョとともにジャウアリテの急湍に出かけたときに訪れた他のさまざまな滝について、日記から抜粋しよう。」

滝とウアウペス川遡行の旅

ウアウペス川の最初の滝はサン・ジェロニモ村から一・六キロたらずの川上にあるパヌレの滝である。パヌレは村の古いインディオ名で、最近それに戻されたばかりであった。川はここで二本の細い水路に分かれていて、それぞれに危険な滝が一つずつある。高さはあきらかにそれほどではないが、水路が狭く岩が流れをさえぎっているため、水はごうごうと流れており、ここに落ちるとインディオでさえたいてい命を落とす。

生きてパヌレの滝を下ったことで知られている唯一の人間は

第18図　ウアウペス川のピノ=ピノの急湍の上のインディオの家。ウルブ=コアラ（R・スプルース画）

あるインディオの少年である。彼は水に押し流されていく船のなかにいた。船は水びたしになって転覆し、滝壺で渦に巻き込まれて沈んだ。数回沈んで同じだけまた浮き上がり、ぐるぐる急速に回転して船は最後に浮き上がった。けっして船から手を放さなかった少年はちょっと打撲傷を負っただけであった。奇跡的だったのは、少年も船も岩にぶちあたって木っ端みじんにならなかったことである。というのは、その渦に巻き込まれた大きな木の幹は根から先に沈み、水底に突き刺さってしまうか、ふたたび浮き上がってきてこなごなに砕けるかだからである。

やや勾配の急な上り坂を森に分け入ると、滝のかなり上方でふたたび川に下りていく八〇〇メートルほどの陸路が左岸に現れる。ここからさらに川上に向かって一時間弱漕ぎつづけるとピノ=ピノの急湍にやってくる。そこには島に分断された四つの滝があって、これらは本当の滝である。とくにいちばん右側のは本格的である。そこが通常の通り道となっているのだが、水はその高さ約三、四メートルのほとんど垂直の壁を一気に流れ落ちている。滝のまさに縁の部分は水が浅い。——本当に、岩は夏の盛りには完全に乾き上がるので、船は水に関するかぎりたいした危険を冒さずにそこを引きずり上げ、そしてまた下ろすことができるといわれている。危険なのは、川上から滝に近づいてくるときで、水の流れが激しく渦巻いているうえに、水に沈んだ岩もあるため、そのなかを舵をとって滝のいちばんはじの小さな湾に滑り込んでいくには熟練した腕が要求される。

ピノ＝ピノの滝は下から眺めると絵のように美しい。ここには昔村があった。サン・ジェロニモはその新しい場所である。

少し川上のピノ＝ピノの滝が見える右岸には湾があり、その奥には、この川最強のインディオ——ベルナルドと名乗るタリアナ族——の住まいがある。ウルブ＝コアラ（ヒメコンドルの巣）とよばれる彼の家は、昔はこれらインディオ部族には一般的な住居であったらしい、ひじょうに大きな教会のような建物である。そこには彼の息子と娘の他に大勢の者が彼に養われて住んでいる。

ピノ＝ピノより上で川はふたたび幅を広げ、多くの場所で水の流れがまったくわからないほど失われている。またパヌレより川下で通常見られるものより大きなガポがある。

われわれは二本のイガラペの河口に入り、それがカアティンガへの近道であることを知った。ウアウペス川はどこに行っても森の大部分がカアティンガであるといわれているが、私が上っていけるだけいって観察したかぎりでは、その報告は正しい。

ピノ＝ピノから川を二、三日（船の大きさによる）さかのぼったところでつぎの滝に出合う。それは南から流入するパアプリス川との合流点から川下方向に広がるジャウアリテの滝の一群である。ジャウアリテの滝はパヌレの滝とほぼ同じくらいの距離にわたっているが、突破するのはパヌレの滝ほどむずかしくはない。パアプリス川では河口から三、四時間さかのぼったところまで滝がたてつづけに現われ、最後にアラカパの滝とよばれる川を横切るひじょうにきつい滝が控えている。川はここで二つの島と本土に挟まれた狭い水路を垂直に落下している。高さはおよそ四・五メートルあり、その一つはほとんど垂直に切り立っている。船は島々の一つのあいだを三〇メートルほど引きずっていく。それは低い森のなかのところどころきれいになった岩の上を通る狭い道である。

眺めは本当に美しかった。近くにインディオの小さなシティオがある。また岩の上には私がこれまで見たなかではもっとも鮮明でもっともよく描かれた絵がある。そして私が絵とある伝説との関連を発見したのはこのときだけである。［これについては二七章の終わりに記した。］

タリアナ族インディオの首長カリストロ

パアプリス川の河口から二、三時間行ったところにピラ＝タプヤ族インディオのマロカ（共同家屋）があり、この少し上にトゥカノ族インディオのまた別のマロカがある。水源の近くはカラパナー族インディオの国であり、そこからジャペナ川の支流へ通じる短い陸路が出ている。

ジャウアリテの急湍の下（その真下）には滝と同じ名前の村がある。それはときどきポヴォアカオン・デ・カリストロとも

第19図　カリストロ（ウイアカ）。ウアウペス川のタリアナ族インディオの首長。60歳以上（R・スプルース画）

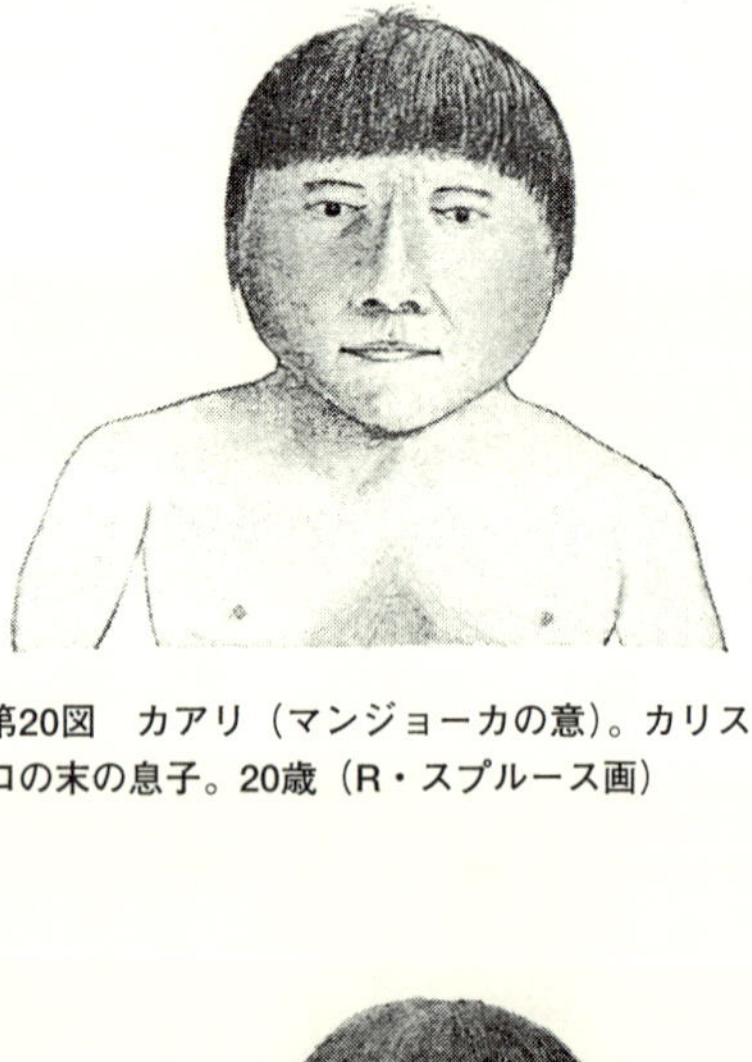

第20図　カアリ（マンジョーカの意）。カリストロの末の息子。20歳（R・スプルース画）

第21図　アナッサド。カリストロの孫娘。６歳（R・スプルース画）

よばれるが、これは全タリアナ族インディオを治める現在の首長の名前である。この村には二〇軒ほどの家が、おもに勾配のきつい土手の崖っ縁に沿って立っている。土手の上のほうは赤っぽい砂で、川に面した下側は岩である。丘の斜面と家々のあいだに群れをなして生えているたくさんのププニャ椰子[2]が村をひじょうに美しく装っている。家々の裏手には首長の大きな家が立っている。それは現在かなり傷んで一部崩れてしまっていて、私はその全長がもともとどのくらいあったのか確かめることができなかった。しかし内部の幅は二三メートルあった。[3]

この家から森に向かってひじょうに広い砂の道が延びている。道幅は家の幅よりも少し広く、ダボクリの踊りに備えていつもきれいに保ち、平らにならしてある。その両側には数本のかなり大きなウミリの木が立っており、あちらこちらに欠かすことのできないカアピ（強力な麻酔剤）の木が絡まっている。カアピもウミリと同じく人の手で植えられたものである。

タリアナ族の首長のカリストロ（あるいはウイアカ）は立派な老人であった。彼はヨーロッパ人に対して失礼にならないかぶり物（文字どおりにも比喩的にも）をつけていた。ブラジル人の商人たちは彼をあまり好きでなかった。しかし私には、それは彼が商人たちにだまされたり侮辱されるままにならないからという以外の理由は思い当たらない。彼は私が彼をスケッチすることを許してくれた（それをここに掲載した）。そしてインディオたちは彼らの首長がそっくりに描けたことをとても喜んでいた。まちがいなく部族の全員がそれを見にきたと思う。

「彼らの首長の例を見て、他の者たちも進んで座ってスケッチに応じた。カリストロの末の息子のカアリ、そしてハンモックに座っているところをスケッチされたカリストロの孫の六歳くらいの少女アナッサドもまた、異なる年齢のインディオの特徴をよくとらえている。他の二人の女性——先に述べたウルブ=コアラの家長であるベルナルドの娘のクマンティアラと、一五歳の少女のパランハアダは、いずれもカリストロと同じ部族の者である——は若い美しいインディオの女の良い例である。しかしスプルースは、若くて美しい者の何人かは恥ずかしがり屋で、白人に自分の姿を模写してもらうのをこわがってさせようとしなかったといっている。

以上はすべてウアウペス川でもっとも広い勢力圏をもつタリアナ族インディオである。しかしまた別の三つの部族——ピラ=タプヤ族（魚インディオ）、トゥカノ族、およびカラパナー族——の者の肖像画もある。

ピラ=タプヤ族では、若者イカントゥルが二五歳くらいで、ツチェノという女が四〇歳くらいである。カラパナー族はクイアウイという名前のたぶん二〇歳未満の若者である。彼は若い

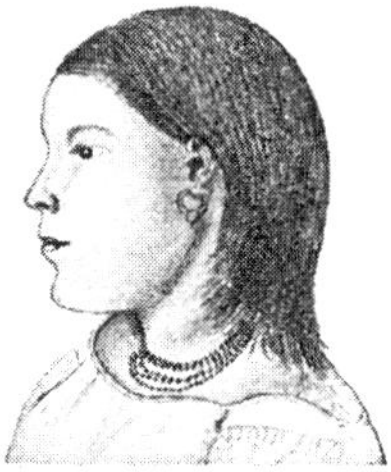

第22図　クマンティアラ（鴨の羽毛の意）。ウルブ=コアラのベルナルドの娘。17歳（R・スプルース画）

第23図　パランハアダ（洗礼名イテルヴィナ）。ジャウアリテの滝のタリアナ族インディオ。15歳（R・スプルース画）

第24図　イカントゥル。ジャウアリテの急湍のピラ=タプヤ族インディオ。25歳（R・スプルース画）

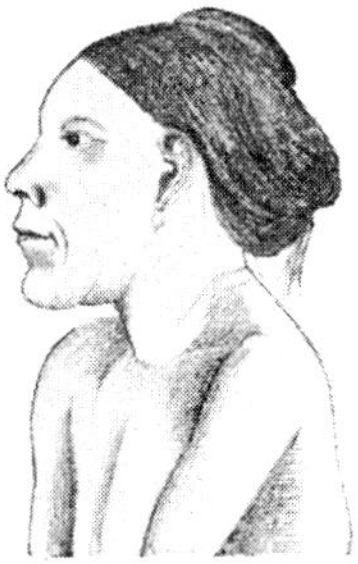

第25図　ツチェノ（洗礼名アンナ）。ピラ=タプヤ族インディオ。40歳（R・スプルース画）

男たちがみなつけている櫛をさしている。トゥカノ族はクマノという名前の老人である。たぶん五〇歳か六〇歳くらいであろう。イエパディア（カアリの妻）もまたトゥカノ族である。これら四つの部族はみな別々の言葉すなわち方言をもっているが、たがいに結婚し合うので、肉体的なちがいはほとんどない。髭がまったくなく、髪を長く伸ばす風習があるため、若い男はまるで女のように見える。しかし若い三人の男女の場合は容姿はきわめて美しく、目がやや斜め以外、容姿の点では彼らと多くのヨーロッパ人とのちがいはほとんどないことに気づくであろう。とはいえ、ウアウペ族インディオは南アメリカの部族のなかではもっとも美しい。

ベンサム氏にあてた書簡からの以下の抜粋は、スプルースはもっと条件が良ければウアウペス川をさらにさかのぼっていくことも、サン・ジェロニモにとどまることもできたであろうに、なぜそれがおこなえなかったかを説明している。」

ジョージ・ベンサム様

一八五三年六月二八日、リオ・ネグロ川のサン・カルロスにて

なぜウアウペス川を遡行することができなかったか

……私はいくつかの理由からウアウペス川を上流まで上っていくのは不可能なことに気づきました。第一に、急湍だらけの川をさかのぼることができるのは小さな船だけだというのに、大量の腊葉標本を作るためのはさみ紙と、金のかわりとなる交易用の商品を、一艘の小船に積んでいくのは不可能だからです。そしてここで、私がパラを発って以来まったく欠いているもの、すなわち船の運行とインディオのとりあつかいに習熟した、信頼のおける仲間の必要性を痛感いたしました。また私の

第26図　クイアウイ（洗礼名サルヴァドル）。カラパナー族インディオ。若い男（R・スプルース画）

第27図　クマノ（夏の意）。トゥカノ族インディオ。50～60歳（R・スプルース画）

第28図　イエパディア。トゥカノ族インディオ。カアリの妻。20歳（R・スプルース画）

たくさんの交易用の商品を安全に預けておける場所がパヌレにはありませんでした。パヌレにはインディオの家しかなく、扉はたいてい藁でできていて、もちろん鍵などありません。

大きな船を作るために夏のあいだだけパヌレにやってくる三人の白人を見つけたのはさいわいでした(そのうち二人は家族連れでした)。彼らがいなければ私はいったいどうしてそこに滞在できたかわかりません。というのは、私の家は私の留守中、いつでも入ってこられるからです。私はいつも白人の一人[私あての手紙に述べられているアゴスティーニョである。——編者]の奥さんに留守を預けていくようにしていました。しかし彼女がいても一度数人のインディオが入ってきそうになったことがありました。彼女が見つけたとき、彼らは裏に穴を開けはじめていたのです。

私は喜んでパヌレで一年間をすごしたことでしょう。というのは、これほど植物の豊かな場所に滞在したことがなかったからです。しかしこのようなわけで、食物の点で不満などまったくありませんでしたが、そこに一人で滞在するのは不可能であることに気づきました。そこでわれわれ白人は全員同じ日にそこをあとにしました。

[その後スプルースが私に送ってきた書簡「一八五三年七月二日付サン・カルロス」の一部を引用し、彼のサン・ジェロニモでの生活を説明して、ほとんど人に知られていないきわめて興味深いウアウペス川訪問の話を終える。]

「私のほかに、そこには三人の白人がおりました。彼らはアゴスティーニョとシャガスとアマンシオで、三人とも大きな船を建造中でした。われわれはふだんみんなでいっしょに食事をし、夜は『談笑して』愉快にすごしました。夜よく地理学会の会合のような辛気くさい懇親会に出かけるあなたは、たぶんわれわれのような夜のすごしかたを軽蔑なさることでしょう。ですがあなたも、坊さんや女の子の話や、海豚《いるか》や大蛇に変身する男の話を、ときどき聞くのはお好きだろうと思います。われわれは全員いっしょにサン・ジェロニモを出発しました。

あなたは『とても役立つ男』でたいへんな無頼漢のシャガス氏をご存知でしょう。スリナムの蟇《がま》の背中にそっくりの顔をした男です。彼は私の遠出のおりなどに、なにくれと助けてくれました。そしてまた私とちょっと取引をするとき、私をだますのに無上の喜びを感じておりました。彼は少年と少女を拉致するためにパアプリス川の上流へまた遠征隊を派遣しました。あなたの友人のベルナルドがその指揮をとりました。私もある種の共犯になってしまいました。ジョアン首長(ベルナルド)に銃を貸したからです。でもなにに使われるのか知らなかったのです。これや、またその他のさまざまな立派なおこないのために、われらが友シャガスは今バーラの牢屋に入っています。彼がどうなるか私にはまだわかりません」。「私もこの男が昔犯し

た罪と脱獄について少し説明した。――編者〕

〔ウアウペス川に関する二つの小論が日記にある。それらは本章の最後を飾るのにふさわしいだろう。〕

死と埋葬の風習

一八五三年。――一月二日にパヌレである老婆が亡くなった。死んだのはお昼ごろで、その場にいた親戚の者がすぐさま悲嘆の声を上げはじめた。彼らは同じ歌を何度もくりかえしながら、ハンモックに横たわった亡骸《なきがら》を何度も指さしていた。歌の要旨はつぎのように理解された。「わが母よ！　なぜ死んだの、わが母よ！」。ときどきそれは彼女を死にいたらしめたと考えられたパジェ（魔法使い）に対する怒りの悲鳴に変わった。というのは、ウアウペス川のすべてのインディオ部族は、死はつねになにかの悪意か魔法によってもたらされるか、あるいはひそかに食物に盛られたなにかの多少とも致命的な毒が原因だと信じているからである。この場合、別の老婆――ひじょうに老齢であった――がパジェであると決められてしまった。そして彼女の親類がこの川でもっとも勢力のある家族でなければ（彼女はウルブ＝コアラのベルナルドの伯母であった）、まず疑いなく彼らに殺されたであろう。

午後、家のなかに墓が掘られ、亡骸はそこに納められた。そのあいだ悲嘆の声はとぎれなくつづいた。そして日没時までに村人全員がその場に集まった。墓のまわりに座れるだけの人が集まって、そのうち何人かは手に木切れを持ち、彼らがいうには、その女の死をもたらしたパジェが彼女の亡骸を運び去らないように、遺体の上の土を強くたたいた。夜になると墓の上に大きな火が焚かれた。それは墓のなかのものが地中深いところで寒さに苦しまないようにとの配慮である。ハンモック、サヤ、籠、火口箱《ほくちばこ》など、死者の所持品がすべて火のなかに投げ込まれた。火は焚きつづけられ、人々は一晩中そのまわりで歌い、泣き声を上げていた。

私は彼らの足の下にある亡骸以外、死者に属する物はなにも残っていないと考えるかと彼らに尋ねてみた。すると死者の魂は今その生まれ故郷（彼女はパアプリス川の生まれであった）にあって、たぶんそこでなにかの動物になって生まれ変わるだろうという答えが返ってきた。

この迷信に関連して、インディオは鹿や貘《ばく》などの大型四足獣を殺すことをひじょうに嫌うということをいわなくてはならない。それは彼らの先祖の魂はこれら動物の体に宿ると信じているからである。「どうして雄鹿を殺せましょうか。鹿は私たちの祖父なのに」と彼らはいう。とはいえ、彼らは魚はためらいなく殺すし、白人が貘を殺して調理すれば、めったに食べないとはいわない。

数日後、大量のカシリとカアピが用意された。そしてまたお悔やみを述べるために、村人と近くのシティオの人々が大勢集まってきた。ときどき八人から一〇人の男の集団がカアピを飲み、槍と弓を持って家から打って出て、パジェがこの場にいたら、そいつを討ち取ってやるのだがといいながら、地面に激しい一撃をくらわしていた。

ウアウペス川の水位の上昇と下降

リオ・ネグロ川やソリモンエス川のように、ウアウペス川は六月二四日ごろに最高水位に達するといわれているが、八月のはじめまでは見てわかるほどの減水には転じない。私が九月七日にサン・ジェロニモに到着したとき、それは徐々に減水しはじめていた。そしてそれは減りつづけ、ときたま土砂降りの雨が降ったとき一〇センチほど水位を上げたにすぎなかった。しかし一一月二〇日にそれはまた増水しはじめ、真夜中には五〇センチ上昇した。その後は一二月五日までひじょうにゆっくりと上昇しつづけた。そして一二月五日にふたたび減水に転じて、結局上昇は全部で約一メートル以上にはならなかった。

ときには下げも上げもしない日もあったが、一二月一九日まで毎日五〜六センチずつ下げつづけた。そして一二月一九日にふたたび増水に転じ、一二三日には以前の水位まで上がっていた。こうしてそれは三一日の深夜まで上昇しつづけ（二八日だけ若干減水した）、それから減水しはじめた。

一月九日、川は八六センチ減水した。

（一一日にわずかに増水したが、一二日にはふたたび減水。）

一月一六日、九九センチ減水。

二月一日、一四二センチ減水。

二月五日、一五二センチ減水。

そしてその真夜中ごろにぐんぐん上昇しはじめ、それは二月一五日までつづき、以前上昇した位置まであと三〇センチたらずのところまできた。それから急速にぐんぐん減水し、二五日には前の減水時よりさらに三〇センチも下げた。《これはこの季節に川が下げた最下点である。》しかしそれは前年度の下げ潮にはとてもおよばなかったので、インディオは夏は正しくヴァサンチ（下げ潮）といえるものがないまま過ぎてしまったといっていた。別の年には川はあまりにも干上がって、サン・ジェロニモの前の川幅全体に散らばった岩がみな水面から現れてしまったといわれている。今年はたくさんの岩が半分ほど水面から現れて、対岸のプラヤ（砂浜）はかなり現れた。高い水の位置にもやはり相当な変化があるようである。そして私は通常の最高水位をつきとめることができなかった。私が見せてもらったある線は、前に記した最高水位より約三メートル高かった。たぶん川はこの前の氾濫のときここまで上昇したのであろう。そのときの下げ幅は全部で四・七メートルしかなかった。

通常、七月に川が減水しはじめたあと、一度だけ少し氾濫する。人々はそれをボイア＝アッスーとよび、一一月か一二月にやってくると考えている。しかしこの季節には先に述べたよう

に三回に分けての増水があった。すなわち、
一一月二〇日から一二月五日。
一二月一九日から一二月三一日。
二月五日から二月一五日。
である。だからこのどれがボイア＝アッスーにあたるのか、だれにもわからなかった。……

［ウアウペス川の岸で観察された植生の特徴を記した日記と、ベンサム氏とフッカー卿にあてた書簡からの以下の抜粋は植物学者には興味深いものであろう。］

ジョージ・ベンサム様

一八五三年六月二五日、ベネズエラのサン・カルロスにて

植物学的知見

コレクションのなかに、それもとくにホンゴウソウ科、ヒナノシャクジョウ科、リンドウ科のなかに、ひじょうに多くの興味深いものを発見なさるでしょう。

ホンゴウソウ科にはご満足いただけると思います。これはときに高さ一二〇センチメートルを越えます！　ホンゴウソウ科と無花果《いちじく》に類縁関係を見た人がいるかどうかは知りませんが、私にはそれが顕著であるように思えます。ですが、なぜ私がそう考えるのかその理由をご説明している時間がありません。私はウアウペス川で少なくとも五種を入手しました。

ヒナノシャクジョウ科はもっとたくさんあります。しかし一つ一つが（ホンゴウソウ科のように）森じゅうに散らばってまばらに生えているため、そのいくつかは一度に二、三の標本しか手に入りません。わずかに二種だけがふつうにあるということができます。それらはひじょうに小さな植物ですが、生えていればその色と花被の切れ込みによって簡単に眼につきます。そして調べてみると、葯と柱頭の構造に、とくに柱頭の尻尾のような付属物（これがない種もあります）にじゅうぶんな特徴が発見されます。花を一つつけるウォイリア属 *Voyria* の種はほとんどかぎりなくあるようです。しかしそのいくつかはきわめてまれにしかありません。

私は釣り針とびやぼん［歯でくわえて人差し指ではじく金属性の小型楽器］とビーズで、インディオの子供の一団をこれらの植物探しに駆り集めることができました。彼らはおおいに役立ちました。とくに私が彼らといっしょに森に出かけて、ほしいものを指し示すことができるときにはです。子供たちはまたパヌレの近くにかなり多い真菌の採集にもよく働いてくれました。本当にとてもたくさんの種が手に入ったので、配付するだけの価値があるように思われます。そこで私は花といっしょに真菌を二包み同封いたします。二、三の大きな種は別に包みま

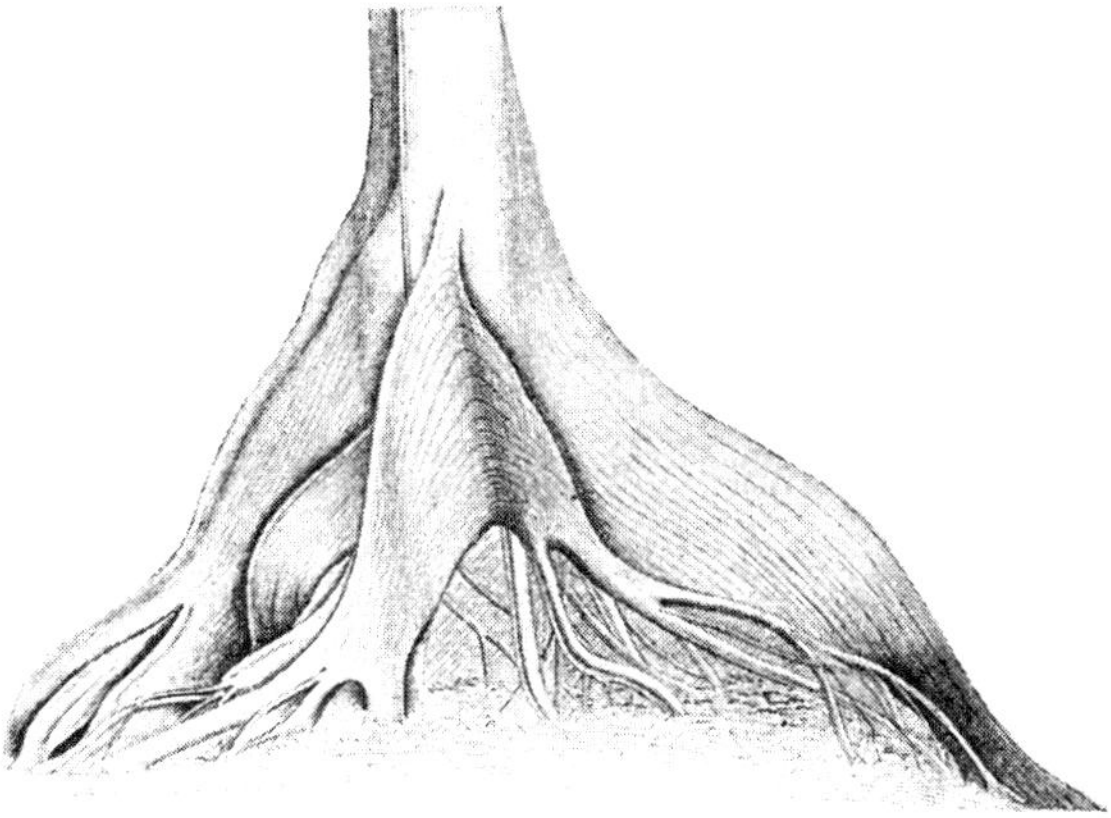

第29図　マメ科の木のモノプテリクス・アングスティフォリア *Monopteryx angustifolia* の板根。ウアウペス川のパヌレ（R・スプルース画）［この木の幹は太さ1.2メートル、高さ24メートルに達する。赤紅色の蝶形花冠を総状花序につける。岩の多い急湍の岸に生育する。］

した。それをバークレー氏にお渡しいただければさいわいです。彼にも今手紙を書いているところです。

私はカワゴケソウ科については、たぶんそうすべきではないのでしょうが、やや失望いたしました。どこであれ一カ所に生えている種はごくわずかしかありませんでした。そして寿命はひじょうに短く、一人で多くの種を集めるのは無理です。カシキアーレ水道とオリノコ川とクヌクヌマ川にはたくさんの急流がありますから、まだこれからじゅうぶんたくさんの種を手に入れることができるかもしれません。

私は羊歯《しだ》以外のすべての植物については一年の最良の時期にパヌレにおりました。それらは私がすでにサン・ガブリエルで手に入れたものとほとんど同じようです。森とカアティンガの木々で私はすばらしい収穫を上げました。そしてウォキシア科とジャケツイバラ科の種は、私にはとくに興味深く思われます。あなたはアプタンドラ属 *Aptandra*、ミエルス属 *Miers* をあらたに二種ご覧になって喜ばれることでしょう。前者はガポで花と果実をつけたものを、そして後者はカアポエラで果実だけつけたものを採集しました。……

［同日付のウィリアム・フッカー卿あての手紙には、ウアウペス川での活動状況について、さらにくわしく語られており、あわせて彼の調査旅行の成果について概要が記されているが、それは植物学者にとってたいへん興味深いにちがいないし、また博物学に関心をもち、そのような遠い野蛮な地域でコレクターが遭遇する困難について知りたく思う読者にとっても興味ある内容であろう。］

ウィリアム・フッカー卿殿

一八五三年六月二七日、リオ・ネグロ川のサン・カルロスにて

私は（サン・ガブリエルからの船旅を含めると）昨年八月から今年の三月初旬まで、ウアウペス川でひじょうに興味深い旅をしました。今回のコレクションには以前のどのコレクションよりも多くの森の高木が含まれています。そのなかには数種の未記載のウォキシア科とジャケツイバラ科があります。またカワゴケソウ科、ホンゴウソウ科、ヒナノシャクジョウ科、そして葉のないリンドウ科などの、花を開いた微小な仲間のなかにも、ひじょうに多くの新種があります。約五〇〇種からなるコレクション全体のうち、およそ五分の四はまったくの未記載種であると思われます。残念ながら、私は暑い昼のさなかに戸外でも家のなかでも働きすぎて、体をこわしてしまいました。そして何度か目眩《めまい》と発作に襲われて、いまだにそれに苦しめられています。

植物を乾燥させる仕事がここではとてもたいへんで、私には地理的観察やその他の観察をおこなう時間がほとんどありません。それに、ウォレス氏は私より先にウアウペス川を遡行していて、彼の専門は私のそれよりも時間的余裕がありますから、私はそこでは植物学以外のものにはほとんど注意を振り向けませんでした。

私が本拠をおいた最初の滝の麓のインディオの村パヌレすなわちサン・ジェロニモの緯度は北緯〇度一三分であることを確認しました。私の時計は経度を測定するにはほとんど役立たないことが判明しました。そして望遠鏡を持ってこなかったことを残念に思っています。じつはバーラでフランシスコ会の修道士から一本買ったのですが（彼はそれをリオ・ジャネイロで買ったそうです）、それは私の植物採集にたいへん役立ちました。一キロ半離れたところから木の上の緑の花を見分けたり、また川岸近くを船を進めているとき、そばの木の葉の形を確認することができるからです。しかしそれでは木星の衛星はほとんど見えませんし、正確にそれらを観測するには弱すぎます。

パヌレまでのウアウペス川の岸辺の植生の特徴

両岸は平らであるが、ほとんどテラ・フィルメ（浸水しない陸地）であるため、私はしばしば船を降りて原生林に分け入ることができた。ときどき岸は現在の水位から四・五〜六メートル上にあった。

ひじょうに小さな岩は露出していた。あるところに水の流れがやや速い、丸い中高の花崗岩の島があった。ここで私はカワゴケソウ科を一種手に入れた。川を途中まで上っていくと、川の右岸に何層にも重なった沖積土（あきらかに粘土と砂）の傾斜の急な白い岸が現れた。水はリオ・ネグロ川ほど黒くはなかった。——たぶん今流れが速くて、もっとも濁った状態にある

からであろう。

多少ともガポ（氾濫原）となっているところは、たいていジャウアリ椰子が生育しているのでわかる。この椰子は上流部の一部が水没した島で、低い月桂樹とインガ属に縁取られた植物の群れを作っている。インガ属の二つの別種がひんぱんに現れた。いっぽうのミクラデニアエ種 *I. micradeniae* の花は散りはじめていたが。もういっぽうのルティランス種 *I. rutilans* の花はちょうど咲きはじめたところであった。

豊富にあって、その小さな乳白色の花の芳しい香りでもっともよく眼につくのはマチン属 *Stychnos* のロンデレティオイデス種 *S. rondeletioides* である。それはところどころで木のてっぺんから幅が何メートルもの花綵《はなづな》を水際まで垂らしている。そしてとくに夕方と早朝にガポ全体に香りを漂わせる。

川岸のもう一つの大きな装飾は香りの高い白い花をつけた小さなバシクルモン属 *Apocynum* の木である。私はこれはコルクなどを作る本物のムロンゴだと教えられた。それは私がサン・ガブリエルの近くで集めた種（ハンコルニア属 *Hancornia* のラクサ種 *H. laxa*）と同じものであることがわかった。

カンプシアンドラ・ラウリフォリア *Campsiandra laurifolia*（マメ科）はかなりひんぱんに現れた。そして私は葉の細い種を集めた。これは別のアングスティフォリア種 *C. angustifolia* かもしれない。この木ほどリオ・ネグロ川全体に（そして私の見たかぎりではタパジョース川にも）多いものはない。それは川が乾季に広い砂浜を残して減水するときによく群れを連ねて現れる。川の水位が最低のとき、こうした岸の一つを横切っていてまず出合う木は、これらのカンプシアンドラ属と、二、三の小さなフトモモ科の木（アラサとよばれているようなもの）と、たくさんの小さなクリソバラヌス科である。……カンプシアンドラ属の大きな平たい種子でインディオの舟子《かこ》たちは「水切り遊び」をして楽しむ。そしてそれが同じくらいたくさんあるといわれているオリノコ川では、マンジョーカの根のようにすりつぶして調製されたこの種子からは、ほぼ純粋な澱粉がたくさん採れ、それからキャッサバ・パンが作られている。一般語の名前はクマンドゥ＝アッスーすなわち大きないんげん豆である。クマンドゥとはすべての種類の豆の種子の一般的呼称である。

サン・ガブリエルの滝を上っていく途中で、やや豊富に生えている二種のひじょうに興味深い巻きつき植物を見つけたが、採集することができなかった。それらはウアウペス川に見られる種であるが、あちこちに散らばって生えているだけである。一つは大きな明るい黄色の花をつけたアポキネア属 *Apocynea* で、もう一つはミズラフジ科（アノモスペルムム・ションバーキー *Anomospermum schomburgkii*）である。その花の構造と、熟れて甘いリブストンピピンやゴールデンピピンの強い香りをもつ点で興味深い。それが「香りはあれど、それがすべて」とは、ああ、なんと残念なことよ！

二種のフクギ科はひじょうにひんぱんに見られた。いずれも香りのある花をもち、別種でありながらたいへんよく似ている。大きいほうは萼片と対になる四枚の黄色い花弁の花をもっている。かたや小さいほうは、四枚の萼片と五枚の白い花弁の花をもち、葉はあまり革質ではない。

ある立派なジャケツイバラ科の木は未記載のタキガリア属 *Tachigalia* のようである。それは絹のような葉をもち、先端には萼の外側が紫色に染まった黄色い香りの強い花を総状花序にたいへん密につけている。もっとも特徴的なことは葉柄の頂端に三角の紡錘形の袋があって、そこにはいつも蟻のコロニーが棲み着いていることである。蟻は袋の下側に開いた小さな穴からいっせいにあふれ出てきて、性急な植物学者の手に噛みついてくる。

高さはときどき一二メートルかそれ以上にもなり、直径一・二メートルで、まことと藪のように生長するフミリウム属 *Humirium* の一種がひじょうにしばしば見られる。……

現在花をつけたノボタン科はわずか二、三種のトコカ属 *Tococa* と、一種のひじょうに小さなつやつや光る葉と香りの高い黄色い花をつけた美しいメメキレア属 *Memecylea* だけであった。フトモモ科では、私はまったく新しいものは一つも見なかった。そして私はそれらをクスノキ科と同じようにたいてい断固拒否せざるをえなかった。

ひじょうに装飾的なバンレイシ科の木（クシロピア属 *Xylopia* のスプルケアナ種 *X. spruceana*）が七・六メートルくらいの高さに伸びていた。そしてその羽状の枝と小さな暗緑色のいっぱいに茂った二列生の葉のために、それはとても美しいシーダのように見えた。これはカシキアーレ水道とグアイニアにも自生する。

ジャウアリテの急湍のまわりのカアティンガはひじょうに高い森である。そこの植生は一般にパヌレ川のそれにたいへんよく似ているが、それほど濃密ではない。大きなビットネリア科の木（ミロディア・ブレウィフォリア *Myrodia brevifolia*）がたびたび見られた。私がパヌレでは見なかった種である。

森のなかには、そしてとくにパアプリス川の近くの森には、淡黄色の花を咲かせるひじょうに高いウォキシア科の木が生育している。大きな白い芳香性の花をつける同科の別の木（クアレア・アクミナタ *Qualea acuminata*）はよくガポに生えている。パアプリス川の岸はとくに豊かである。……

ウアウペス川のインディオがよくロサ（畑）や家の近くに栽培している植物

食べられる果実

コクラ ＝ ポウロウマ属 *Pourouma*
インガ＝シポ ＝ インガ・スプリア *Inga spuria*
インガ＝チチ ＝ インガ・スプルケアナ *Inga spruceana*
インガ＝ペナ ＝ インガ属 *Inga*の一種

ププニャ　＝モモミヤシ *Guilielma gasipana*（＝*G. speciosa*）
ウマリ　＝ポラケイバ属 *Poraqueiba* の一種
キイニャ　＝トウガラシ属 *Capsicum* の多くの種
グアヤバ　＝バンジロウ属 *Psidium* の二種
ナマオン　＝パパイア *Carica papaya*
その他四種。

食べられる根
ウアラマ　＝クズウコン科
ウアルカ　＝クズウコン科
パアクア＝ラナ　＝ウラニア属 *Urania* の一種、長い弾力のある根
その他五種。

蛇を喰う鳥

［つぎに述べるパヌレでのひじょうに奇妙なできごとは、毒蛇や昆虫などにまつわるスプルースの長い経験談の結論として記されたものである。こうした経験談のほとんどはスプルースのタラポト滞在の章に含まれており、そこでこうした事件は起きている。その他のものは、そしてとくに次章に述べられたサン・カルロスで蟻に刺されたり蛇に咬まれたりした事件のようなものは、日記に記されたものである。喇叭《らっぱ》鳥《ちょう》と蛇の話とそれについての彼の意見は、このやや物足りない章を楽しく締めくくってくれるだろう。］

ある動物——とくにある種の鳥——の体制で、それらが毒蛇に咬まれても不死身であったり、またほとんど影響がないようにしているものは、いったいなんなのであろうか？

アガミすなわちラッパチョウ *Psophia carepitans* は蛇に咬まれてもまったく平気だといわれている。この鳥は恐れを知らない無差別の蛇の捕食者で、蛇の体のどこであろうとつかむので、蛇は容易に咬みつきかえすことができるし、たぶんときどきそうしているであろうことは、私も証言できる。

われわれはウアウペス川のパヌレにいたとき、人に馴れたアガミを飼っていた。それは私にたいへんなついていて、犬のように私のあとをついてまわり、出合った蛇をかならず殺してしまっていた。ある日、私はアガミを連れて村から六・四キロメートルほどのカアティンガに一人でいた。下生えが比較的きれいに取り払われていた場所に私は長いあいだいた。そこにはあるひじょうに小さな植物（ヒナノシャクジョウ科）がたくさんあって私はそれをたいへん興味深く思い採集しようと思ったからである。

私が植物を採集しているあいだにアガミは蛇を探しまわり、すでに三、四匹捕まえていた。アガミはそれらを捕らえるたびに持ってきて私の前においた。たぶん私はいつものようにそれ

に注目せず、その腕前をほめてやらなかったのであろう。アガミはついに――あきらかに私の注意を引こうと決心して――新しく捕らえた蛇を私の裸の足の上においた。そのとき私はまっすぐに立って、小さなヒナノシャクジョウ属 *Burmannia* をレンズで調べるのに没頭していた。その蛇はほとんど無傷だったので、すぐさま私の脚にからみついた。とっさに私はそれを手でつかんで引き離して藪のなかに投げ飛ばした。しかし以後私は森に出かけるときはアガミを家に残してくるようにした。

本職の蛇取り職人は二羽のアガミに手伝わせるのがいちばん能率がいいだろう。ブラジル政府は町の近郊の蛇の被害を減らすという明確な目的をかかげて、今では個人の家に愛玩用に飼われているわずかな個体だけでなく、たくさんのこの鳥の保護を促進すべきであろう。それらに蛇狩りの術を訓練する必要はまったくなく、ただ蛇を見つけるように励ますだけでよい。

アガミは英領インドに導入してもひじょうに役立つかもしれない。そこの気候は体質にもあっているだろう。この鳥は無害で愛情深い。そして人間とつきあい、人間に保護されるのを好む。本当に、あの国で土着のマングースが同じ目的になぜもっと利用されないのか、私にはわからない。とはいえ、アガミはマングースよりもはるかに優れた蛇の捕食者であることが証明されるであろうと私は思う。

たくさんの雌鶏が一匹の蛇にいっせいに躍りかかり、それを引き裂いてむさぼり喰うのを見たあとで、雌鶏が蠍を見て恐れおののくようすや、とくに母鳥がその雛が蠍をつつこうとするのを見て恐怖の警告を発するようすと比較するのはおもしろい。これは、蠍は鶏の嘴で刺し貫かれても、その長い鱗におおわれた尾を巻き上げて鶏の頭を刺すからである。これはまちがいなく致命傷である。

豚は蛇の天敵で、蛇をむさぼり喰う。グアヤキルのサバンナで豚の大きな群れを飼養している人が私に、ひじょうに若い豚以外、蛇に咬まれた豚を見たことはないといっていた。豚はひじょうに眼の鋭い動物で、蛇が飛びかかってくると剛毛をすぐに押し立てるので、蛇の毒牙はぜったいにその皮膚まで届かない。

人間はアガミのように蛇に咬まれて傷つかないわけではないし、他の一部の動物がもつような、鶏や豚よりはるかに高度な眼や敏捷さをもちあわせているわけでもない。彼にできることは森を横切るとき、《手と足をおく場所に注意すること》がすべてである。それは私が自分にいいきかせている規則である。とはいえ、いつもそれにしたがってきちんと行動しているわけではないし、ときどきそれを無視して、たいへん危険な目に遭っている。

原注

1　［アゴスティーニョは私がサン・ジェロニモにいたとき、やはり白人である彼の若い妻といっしょにそこに住んでいた若いブラジル人商人で、私は彼の家に二、三日泊まったことがある。拙著『アマゾン河とリ

オ・ネグロ川の旅の記録』参照。——編者〕

2　フンボルトはその『自然の景観』のなかで、ププニャ椰子（ベネズエラではピリグアオとかピヒグアオとよばれている）は、樹高一八～二一メートルの滑らかでつやつやした幹をもっていると書いている。しかし彼は『新大陸熱帯地方紀行』のなかで、それは樹高一九メートルを越える刺の多い幹をもつと訂正している。また椰子の美に必要と彼が考えるものをあげるときに、彼はピヒグアオの《天に向かって伸びた》葉むらについて述べているが、その先端はあきらかに《地面のほうを向いて》おり、この椰子の垂れ下がった房のような葉むらはそのもっとも顕著な特徴の一つである。

3　〔私は『アマゾン河とリオ・ネグロ川の旅の記録』の一九八頁で、長さ三五メートルであると述べ、そのスケッチを私の『アマゾンの椰子の木とその用途』の三六図に掲載した。——編者〕

訳注

（1）ジェズイノはウアウペス川のインディオをとりまとめていた混血のやくざ者の司令官である。ウォレスはこの川を下るときジェズイノのさまざまな妨害を受けて、危うく命を落としかけた。

●第一一章 サン・カルロスと上リオ・ネグロ川の丘陵 （一八五三年三月八日─一一月二七日）

［本章はやや詳細なスプルースの日記と、彼が英国の友人たちにあてた書簡からの抜粋からなる。──編者］

一八五三年──三月八日パヌレ出発。一三日間の船旅をへて、二一日午前九時マラビタナスに到着。花はほとんど咲いていなかったが、果実を実らせているものが二、三あった。上リオ・ネグロ川の植生はウアウペス川の植生とひじょうによく似ているようであった。森のなかにはあちらこちらにジャプラとよばれるエリスマ・ジャプラ *Erisma japura* が生えていた。その大きな円い樹冠は果実でまっ赤に染まっていた。川の水はかなり泥まじりであったが、これは川が急激に増水しているからにちがいない。しかしカシキアーレ水道の河口に近いこともその一因かと思われる。日が沈むころ、月がまだ照らないうちから、小さな黒い蚊が襲いかかってきた。ほとんど音はしないがその吸血は猛烈である。さいわいに数はそれほどでもなかった。

ブラジル国境の町マラビタナス

マラビタナスで私は司令官の家のそばに植えられていたレタマとよばれるキバナキョウチクトウ *Thevetia peruviana*（=*T. nerifolia*）の木を見た。それはひじょうに樹液の豊富な、低くて枝を横に大きく張り出した樹高六メートルのキョウチクトウ科の一種で、幹の太さは約三〇センチメートル、ほとんど根元ぎりぎりのところから枝を出していた。それは一年中花と果実をつけている。花はホタルブクロ属 *Campanula* のラティフォリア種 *C. latifolia* のそれと同じ大きさで、桜草のような香りがするものが、茎の先端にいくつかまとまってつき、ひじょうに早落性で、開花後二、三時間で散ってしまう。この木はアプリ川沿いに多いといわれているが、つねに民家のそばに生えている。

庭梅くらいの大きさの、角の丸い三角形の石果は熟すと緑ないし黄色を帯びてくる。私は司令官の鶏がこの実が落ちるとついばんで、果肉の多い外被をむさぼり喰っているのを見た。鳥たちの食物となるなら私にとっても毒のはずはないだろうと考えて、私も三、四個食べてみた。かすかに甘味がしたけれども、ほとんど味がないことを知った。あとで腹ぐあいがおかしくなるようなこともなかった。とはいえ、この木の乳状樹液は有毒で危険である。

第30図　マク族インディオ（9歳くらい）（R・スプルース画）

第31図　マク族インディオ（16歳くらい）（R・スプルース画）

インディオは石果と同じ形をしたやせた内果皮に穴を開けて、長い紐にそれをたくさん連ねて足首に結んでいる。彼らが踊るとそれはカラカラと鳴りつづける。

どこでもそうであるが、マラビタナスでも、鶏が一日中、パパイアの雄の木の下で見張っていて、シャワーのようにとくに午後になるとたくさん降ってくる花をついばんでいた。

［マラビタナスに滞在中、スプルースはここに掲げた二人のマク族インディオの少女をスケッチし、それについてつぎのように説明している。——

「マク族はアマゾンの森に住む数少ない定住地をもたない放浪部族の一つである。リオ・ネグロ川のほぼ全域で彼らには出会うが、とくに川の西側に多い。

略奪が目的の遠征のおりに、イサナ川の源流で捕らえられた二人のマク族の少女は、私が一八五三年七月にマラビタナスの司令官を訪問したとき、彼によって買い取られたばかりであった。私が出会ったこの部族の数人の男はひじょうに卑しい人間性の見本のような連中であったから、その年長の少女が私がそれまで見たこともないような良い表情をしていたのに、私はたいへん驚いた。彼女は褐色の肌をしていたが、たぶん白人の血が流れているのだろうと思われた。哀れな子供たちは、捕虜なら当然そうであろうが意気消沈しており、まわりの人々とまったく会話ができなかった。二人はポルトガル語も一般語も知らなかったからである。しかし、私は手真似で彼女たちの言葉をたくさん聞き出すことができた。残念ながらそれを書き留めたノートを私は失ってしまった」。

スプルースはマラビタナスに一二日間（三月二〇日から四日一日）滞在したようである。たぶん食料の備蓄を得るためか、しなくてはならなかった彼の船の修理のためであろう。しかし日記には前記のこと以外この間の記録はなにもない。また彼がこの近隣で植物採集をおこなったようすもない。というのは、彼が採集した植物を記載した野帳（何冊もが注意深く束ねられていた）には、ウアウペス川での最後の記録とその一カ月以上のちのサン・カルロスでの最初の記録とのあいだにはなにも書かれていないからである。これはおそらく彼が病気であったということだろうと思うが、それについては彼は語っていない。

——編者」

粘土を食べるインディオ

当地に滞在中、私はオリノコ川から来た一人の若者に出会った。フンボルトはここで土を食べているオトマク族を見たと書いているが、この若者はオトマク族がそのようなことをしているのを見たことはなく、そのような習慣があるとも思えないといっていた。

しかし上リオ・ネグロ川では、たとえばマラビタナスで見られるように、ときどきインディオは川の水位が低下すると土手のあちこちに現れるタバティンガとよばれる白粘土を食べる。この粘土を手でこねて、小さな器にとり、赤くなるまで火で焼いたものを、ふたたび水に溶かさずに食べている。これはたまにおこなわれるだけで、インディオたちは粘土を食べて生命を保てるとは考えていない。

リオ・ネグロ川の子供たちはよく土を食う異食症にかかっていて、それが原因で多くの命が失われている。この悪癖を断ち切るために、彼らを籠に入れて屋根裏から吊るし、食事のときだけ籠から下ろすなどしている。

サン・カルロスにて

四月一日（金）——マラビタナスを発ち、サン・カルロスに向かう。三日午後、国境まで来た。そこには左岸からちょっと入った平地からいきなりそそり立っているピエドラ・デル・コクイすなわち鷹の岩があり、そのちょうど真向かいの右岸に、三人の兵士が駐在する分遣隊がいる。左岸の岩の高さはおそらく三〇〇メートルくらいであろう。……

四月六日——午後、私は食べ物を探しにシティオをいくつか訪ねてみようと思って、モンタリアで川の左岸に渡った。最初のシティオで数本のオレンジの木を発見し、籠にその実をいっぱい採ったが、ウアウペス川にはオレンジの木がまったくないので、今の私にとってはたいそうなご馳走であった。しかしこのシティオにもつぎのシティオにも、豚も鶏もいなければ、焼

第32図　ピエドラ・デル・コクイ（鷹の岩）。リオ・ネグロ川の対岸から見たところ（R・スプルース画）

いた魚の一切れもなかった。私はカニョ（イガラペ）にある三番目のシティオに行ってはどうかといわれた。そこで、船をカニョに乗り入れ、そのシティオを探した。そのカニョは〔英国の〕カーカムのダーウェント川くらいの幅で、両側に水のつかない陸地のカアティンガ（低樹林）につながっているらしい大きな低いガポ（氾濫原）が広がっていた。

ようやくめざすシティオが見つかった。それは森のなかにすっぽり隠れていた。家のなかには年配のインディオの女と数人の少年たちがいた。彼女はひじょうに裕福で、三羽の鴨を飼っていた。そのうちの二羽は床の中央におかれた籠のなかでうずくまっているたくさんの雛の両親であった。私はただちに、はんぱの鴨を売ってもらうために女と交渉に入った。彼女はそれを手放すのが少しも惜しそうではなかった。ちょっと手こずったが、私は彼女に値段をいわせた。彼女は適当に三ドルといった！　私は丈夫なキャラコ地一エル〔約一・一四メートル〕（ここでは一ドルの価値がある）ではどうかといった。「だめ」と彼女はいった。「一エルしか出さないなら、私の鴨はあげられないね」。そして大切な鳥をいとおしそうに抱きしめた。ようやく彼女は私が手に持っていた小さな山刀に気づいて、鴨と交換にそれをくれないかといった。その申し出は喜んで受け入れられ、われわれは鴨を持って意気揚々と引き上げた。その山刀はせいぜい二ドルの値打ちしかなかったが、それでも鴨には高すぎた。

「このあと日記には三カ月以上の空白がある。しかし、おもなできごとはいくつかの書簡にかなりくわしく記されているので、ここでそれらを紹介しておかなくてはならない。

ベンサム氏あての書簡（一八五三年六月二五日）にスプルースはつぎのように記している。「私は三月にウアウペス川のサン・ジェロニモを発ちましたが、その後一月以上にわたって、文字どおり足を休める間もありませんでした。サン・カルロスに到着した四月一一日から今日まで、私の時間は惨めな生活に必要な物資の調達に費やされました。今、私は最高に愉快ならざる状況でこの手紙を書いています。これを書き終えるまで私が生き延びられるかどうか、神のみぞ知るです」。

ここで述べられている状況とは、その一週間後に友人のティーズデールあてに書かれた書簡にさらにくわしく述べられている。その物語は以下のとおりである。――」

ジョン・ティーズデール様

一八五三年七月一日、ベネズエラのサン・カルロスにて

インディオ襲撃の脅威

……サン・カルロスにいる外国人は、私以外は二人の若いポルトガル人だけで、彼らとてここに定着してすでに数年になり、家族をもうけています。ブラジル人同様、ベネズエラ人はヨーロッパ人が彼らのあいだに住み着くのをたいへん嫌っています。それはヨーロッパ人のほうがはるかに勤勉で、そのために商売のおいしいところをもっていかれてしまうことを知っているからです。こちらの地元の理性ある人々（白人）は、ずっと以前からインディオたちにポルトガル人を追い出したほうが望ましいと、さんざん入れ知恵をしてきたようです。ついでながら、くだんの理性ある人々（スペイン人）はだれ一人としてけっしてインディオに人気があるわけではなく、インディオとどこかの白人とのあいだに生まれた人間の手にかかると、スペイン人はけっして自分たちの身を守ることはできません。

聖ヨハネ祭（六月二四日）のしばらく前から、その祭りの日に白人の大殺戮計画があるという、漠然とした噂が広まりました。そしてポルトガル人が道を通りかかると、インディオが家のなかから、もうすぐ聖ヨハネ祭だ、そのときには昔の借りを返してやるぞと叫びました。なかには、白人にはもうじゅうぶんしたがってきたし、オリノコ川では白人を殺して川に投げ込み、死体は行方不明だということが、まったくふつうにおこなわれているということを話す者もおりました。

今になってわかったことですが、祭りの二週間前に警察署長が別の白人を代理に立てて勤務を外れていました。なにかおかしなことが起こっても自分に危害がおよばないようにです。ところが、この代理の男も二三日の夜明け前に姿を消しました。警察署長は出発前に長年キャプテンを務めていた立派なインディオを解任し、その代わりに最高の酔っぱらいでいちばんの乱暴者のインディオの一人をその役目につかせたこともお話ししておくべきでしょう。

二三日の早朝、船着場に大勢の女たちが大量のブレチェ（ラム酒）とともにクヌコ（マンジョーカ畑）から到着しました。酒は女たちが数週間かけて蒸留して作ったものです。祭りはマスケット銃の発砲とカリゾ（やはり同じカリゾという名前をも

つ独特なダンスに使われる竹製の楽器）を吹き鳴らす音でただちに開始されました。そしてブレチェの入った細首大瓶《デミジョン》の口封が切られました。

夜が明けてまもなくすると、二人のポルトガル人が状況を話しに私のところにやってきて、われわれは警察署長ばかりか、その代理人にまで置き去りにされたといいました。ポルトガル人の家政婦はインディオの主導者の娘の一人で、彼女はその晩、親戚の連中が彼らの計画を話し合っているのを聞きました。それによれば、翌晩か二四日の晩に白人を皆殺しにすることが決定されたことは確かのようでした。

私はまだほんの短い期間しかここに滞在しておらず、私と同じ白人とは口論をしたことはありませんでした。それなのに、私は白い肌をもち外国人である罪を非難されました。そして私の持っているささやかな商品のゆえに、私は自分がサン・カルロスではもっとも裕福な商人であることに気づいたのです。私の家を略奪するときに、それらを盗み出すことが計画に入っていました。このような状況ゆえに、どんな計画でも私はいつでも協力すると宣言しました。

そしてわれわれは三者全員が武器を集められるだけ集め、できるかぎり守備を固めた一軒の家に集まるのがいちばん良いということに話がまとまりました。私は銃を三挺持っていました。そのうち一挺は二連発銃で、私はすぐさまその手入れをして弾を込めました。不幸にして、ポルトガル人の一人はその数日前に二連発銃を人に貸したままで、威力のあるらっぱ銃は、最近、州の長官が当地を訪れたさいの歓迎の一斉射撃で使えなくなってしまっていました。それでも、われわれは全部で七挺の銃と二本の刀と先の欠けた山刀をなんとか集めました。そして弾薬をじゅうぶんにそろえました。

インディオの一団がときどきラム酒をねだりにきた以外は、危害を加えられるようなことはなく、その日は過ぎました。――インディオがこうしてねだりに来るだけでもじゅうぶん不愉快なものです。どんな人でも酒に酔っているときはいっしょにいて愉快なものではありませんから。とはいえ、この世にインディオの酔っ払いほど悩ましい動物はおりません。

私は終日家を開けませんでした。しかし、アヴェ・マリアの時間に全員が教会で祈っているときに私は集合場所に向かいました。そこには私の仲間がすでに家族とともに集まっていました。われわれは心の準備もできてそのときを待ち受けました。武器は警戒が発せられたと同時につかめるような位置におかれました。しかし、一晩中酔っぱらいのインディオの集団がタバリンとカリゾを持って道を行進していましたが、われわれを襲うことなく通り過ぎていきました。私たちがどんなに不安な気持ちでいたかご想像いただけるでしょう。それは私より私の仲間のほうがひどかったにちがいありません。彼らは震えている家族に取り囲まれていたからです。酔っぱらいの一団が叫び声を上げて、太鼓を打ち鳴らし、ときどきマスケット銃を発砲させながら、家に近づいてくるのが聞こえるたびに、われわれは会話を中断し、武器の上に手をおいて、おそらく襲撃の開始と思われるものを待ち受けました。

翌日の午後四時ころ、まだかなりの量のブレチェが残っており、さらに追加の酒が持ち込まれましたけれども、みな酒を飲むのをやめました。日暮れには通りには人っ子一人見られず、あたりは死んだように静まり返っていました。サン・カルロスに何年も住んでいるけれども、それまで聖ヨハネ祭の夜に酒盛りと踊りと喧嘩のなかったことなど、一度も経験したことのなかったポルトガル人は、このただならぬ静けさは襲撃の前ぶれではないか、そしてインディオたちは襲撃をより効果的におこなうために、ただ酒に酔わないようにしているだけなのではないかと恐れました。本当に彼らはそういうつもりだったと結論するだけの理由があります。第一に、翌朝には飲酒などが再開されて、その後数日間にわたってそれがつづいたのです。日が暮れたとき、二人の男が家の前の通りを行ったり来たりしているのにわれわれは気づきました。彼らは一種の見張り役で、その晩は一晩中、何度も見張り役を交替していました。

しかしながら、インディオたちは勇気を奮い起こし思いきってわれわれを襲ってこようとはしませんでした。彼らはわれわれの戦闘準備を知っていましたし、当然、襲撃のとき、先頭部隊の多くが命を落とすにちがいないと考えていました。とはいえ、最終的には、一五〇人対三人の圧倒的多数の彼らのほうが勝つことにはなんの疑いもありませんでした。襲撃されたら生け捕られるよりは一〇〇回でも死のうというのが私の固い決意でした。

翌日、インディオたちは彼らのブレチェを川の対岸に移動させ、貴重なアルコールを全部飲みつくすまで、どんちゃん騒ぎをしていました。われわれもまた、彼らの弾薬が歓迎の一斉射撃で使いつくされてしまっていることを知っていましたから、これ以上の心配からは当面解放されました。……

［今ここに記した事件が進行中に、スプルースはウィリアム・フッカー卿に一通の長い手紙を書いた。他の多くのことがらといっしょにオリノコ川とその源流がある山々について、交易商人やインディオたちにこれまでたくさん尋ねてきて知り得たことをくわしく説明している。彼はもし可能ならば、これまでヨーロッパ人はだれ一人訪れたことのない、いや近づいたことすらない、それらの山々まで行ってみたいと考えていた。その旅は実現しなかったが、その情報は将来その大旅行に挑戦しようという者には貴重であろうし、また地理学者にとっても、スプルースがこのほとんど未知の地方を探検するなかで達成した成果の補完資料は有用であろうから、それをここに掲載するのが適当であろう。］

ウィリアム・フッカー卿殿

一八五三年六月二七日、サン・カルロスにて

気圧の規則性

私は毎日、気圧計の最高値と最低値を記録しております。赤道上では大気の潮汐が天候にはまったく左右されずに、いかに規則的にくりかえされるものかを観察するのは興味深いことです。過去二年近くのあいだに、わずか二度だけ、最低気圧がいつもの時間よりかなり遅れたことがあります。最低値に達するのは通常三時から四時のあいだで、最大値に達するのは九時から一〇時です。

オリノコ川の源流についての聞き取り調査

私はリオ・ネグロ川に来て以来、オリノコ川の水源の位置とどうやったらそこにたどり着けるかを、いろいろ尋ねてまいりました。とはいえ、この私がこの興味深い地理学上の問題を解くことができるだろうとはまったく期待しておりませんでした。本当に予想もしていなかったことなのですが、その手段が私の手の届くところにあるようなのです。

最近、リオ・ネグロ州の長官のドン・グレゴリオ・ディアスがサン・カルロスを訪れました。彼はサン・フェルナンド・デ・アタバポに住んでいます。私がとてもオリノコ川の源流まで行ってみたいと思っていることを彼に告げると、彼はすぐさまその計画について熱心に語りだし、彼も生まれてこのかたずっと、それをぜひ実現させたく思ってきたのだといいました。そして私がいっしょに行くことを約束してくれれば、できるかぎり大勢のしっかり武装した兵を集め、一八五四年のはじめには遠征に出たいといいました。

その州の白人のほぼ全員がわれわれの計画に参加したがっているようです。それはオリノコ川の源流には黄金郷がたしかにあると考えられているからです。ドン・グレゴリオはアタバポ川とグアイニア川経由でサン・カルロスに到着しましたが、帰路はカシキアーレ水道とオリノコ川を経由していって、現在彼の領地内での準備を進めています。彼はエスメラルダの上のマナカ川の河口までさかのぼり、この川を三日旅することを提案しています。そこには二、三年前に作られた集落があります。彼はいたるところで、オリノコ川の水源にいたる最良のルートと、予期される便宜あるいは困難について、熱心に情報を集めています。先日、私は、カシキアーレ水道の中流あたりにいる彼から便りをもらいました。彼はもし機会があればエスメラルダからまた手紙をよこすと約束しています。

山脈と川の源

オリノコ川の水源にいたるには、その川沿いに旅をする以外

にいくつか方法があるようです。私がバーラにいたときは、最短ルートはパダウイリ川に沿って行くもののようでした。パダウイリ川の河口は六四度の子午線のやや東寄りにあります。この大河は雄牛の舌という意味のタピイラ＝ペク山脈にその源流をもち、オリノコ川はこの同じ山の北東側の斜面に発すると考えられています。私はサルサパリラを求めてパダウイリ川を上流までさかのぼったことのある人々から、オリノコ川の水源地方から来たインディオに出会ったことがあるという確かな証言を得ております。しかしながら、パダウイリ川を旅する人はみな赤痢とマラリアにやられます。私と同郷のブラッドリー氏がインディオの一団といっしょにピアッサーバ椰子を伐採中、病に倒れ死にいたったのはこの場所です。

マラニア川は同じ側からリオ・ネグロ川に注ぐつぎに大きな川です。しかしその全長はパダウイリ川のそれよりもはるかに短いことが確認されています。

六六度の子午線上でリオ・ネグロ川に流入するカウアボリス川はたぶんオリノコ川に近いところまで延びていると思われます。この川はその下流部分で西に大きく曲がり、リオ・ネグロ川とほとんど平行になります。そして私はサン・ガブリエルのインディオから、この川はその町のそれほど遠くない東側をたしかに流れているという話を聞いたことがあります。私はブラジルの国境の町であるマラビタナスから、かなり遠くにではありますが、ピラ＝プクすなわち長い魚とよばれる山脈をはっきり望むことができました。その山裾はカウアボリス川に洗われています。

この高峰はやや北方向へそれながら西に延びているようで、マラビタナスから見るとその一部は（東微北から）約九〇度の角度に延びているため、その西方向への延長は川の対岸の森に隠れて見えません。私は望遠鏡を使って木の茂っていない急な断崖を見ることができましたが、どこにも木などありませんでした。森におおわれた部分はその色によってしかわかりません。そのてっぺん――まんなかあたりで頭を切り取られた円錐形の急峰――は、平地から一二〇〇メートル近くあるものと思われます。カウアボリス川を遡行したことのある人は、それはひじょうに眺めの良い山で、独特の植生を有しているといっています。椰子と羊歯《しだ》の両方に似ているといわれるある奇妙な植物は、私の受けた説明によれば蘇鉄《そてつ》にちがいありません。私がウアウペス川でソテツ属 *Cycas* に出合ったとき、それは花を開くようすはまったくありませんでしたが、私はうれしく思いました。それは私が南アメリカで見たこの一族の唯一の種です。

カウアボリス川へは、サン・カルロスからはカシキアーレ水道の一支流パシモニ川をさかのぼり、その南から流れてくる支流のバリア川をさかのぼっていけば簡単に行けます。バリア川からはカウアボリス川にいたる短い陸路があります。しかし大きな荷物を持っていけるような道ではありません。そして私にはカウアボリス川はタピイラ＝ペク山まで達していないと確信する理由があります。

これよりわれわれにふさわしいのはシアパ川経由の道でしょう。シアパ川はカシキアーレ水道のいちばん長い支流で、上流部でカスタニャ川を受け入れており、源流をタピイラ＝ペク山にもっていることは確かです。この道の唯一の難点は、いくつかの険しい急流を越えなくてはならないことです。しかし、カシキアーレ水道の河口の上側を抜けてマナカ川をさかのぼる迂回路を行けば、これは避けることができるでしょう。マナカ川からはカスタニャ川まで短い陸路があります。

われわれはこれらやその他の道について、おもに敵対的なグアアリボ族をどうやって回避するかを話し合いました。それは、このインディオ部族の勢力圏はオリノコ川の源流まで達してはいないが、カスタニャ川とパダウイリ川によってグアアリボ族と友好的な関係を築いてきた別のインディオ部族がそこに住んでいると考えられているからです。あらゆる点を斟酌して、われわれはまずグアアリボ族との戦闘の危険を冒すのがよいと思われます。五〇人のしっかり武装した男がいれば突破できるものと思います。

ベネズエラが母国から独立してしばらくして、そしてリオ・ネグロ州にまだ武装警察があったころ——今ではそういうものはありません——、サン・フェルナンドの司令官が相当な数の武装した一隊とともに、グアアリボ族と友好関係を樹立することを目的に派遣されました。彼は一五艘のピラグア（丸木舟）の小艦隊とともにグアアリボスの急流までやってきました。川は水位をめいっぱい上げていたので、全艦隊はそこを通り抜けられるものと思われました。しかしその必要はないと判断され、司令官自身のピラグアだけが引き上げられ、残る舟は彼らが引き返してくるまでそこに残されました。ほんの少し上ったところで、彼らはグアアリボ族の大野営地に遭遇、インディオたちに友好的に迎え入れられました。ところが男たちは夜インディオに襲いかかり、殺せるかぎりのインディオの男を殺し、子供たちを連れ去りました。このときの捕虜の一人がカシキアーレ水道の上側の河口の近くに今でも住んでいるので、そこで私は彼に会って話ができるものと思います。

このようなとりあつかいは、もちろん、これらインディオ部族の白人に対する敵意の証拠にするためのものですが、たぶんこれがそもそもの敵意の原因なのでしょう。同様のことが、これらのすべての川の源流付近で昔はよくおこなわれてきたようです。リオ・ネグロ川では以前はポルトガル人が大きなファゼンダ・レアル（王家の農場）を所有していて、そこでは大量のコーヒー、インジゴ〔藍染料の原料が採れる〕などが栽培されていました。そこで必要な労働力を調達するために、ときどきリオ・ネグロ川やジャプラ川に注ぎ込んでいるさまざまな川へ武装した男たちを派遣して、先住民を襲撃するのがならわしでした。ファゼンダ・レアルは姿を消し、ブラジル政府は先住民を捕らえて奴隷にすることを禁ずる布告を出しました。それでも、その習慣はなおも残っています。私はこれについては確信をもって話しています。というのは、私がリオ・ネグロ川を上ってきて以来、そのような遠征隊がパアプリス川というウアウペス川の一支流に、カラパナー族インディオを襲うために二度送られているからです。……私はこれらの遠征でさらわれてきたカラパナー族の二人の女と子供に会って話をしたこともあります。

フンボルト追想

オリノコ川の話に戻りましょう。私はサン・カルロスで、グアアリボスの急流まで行ったことのある何人かの人に会いました。これらのうちでもっとも聡明で、カシキアーレ水道とオリノコ川の水源のあいだの地方については、おそらくだれよりもよく知っていると思われるのは、ドン・ディエゴ・ピナという老紳士です。彼は今ソラノ（カシキアーレ水道を少し入ったところ）に住んでいますが、ションバークがこの道を通ったときはサン・カルロスに住んでいて、警察署長をしておりました。残念なことに、彼は完全に失明しており、私の地図上でなにも指し示すことができません。しかし、距離と方角についての彼の記憶は完全のようです。

彼の話では、エスメラルダからその急流までは、ここの交易商人が通常そうしているように、たいてい近くにインディオの住まいがあるすべての狭いカニョすなわち可航河川に止まりながら旅をしていくと一カ月かかります。オリノコ川はこの急流より上でもまだ大河であり、雨季の盛りにはかなり大きなピラグア[1]でも航海が可能かと思われます。ドン・ディエゴはオリノコ川の真の水源は、フンボルトが『自然の景観』のなかで考えているよりもずっと東よりにあるという意見です。そして水源は少なくともリオ・ブランコ川の水源のかなり東にある、すなわちリオ・ブランコ川の水系はオリノコ川の水系と《重なっている》（もしそのようにいうことが許されるならば）――他の河川水系では両者が平行に走っているのでもないかぎり、ありえないことです――ことはあきらかのようです。

ドン・ディエゴはたぶん現在リオ・ネグロ州に住む、ベネズエラでのフンボルトを覚えている唯一の白人ではないかと思われます。彼はオリノコ川にいたときはアプレ川の河口に近い砂丘で亀の油を採取していました。そのとき、かの著名な旅行家が滝へ向かう途中、通ったのです。エスメラルダでフンボルトとボンプランを見た人は二、三年前にサン・フェルナンドで亡くなりましたが、その人は彼らがフビアすなわちブラジルナットノキ *Bertholletia excelsa* の花を手に入れるのに苦労していたことを覚えていました。というのは、彼の話では、二人はその花を手に入れた者に金一オンスをあたえたからです。

この木の実がなる季節には、グアアリボ族は食用にするためにそれを集めに急流をずっと下ってきますが、そのときカシキアーレ水道のインディオたちが五、六の小さな部隊に分かれて彼らをじっと待ち受けていて、グアアリボ族の者を捕らえられるだけ捕らえて運び去り、クヌコで働かせる奴隷にしています。カシキアーレ水道のインディオの多くは、この遠征でグアアリボ族から受けた槍の傷痕をもっています。

ドン・グレゴリオ・ディアスはカシキアーレ水道の東側を流れる川もよく旅行しており、シアパ川の源流を旅したとき、オリノコ川の水源のひじょうに近くまで行ったであろうことも、つけ加えておかねばなりません。

私はグアイニア川とカシキアーレ水道の合流点に二度行ったことがあります。後者の水はあまり白くはありません。それはその川がオリノコ川から下ってくるあいだに、パシモニ川とシアパ川という二つのかなり大きな黒い水の川から水を受け入れているためだと説明されています。グアイニア川とカシキアーレ水道はほとんど同じくらいの水量であると思われます。けれどもいずれもウアウペス川とは比較にもなりません。「グアイニア」という名前はカシキアーレ水道の河口、すなわちリオ・ネグロ川を作る二つの川の合流点より下では使われていないことに注意すべきです。「キアーレ」はリオ・ネグロ川[2]の古い名前で、あきらかに「カシキアーレ」はそれとなにかの関係があります。しかし、それについては私はまだなにも述べる用意ができていません。《たぶん》頭の「カシ *casi*」はまったくのスペイン語（ラテン語の「クアシ *quasi*」）でしょう。というのは、リオ・ネグロ川はここではグアイニア川ではなくカシキアーレ（まるでキアーレのようなの意）水道の延長であると考えられているからです。

私は今カシキアーレ水道をさかのぼり、そしてもしできることならエスメラルダのドゥイダ山の背後の山々を探検するために、船を一艘準備中です。この目的の完遂のために望ましい道は、カシキアーレ水道の下のクヌクヌマ川に入り、オリノコ川に口を開けているその河口まで半日かけて行くというものです。ドゥイダ山は四方を急な壁に取り囲まれているため、頂上に近づくことはできないといわれています。それでも、だれもがそのてっぺんには丸い湖があって、その山固有の「属」である大きな亀が棲んでいることをよく知っているようです。私がクヌクヌマ川からまっすぐオリノコ川の水源に向かうか、それともまずサン・カルロスに戻るかは、サン・フェルナンドに到着したドン・グレゴリオがどんな情報を伝えてくるかしだいです。

自分がたしかに《フンボルトの地》にいることを知ることによって私が当然得るべき満足感は、もろもろの不都合のゆえにかなり減じられています。なかでも、ここで直面する生活必需品を手に入れることのたいへんなむずかしさは、なかなかあなどりがたいものです。それはあまりにも深刻で、生活時間のすべてがそれに費やされています。とくに増水期にはそうです。とすれば、一日一食はありつけるサン・カルロスは豊かなのでしょう。

その昔、オリノコ川とリオ・ネグロ川沿いのほとんどの町や村に伝道本部があったころは、旅行者はいつでもそこで物資を得ることができました。しかし、もう二〇年ものあいだ、リオ・ネグロ州には神父の住む家はなく、アンゴスツーラを発ったあとはオリノコ川にかろうじて一軒あるばかりです。司祭も法律家も医者も警官も兵士もいない地方は、ルソーがかならずやと夢見たほど幸せなものではありません。そして、私が今いる地方はスペインから独立して以来、徐々に頽廃しつつあります。スペインの支配下にあったころ（あるいは独立直後のころ）は、住民たちはこれらの役人たちから不謹慎きわまる態度で逃げまわっておりました。……

［さてここで、カシキアーレ水道とオリノコ川をエスメラルダまでさかのぼり、それらのもっとも重要な支流であるクヌクヌマ川とパシモニ川を遡行する大旅行に出発する前に、スプルースがサン・カルロスを拠点におこなったおもな小旅行を、彼の日記から日付順に述べていこう。次章の終わりに記したように、オリノコ川の水源には一八七七年に、あるフランス人の旅行家が到達したが、そこに到達できるというあきらかな事実以外、なんの情報ももたらされていない。］

コクイ山の登攀

一八五三年七月一九日——午前六時、リオ・ネグロ川の左岸のやや広いイガラペの河口の下手にある二番目のブラジル人のシティオを出発した。山脈へ通ずる狭いイガラペの河口に達するまで二時間さかのぼった。この川を船を押して上っていくのは、おおいかぶさるもつれた木々の枝のために困難な作業であった。道中植物を採集しながらさらに二時間行くと、山脈の麓にやってきた。植生はサン・ガブリエルの山脈の付近のそれとよく似ていた——同じふつうの羊歯、そして山の麓に転げ落ちている大きな岩、山の急な斜面に生えた同じ繊細なイワヒバ属*Selaginella*。……

森の多くは高い森林である。コクイ山の高さは川から三〇〇メートルもある。岩がその麓までおおいかぶさっており、溝も亀裂もないため、川に面した山腹にはほとんど頂上まで植物が生えていない。くぼんだ部分には白と黄色と淡紅色の筋が入っていた。たぶんその表面が分解したものであろう。しかし花崗岩は雲母の割合が異常に多いようである。この部分にはほとんど水が流れないので、残る岩のほとんどがそうであるように、それはこの地方の露出した花崗岩のすべてをおおっている、あの黒っぽい糸状藻類におおわれていない。

巨大な岩

頂上は森と、乳首のように立った二つのむきだしの岩におおわれている。少し川上から眺めると、これらの岩は山が深く裂けてできた二つの部分の頂上であることがわかる。川をさらにさかのぼっていくと、左側のいただきが二つに割れて、この山全体は三つの峰をもつ、頭を切断されたピラミッド型になる。

麓から眺めると、おおいかぶさった巨大な岩のかたまりはなんとも印象的である。谷底をのぞき込むとじつに壮大な眺めが開ける。川の源流が岩塊からわき出ており、そのいちばん上の岩は他のすべての岩の上におおいかぶさるようにして広がっているが、規模はたぶんロンドン取引所に匹敵するかと思われる巨大な平行六面体である。そしていかめしい山が細い帯状の森の背後から伸び上がり、一幅の絵のなかにそそり立っている。

われわれは山の麓をぐるっとまわって、岩がもっとゆるやかに起伏しながら平地までつづいている反対側に出た。森はここでは傾斜した岩の上を山の総高の三分の一近くまで広がっている。岩の表面には木々の根っこがぴったりはりついてほとんど平行に果てしなく伸びており、その姿はなんとも奇妙であった。根の伸びている方向は、豪雨のあるたびに山の上部から落ちてくるにちがいない洪水の流れる方向と同じである。豪雨は木々を洗い流そうとするのだが、それは洪水の猛襲に対抗して地表をほとんどおおい隠している根によって妨げられている。

植生

植生の上限に来ると岩の勾配は少なくとも四五度はあり、そこで洪水の激しい勢いからそれより下にあるものをすべて救っている植物はパイナップル科であることに気づく。葉はパイナップルの葉にやや似ているが、それほど硬くはなく、枯れた花茎は高さ一・八メートルある。その下には蘭の一種のソブラリア・ディコトマ *Sobralia dichotoma* の群れがあり、その房状の葉を二列にたくさんつけた茎は一・五〜一・八メートルの高さに伸びて、先端に二、三の大きな立派な芳香性の花をつけている。花は唇弁以外はすべてまっ白で、唇弁は内側が黄色くて、朱色の筋が入っている。この蘭の根元のまわりに実をつけた苔（カタシロゴケ属 *Calymperes*）の群れが生えていた。それは上リオ・ネグロ川の低い砂地の森全体にしばしば見られるものと同じ種であることはあきらかであった。

ここで見られる唯一の他の草本はカヤツリグサ科（シンジュガヤ属 *Scleria*）、キンギョソウ *Antirrhinum majus* の花と同じくらいの大きさの赤い花をつけたゴマノハグサ科、ところどころに緑のかかった白い花をつけ、その花からはたえず水がしたたり落ちているひじょうに小さなタヌキモ属 *Utricularia*、それと細長いヤマノイモ属 *Dioscorea* である。ヤマノイモ属といっしょにハクサンチドリ属 *Orchis* とパイナップル科にからみついているのは、先端が紅色の、大きな白い苞《ほう》のよく目立つ亜低木状のエキテス属 *Echites* であった。

木本植物は蔦、芳香性の葉をもったカキバチシャノキ属 *Cordia* のグラウェオレンス種 *C. graveolens*、大きな白い花をつけたノボタン属 *Melastoma*、そして黄色い花をすくっと立った複総状花序につけたキントラノオ科の低木である。同じ種の植物がグアイニア川の河口のあちこちに大きな群れをなして生えており、ちょっと離れて眺めるとふつうの金雀《えにしだ》にたいへんよく似ている。また花も実もつけていない他のいくつかの木も生えていたが、その属も科も私は確信をもっていうことができなかった。これらはどれ一つとして高さは四メートルに達していない。それらは高くはあるが平原の森とくらべればはるかに低い森に沿って幅一八〜二七メートルの帯状に生えていた。

これより上には隆起した裸の岩が大きな範囲に広がっている。それらは二、三カ所浅い溝になったところを水がちょろちょろと流れ落ちている以外まったく乾燥している。最初はとても登れそうもないように見えるが、挑戦してみると、表面のざらざらが私の裸足が滑るのをちゃんと防いでくれた。私はその地方がはっきり見渡せるところまでだけ登った。というのは、下降が恐ろしくて、顔を天に向けて両手両足を使ってようやく無事降りられるほどだったからである。

しかし、猿のように敏捷な私のインディオたちは、山の中腹付近のつぎの植生帯まで登り、先に述べたハクサンチドリ属とそれと同科の他の二種を大量に採ってきてくれた。後者の一つは大きな可憐な赤い花をつけていたが、私のところに届いたときには熱で完全に萎れていた。もう一つはエピデンドルム属 *Epidendrum* で、小さな淡紅色の花を開き、メセムブリアンテムム属 *Mesembryanthemum* の葉に似た肉質の丸っこい葉をつけていた。インディオたちは、岩がいくら急でも山のもっと上のほうまで登っていくことは可能だが、熱で足が焼けつくように熱いうえに、熱のために滑りやすくなっているから、露が消える前の早朝でないとだめだといっていた。

頂上からの雄大な眺め

私が到達したところには、ちょうど腰を下ろせる岩のわずかなくぼみがあって、そこから南南東から東に延びたピラ゠プクという山脈と、コクイ山の麓の森に隠れたその延長を眺め渡すことができた。……

しかしながら、それよりはるかに眼を引くものは私の背後の山であった。私が立ち上がってそれを振り返って眺めたとき、その山は私が南アメリカでかつて見た最高のスケッチの対象であった。その眺めを適切な言葉で表現するのは不可能である。二つの峰は別々に屹立し、右（東）側の峰のほうが、完全なすり鉢形のもういっぽうの峰より若干高く、植物は頂上にうっすらとある以外まったくなかった。そこに登るのはまったく不可能であろうと思う。左側の峰のほうがてっぺんは広く木がたくさん茂っていた。そのなかに椰子の木が二本はっきり見えたような気がした。それはイナジャー椰子であろう。というのは、私のインディオたちが、彼らの登っていったいちばん高いところで一本のイナジャー椰子を見つけているからであるが、私も以前にひじょうに高いところに登っていく途中でこの椰子を見たことがある。

トゥカンデラ蟻の咬傷

一八五三年八月一五日――昨日私は一般語でトゥカンデラという大きな黒い蟻に刺されるという喜ばしい初体験をした。……

朝食後、私はサン・カルロスの北のカアポエラに植物採集に出かけた。そこにはたくさんの朽ちた木の幹や切り株があった。私は切り株の上の苔（ホウオウゴケ属 *Fissidens*）を一かたまり切り取ろうとして身をかがめた。すると腐った木に大きな穴がぽっかり開いたのに気づいた。しかし、胴乱にその苔を入れようと思ってうしろを振り向いたとき、怒ったトゥカンデラの針が私の開けた穴からあふれ出てくるのに気づかなかった。私は腿にちくりとするのを感じた。蛇だと思って飛び上がったら、腿も足も恐ろしいトゥカンデラにおおわれているのを見た。逃げるしかなかった。そこで私は絡まる枝のあいだを一目散に駆け抜けた。ようやく蟻を振り払うのに成功したが、それまでに足をさんざん刺された。というのは、私は踵のないスリッパしか履いていなくて、それも争っているうちに脱げてしまったからである。

私は家からほんの五分ばかりのところにいた（というのは、この事件が起きたとき、家に帰る途中だったからである）。すみやかに歩きたいと思ったが、それができなかった。私は苦しんでいた。そして、インディオがこの蟻の針に苦しめられているときしているのを見たように、体を地面に投げ出して転げ回りたいのを必死にこらえた。私は焼けて熱い砂地を渡り、それからなかば干上がって水深六〇メートルもない小さな沼地を歩いて渡らなければならなかった。これらは私の苦痛を増した。私は水にふれれば苦痛は和らぐものと思っていたが、そうではなかった。

家に帰り着くと、すぐさま頼みの綱のアンモニア水を捜した。近くには一人のインディオの女（私の料理人）しかいなかったが、彼女は私がなにもいわないのに（いおうとしていた矢先であったが）私の両足首の上を紐できつくしばった。しばらくアンモニア水をすりつけてみたが少しも楽にならないので、私は彼女に油を塗るように頼んだ。それから油とアンモニア水を混ぜて塗ってもらった。いずれもなんの効果もなさそうであった。油を熱くしたら少し楽になったが、本当にほんの少しであった。そしていちばん少ししか塗らなかった傷口がいちばん早く私を苦しめなくなった。触らなかった傷口がいちばん最初に治ったのである。

私が刺されたのは午後二時ごろであった。そして痛みは五時まで少しも和らぐことがなかった。その間の苦しみは言語を絶していた。――その痛みは一〇万本の刺草《いらくさ》の針で刺された痛みとしかたとえようがない。私の足は、そしてときどき手も麻痺したかのように震えた。そしてしばらくのあいだ、苦痛のために汗が顔を流れ落ちた。吐きたくてたまらないのを苦労して抑えた。私は四時にアヘン剤を一服飲んだ。そしてこれが苦痛を鎮めるにはなによりも効いたと思う。両足の親指と足の裏を刺されていた。しかし私をもっとも苦しめた咬傷は、左足首の下の細い血管のまわりに四カ所かたまってやられたものであった。他のすべての苦痛が収まったあともこれは私を苦しめつづけ、そこから痛みが足全体に広がり、紐でくくっていたにもかかわらず、足の上の方まで広がってきた。

痛みになんとか我慢できるようになってからも、私がハンモックを左足から下りた九時と真夜中の二回、激痛が走った。そしていずれも一時間鋭い痛みがつづいた。明け方に私は眠った。そして目覚めたとき、足の感覚が若干麻痺している他はなんの不自由も感じなかった。しかし炎症は少しも引かずに三〇時間つづいた。外から見たときはふつうの刺草に刺された程度のものとしか見えないとは奇妙である。たぶんアンモニア水と油を塗ったことで腫れは防げたのであろう。というのは、腫れがかなりひどかったという事例を聞いたことがあるからである。しかしそれらをすり込むと刺されたときとそのあとに痛みを増すことになった。

私は胴乱と草履の片方を戦場に置き忘れてきた。胴乱は私にとってはひじょうに大切なものであるから、それを取り返すために私は今日思いきってその場に再度向かい、注意深く私の足跡をたどった。私は鉤のついた長い棒で、トゥカンデラを一匹も驚かさずに靴と胴乱を両方とも救出するのに成功した。

私は南アメリカに足を踏み入れて以来経てきたさまざまな経験のうちで、この蟻との出合いが最悪であった。私は何度も蟻や蜂に刺されたが、これほどひどくはなかった。

一度サン・ガブリエルのそばで、カマナオスの滝を訪れるために、私は小さなカンポをめざして歩いていた。一本の木の枝が垂れ下がって私の行く手を邪魔していた。そこで私は蜂の巣がそこに吊り下がっていることに気づかず、山刀でそれを切り払った。しかし、私の無知も一瞬とつづかなかった。というのは、ぞっとする昆虫の一群が「怒ってブンブン唸りながら躍り出てきた」のである。そして大顎と刺針を使って私を攻撃してきた。私は蜂を叩き払いながら急ぎ駆け戻った。私の帽子が落ちて、蜂のかなりのものがそれに取りついたままになったが、なお少しのものが私を追ってきて、私の髪の毛のなかに潜り込み、顔や首じゅうを刺した。私は完全に逃げおおせたとき、思わず地面にしゃがみこんだ。というのは、眼はくらくら、気は動転して、まるで頭が爆発したような気がしたからである。

頭と顔だけでも二〇カ所は刺されたようであった。雨が激しく降り出したが、私は雨が私の顔と首を打つにまかせた。それは数分で私をとても楽にしてくれたようであった。しばらくすると、まだひどく痛んではいたが、また行軍をつづけることができた。そして蜂の巣からずっと離れた藪を切り開いて進んでいった。痛みはしだいに引いていったが、その日一日は完全には消えなかった。私が連れてきたインディオははるか後方を遅れてついてきていたが、運悪く同じ蜂の巣に顔を突っ込んだ。そしてやはりひどく刺された。……

私は家のなかによくいるふつうの蠍《さそり》に二度刺されたことがある。しかしその痛みは英国の蜂に刺されたときほどひどくはなかった。これより大きな種類で、刺し傷がはるかにひどいといわれている蠍もいる。ふつうのオオムカデ属 *Scolopendra*（百足《むかで》）の咬傷は蠍のそれとほとんど同じくらいである。とはいえ、私は材木の山や廃屋のごみのなかに見られる巨大な百足に刺されたことは一度もない。[3]

毒蛇

現在（一八五三年八月）までのところ、神のご加護によって、私は毒蛇に咬まれることもなくきた。また私のすぐ近所でも蛇に咬まれた者はいたが、まさに蛇に咬まれて苦しんでいる人を一度も見ずにきた。有毒のジャララカはリオ・ネグロ川全域にわたってカアポエラや、民家の近くのゴミたまりによく潜んでいる。

ウアウペス川のパヌレにいたときのことであるが、ある日の午後、私は採集したたくさんの植物を乾いた紙に載せ、家の前に広げて乾燥させていた。開いた戸口からふと外を見ると、大きな緑色の甲虫と思われるものが、紙のあいだをちょこちょこ動きまわっているのが見えた。私はそれを捕まえるために外に飛び出した。しかしさいわいに、捕まえる前に甲虫だと思ったものはジャララカの頭であることを発見した。たいていの毒蛇がそうであるように、さいわいにこの蛇も動きがひじょうに鈍く、私は手に持っていた棒で労せずしてそれを始末した。

数日後、同じように作業中に、私はすぐそばで足を引きずって歩く音を聞いた。見ると、かわいそうな蟇《がま》が床を全速力で横切っているすぐあとから、ジャララカがそれを追跡していた。私が飛び上がるとジャララカはくるっと向きを変えて、そばのフォルノ（マンジョーカの竈《かまど》）に向かって退却をはじめた。そして私がそれをたたきのめすものをつかむ前に、まんまとその下に隠れてしまった。

［つぎに記す、スプルースが犠牲者の親戚の者から聞いた蛇による咬傷がもとで死んだ事例と、また彼が実際に目撃したものであるが別の処置によって一命をとりとめた事例は、彼に多くの経験をあたえ、そのために彼はその二年近くのちにペルーのあるインディオの命を救うことができた。またそれによって彼自身の命を救うことにもなったことは疑いない。］

ガラガラ蛇に咬まれて死んだ少年

一八五三年一〇月一一日——二日前、一二歳ほどになる一人の少年が、その父と母といっしょに、サン・カルロスから一日ほど川下の彼らのクヌコから少し離れた森で、ペッカリーを狩っている最中にガラガラ蛇に咬まれた。そのとき少年は藪などはまったくない場所に立っていたのだが、母親がちょっと彼のそばを離れたすきに、蛇が近くの茂みから勢いよく出てきて(と思われる)、彼の足のうしろのちょうどふくらはぎの下のところに咬みついた。少年は大急ぎで家に連れ帰られて、火薬が傷口に当てられ、またそれを飲まされた。ブタ(海豚)のすり砕いた皮もまたあたえられた。インディオはこの治療法に(なんの根拠もないことはあきらかだが)絶大な信頼を寄せている。これらの塗り薬の使用にもかかわらず傷は急速に悪化し、危険な状態に陥った。少年は午後一時に咬まれ、翌朝三時には死んでいた。亡骸《なきがら》は村に運ばれ埋葬された。……

サン・カルロスでは、レモンの絞り汁を傷口に擦り込みまた飲むと蛇の咬傷に効くとたいへんな評判である。しかしながら咬まれた人はほとんど死んでゆく。最近、私の隣人が娘をジャラカに咬まれて亡くした。彼女は若い美しい女であった。また私の料理人をしている女は父親を数年前に同じ蛇に咬まれて亡くしている。私がサン・ガブリエルにいたときのことだが、私の到着する少し前に、カマナオスの水先案内人の娘である若い女がジャララカに咬まれて死んだ。

ジャララカ蛇に咬まれた男

一八五四年三月——私はカシキアーレ水道とオリノコ川をさかのぼる旅から戻ったとき、最近バーラの有色人の金持ちの娘と結婚したムラートの交易商人が、サン・カルロスに家を構え、妻の財産を元手に、リオ・ネグロ川の産物をあきなう商売をはじめたことを知った。彼もその若い妻も狩猟が好きで、ある日ともに獲物を追って森のなかにいた。そのとき男は足をジャララカに咬まれた。蛇は体勢を立て直して再度攻撃しようとしたとき、男の妻に撃たれた。彼らは急いで家に戻った。家はすぐ近くであった。そして傷口を食用酢でじゅうぶんに洗った。しかしなんの効果もなく、自分は死ぬにちがいないと考えた男は、強いラム酒を大量に飲むことによって痛みと死の恐怖をできるだけ忘れようとした。彼の妻が警察署長と私を一時間後に連れて戻ったときには、彼は同じような考えでアヘン剤を飲んで完全に感覚を失っていた。傷口からは大量に出血しており、それとともに毒の一部が流れ出たことは疑いなく、すると命を失う危険はそれだけ減ったと私は思った。彼は長いあいだ眠った。彼の体はときどき痙攣して震えていたが、脈拍はしっかりしてきた。彼が眼を覚ましたとき、危険は完全に去っていた。しかし彼はまだときどき鋭い痛みが走るといい、結局自分は死ぬのではないかと考えていた。しかし、強いコーヒー一杯で治療は完了し、翌日には彼はふだんどおりに動きまわっていた。

［スプルースは、このころにはサン・カルロスとその近隣に滞在すること六カ月を超え、日記には、人々の安楽や仕事の能率を深刻に妨げるその地方の数多《あまた》の昆虫の危害について、さまざ

まな記録を集めていた。彼らがベネズエラ領内のスペイン語圏に到着して以来旅の終わるまで、終始彼は（すべての住民がそうしているのにしたがって）「モスキート、蚊」という言葉を、大きさではわれわれが刺蝶蝿《さしちょうばえ》から虻《あぶ》とよぶものにいたる小さな吸血昆虫について用い、われわれが蚊とよぶ小型の吸血双翅目のような昆虫には「サンクド」（脚の長い虫の意）という現地語を用いていることに注意しなければならない。上リオ・ネグロ川のこの地方では前者の部類に属するものは後者にくらべてはるかに多く、より大きな「災い」であることが、これからわかるであろう。これらの記述はそれ自体おもしろいものであるし、彼がオリノコ川で直面した、いっそうはなはだしかった「災い」の説明にもなるから、それをここに引用しておこう。」

リオ・ネグロ川で人を悩ます害虫

カシキアーレ水道が減水に転じてから（七月二八日）、サン・カルロスでは蚊のいない日はなかった。しかしはじめて少し増水した九月四日から、その数はあまりに増えて人々の安楽を損ねるようになった。人が動いているときは蚊はあまり止まらないが、私が物を書いたり顕微鏡で仕事をしたりしていて、どうしてもじっとしていなければならないとき、それらの責め苦はとてもがまんのならないものとなった。

私は靴下を履き、ズボンの裾を足首のところでしばり、しばしば手袋をはめている。それでも蚊は攻撃しやすい場所を探し当てる。そしてとくに私の首と胸と額を狙ってくる。私はソラノを訪れたとき（一〇月二日と三日）、一匹の蚊にも出合わなかったことに驚いた。そしてカシキアーレ水道の中心部から来た人々は、あそこはここよりもずっと蚊が少ないといっている。何年も前になるが、サン・カルロスはカシキアーレ水道のどの場所よりも多くの蚊が発生した。しかし、それ以後かなりのあいだ蚊は少なかったといわれている。今年はたしかにもとの状態に逆戻りしているようである。健康と病気が同じように交互にくりかえされることは熱帯では珍しくないようである。

ここの吸血昆虫には二種類ある。その一つはブラジルのピウン（蚋《ぶゆ》）で、これは暗色の小さな双翅目で、日没後まもなく姿を消し、朝七時より前にはめったに現れないが、昼間には一日中猛威を振るう。小さな血豆が残り、慣れていない人だと刺傷がかなりの炎症となる。インディオは血を絞り出す（浸出させる）のを習慣にしていて、夕方になると女たちがたがいに背中を調べて、尖った棒で刺し傷から一つ一つ血を絞り出している光景がよく見られる。これによって潰瘍になるのが防げるといわれている。私は刺し傷が潰瘍になったのをめったに見たことがないし、それは患者が刺されたあとを引っかいたときにだけ起こるが、とくになにかの性病の病毒があって肉体が健康でないときに起こる。手首、足首、脚のあたりの焦燥感はいちばんひどいが、もっとも薄手の靴下でも蚊を防ぐことができる。

ところがもう一つのサンクドは、最高に分厚いウールの衣服も貫通し、よくパラの英国の船乗りたちはこの蚊はジャックブーツでさえ貫き通すといっている。蚊のほうは数があまりに多いときには目や鼻や口にも入ってきて、それがあたえる痛みよりも、それが止まることの煩わしさのほうが甚大である。

この種とともに、同じ大きさで、緑色がもっと淡く、英国の森にいる虻に若干似たまた別の種がいる。正確に調べれば、さらにいくつかの別種がいるかもしれない。

一つよく目立つ大きな虻がいる。これはその大きな赤い頭が目立つので、そのスペイン語名は赤い蚊といい、一般語ではピウン=ピラガという。サン・ジェロニモとサン・ガブリエルにはこの種がたくさんいるが、サン・カルロスにはたいへん少ない。それは腹部が二、三倍に膨らむまでひじょうに大量の血をぶらさがって吸い、そのうちどうしようもなくなって地面に落下する。しかし、その刺傷は他のどんな種類の蚊よりも焦燥感が少ない。

いずれの種も朝から晩まで襲ってきて、太陽の日差しがひじょうにきついあいだだけほんの少し攻撃を緩める。つねに木の下や家のなかのような日陰にいちばんよく集まっている。まっ暗闇になると攻撃は終息する。ゆえに休息はつねに扉と窓を閉め、大きなすきまをすべてふさぐことによって得られる。カシキアーレ水道では日中家の出入口に筵《むしろ》のようなもの（ブラジルではパリ、ベネズエラではカクリとよばれている）を掛けておく習慣がある。それはただグラヴァターナ椰子の葉を葛《かずら》で結わえたもので、蜂が一匹通り抜けられるだけのすきまがあるが、それでも蚊の侵入を防ぐにはじゅうぶんだといわれているし、光も少し差し込んでくる。

毎日ではないが、ときどき日没時に刺蝶蠅がやってくる。これはブラジルではマルイン、ベネズエラではエーエンとよばれるもので、たんなる一点にしか見えず、飛んでいるときはほとんど塵と区別がつかないが、なによりもひどい苦痛をあたえる。私はそれに刺されるといつも多少とも炎症を起こした。

白色の水の川であろうと、黒色の水の川であろうと、川沿いを旅していると、昼間に最高に煩わしいのはムトゥカ（ベネズエラではタバノ）とよばれる虻のようである。アマゾン河にもっとも多い種はふつうの家蠅ほど大きいものではない。それはほとんど黒に近い深い緑色で、白い点が少しついている。そしてその吻《ふん》は短く幅広いので、衣服の上から貫くことはできない。しかしそれは体の露出した部分を恐ろしく攻撃してくる。そしておびただしい数が発生しているので、たいへんやっかいな害虫である。

リオ・ネグロ川には二、三種が棲んでいる。みな虻にとてもよく似ていて（じっさいデメララではこの名でよばれているはずである）、カラパナーの吻とくらべてさえ、それよりよく貫き通す長い針のような吻をもっている。それに刺されると腫れて、たいへんな焦燥感をあたえる。とくに足の横と裏の場合はひどい。通常陸地には少ないが、サン・ジェロニモにはたくさんいた。そして夕方にかけてもっとも貪欲に噛みついてきて、腹いっぱい吸う前に手を緩めるよりは殺されるほうを選んでいた。ムトゥカ＝ピランガという赤っぽい色の種が一つおり、これはよく二次林に棲んでいて、その螫刺《せきし》は激烈である。

一般にリオ・ネグロ川の森には吸血性の双翅目昆虫は多くない。細流沿いにはときどき二、三種の蚊と脚の長いサンクドがおり、低い砂地の開けた森にはあるきまった時期に、たくさんの小さな吸血性の双翅目昆虫と前述のムトゥカ＝ピランガが現われる。

バーラまでのアマゾン河沿いで昼間に唯一襲来するのは虻である。バーラの川下一、二日のところでは、一匹だけはぐれた蚋がときどきやってきた。しかしソリモンエス川では昼は蚋と虻が、そして夜はカラパナー（蚊）が気の毒な船旅の人を一時も休ませない。そしてこの川をさかのぼっていくと、それはますますひどくなる。

［オリノコ川へ向けてサン・カルロスを発つ二、三日前に書かれたつぎの手紙には、この地方を旅する者が遭遇する困難と遅延がよく説明されており、またスプルースがその旅のために作った船のことがくわしく記されている。――］

ジョン・ティーズデール様

一八五三年一一月二〇日、サン・カルロスにて

オリノコ川航行のための船

……ウィリアム・フッカー卿に私は今まさに出発しようとしていますと書いてからもう三カ月はたっています！　私を引き止めているものは本当のところなにもありませんでした。私の船は完成していて、二日のうちには船板のつぎ目の水漏れも塞ぎ、進水できたでしょうし、私の荷物はみんな出帆に向けて梱包ずみでした。しかし、航行に出る人の都合も、目的地にいつ到着できるかも、ここではまったく予測がつかないのです。そのとき、ちょうどわれわれは一種の君主不在期間とでもいうもののなかにおりました。サン・カルロスの警察署長は罷免されて、グアイニア川をいくらかさかのぼったところに住んでいる別の人が彼の後任として任命されました。この男がこの名誉ある地位を辞退したため、サン・フェルナンドに住む長官との連絡に何週間もの時間が費やされました。

インディオは彼らを管理する者がだれもいないことを知ると、自分たちのクヌコ[4]に引きこもってしまったため、少なくとも三週間は村は完全に見捨てられてしまいました。このあいだに私は飢えてあっけなく死んでしまってもおかしくありませんでした。というのは、サン・カルロスの近くの森の獲物はほと

んど捕りつくされていたからですが、さいわいにも私は少しばかり前にマイプレスの滝に注文していた塩漬けの牛肉を受け取っていました。それに私はブラジルからかなりの量の米とマンジョーカを持ってきていました。たぶんあなたは熱帯では肉がどのように保存処理されるかご存知ないだろうと思います。――それは薄切りにされて、ほんの少量の塩をふって日干しにされます。そうして保存処理したものはまるで革紐のようになります。――革紐を茹でたらとても硬いかどうかは私にはわかりません。私は食べたことがありませんから。――しかし、それがまことに折よく届いたときにはそのような状態でした。そして私の命を保つにはじゅうぶんだったのです。

インディオたちが荷物をまとめて立ち去ろうとしているのを見たとき、私は私のピラグア（丸木舟）のすきまを塞がなくてはならなかったので、その仕事をするコーキング工に声をかけてみました。コーキング工は五、六人いました。しかし、彼らが通常受け取る倍の報酬を申し出てみたのですが、彼らは働くことを拒否しました。そして私には彼らに強制する手段がありませんでした。私のボートは作るとき、覆いの下で作業がなされず、そして完成後も炎天下で六週間ほど放置されておりました。そのため継ぎ目が全部開いてしまい、材木のいくつかに亀裂が入ってしまいました。その船は地面にじかにおかれていたので（というのはここではインディオの楽しみ以外のために「台」などは使いませんから）、白蟻がそれに入り込み、本来もっと硬くなくてはいけないリブの軟らかい木材を喰いはじめていました。私はその船を進水させるまでそれに気づきませんでした。そして蟻は何千といたため、熱湯を使ってそれらを殺すのにたいへんな思いをしました。

ようやく、カシキアーレ水道のソラノに住む老紳士で、たぶんフンボルトを覚えているリオ・ネグロ州の唯一の白人であるドン・ディエゴ・ピナが警察署長に任命されました。しかし彼がサン・カルロスに移ってきてから、インディオたちを村によび戻すのに二、三週間かかりました。インディオは戻ってきたときに、みなそれぞれ自分のブレチェ（ブラジルの蒸留酒カシャサ）を下げていました。自分の蒸留器と砂糖黍畑をもっていないインディオは一人としていないのです。

二人のコーキング工が私の船の修理にとりかかってくれました。とはいえ、彼らは常時酩酊していて半日しか働きません。そして彼らの仕事はまる一週間かかりました。そして仕上がりがあまりに雑で、船は進水させた翌日には沈没しておりました。それを水に入れるのに私は三ガロン半のラム酒を支払いました。そしてふたたび水から引き上げるのにもう半ガロン支払ったのです。そして私はコーキング工に水が漏れてくる穴を塞がせました。しかし、彼らもその助手もみな酒に酔っていて、仕事はきわめて不完全にしかおこなわれませんでした。そしていまだに私の船には許容量以上の水が入ってきます。しかし、カシキアーレ水道の泥水が割れ目を完全に塞いでくれるものと私は期待しています。

　これでここでの船の建造はどういうものか、おぼろげながらわかっていただけたでしょう。そして私がそれに辟易しているだろうとまちがいなくご想像いただけたものと思います。最悪なのは、船が二年以上もつとは期待できないことです。というのは、それに用いられる木材のほとんどは氾濫する川岸のもので、水中に切り倒して筏として漂わせていけるように水位が高いときに切り取られます。こうしたものは急速に腐っていきます。テラ・フィルメ（浸水しない陸地）にはすぐれた木材がたくさんあります。しかしここでは丸太を水辺まで運んでくる手段がないのです。

　ピラグアという名前はクリアラ（ここで一本丸太で作られた船をさす言葉です）をベースに作られる船にあたえられたものです。これより大きな船は、まさに竜骨《キール》から板で作られていてランチャとよばれています。私のピラグアは長さが一一バラ（一バラ＝八四・六六センチメートル）あり、幅はいちばん広いところで三バラ弱、深さは一バラもありません。後部にはカローザ（キャビン）が長さ五バラを占めていますが、それはまったく板だけで作られたもので、ここで通常やるように椰子の葉で葺かれてはいません。床は船の縁から一五センチほど下で、ほとんど平らな屋根――ほんのわずかに中高――はひじょうに高いので、私はカローザのなかで、高さ一五センチほどのインディオの小さな床几《しょうぎ》にとても居心地好く座っていられます。両側には小さな四角い窓があり、カローザの船尾側にも一つあって、必要なときに開けて空気を取り入れることができます。

　カローザには扉を畳んで入りますが、扉は南京錠で閉めることができます。屋根は水が入ってこないように作るのはとてもむずかしいことです。私はそれに二度詰め物をしましたが、それでもまだ雨が入ってきます。そこで私は数枚の細長い丈夫な綿布を屋根の大きさに縫い合わせ、ポンダリという木の乳液を塗布して、一種の蠟引き布を作りました。これを屋根に釘で止めたところ、それは立派に役目を果たしているようです。私はさらに一枚の大きくて防水がほぼ完全な敷布を屋根にかぶせました。それは太陽の熱を和らげるのに役立っています。

　ピラグアの前部には船の漕ぎ手の座るベンチがあります。そこで私は同じ場所にたとえばマンジョーカのさまざまなマピレ（籠）その他のインディオが盗みそうもないものをおいて、それらを全部二枚の敷布でおおっておくつもりです。舳先にはピラグアを引いてラウダール（滝や早瀬）を登るのになくてはならない大きな綱の束がおいてあります。カシキアーレ水道にはいくつかの小さなラウダールがあります。オールにするのはご想像どおり水かきの櫂です。櫂にはいろいろな形のものがあり、楕円形のブレードがついているものもあれば、まん丸のブレードのものもあります。

　私の乗務員は七人の男と一人の少年からなる予定です。この地方では先払いでないかぎりなにもしてもらえないことは、すでにお話ししたと思います。ですから、ほとんどの男たちはすでに三カ月と見積もった船旅の支払いを受け取っています。インディオの大工はみな何人かの白人やその他の人たちに負債がありあります。ですからほんのちょっとした仕事をやってもらう人が必要なときには、どこかの大工の借金を最初に肩代わりしなくてはなりません。さらにその大工は前払いで品物をもらわないことには仕事にとりかかりません。

こういうわけで、たとえば私には「買う」べき二人の大工がいました。そして彼らが私のピラグアを完成してさらに箱を数個作ってくれたあとでも、まだその一人は私に四〇ドルの借りがありました。私がサン・カルロスに戻ったときにもし彼にしてもらうことがもうなければ、そこで私は「彼を売る」算段をしなくてはなりません。これはまたまったく別の問題です。というのは、ここには金を持っている人はだれもいないからです。そしてもし私がピアッサーバ椰子や板（彼らが提供できるものはこれしかありません）を受け取れば、それらをバーラまで運んで下り、そこで売り払うための船を一艘作らなくてはなりません。それは考えてみれば、たぶん金を失うよりもひどいことになると思われます。

……ベネズエラの新大統領はだれかというニュースをサン・カルロスにもたらしたのは、アマゾン河経由で私に届いた英国のタイムズ紙でした。

［つぎはカシキアーレ水道に向けてサン・カルロスを出発する前に日記の最後に書かれたものである。――］

飲酒による二人のインディオの死

一八五三年一一月四日――この日はここの教会と村の守護聖人のカルロ・ボロメオの祭礼だった。

何日も前から毎晩、そしてこの祭りのあいだは昼夜を分かたず、ほとんどのインディオは踊り、酒を飲んですごした。そして五日の夜が開けたとき、多くの者が正体もなく酔っていた。午前八時ごろ、私はマエストロ・コンデとよばれているインディオの家に来てほしいとよばれた。コンデは死にかかっているという話であった。コンデはこの村ではもっとも腕利きの大工で、私は彼をそれまで二カ月にわたって船のカローザすなわちキャビンを作ってもらうために雇っていた。祭りがはじまったとき、ちょうど彼はそれを完成したところであった。

コンデは意識を失い言葉もなくハンモックに横たわっていた。眼と口はきつく閉じられ、大きないびきをかいていた。手首の脈はほとんどなく、顔は膨張していた。彼は昨夜は一晩中この状態であった。私は彼にもっと空気をあたえるために出入口の近くに彼を移動させた。そして二人の男に手伝わせて彼を起き上がらせ、かなり苦労して彼の口をこじ開けて、アンモニア水を小さなスプーンに一杯あたえた。それからオリーブ油とぬるま湯をあたえた。しかし、それを飲んで彼がむせかえるのを防ぐのはたいへんむずかしかった。われわれは胃のなかのものを吐かせるために羽根で喉をくすぐった。しかし彼には胃のなかのものを吐き出す力はまったく残っていないようであった。

冷たい濡れた布を彼の額にあてて、温かい布を体に、そして足には熱い石をあてた。そしてポルトガル人の助けを借りて、私はなんとかして彼の肩のうしろから吸角で瀉血しようとした。そして何度かこころみて、かなり大量の血を抜いた。つぎに鶏が一羽絞められて、スープが作られた。それを時間をおきながら彼にあたえた。こうして数時間すごしたが、吐かせることも意識を回復させることもできず、私は退散しなければならなかった。しかし湿布はつづけるように指示した。午後四時ころ、人々は私のところにやってきて、コンデは激しく痙攣し、血のかたまりを吐いたあと、すぐに息絶えたと告げた。

飲酒が原因の死はサン・カルロスではきわめてひんぱんにある。少し前に二人の若者がこれが原因で死んだ。コンデは二人の息子を残した。彼らは一六〜一八歳の立派な体格の若者であった。父親が死んでしばらくたってから、私は薪を少し切ってきてもらうためにその兄を一日雇った。なにで支払いを受けたいかと尋ねると、彼は即座にトラーゴすなわち酒といった。私は彼に、父の死とその原因をもう忘れたのかと聞いた。「へえ！」と彼は笑っていった。「トラーゴはぜったいに人を殺したりしませんよ。親父はエンブルガーディ（魔法をかけられた）ですよ」。私は二月末にカシキアーレ水道から戻ってきたとき、若いコンデがトラーゴの犠牲になって倒れたことを知った。――父親とまったく同じ死に方をしたのである！

［オリノコ川に向けてサン・カルロスを発つ少し前にスプルースは植物について述べた二通の書簡をベンサム氏とウィリアム・フッカー卿に送っている。前者はおもに上リオ・ネグロ川の植生に関する一般的な説明であるが、彼の採集物の量と特徴について、また彼のこれまでとこの先の探検に関するさまざまなことがらについて説明を随所に織り交ぜながら語っているから、植物学者のみならず、広い分野の博物学の愛好家にも興味深いものであろう。もう一通のほうにはもっぱらセン類とタイ類のかなり豊かな産地について述べられている。この二つは手紙の受取人にとってとくに興味ある植物群であり、またスプルース自身にとっても生涯の第一の研究課題であった。この書簡は、これらのひじょうに美しい小さな植物についてなにがしかの知識をもつすべての人にとって興味深いものであろう。］

ジョージ・ベンサム様

一八五三年一一月二三日、サン・カルロスにて

上リオ・ネグロ川の植生

私のコレクションはきわめて貧弱です。船便がありしだいバーラに向けて発送されるように荷物を一つ用意してあります。怠け者で酔っぱらいのインディオを雇い入れ、彼らがちゃんと仕事をするように見張っているために、私の時間がこれほどまでにもとられなかったとしても、私は木も花もほとんどない雨季にはたいして採集することはできなかったでしょうし、ここにはサン・ガブリエルほど私を忙殺するだけたくさんの羊歯はありません。それに川沿いにはリオ・ネグロ川か下ウアウペス川ですでに採集したことのない植物はほとんどありません。

とはいえ、私の採集したわずかな植物のなかには、興味深い特異な構造をもつものがいくつかあります。先日カシキアーレ水道で、たぶんモッコク科のオクトコスムス属 *Ochthocosmus* に類縁でしょうが、フミリア科、ボロボロノキ科、カキノキ科にもやはり近いと思われる木を一本採集しました。その他にも、あとにあげた三科に共通の特徴をもちながら、そのいずれにも属さないことはぜったいあきらかなものがいくつかあり、そしてアントディスクス属 *Anthodiscus* に類縁ですが、それと結びつけることは困難なバターナット科の新属があります。またあきらかにすべて未記載のディモルファンドラ属 *Dimorphandra* の美しい一群、さらに多くのナツメグとコミアントゥス属 *Commianthus*、そして無事お手元に届きさえすれば、あなたもきっとご興味をもたれるにちがいないその他いくつかのものがあります。

私はカライパ・パニクラタ *Caraipa paniculata*（ムラ＝ピランガ）の花については調べませんでしたが、その形態からフトモモ科の二種として分類しました。上リオ・ネグロ川とウアウペス川にはあきらかにすべてアカネ科に所属するまた別のムラ＝ピランガがいくつかあります。それらは木部が特徴的で、とくに切ると赤く変わる樹皮に特徴があります。ちょうど今私の手元に、先日あるインディオの家で見つけた枝が数本あります。灰色の表皮を剝ぐと内樹皮が最高にきれいな真紅を呈します。この樹皮からアナットやカラジュルから採ったものよりもずっとすぐれた鮮紅色の染料が得られます。近年、化学が染物の技術をたいへん改良しましたが、私は英国でそれをためしてみたく思っています。私はウアウペス川で実のなったものを二種採集しました。それらがスプルケア属 *Sprucea* のものかどうか調べていただけるとうれしいのですが。でもたぶんたんなるアマイオウス属 *Amaious*（アカネ科）でしょう。

植物を保存することの困難

一八五三年一月の「フッカーの植物学雑誌」にD・C・ボルの書簡があります。そのなかで彼はカーポベルデ諸島の雨季について語り、「屋内でさえ、衣類も靴も家具もなにもかも、それぞれに相応しい毛黴《けかび》におおわれるところで、どうして植物を乾かせるというのでしょう?」と述べています。ところがリオ・ネグロ川は一年中これよりひどいといえるでしょう。それでも植物は乾かせるのです。もし私がこの地の定住者で、物を乾燥状態に保つためにはどうしたらよいか、私が経験から知った条件をすべて備えた家を建てることができるならば、私は世界のいたるところでしてきたのと同じように、ここでもまちがいなく植物を乾燥させることができると思います。——同じように簡単にとはいいません。というのは、どんな設備のもとでもたいへんな手間がかかるからです。

私はパラを発って以来、どしゃぶりの雨が屋根から漏れてこない家に住んだことはありません。バーラでは私は毒のある小さな赤い針蟻にひどく悩まされました。それは私の収納箱に入り込んで衣類や乾燥させた植物のあいだに巣を作ったのです。植物の包みを調べると、蟻酸に濡れて厚い束となってしまった紙と、またそれと同じ状態の植物を発見して、それらを廃棄せざるをえないことがときどきありました。

［三年後にタラポトからの手紙のなかで、ふたたびこれについてつぎのように述べている。——］

極端に高い湿度

サン・カルロスの湿気はサン・ガブリエルとウアウペス川で私が経験した上をいきました。もし私が書き物をしていて、たまたま紙を一枚地面に落としてもし五分間それを拾い上げずにいると、それはひじょうに湿って、もう書けなくなります。よく乾燥させて箱にしまった標本の場合は一カ月で黴におおわれます。しかし、テーブルの上に放置された場合は黴におおわれるには一晩でじゅうぶんです。テーブルに一晩おかれた金属や象牙質のものは朝には湿っています。

ウィリアム・フッカー卿殿

一八五三年九月一七日、サン・カルロスにて

豊富なセン類とタイ類

リオ・ネグロ川とカシキアーレ水道が作る角の部分で、たいへん興味深い若干のセン類とタイ類を手に入れました。私がこれらの一族がとくに好きであることは、多くの人の知るところですので、私がそれらについてなにか活動しているかどうか、そして私がそれらの標本を配付するつもりかどうか、たぶんあ

なたは質問を受けていらっしゃるでしょう。私はこれまであなたへの手紙のなかでセン類について述べることは控えてきました。なぜならば数があまりに少なくて、手間をかけて配分するだけの量になるかどうかわからなかったからです。

上リオ・ネグロ川ではそれまでより上首尾でした。ですから、そのうちいつか、じゅうぶんな量をそろえたこれらセン類とタイ類のセットを作り上げられるかと思います。セン類については訪れた土地の広さと、四年間の旅行のあいだに私がどんなに注意してそれらを探し求めたかを考えれば、種の数がまだ少ないのです。この期間のあいだ、ヨーロッパのどんな場所であれ直径八〇キロメートルの範囲で私が一カ月で集められたであろうものより多くのセン類は集まっておりません。それでもあらゆるものは興味深く、じゅうぶんたくさんのものが新しいものです。

アマゾン河とリオ・ネグロ川の隠花植物の一般的特徴はデメララとスリナムのそれらとまったく同じで、ブラジルのその他の地方のそれらとはほとんど類似点がないようです。セン類はほとんど腋果性で、ひじょうに多くの微小なハイゴケ属 *Hypnum* とかなり多くのアブラゴケ属 *Hookeria* があります。しかし、サン・カルロスの近くの湿林の丸太の上によく生えている後者の美麗種は、フンボルトがエスメラルダで集めた標本からあなたが『外国産蘚類』に記載されたパレスケンス種 *H. pallescens* のようです。フンボルトの集めた種をこの地方で探す努力を私はいたします。

頂果のあるセン類のなかで、もっともふつうでたぶんもっとも美しいのはオクトブレファルム・アルビドゥム *Octoblepharum albidum* です。これは湿った場所でも乾燥した場所でも、いたるところの木の上に生えています。同属のキリンドリクム種 *O. cylindricum* はこれよりはずっと少なくて、私はたいていそれを椰子の幹の上に見ました。私はこの属の新種を一つか二つ手に入れたのではないかと思います！

おもに地上や木のなかにある白蟻の巣の上に育つ、とても小さなホウオウゴケ属 *Fissidens* もひじょうにたくさんあります。ミノゴケ属 *Macromitrium*、アミゴケ属 *Syrrhopodon*、カタシロゴケ属 *Calymperes* は代表種がみなそろっていますが、私が期待したほど多くはありません。いっぽう、涼しい気候に特有と考えられている数属の種にも会いました。たとえばサンタレンのアナカリプタ属 *Anacalypta* とサン・ガブリエルのタマウケゴケ属 *Phascum* です。

リオ・ネグロ川できわめて一般的でひじょうに美しいセン類はシラガゴケ属 *Leucobryum*（シッポゴケ属 *Dicranum*）のマルティアヌム種 *L. martianum* です。それは湿った丸太の上に生え、大量の果実をつけるというもう一つの利点があります。

私は南アメリカに足を踏み入れてからすでに四年以上になるのに、一度もヒョウタンゴケ *Funaria hygrometrica* を見ていないのにいささかがっかりしております。——この苔はだれかが真実を語るというよりむしろ詩的に「野生のインディオが火をともしたところにかならず芽を出す」といったものです。私はアマゾンの森で、野生のあるいは文明化したインディオが火を焚いた場所を何百と見てきましたが、そのような場所に生えてくる植物は苔ではありません。私はいつか、たいていそれらはどういうものであるか、お話しすることができるでしょう。黒焦げになって炭になった幹にとくによく生える苔が一種あります。それは小さくしたハイゴケ属 *Hypnum* のタマリスキヌム種 *H. tamariscinum* に似ています。私はそれは同属のインウォルウェンス種 *H. involvens* だと思います。ヤノウエノアカゴケ *Ceratodon purpurens* はヨーロッパではたいていヒョウタンゴケといっしょに生えていて、やはりそれと同じように世界中に広く分布するとの評判ですが、ここでは一度も見たことがありません。

どこでもタイ類はセン類よりはるかに多く見られます。そしてたくさんの新種があるものと私は期待しております。ひじょうに多くがクサリゴケ科のものですが、またオムファラントゥス属 *Omphalanthus*、フラグミコマ属 *Phragmicoma*、マスティゴブリウム属 *Mastigobryum*、ハネゴケ属 *Plagiochila*、ミドリゼニゴケ属 *Aneura* などの数種があります。リオ・ネグロ川でもっともふつうに見られるタイ類の一つはスファグノエケティス属 *Sphagnoecetis* の一種です。それは英国のツボミゴケ属 *Jungermannia* のスファグニ種 *J. sphagni* に外観がとてもよく似ていますが、それより小さくて、雨季の終わりに豊富に胞子をつけます。私はふつうのヨーロッパの型に類縁のひじょうにたくさんの新種を持っております。たとえばツボミゴケ属のビクスピダタ種 *J. bicuspidata* やトリコフィラ種 *J. trichophylla* のようなものです。また、かたまり状の葉をもつタイ類と羽状葉をもつタイ類の中間型の、あきらかにすべて未記載の数種も一セットあります。

ごくわずかなセン類しか大きな河川の氾濫する川岸には生えておらず、しかもそれらはどこにでも生えている種です。森に奥深く分け入り、岩の多い小川や、またそうした川のなかやその近くに倒れている木の幹のあいだを探しまわる必要があります。ですから、一八五一年一一月に私がリオ・ネグロ川を遡行したとき、そのおりの川の水位は低く、花を咲かせた樹々がいっぱいあったのですが、あまりにも干上がっていたため、川岸にはセン類はほとんどないかのように見えました。その逆だったのは、昨年の三月に私がウアウペス川からサン・カルロスにやって来たときのことです。そのおり水位は上昇中で、雨がひんぱんに激しく降りました。水没した樹々の幹は多くの場合、セン類とタイ類の緑の衣に包まれていましたが、樹々それ自体はほぼ例外なく花をつけていませんでした。

私はエスメラルダの裏山での採集にベストをつくします。とはいえ、たくさんの収穫があるだろうとは期待していません。私がこれまで訪れた山々の大きな特徴は谷のない丘陵だということです。——花崗岩のかたまりが平原から突き出ているのです。そこにはどこも水がないようです。ほとんど人が住んでいないのは、たぶんそのためだろうと思われます。私の知りえたかぎりでは、リオ・ネグロ川と上オリノコ川のすべての山々にはインディオの小屋のようなものしかありません。

植物標本箱と博物館のために私が作成した採集品をあなたに満足していただけたことを知って私はうれしく思います。ヨーロッパの私の友人たちが私の努力を理解してくれるという確信があるから、私はこの地方での困難な旅行に耐えることができるのです。たしかに私より強健な人ならもっとたくさんのことをなしとげるでしょう。とはいえ、もっとも強健な人でも、このような無気力な人たちのあいだでは、たいへんな時間の浪費を甘受しなければなりません。これについてはウォレス氏がもっとよくあなたにご説明できるでしょう。

私の健康についてご親切にもお気遣いくださっていますが、英国にいたころとほとんど変わりません。——簡単に体調を崩しますが、(注意すれば) めったにひどい病気にはなりません。私はあまりにも完全に熱帯に順応してしまったため、寒い気候に戻ると病気になるのではないかと思います。

原注

1 ベネズエラのピラグアはブラジルのイガラテと同じで、木の幹をくり抜いたものを船の胴体にして、上には両側に三枚以上の厚板をつけたもの。

2 Baena, Antonio Ladislau Monteiro, *Ensaio Corografico sobre a Provincia do Pará*, p.530.

3 トモの木挽き穴の横に積み重ねられたいくつかの厚板のあいだに、私は長さ二八センチ、幅二・五センチのオオムカデ属 *Scolopendra* を発見した。

4 クヌコ (ブラジルではシティオという) は、おもに森の奥深い川岸にあるマンジョーカのプランテーションにあたえられる名前である。

●第一二章

フンボルトの国で――カシキアーレ水道、クヌクヌマ川およびパシモニ川遡行の旅

（一八五三年一一月二七日――一八五四年二月二八日）

編者の緒言

「この探検旅行の日記は珍しく充実していて、スプルース自身、彼の旅行のもっとも興味深い部分の一つになるだろうと期待していた。

　第一に、それは初期の旅行家である博物学者のフンボルトとボンプランが、そしてまた部分的にションバークが訪れた広大な土地を横断する旅であったからである。第二に、スプルースはヨーロッパ人の旅行者がそれまでまったく調査したことのない二本の川を事情が許すかぎり奥地までさかのぼり、ほとんど知られていないいくつかのインディオ部族に出会うという興味深い体験をした。

　そうした理由で、私は、この日記はほとんど削除せずに一般読者にお見せしなくてはならないと考えた。唯一削除したのは、旅行にはたいていつきものの、とくに重要でないこまごましたことであるが、このほとんど知られていない地方を旅行するに際し、それにともなう困難と危険を説明するのに役立つと思われたことは、今日でもほとんど状況は変わっていないはずなので、すべてそのまま収録した。また適切と思われた場所に、スプルースが友人のジョン・ティーズデール氏にあてた書簡のなかで語っている、エスメラルダのいきいきとした描写を挿入した。それは日記の学術的な記載を補っている。

　日記のあとに、この遠征全般に関係ある、ひじょうに読みごたえのある説明が記されたW・フッカー卿あてのやや長い書簡を、この旅行者がなぜその全計画を達成できなかったかを説明するのに役立つと思われたので掲載した。これらの植物学的な部分をのぞけば、本章全体はだれにとっても興味深いものと思う。」

船の難破を回避

一八五三年一一月二七日（日曜日）。私はカシキアーレ水道に向けて船を出した。働く意欲のない酔っぱらいのインディオその他の障害はあったけれども、午前一〇時ごろに船は正常に航行していた。

午後四時、グアイニア川の河口の急流に到着した。この流れの勢いは川の水位が高かったため、かなり緩やかになっていた。とはいえ、それでもクリアラより大きな船では乗り越えるのがむずかしい。われわれは西岸に渡った。私の水先案内人がそちら側の方が突破しやすいという意見だったからである。

ピアッサーバ椰子の繊維で編んだ太さが直径一〇センチの新品の綱は、二時間にわたって酷使されたため、船が滝のちょうどまんなかにいるときにぷっつり切れてしまった。船は三、四回くるくると回転し、危うく突き出た岩の角に当たってこなごなに砕けるところであった。そのために竜骨《キール》に穴が空き、穴の場所がわかるだけの明るさはもうなかったが、そこから水が流れ込んでくるのをはっきりと聞きとることができた。船を川岸にしっかりと停泊させ、男たちは一晩中水を掻い出しつづけた。私は一瞬も眠らないようにして、男たちを交替で起こして必要な仕事をさせた。朝、水が漏れてくる場所を見つけて粘土で穴をふさいだ。そして二九日にソラノに到着したときには、ピッチを使わずに簡単に穴をふさいだ。するとカシキアーレ水道の水に浮かぶ泥が、まもなく水漏れを完全にふさいでくれた。

切れた綱を調べてみると、それが前もってなにか鋭いもので半分以上も切られていたことを発見した。でなければ、こんなに太い新しい綱がそう簡単に切れるはずがなかった。私がこの航海から帰還する前に、インディオたちはそれは水先案内人のカルロスの仕業だともらした。カルロスは陽気で怠惰なごろつきで、まさしく私の船を岩の上で破壊してやろうと企んでいたのである。そうすれば、すでに支払いを受け取っていたたいへんな船旅に出なくてすむだろうと彼は考えていた。船が沈没しても彼とその仲間は泳いで簡単に助かるであろう。彼らはいつだって恐ろしい急流に飛び込むことなどなんとも思ってはいない。[1]

私はこの船旅に大きなポルトガル製のフラスコ（暗色の四角い厚いガラス瓶）を何本か持ってきていた。果汁の豊富な果物をアルコール浸けにして保存するためである。そして同じ目的のために、レセカドという強力な砂糖黍酒の入った大きな籠入りの細首大瓶《デミジョン》（約六ガロンすなわち一二フラスコ入る）を一本用意してきていた。またこれらの他に、飲料用として細口フラスコ二本分の同じ酒を持ってきた。

眠れない最初の晩、水漏れに怠りなく気を配っているとき、私は男たちにこの酒を気前良くふるまった。水先案内人はとくに喉が乾いていて、ごくごくと飲んだため、「そうとう酔ってしまった」。つづく二晩、彼はもっとくれとうるさくせがんだ。そしてコップ二、三杯の酒で怒りっぽく不作法になった。そこで、この酒を持っていることは、おそらく私にとって日々の患いの種となり、たとえそれに毒のある果実を浸けても、インディオたちがそれを飲むことの妨げにはならないであろうことが私にもわかった。

そこで四日目の晩、私は真夜中に起きて、酒の入った大瓶を取り出して、中身をできるかぎり静かに川に流した。男たちは船首側で寝ていた。しかし朝起きたとき、一人がそばの者につぎのように話しているのが、船室で横になっていた私に聞こえてきた。「旦那が夜、大瓶からこぼしていたのはいったいなんだろう？　聞こえなかったか、あのコポ、コポ、コポ、コポという音が？　まさかブレチェじゃないだろうね！」。相手の男はそれはきっと腐って悪臭を放っていた油だろうと考えた。私は魚を揚げたり灯火用にするために亀の油を小瓶に二本持ってきていたからだ。

朝食のために船を止めて私が船室の屋根の上にその瓶を水切りのためにおいたとき、この問題についてはなんの疑問もなくなった。一人一人が交替でそれにこっそり近寄り、においをかいでいた。そして彼らのささやき声から、私がこれほど貴重なものを無駄にしたことに彼らが恐怖を覚えているのが感じとられた。とはいえ、おかげで私はブレチェへのうるさい執着からやっと解放された。

私の手元には蒸留酒はフラスコ一本だけ残った。それに私は大黄の粉末を二オンス〔約五七グラム〕入れた。そうすれば酒は味が落ちるし、薬効も増すと思われたからである。私の猟師――私の最良の部下であった――が悪寒と発熱をともなう病気にかかったとき、強いそれを一杯あたえると、彼はそれで回復した。「旦那、その薬はものすごく苦いけれど、ものすごくうまいですよ」と彼はいった。私は彼がそれを全部飲みたがるのではないかと心配になった。しかし、強い薬はほんの少量飲むことが大事で、さもなければかならず毒になるとよくいい聞かせたのでそうした心配は無用であった。そしてもちろん私はそのなかに蒸留酒が入っているのではないかという彼の懸念を払拭した。

蝙蝠の群翔

花崗岩の広い川床は長い距離にわたって乾き上がっていた。私は岩の上に載っている大きな平らな板の下から、蝙蝠《こうもり》の群れが出てくるのを見る機会があった。日没直後、それらはとぎれない流れとなって繰り出してきた。それは二、三分つづいた。一つの大きな石の下から出てきた蝙蝠は二、三百匹はいたであろう。しかし三〇日の夜、グアナリの岩の近くに錨を下ろしたとき、同じ現象のもっと大規模なものを目撃した。

夕食後、ちょうど私が船室から出てきたとき、岩〔岩は二〇〇歩も離れていなかったが、あいだに立ち並ぶ木々に視界がさ

第33図　カシキアーレ水道のグアナリの岩山。数キロ川下から見たところ（R・スプルース画）

えぎられて見えなかった）の方角の森のなかから、低い轟音が聞こえてきた。それはまるで雷がやってくるようであった。私はインディオたちに船室の上に掛けて干していた布を取り込むように命じた。しかし彼らは笑って、やってくるのは雨ではなくて蝙蝠だといい、川を横切り、対岸の森の上をはるか向こうまで延びている一条の長い黒雲を指差した。最初私はそれが生き物の軍団だとは納得がいかなかったが、注意して見ていると、彼らの餌となる夜行性の昆虫を追って、こうして群れをなして出撃してきた小動物の動きをはっきりと見てとることができた。その数は見当もつかなかった。たぶん一〇〇万匹どころではなかったであろう！

私は昼間ときどきこうした平らな張り出した岩の近くに腰を下ろしているとき、温かいまったくにおいのない一陣の風がその下から吹き上がってくるのに気づいていた。そしてその岩の端に耳を当てると、とぎれることのない、ささやくようなぱたぱたという音を聞くことができた。私は子供たちがこれらの石の下から、長い棒でつついて蝙蝠を追い出しているのを見たことがある。

私の船の乗組員は総勢九名であった。すなわち、水先案内人、七人の漕ぎ手、そして一人の少年である。

二九日午前八時、ソラノ着。ここはサン・カルロスよりやや小さな村で、カシキアーレ水道沿いの唯一の古い開拓地である。ここにはシルベストレ・カヤ・メノと名乗る老人がいた。彼はイエズス会士を覚えていた。フンボルトも見ているにちがいない。彼は完全な聾者であるが、同じ年ごろの彼の妻はなお五体満足であった。二人とも若い世代のインディオのだれよりもスペイン語をじょうずに話した。村長としてソラノに駐在するドン・ディエゴ・ピナは、その夫婦はおそらく一〇〇歳を超えているだろうといっていた。

グアナリの岩

三〇日の午後、グアナリの岩に到着した。これはコクイの岩の小型版である。その高さは川から九〇メートルはないものと思う。それは一つの大きな屹立したかたまりと、右側の三、四個の小さな壊れた岩からなっていた。右側の岩の二つは横に並んで立っていて、それぞれまんなかより少し上に横向きに亀裂が入っていて、「バロン・エンブラ」（女性）とよばれていた。

そこにはまたサン・ガブリエルと同じように、麓にたくさんの大きな岩が転がっていて、その下に蝙蝠の群れが棲んでいた。これらの岩のあいだを、膨大な数のアルム属 *Arum* 植物がはいのぼっていて、それらの垂れ下がった根のあいだをくぐり抜けていくのはほとんど不可能であった。そこにはひじょうにたくさんのパシウバ椰子があったが、新種は一つもなかった。

私はここに一二月一日の昼まで滞在して、漕ぎ手のための台（トローチャ）を作った。午後五時、ブエナ・ビスタ着。ここは六戸ばかりの家からなる小さな集落である。

一二月二日、夕暮れにサンタ・クルスに到着した。この村はおよそソラノくらいの大きさがあり、大勢の人が住んでいたが、魚も鶏も買えなかった。

一二月三日、日没後キラブエナ着。ここには八軒ほどの家と一棟の教会がある。土壌はマラビタナス、トモの港、そしてサン・ガブリエルの一部と同じ、赤いロームである。すぐ近くにひじょうに高い森があり、そこで数本のセリンガの木を見た。ピアッサーバ椰子がひじょうにたくさんあり、その枯れた円錐花序がジャラー椰子のそれのように見えた。また朱色の花を咲かせた美しい椰子の一種のレピドカリウム属 *Lepidocaryum* の群落もあった。

日曜日はまる一日ここに滞在して豚を一頭殺し塩漬けにした。私の部下が港でタンバキ（ベネズエラではムルクトゥという）という大きな魚を一匹捕まえた。私はバーラを発って以来タンバキを見るのはこれがはじめてであった。この魚は黒い水ではまったく知られていないらしく、サン・カルロスでさえ、それは捕れたことがない。オリノコ川にはアマゾン河同様たくさん棲息している。

一二月五日——この日正午少し過ぎにシアパ川の河口を通過した。……川の反対側には急流があり、その少し上の川幅がたいへん狭まったところに、また別の傾斜した急流があった。これは川幅全体に広がっているため、われわれはやや危険を冒して、通過するのに手間取った。

大きなサッサフラスの木

シアパ川は一つの小さな河口（たぶん幅一四〇メートルもないだろう）をカシキアーレ水道に開いている。とはいえ、パシモニ川よりもはるかに大きな川である。水は白っぽく、カシキアーレ水道の水はその河口付近ではキラブエナの川下よりも白い。

一二月六日——今日もまた別の急流を通過し、さらに乾季の最盛期には早瀬となる岬を二つ通過した。これより川上には川縁に歴然とした変化が現れ、川幅もかなり狭くなっていた。陸地は低くそして氾濫していて、しばしばジャラー＝アッスー椰子の群落があり、ところどころに小さな湖ができていた。……私はガポのなかにサッサフラスの木を見た。幹の直径は約一・二メートルで、樹高は三〇メートル以上は確実にあった。それは昨年、斧でまさに幹の中心まで楔形の切り込みを入れて精油が採られていて、腕の太さくらいの穴が開いていた。少量の樹脂が傷口のなかで凝固していた。

日が暮れると、森のなかでとてもたくさんの鳥が鳴いていた。とくにソコ（鷺《さぎ》）とクルクルの声がよく聞こえた。……

一二月七日――午後四時ごろ、数個の岩が川から飛び出しているところにやってきた。そのいくつかに木が生えていた。そして左岸の森を少し入ったところには、黒い岩が一つ樹冠の上に少し突き出ていた。そこはカヌマタの丘とよばれていた。高い川岸があり、ふたたびテラ・フィルメ（浸水しない陸地）が現れた。

一二月八日――朝、陽の昇る前、川の両岸の森に挟まれた空間全体に、雪片のような蜉蝣《かげろう》に似た白い翅をもつ昆虫が充満した。太陽が昇るとその群れはだんだん沈んでいって、川面から三、四メートルのところまで落ちていき、多くのものは体力がつきて水中に落ち、九時には一匹も見られなくなってしまった。

この朝われわれはアマゾン河のいくつかの場所を思い出させるような水に浸かった岬を回った。そこの川面は低いインガ属 *Inga* におおわれ、その上にはヒルガオ科その他の巻きつき植物がはいまわって通り抜けのできない藪を作り、そのなかに樹高四・六～九メートルの浅裂のある小さな葉をもつ数本のほっそりしたヤルマ属 *Cecropia* が立っていた。

この二日間、男たちは毎日ラブラブ（魚）を二匹ずつ食べていた。一匹は生で、もう一匹は塩漬けにして食べた。

バシバ湖

一二月九日――フンボルトは、カシキアーレ水道の川幅はバシバ川の河口までは二五〇から二八〇トワーズ（四八五～五五〇メートル）であるから、サン・カルロスの位置のリオ・ネグロ川と同じ広さであるといっている。……午後二時にバシバ湖の入口に到着。カシキアーレ水道に沿ったその入口はたぶん一四〇メートルくらいである。それを少し入ると幅は四六メートル、さらに二七メートルまで狭まる。森はグアイニア川のそれによく似ていて低い。

ゆっくりと二時間進んで湖に到着した。私はそのだいたいの位置を測定した。夏に干上がった砂の岸辺にはバルサの大きな林があった。その林は低くて、ひじょうに珍しい樹種があったが、まだ《冬》であったため、花の咲いているものはほとんどなかった。私は数種の新種のノボタン科と小さな葉をつけた二種のスゥァルトジア属 *Swartzia* などを発見した。水は黒くて、カシキアーレ水道の黄色い水との合流点ではひじょうによく目立つが、水の流れはほとんどわからない。湖の向こう側で、川は幅広の浅い水路となってつづいていた。私はそれははるか上方までつづいていて、その流路はカシキアーレ水道とほとんど平行だということを聞いた。その水源に近いところからドゥイダ山がたいへんはっきりと見えた。この湖では水位が下がったときに、たくさんの亀とカジカ科の魚カベゾンが捕れる。

ポンシアーノ村

一二月一一日――午後三時、左岸のポンシアーノという集落に到着した。この集落の創設者のポンシアーノはソラノでファン神父に育てられ、そこを三〇~四〇年くらい前に去って、この場所に落ち着き、その二年後に亡くなった。同じ場所に、以前インディオの開拓地があり、それはヤマドゥバニすなわちヤマドゥの土地とよばれていた。ヤマドゥとは、大きさと姿は人間に似ているが、骨と皮ばかりの長い手足をもった架空の動物で、ときどき森に出没して女や子供を怖がらせる。私はアマゾン河とリオ・ネグロ川全域のインディオたちがこの種の狼男の存在を信じていることを発見した。……

ポンシアーノは新しい集落へ故郷の者(パシモナレス族)を数人ともなった。そして彼らはインディオのあいだの慣例以上に数が増えたようである。六軒から八軒ある家には、それぞれ数家族が住み、ひじょうに大勢の子供たちがそのまわりを駆け回っていた。彼の未亡人は生きていた。彼女もまたファン神父に育てられた。その証拠に、彼女は今でも教会の祈禱をすべて覚えていて、混じり気のない標準スペイン語を話すが、それは最近のインディオの不完全な会話とくらべてきわめて印象的であった。

彼女は彼女がひじょうに幼かったころにカシキアーレ水道を下ってきた二人の旅行者のことを覚えていた。――一人はドイツ人でもう一人はフランス人(フンボルトとボンプラン)であった。彼らは昼間は花を集め、夜は星を見てすごしたという。彼女自身はクヌコに出かけていて留守であったため二人を見ることはなかったが、夫のポンシアーノは見ていて、しばしば彼らについて語っていたそうだ。

町の裏手にはたくさんのピアッサーバ椰子が生えていた。しかし住民の取引用の産物はおもに木材と亀である。船の通れるイティニウイニという狭い川を通った。それに沿って豊水期にはグアイニアからカシキアーレに抜けられる水路がある。

割れた岩、岩絵

一二月一三日――早朝、われわれは廃墟となったカピバラという集落に着いた。一面の草が土手の斜面を水際までおおっていた。八〇〇メートルほど森に入ったところに、大きな平たい裸の花崗岩が低いカアティンガ(低樹林)を横切っていた。ここには岩絵がたくさんあって、そのなかのおもなものを私は模写した。だいたいはきわめて完成されたものであったが、ところどころで石が割れたため消失していた。

カピバラのすぐ上に二つの岩が川のなかに一メートルほど離れて立っていた。それらはあきらかに二つに割れたものである。このときそれらは水から四・五メートルほど頭を突き出し

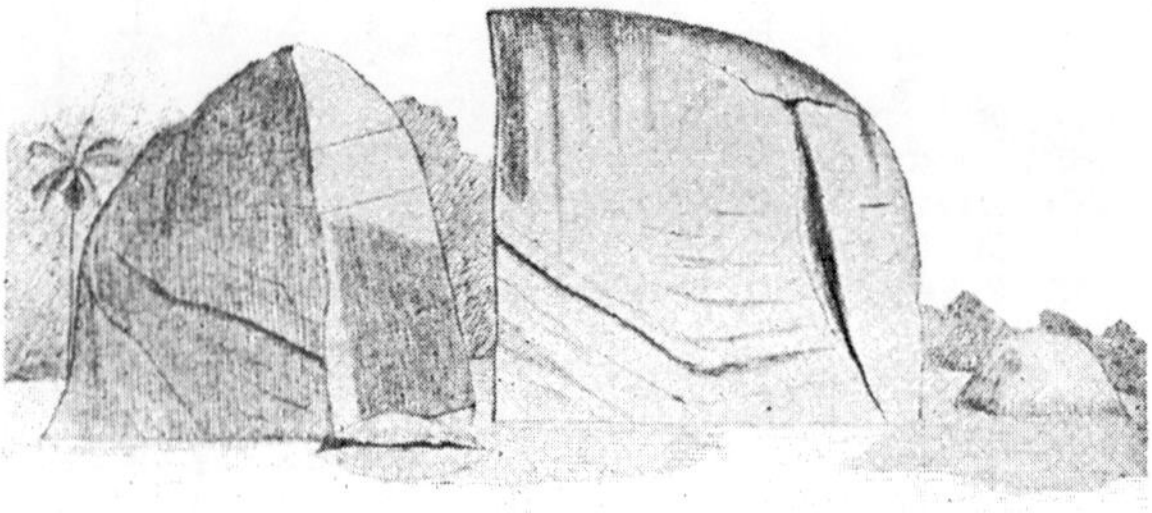

第34図　カシキアーレ水道の川のなかに立つ２つに裂けた岩（R・スプルース画）

ていた。（第34図参照。）

一二月一五日――……午後、ドゥイダの丘がぼうっと霞んではいるが、それとわかる場所まで来た。……またこの日は、ちょうどその前に二つの新しいナツメグの木を発見したことで記念すべき日となった。

一二月一六日――朝、ドゥイダがぼんやりと見えた。今日は蚊がひどかった。とくに食事のしたくのために船を止めた午後四時半にはひどかった。……あとで船室をのぞき込んで見たとき、まるで蜜蜂の巣のようであった。

グアアリボ族インディオ

一二月一七日――早朝、すぐ上の急流から、モナガスという男が統治するカマシアーノという集落に到着した。ここで私はモナガスに三〇年ほど前に捕らえられた一人のグアアリボ族の男に会った。その当時彼は二〇歳くらいの若者であったから、今は五〇歳近くになるだろう。彼はスペイン語はほとんど話さないが、モナガスに通訳してもらって私は彼と会話をすることができた。

彼の故郷での名前はクデ=クブイといったが、彼は洗礼を受けてホセ・ミゲルと名乗っていた。背が低く（一五〇センチメートル）、太鼓腹、X脚で（菜食のマク族の特徴である）、肌は白く、薄茶色の眼をもっていた。髪は黒く、額の上で軽く巻き毛になっているが、その部分の髪はリオ・ネグロ川の風習にしたがって頭の他の部分より長かった。彼はたいへん性格の良い男のように見受けられたが、知性の点ではバーレ族その他の部族よりはるかに劣っていた。そして私のまわりにいた人たちが彼の言葉（これを私は彼から聞き出せただけ書き留めた）を聞いて笑ったとき、彼はだれよりも心から楽しそうに笑った。

モナガスは六人の男をともなって、マナビチェ川と思われる川でフビアの果実を集めていた。そしてかなり上流のほうまで

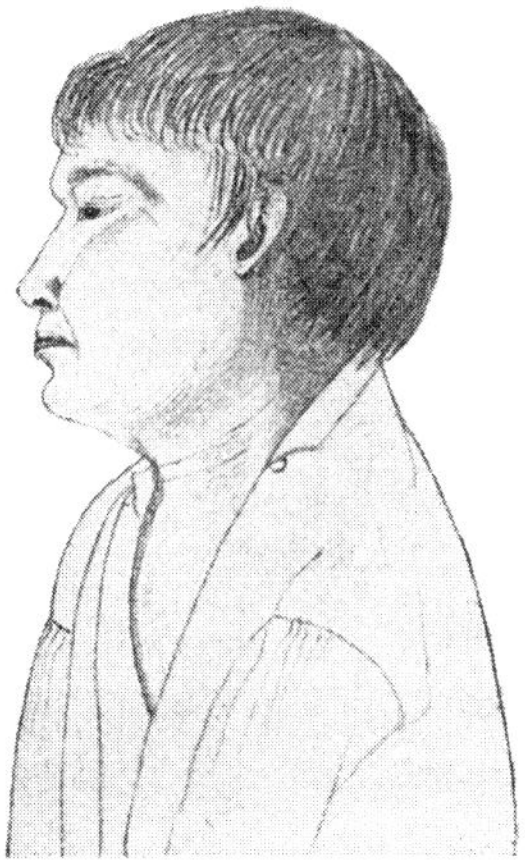

第35図　クデ＝クブイ。グアアリボ族インディオ（50歳）（R・スプルース画）

上っていくと、グアアリボ族の集落となっている森の伐開地にやってきた。家は環状で、低い屋根は少しく傾いているが、幅はわずか二、三バラ〔一バラ＝八三・五九センチメートル〕しかなくて、家の中心部はまったく屋根がなかった。屋根と外壁はパラのブスー椰子のような長い幅広の椰子の単葉でできていた。屋根の下には数家族のハンモックが吊られていた。どの家からも森に向かって広いきれいな道が延びていた。一軒の家に二人の若い男と三人の若い女がいた。男が一人逃げたが、モナガスと彼の仲間は残りの者たちを捕らえた。捕虜を縛り上げたところで、彼らは戻ってきたグアアリボ族の一団に襲われたが、その一人を殺して深い森に逃げ込み、船に無事帰り着いた。……三人の女はその二、三年後に猩紅熱にかかって全員亡くなった。

　クデ＝クブイの話によれば、オリノコ川の川筋にその源流まで彼の部族の集落がいくつかあるそうだ。彼はその源流には一度も行ったことはないが、源流はある山の片側にあって、源流域を越せば一日ほどでブランコ川に達することを知っていた。グアアリボスの急流より上にはドゥイダ山より高い山々がある。上流のほうまでたくさんの蚊とサンクドがいる。

　彼らの風習については私はほとんど知ることができなかった。男は一人だけ妻帯を許されている。彼らは死者の遺体を焼き、石灰状になった骨を集めて、乳鉢で砕いて粉末にし、きっちり編んだマムリの丸い籠に入れて家のなかにしまっておく。引っ越すときや旅行するとき、彼らは先祖の骨を持っていく。モナガスは家に押し入ったときこれらのマピレ（籠）を数個発見したそうである。

　二、三年後にモナガスがグアアリボ族をもっと捕まえようと思って、数人の仲間とともに同じ場所をふたたび訪れたとき、町は消え、道には草が生い茂っていた。

　ションバークがカシキアーレ水道を下ったとき、モナガスはキラブエナに住んでいて、グアアリボ族の男がいっしょにいた。しかしモナガスは、旅行者はそこには上陸しなかったといっている。

　一二月一八日――お昼少し前にモナガスのもとを去った。約一時間半後に狭いが船の通れるドロトムニ川の河口を通過した。インディオたちはこの水路にはたしかに湖はないといっていた。

カシキアーレ水道の植生

　ドロトムニ川でリオ・ネグロ川の植物はほとんど姿を消した。カンプシアンドラ・ラウリフォリア *Campsiandra laurifolia* とオウテア・アカキアエフォリア *Outea acaciaefolia* が川筋のいたるところに現れ、またオリノコ川の川岸にも現れた。またリオ・ネグロ川で採集した種とどうちがうのかよくわからない、二、三の蔓性のインゲン属 *Phaseolus* があった。これはここともまたカシキアーレ水道のいたるところに生えていた。スワァルトジア属 *Swartzia* のアルゲンテア種 *S. argentea* はリオ・ネグロ川と同じくらいひんぱんに見られ、それはバシバ川の河口あたりまでつづくが、そこでようやく姿を消した。……ジャプラ――エリスマ・ジャプラ *Erisma japura*（ウォキシア科）――は、カシキアーレ水道の森にはめったに生えていない。そしてウアクは少し川上では姿を消すようである。しかしクミリはテラ・フィルメ全体で見られる。チキチキ（ブラジルのピアッサーバ椰子）はすべての地域にきわめて多い。ポンシアーノとモナガスの集落の裏には矮性低木の交じった壮麗な森がある。しかし喬木はめったになく、景観はきわめて新奇で印象的である。

　ドロトムニ川の河口が開いているところから一日さかのぼったところで、川岸はところどころで傾斜して砂地が現れる。そしてオジギソウ属 *Mimosa* のアスペラタ種 *M. asperata* と二種のひょろ長いサツマイモ属 *Ipomoea* を交えた高い伸び放題の草（おもにスズメノヒエ属 *Paspalum* のピラミダレ種 *P. pyramidale* の特徴を有するキビ属 *Panicum* の一種）におおわれて、川岸はきわめてアマゾン河的な様相を帯びてくる。これらの草むらのなかからポリゴネア属 *Polygonea* の細長い柔らかな茎が九メートルの高さに突き出ていて、水際にはソリモンエス川に生育する一種に似た真のタデ属 *Polygonum* を二、三種見た。幅広の翼のついた葉柄をもつインガ属 *Inga* の一種が延々とつづく川床に生えている。そして下流ではあれほどひんぱんに現れた種はほとんど姿を消す（しかしオリノコ川でふたたび現れる）。灌木状の細い葉をもった月桂樹がたくさんある。あきらかに黒い水と白い水の低い岸辺によく生えている白色の花をつける種の一つである。

　葉の細いシーダに似たクシロピア属 *Xylopia*（バンレイシ科）は上ウアウペス川、リオ・ネグロ川とウアウペス川にはきわめて多い。そしてその奇妙な特性のためにひじょうによく目立ち、装飾的であるが、パシモニ川の河口より上流にはめったに現れない。

　同じことはヘテロステモン・ミモス *Heterostemon mimos* についてもいえるだろう。上カシキアーレ水道とオリノコ川では同じ特性をもつ別のクシロピア属がよく見られる。しかしそれは、さらに数少なく小さくて、あまり硬くない葉をもち、概して樹高が高い。もし川岸にヘテロステモン属 *Heterostemon* がなくても、サン・ガブリエルでも採集した別のさらによく目立つ種（シンプリキフォリア種 *H. simplicifolia*）が、上流のすべての森にひじょうに多い。

ナツメグは岸にかなりよく見られる。そのもっとも普通の種はちょうど花を咲き終えたところで、青い実をいっぱいにつけていた。私の虫眼鏡で見ると、それはウアウペス川で採集した種のように先の丸い葉をもっていることがわかった。葉の長さがときどき六〇メートル近くもある、たいへんよく目立つ種は、ウィスミア属 *Vismia* のマクロフィラ種 *V. macrophylla* の葉の特徴と形にひじょうに似ているので、じゅうぶん近寄ってその葉が互生か対生かを確かめるまで、私はそれがなにかわからなかった。というのは、ウィスミア属もまたきわめて多かったからである。

私は新種と思われたものを四種採集し、ニクズク属 *Myristica* のセビフェラ種 *M. sebifera* ではないかと思われるものはすべて採らずにおいた。私はテラ・フィルメの森に踏み入ったときはいつも（われわれが食事を作るときはほとんどかならずそうした）、その葉と生長の様式からたしかに同定できるときには、そこの植生を構成する科に興味をもった。また、どこでも私はきまってナツメグを少なくとも一種は見た。私の知らない種が三、四あった。そのなかで一種だけがテラ・フィルメのものであり、残るはガポのものであった。

モナガスの集落より下流には、がっしりした背の低いカシューナットノキ属 *Anacardium* がたくさん生えている。それらの葉はギガンテウム種 *A. giganteum* の葉と同じようである。

カシキアーレ水道のもっとも奇妙な特徴は、その流路のガポのいたるところに、ちらほらとではあるがフクベノキ属 *Crescentia*（瓢箪の木）が現れることである。それらは野生で私が見たはじめてのものであったが、花も実もつけてはいなかった。

一二月一八日——今朝、肥大した葉柄をもったミズアオイ属 *Pontederia* の小さな群落に出合った。それらは川縁の水中で生長している木の枝に引っかかっていた。あきらかにオリノコ川から流れてきたもので、私がリオ・ネグロ川の河口を出発して以来はじめて見る本属の仲間であった。

オリノコ川到着

一二月二一日——正午少し過ぎにカリポ川に到着。それよりわずかに川上の対岸（右岸）には、流水に浸食されて溝が無数に深く刻み込まれた岩床があるが、ほとんどは水の底であった。[2]

三時か四時ごろオリノコ川に入った。この二日間というもの、カシキアーレ水道はほとんど粘土と砂の急な土手ばかりであったがオリノコ川もまた同じである。どちらにも、ここかしこに岩の尖った角が出ていて、ときどき砂堆を露出していた。カシキアーレ水道の上流は一様に川幅が狭いが、河口付近で若干広くなっていた。それはオリノコ川からほぼ直角に分かれ出ているようである。右岸の入口には二本のジャグア椰子があった。オリノコ川の幅は、サン・カルロスのリオ・ネグロ川とほぼ同じであるが、上流に行くとたいへんな大きさに広がり、さまざまな場所に浜辺が現れる。そしてわれわれはピラグア（丸木舟）の通れる水路を見つけるのに少しばかり苦労した。……左岸の岩の岬に船を止めた。無数の竹その他の跡がそこは昔インディオの開拓地であったことを示していた（今は、以前は人が住んでいた古い集落として知られている）。

エスメラルダとドゥイダの描写

一二月二三日——今晩、エスメラルダの見える浜に船を止めた。日が落ちる前に町に到達できなかった。ここでは夜間に船を進める習慣がないので、早朝、月明かりのもとで残りわずかな船旅をしようということになった。

ドゥイダ山は左側からわれわれを見下ろしていた。この山はオリノコ川に入って以来近くに見えていた。われわれが位置を変えても、その眺めは午後遅くまでたいして変わらなかった。午後遅く、ある岬を回ったときに、その南端が四つに深く裂けて屹立した尾根となってわれわれの前方に姿を現した。日没時には尾根は紫色を帯び、山はじつに雄大な眺めであった。いっぽう、岩の裂け目は見通せない薄暗闇に包まれ、白い羊毛のような一条の雲が山頂の下側を漂っていた。形はクリクリアリ山脈によく似ていたが、それほど美しくはなかった。

私の望遠鏡を通して眺めると、岩がとくに険しい若干の場所（白っぽくて、ところどころ茶色の筋が入っている）をのぞいて、この山はてっぺんまで樹木におおわれていた。とはいえ、それはあまりにもくっきりと視界に聳え、実際よりもあまりにも迫って見えるため、その一方の斜面は羊歯《しだ》におおわれていると断言してしまいそうであった。山の中央より北側の二つの平たい山頂が、それらの上を漂っている雲の高さから判断していちばん高いようである。それより下の部分はいちじるしくくぼんでいて、そこは小さな湖になっているといわれている。北端の峰はほぼ円錐形である。

昨晩、われわれは大きな浜で夕食をとったが、今日はまたいくつかの同じような浜を通過した。ときどき、あまりにも大きな水のついていない部分があるため、川の両側に細い水道しかない場所がある。川が水位をもっとも下げたときには水はさらに少なくなるにちがいない。……植生はソリモンエス川のそれとたいへんよく似ていた。とはいえ、種はおそらく完全にちがっているのだろう。ガポのないたいへん険しい土手がある。一部の島（ここにはいくつかあった）のように、川岸が傾斜していて水がつく場所には、カシキアーレ水道と同じ二種のインガ属が生えているが、椰子はあまり多くなかった。

二四日午前一〇時ごろにエスメラルダに到着した。村は四角い広場のまわりに散らばって立っている六軒の家からなっていた。その一つはカーサ・レアル（旅行者の家）であった。広場の中心には十字架が立っていて、また北のサムロ山の肩にはもっと高い十字架が立っていた（この十字架は二、三年前に落雷よけに立てられたものである。エスメラルダは何度かひどい雷の被害を受けていた）。このサムロ山は村の裏で圏谷を作っている奇妙な形に積み重なった花崗岩の峰である。それは町の中心の十字架から眺めると南東微南から北西微西に向かって延びていて、両側が川すれすれのところまできている。そのいちばん高い部分は集落から九〇～一二〇メートルの高さである。……

エスメラルダの住民はたいてい毎年夏になるとドゥイダの山頂から火が上るのが見られるといっていた。それは天をあかあかと照らし、かなりの煙を上げるがそれ以上のことはないらしい。燃えるのは森ではない。というのは、それは山腹だけに起こるからである。

冬になると、泡立ちながら白い筋になって畝を流れ落ちる激流が大きな岩塊をはぎ取っていく。その音がときどき轟き渡るので、ハンモックで眠っていた人が驚いて目を覚ます。

［ここにスプルースの書き残したたいへんあざやかなエスメラルダの描写を挿入しよう。これは友人のジョン・ティーズデール氏にあてた一通の書簡に絵画的居住者的見地から述べられたものである。］

ジョン・ティーズデール様
一八五四年五月二二日、サン・カルロスにて

すばらしい景観

オリノコ川では、私は高峰ドゥイダ山――約二四四〇メートル――の麓の村エスメラルダを訪れました。この村についてはフンボルトの『自然の景観』のなかに述べられています。今は六棟のみすぼらしい小屋ばかりになってしまったこの集落は、私がかつて南アメリカで見たなかではもっともすばらしい位置に立っています。

西側のドゥイダ山脈と東側のグアポとパダモの山々のあいだには広大なサバンナの草原が広がっていて、そこにちらほらと生えているのは、ほとんどただ一種の扇椰子（モリチェ椰子）だけです。オリノコ川に沿った場所には、おかしな形に積み重なった花崗岩の半円形の尾根があって、エスメラルダの集落がある小さなサバンナを二分しています。その花崗岩の割れ目には若干の低木がまばらに生えています。オリノコ川の川上と川下のすべての地域と、サバンナの外縁部には、花崗岩と片岩の丘陵が盛り上がっています。ほとんど裸のものもあれば、樹木におおわれたものもあり、そのうしろ側（北西側）には、険しく厳めしいドゥイダの山塊が盛り上がっております。

もしあなたが沈みゆく太陽を背景にしたこのすべての光景を

思い描くことができれば――ドゥイダの東側に深く掘り込まれた渓谷は夜の闇に埋もれ、静かな稜線は銀色にきらめきます（岩はおもに雲母を含む片岩です）――ほとんど並ぶもののない景色をいくらかはおわかりいただけるでしょう。

先に述べた花崗岩の尾根からサバンナを北方向に眺めたとき、私はキラーニーからケンメアへ旅行したときに見た景色を思い出しました。ケンメアでケアン・ア・ドゥールの峠にさしかかり、アイルランドのどんな湿地よりも美しい三万エーカー〔約一二〇平方キロメートル〕の谷を見下ろしたときのことです。しかしドゥイダ山は標高二四四〇メートルもあるのに、マギリカディーズ・リークスはわずか九一〇メートルしかありません。

「現実は地獄」

眺めの点ではエスメラルダは天国だという私の言葉を信じてくださってけっこうです。――そのじつ、そこは地獄なのです。ほとんど人は住めません。エスメラルダでは小さな広場のまわりに家が建てられています。それらのわら葺きの扉はすべて注意深く閉じられていて、まるでそこから人間などけっして出てきそうもないように見えます。その広場の中央に立ったとき暖かい東の風が私の顔をなで、広場の砂を吹き上げました。とはいえ、その翼は生命のどよめきは運んできません。一羽の鳥も、いいえ、一匹の蝶さえ見えません。豊かな植物のなかで動物はほとんど姿を消しているのです。私はこの風景にたとえようのない悲しみを覚えました。

ところが、生命あるものがまったく欠如しているのは見かけのうえのことだけで、本当はちがいます。手で顔をなでると、かならず私の手には満腹の蚊のつぶれた体と血がべっとりとつきます。ここにこの世のものとは思えないこの静けさを説明する手がかりがあります。人の住んでいないように見える家々には、どれにもなかに人がおり、彼らは蝙蝠のように昼間は眠ってすごし、薄暗い朝と夕方にだけ起き出してきて、わずかな食料を求めて出かけるのです。

昼間は一日中空気そのものが蚊で息づいているようです。扉を締め切っても完璧には蚊からの逃避はかないません。いつも私は散歩から戻ると、手も足も首も顔も血だらけになっていました。そして私はこの害虫から逃れる場所はどこにもないことを知りました。たとえ山に登り、森のなかに分け入り、サバンナのどまんなかに入り込んでみても同じことでした、なかでも川の上が最悪でした。サン・カルロスでそれはしばしばその極みに達しました。カシキアーレ水道を上っていくにつれて、日ごと蚊の数が増えていき、ついに上側の河口付近とそしてオリノコ川に出たところで、それらは名状しがたい厄介なものとなります。座って食事のできないことが何度もありました。人々は大皿を持って歩き回り、蚊をたっぷりふりかけた食事に満足しなければなりません。

第36図　エスメラルダ村の十字架から眺めたドゥイダ山（標高2440メートル）。方向は北（1853年12月、R・スプルース画）

私は手袋をはめ、ズボンをくるぶしのところでしばっていても、植物の仕事をするのがとてもむずかしいことに気づきました。顔と首は当然のことながら露出しています。すると私の手袋と袖にはこの小さな虫を拭き取るためにたえず血の筋ができるのです。これらの小さな虫はたいてい血を吸ったあとに小さな血豆を残します。そして傷口からはしばしばひどく出血しました。

［日記はつぎのようにつづいている。――］

住民

エスメラルダから眺めたドゥイダ山は、片側はオリノコ川と平行に、そしてもう一方の側はグアポ川に面した、立方体のかたまりのように見える。……山は岩がほとんど垂直の場所以外は、峡谷からまさに頂上まで全体が樹木におおわれている。南東の角は雲母を含む片岩のようで、太陽が当たると銀のようにきらめく。エスメラルダ付近のほとんどの岩は片岩質で、岩が垂直の薄片状となっているところでは、それらは雨と大気の作用によって浸食されて密集した鋭い刀のようになっているので、裸足にはひどくこたえる。

エスメラルダの住民はフンボルトが会った種族とはまったく異なる。住民が減少したとき、サン・ミゲル（ウアリケナ）の上の小川から数人のインディオがやってきて、ここに住み着いた。……死や離村によって人口がふたたび減少し、一人の老婆とその娘と孫娘たち、そして一人の甥だけになってしまったとき、数人のマナカ族インディオがやってきて女たちと結婚した。現在は混血マナカ族とウアリケナ族が八家族か一〇家族生活しているようである。老婆はとても上手な標準スペイン語を話す。男たちの話すスペイン語はみな不完全であるが、ほぼ全員が一般語をいくらか知っている。これはマナカ族のキャプテンがブラジル人（バーラから逃亡した殺人犯）であることと、またマナカ族は彼らの川（マナカ川）をへてカスタニョ川とマラリ川経由パダウイリ川へ通うブラジル人の商人と、サルサパリラの取引をしていることによるものである。

クヌクヌマ川下航

［一二月二八日にエスメラルダを発ったスプルースは、オリノコ川を下り、クヌクヌマ川の河口にやってきた。クヌクヌマ川は北からオリノコ川に注いでいるが、川上のエスメラルダとカシキアーレ水道の河口との距離と同じだけカシキアーレ水道の河口から川を下ったところにその口を開いている。それはむしろ浅い黒い水の川で、カシキアーレ水道よりもやや小さいが、小さな急流がいっぱいある。川が豊水状態にあるときにはそのいくつかをさかのぼることができる。この川の水源はドゥイダ山の背後の高峰マラユアカ山脈にある。

一八五四年一月一日にスプルースは最初の滝を突破した。その岩棚は川幅いっぱいに広がっていた。そして二日は夜まで航行はなににも妨げられずに順調にいった。日記には彼がなぜこの大きな期待の寄せられる未知の川の遡行を意図したとおりに遂行できなかったのか、つづきが語られている。］

一月二日。……夕方、食事を作っているとき、七人のマキリタレス族が乗り組んだ一艘のクリアラ船がわれわれの方に向かって下ってきた。それは彼らの首長のラモン・トゥッサリがわれわれが第二の滝（ウアリナマ）を越えるのを助けるためによこしてくれた者たちであった。私は亀を持ってグアポ川からやってきたトゥッサリにエスメラルダで出会っていた。そのとき彼は日曜日ごろにわれわれが滝に着くだろうと計算して、日曜日までに手伝いの者をよこすことを約束してくれた。なかに背の高い男が数人いた。全員きわめて白い肌をしていて（淡い赤褐色）、鼻が長かったが、ウアウペ族ほど容姿は美しくなかった。ただ一人、トゥッサリの義弟だけがシャツを着、ズボンを履いていた。[3]

他の者たちは大きなタンガ（前垂れ）をつけていた。それは房飾りを四隅につけた長方形の綿布で、腰に巻きつけた紐の下からたくし込み、背中のほうから片方の肩にかけるか、うしろに垂らしていた。彼らはこれを作っているピアロア族から買っている。彼らは膝の下に彼ら自身の髪の毛を撚り合わせて作ったガーターを幾重にも巻いていた。腕は肩の下のところをウアウペ族のガーターに似た紐できつくしばられている。首のまわりにはたくさんのビーズ（たいてい青色）を垂らし、そして白いビーズの帯を腰に締めている。

彼らはたいへん騒々しく、ピラグアを隅から隅までもの珍しそうに調べまわっていた。

今朝八時にわれわれは第二の滝にやってきた。そこは川幅が大きく広がり浅くなった長い急流で、人の頭ほどの大きさの丸石が珍しい川床の上を、水が流れていた。われわれは二時間必死に船の通り道を探した。しかしピラグアは座礁し、何回か沈没の憂き目をみた。またわれわれの力が足りず、急流を半分も引きずっていくことはできなかった。川はわれわれが乗り入れて以来ずいぶん水が引いていた。そしてモナガスの集落を出てから、川の減水はまさに急速度に進行しているといってもよかった。

たいへん残念ではあったが、私は引き返すよう命令を下した。そしてふたたび小さな川が左側から流れ込んでいる滝の下に船を着けた。急いで二、三のちょっとしたものをマキリタレス族のために用意してから、私はクリアラ（小さな船）に五人の男と乗り込み、トゥッサリに会うために川をさかのぼっていった。われわれが出発したのは午前一〇時過ぎで、第三の滝（タウアルパナ）の下の集落に到着したのは午後五時近くであった。川は岩だらけで、それらのあいだを水が急速に流れ落ちているため、この滝を突破するのはとてもむずかしかった。[4]

マキリタレス族インディオ

集落はわずか二年前に作られたばかりである。それは以前は川のはるか上流にあったが、船の運行が危険だという理由でトゥッサリは村を川下に移転した。[5]

第二の滝から第三の滝に向かう途中、ある場所で突風が木々のあいだに開けた小道を通り過ぎた。それは西の方向に視界の果てまでつづいており、幅は四〇メートルくらいだった。根こそぎになっていなかった木はほとんどなかったが、まるで巨人がその手で上部をなぎ払っていったかのように、地上から約四・六メートルのところで折れていた。

そこにはリオ・ネグロ川とオリノコ川に一般的な様式で建てられた家は二軒しかなかった。一軒はトゥッサリの家で、もう一軒はカーサ・レアル（旅行者の家）である。いずれもたいへんきちんとしていて、外も内も白く塗られ、トゥッサリみずから下絵を赤と黒で描いていた。内側には、外套をはおり、そのうち何人かは馬に乗った男たちの絵が描いてあるのに私は気づいた。私にはマキリタレス族の古い様式で建てられた他の家（一、二軒）のほうが興味深かった。それは、円形の土台の上に建てられたやや半球形の家で、ちょうどトルコの尖塔のようにてっぺんが先細になっていた。それらはみな垂木に取りつけてっぺんで束ねて中央の柱に縛りつけたブスー椰子の幅広の葉でできていた。家の一つは直径七・三メートル、高さ四・六メートルあった。

トゥッサリの家は二つの大きな部屋と二つの小さな部屋からなっていた。私は私のハンモックを大きな部屋の一つに吊った。家財道具は他のインディオの家と同じようなものだった。一本の木を切ってざっとアルマジロをかたどった低い床几《しょうぎ》があったが、ウアウペ族の床几よりもはるかに粗削りで重かった。大きなトローチャ（棚）の上にはこの部族の勤勉を物語るものがまたおかれていた。すなわちマンジョーカを入れるマピレが数個、たくさんの丸い浅い籠、そしてこの地方では火口箱《ほくちばこ》や煙草その他の必需品を持ち歩くためによく使われる一種の小物入れである。屋根から吊るされているのは大量のカマサと南瓜であった。また外側はパシウバ椰子、内側は竹でできた数本のグラヴァターナ（吹き矢筒）もぶら下がっていた。竹はマラユアカ山の麓付近にあるグアポ川の水源から採ってきたものである。

第37図　ラモン・トゥッサリ。オリノコのクヌクヌマ川のマキリタレス族インディオの首長。50歳くらい（R・スプルース画）

トゥッサリは立派な男で、彼の妻もまたインディオにしてはさらにいっそうすばらしい女であった。彼女とその娘はマンジョーカ、グアポなどを栽培していた。そして彼女はそれらを売るコツをトゥッサリと同じくらいよく心得ていた。トゥッサリはけっして妻に相談なく取引はせず、サン・フェルナンドその他の土地へ商売に行くときには、かならず彼女をともなった。

トゥッサリ自身がおこなっている唯一の製造業はカスコ（船）をくり抜くことである。彼の作ったものはとても評判が良かった。材料の木は硬い月桂樹で、たぶんパラトゥリであろう。

トゥッサリは多くの場所を旅していた。何年も前、彼は家族と、また二人の姉妹とその夫と家族をともない、リオ・ブランコ川のサン・ジョアキンの砦まで商売に出かけた。彼はクヌクヌマ川の源流からパダモ川へ、そしてパリメへと渡った。クヌクヌマ川からパダモ川へは五日かかり、道はほとんど高い土地

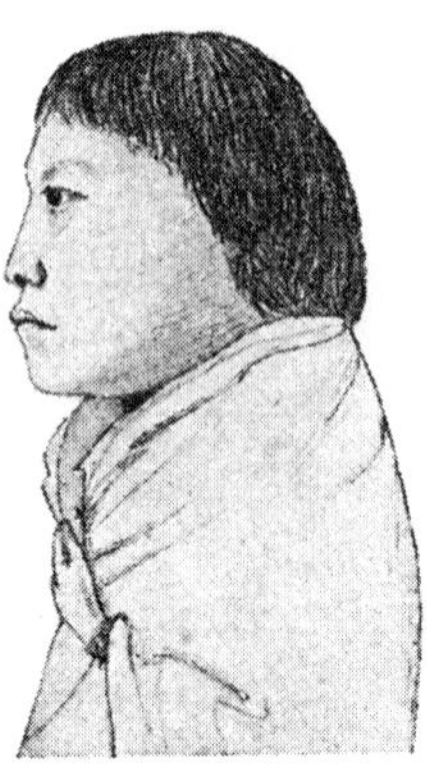

第38図　マキリタレス族の少女（14歳）（R・スプルース画）

第39図　マキリタレス族インディオ（ジャン・シャファニョンの『オリノコ川とカウラ川』より）

を通っていて、岩だらけで険しかった。パダモからパリメまでは三日かかった。彼らは引き返すのをやめてそこに定着した。そして森を切り開いてクヌコ（シティオ）を作り、家を建てて、数頭の牛まで飼うようになった。ここで彼らはマクシス族とさかんに取引をして、マクシス族がデメララでイギリス人から買い取った品物を手に入れた。

数年が過ぎ、マキリタレス族の首長がクヌクヌマで亡くなった。サン・フェルナンドの警察署長はその後任にトゥッサリを迎えるために、使いを送った。そしてトゥッサリは彼の祖先の土地に戻ってきたのである。ここに戻ってまもなく生まれた幼い娘は今六歳くらいだろうと思われる。ションバークがこの道を通ったとき、彼はサン・ジョアキンにいた。

女たちが身につけている唯一の衣装は綿糸でビーズを趣味の良い図柄に編んだグアユコ（小さな前垂れ）である。ビーズはほとんどが赤と白あるいは黒と白で、もっとも小粒のものが好まれている。彼らが使っている量から判断すると、それは彼らにとっては高価な品物のはずで、作り上げるには何週間もかかるにちがいない（私は制作中のものを一つ見た。それを織るための枠はたんに一本の小枝の両端に紐を取りつけて弓形に曲げたものであった）。したがって、グアユコはふだん家庭でつけるものではないと私は思う。とくにわれわれが出会った最初の女は全裸であったから、私はそれはなにかの祭りのおりや、見知らぬ訪問客があったときにだけつけるのではないかと思う。

［第39図はフランス人探検家ジャン・シャファニョンの本の挿し絵で、エスメラルダより上のオリノコ川に住むマキリタレス族インディオの一団である。その装束と飾りはスプルースが描写したそれとひじょうに一致していることがわかるであろう。この旅行家は本章の最後に記されているように、オリノコ川の源流のすぐ近くまで遡行した。――編者］

先住民の踊り

私はトゥッサリのもとに二泊した。そして彼から大量のマンジョーカ、グアポなどを買い取った。二日目の夜、彼は村人を全員集めてハラキ酒（ブラジルのカシリ）をふるまい、白人の私に彼らの踊りを披露してくれた。男たちは全身にアナット[6]を塗りたくってやってきた。ビーズの首飾りや虎の歯あるいはペッカリーや猿の歯の首飾りをつけていた。耳たぶに刺した長さ三〇センチの葦の矢が顔の前に突き出ていて一対の牙のように見えた。背中には鳥（金剛鸚哥《いんこ》や巨嘴鳥《おおはし》）の羽衣と猿の尻尾がぶら下がっており、また小刀を所有するだけ裕福な男はそれを背中に吊るすか手に持っていた。一人はなにかの重い木（ムラ＝ピランガらしい）でできた円錐形の小さな道具を持っていた。彼は、それは以前は戦争で、敵と相対するとき用いた武器で、それを巧みにあつかう者はそれで敵の耳の下のうしろを打ちのめすのだと私にいっていた。

踊りははじまったばかりのとき、不幸にも深刻な口論で中断された。それは最近結婚したばかりの一人の若い女が、トゥッサリの弟である彼女の夫とはもういっしょに暮らせないといったことからはじまった。若い女の側はトゥッサリの義弟のアラナウという体格のよい男が受け持った。しかしそれは彼がその女を自分のものにしたかったからではなく（彼はすでにトゥッサリの妹と結婚していた）、その女の話では、彼はどんな喧嘩にもいちばん強いからであった。その若い女は父親の腕に絡みついて泣いていたが、決意は堅いようであった。アラナウは彼女の好きなようにすべきだと思っているようであった。トゥッサリはみんなをなだめ、女に夫のもとに戻るようにと説得に努めた。しかし人々はますますいきり立ってきて、突然アラナウはトゥッサリの妻の手から松明《たいまつ》をたたき落とし、トゥッサリを打ちのめすと、彼女の夫に躍りかかった。男たちは叫び、女たちは悲鳴を上げた。

われわれはせいぜい四メートル平方しかないまっ暗な部屋のなかにいた。そして戦っている者たちは長い刀を持っていた。一歩踏み出せば私は弾を込めた私の二連発銃に手が届いた。しかし、もし彼らの喧嘩に注目したようすを見せれば、それは彼らの怒りを私のほうに振り向かせる口実になるかもしれないと考えなおして、私は反対側の出入口から静かに歩み去った。外に出ると、私の部下たちが急いでやってきた。彼らもまた喧嘩に巻き込まれるのを恐れていた。まもなくアラナウは彼の兄弟

（前に述べたミゲルである）に連れ出された。ミゲルはアラナウが見捨てられた夫に飛びかかる前にその腕を捕まえた。嵐は過ぎ去ったが踊りは終わってしまった。ハラキの酒盛りは前と同じようにつづけられた。

ハラキはたいていユッカで作られるが、ヤムから作られる場合もある。それは大きな深鍋で作られる。そのなかに瓢箪をつけて、飲み物で外側まですっかりぬるぬるした状態ですぐに配られた。彼らは大量に飲んだ。最初、数人の者が瓢箪に二、三杯ついでつぎつぎと飲んだ。彼らの胃袋がいっぱいになって動けなくなったときには、ただちにハラキを胃に入れるすきまを作るために、胃の中身を吐き出す能力を持っているようであった。たちまち床はとてもたまらない状態になった。

クヌクヌマ川の水はグアイニア川の水と同じように黒く澄んでいる。川床は砂地で、ところどころ岩が飛び出している。しかし、第一の滝から第二の滝までは川床はほとんど岩であった。これより川上では水はふたたび透明になり、川床は砂地で、それは第三のひじょうに岩の多い滝までつづいていた。そしてそれより上は川はおもに岩の上を流れているらしい。

植生

ほとんどの場所が小さなガポであった。しかし、岸辺がなだらかに傾斜し砂地となっている若干の場所で、私はオリノコ川とカシキアーレ水道で見たものと同じインガ属を発見した。……

第二の滝の水底の石はたくさんの緑色の葉におおわれていた。それらは川の水が干上がって水中から現れると、立ち上がっていっせいに花を咲かせる。それはキツネノマゴ科のオギノツメ属 *Hygrophila* の一種と、奇妙なホシクサ科のパパラントゥス属 *Papalanthus* の一種の合計二種からなっていた。またところどころにポドステモン属 *Podostemon* もわずかにあったが、第三の滝で岩はちょうど水から露出しはじめていたところで、同種のものにおおわれていた。

狩りの獲物はオリノコ川と同じように豊富で、魚もほとんど同じくらいよく捕れた。亀はいなかった。

流れはめったに強くない。だからわれわれは急流以外の場所では、綱は河口をちょっと入ったところで一度使ったきりであった。川床はたいていたいへん浅く、棹を差して進むことができた。

帰航

一八五四年一月四日——朝早くトゥッサリの村を発った。彼は私を船（ピラグア）まで送ってくれた。そこで私は彼に品物の代金を支払った。昼ごろ下航の旅を開始し、第一の急流まで安全に進んだ。クリアラを先に行かせたら、男たちは水位がだいぶ低下し、どこにもピラグアが浮かぶだけの水の深さはないと報告した。それでもしっかり舵をつかんでいれば、船は岩に

第40図　ウルク、アナット（ベニノキ *Bixa orellana*）

かすりながらも安全に滝を駆け下ることはできるだろうと考えて、われわれは思いきって下り、滝の縁にやってきた。

そこでは抗いがたい激しい流れがわれわれを運び去ろうとしていた。岩にかすり、ぶち当たりながら、われわれは滝を下った。ところが運悪く岩を一つ飛び越えた瞬間、別の岩の上に飛び下りてしまった。船はぐるっと回転し、たがいの声が聞こえないほどの轟音を立てて、岩に砕ける大波のなかに、最初は片側を下に、それからもう一方の側を下にして落下した。まちがいなく沈没だと思った。しかし結局舳先を滝に向けてそこに突き刺さってしまった。私は舵を取った。そこで男たちは全員水に飛び込み、肩で舳先を支えた。しかし船を岩から引き抜くことはできなかった。その小さな丸い石は船体のまんなかを捕え、舳先と艫《とも》はゆらゆらと揺れた。そこでわれわれは積み荷を少しずつクリアラに移し、それをたいへんな危険を冒して滝の下の右手にある縁の平らな岩の上に下ろした。二時間働いてピラグアをその岩から引き抜くのに成功した。運良く船底にはなんの損傷もなかった。全員が船に戻ったときには夕闇が迫っていた。そこでわれわれは翌日まで船旅を中止した。

一月六日午前八時、オリノコ川に乗り入れた。そして七日のお昼ごろカシキアーレ水道の河口に到着した。……

モナガスの集落

一月一〇日——昨日の昼前に、われわれはモナガスの集落に到着した。住民は全員畑に出かけていて留守だったので、彼らの帰りを待った。というのは、私はここの人々が育てている豚を何匹か買いたかったからである。

そのあいだ、私は森のなかを歩いてみた。チキチキ（ブラジルのピアッサーバ椰子）がとくに豊かであった。場所によっては完全な群落をなし、あちらこちらで壮麗な一幅の絵を作っていた。チキチキは高く聳え、その髭が刈り込まれていないときは、その重みで木はしなだれる。しかしそれでも髭は幹の下側の葉鞘《ようしょう》でありつづけ、いっぽう新しい髭がてっぺんに生えてくるので幹はひじょうにおかしな姿になる。それには若い果実がなっていた。円錐花序の分枝からそれはレオポルディニア属 *Leopoldinia*（=*Leopoldina*）であることはまちがいない。それといっしょにアルディナ属 *Aldina*（マメ科）の一種とリゾボレア属 *Rhizobolea*（新属）の一種が花をつけていた。しかし、木々はあまりに太くて高いので、だれも登ることができなかった。

今日川を下る途中で、私は小さな葉をもつマメモドキ属 *Connarus* の一種を採集した。それはいたるところで花を開いていた。大きな黄色い花を咲かせたツリガネカズラ属 *Bignonia* の一種もまたこの二日間にたくさん見られた。小さな紅色の花を咲かせたまた別のノウゼンカズラ科のアラビダエア・イナエクアリス *Arrabidaea inaequalis* が、三〇メートルもある一本の高い木を完全におおっていた。一人のインディオがたいへんな危険を冒してその大木を登って、標本を採ってきてくれるまで、それはまるでその木の花かと思われた。

われわれがふたたびカシキアーレ水道に入ったとき、水位は六〇センチほど減じていた。同夜激しい雨が長く降りつづき、それは翌朝の一〇時まで止まなかった。明け方、水位は上がりそして上昇しつづけた。一二日の夕方、われわれはポンシアーノ村に到着した。そしてカシキアーレ水道の水位がわれわれが遡行したときよりも高くなっていることに気づいた。われわれは二二日の朝までそこに滞在した。というのは、私はパシモニ川を上る前に私の植物を乾燥させて梱包したかったからである。この期間はひじょうに雨がよく降り、一九日の一日をのぞいて太陽はなかなかはっきりと姿を見せなかった。川は一九日まで着実に水位を上げ、一九日には七日以来一・二メートル以上も上昇していた。一九日と二〇日は水位は五~八センチメートル下がった。しかし昨日（二一日）の朝、われわれが出発したときにはそれはふたたび上昇していた。

びっくりした爆発音

一月二一日の宵の口にバシバ湖に入った。そして二五日の午後そこを出た。最初の三日三晩は激しい雨が降った。そして水が上昇しつづけたので、私は砂丘が現れるのを待っても無駄であることを悟った。われわれは最高に気が滅入り寂しい立場にあった。ここで奇妙なことが起こった。毎日、夕暮れ近くになると——そう四時から五時のあいだであるが——川の対岸の森のなかでマスケット銃を発砲する音を聞いてびっくりした。川幅はここではせいぜい七三メートルしかなかった。このような人里離れたどんな人もめったに足を踏み入れないと思われるような森のなかで、しかも銃を使い慣れた人などまったくいそうもないところで、そのような音を聞くことの不気味さは、なかなか想像できないだろう。……

私の舟子《かこ》たちはそれについてはなんとも説明ができず、それはほかならぬヤマドゥだという結論に落ち着いた。ヤマドゥがわれわれの近くで狩りをしていて、ひどい雨かなにかの災害をもたらすとわれわれに警告しているというのであった。本当に最初の二日間は午後四時から深夜まで雨にみまわれ、つづく二日間は午後七時か八時ごろから一晩中雨が降りつづいた。[7]……

パシモニ川遡行

一月二七日、正午少し過ぎにパシモニ川の河口に入った。川幅は広く、水は黒く静かで、それがはるか上流までつづいていた。そのまさに河口から、とくにカシキアーレ水道の向かいの岸辺から、高い山脈の長い峰が見える（アラカムニ山脈）。われわれがそれをふたたび見たのは、ようやく二月二日になってからのことであった。五日目（一月三一日）の夕刻近くにバリア川の低いほうの第一の河口に到着した。この川は南から注ぐ大きなカニョすなわち可航河川で、ここからカウアボリス川までは短い陸路を通って行くことができる。……バリア川の河口までと、それから一日さかのぼったパシモニ川の川上までは、森はすべて低く（九～一五メートル）、たいていたいへんな広さにわたって水に浸かっている。だから食事を作るためのわずかな乾いた土地を探すのに苦労する。そしてある日、夜が明けるかなり前に出発して、朝食のしたくができる場所を探すのに正午過ぎまで船を進めたこともあった。さらに川上に水のついていない土地ともっとも高い森があるが、それでもカアティンガが優勢である。

植生

私の遡行中、ほとんどのものが花をつけていなかった。……

植生はグアイニア川のそれにひじょうによく似ており、そしてバシバ川のそれとほとんど同じであった。というのは、バシバ川の植物のほとんどすべてが、パシモニ川でふたたび現れたからである。たぶんこの三本の川には大きな葉をもつモモタマナ属 *Terminalia* ほど多いものはなかったと思う。しかし、良い花も果実もまだ見ていない。フサマメノキ属 ***Parkia***（ネムノキ科）のアメリカナ種 *P. americana* はとくによく見られ、つねに水際から垂れ下がり、その垂れ下がった大きな真紅の房がひじょうに美しい飾りをなしていた。私はバリア川の河口上まで椰子は一つしか見なかった。それはジャラーで、あきらかにリオ・ネグロ川の島々にはふつうの種である。……

潟の大きな河口にはパロ・デ・バルサとジャラー椰子の群れがあった。いつも夏になるとここの水が干上がるのは疑いない。

二月二日、私ははじめてナツメグを見た。それは先の尖った細長い葉をもっていた。ナツメグと同時に椰子が現れた。――バカバ、イナジャー、アッサイである。私はカアティンガではジャラーだけを見た。椰子もナツメグも両方とも、土壌が良いことと森が高いこと、それにガポがほとんどないことの指標である。ここに来るまでユッカに適した土壌はなかった。三日目と四日目にわれわれは三つのクヌコ（マンジョーカの畑）を通り過ぎた。畑の持ち主はサンタ・クルスに住んでいる。

クストディオの集落

二月四日の午後四時ごろ、われわれはクストディオと名乗るムラートが一年前に創設した新しい集落に到着した。彼は奴隷で、ブラジルから何年も前に逃げてきた。集落の人口は約六〇人（その大部分は子供であった）だと彼はいっていた。彼自身の家族以外は、彼の妻の親戚（マラニア川の源流から来たヤバアナ族インディオ）と一人のバリア族インディオである。土地は高くて――川から四五メートルくらい上にある――土壌は良いのだが、冷たい風がとくに夜になると山から吹いてくるし、驟雨が家を吹き飛ばしてしまいそうなくらい強い。[8] ここまで私のピラグアは困難なく上ってこられた。しかし少し川上では川はかなり幅を狭めて、たくさんのカニョや潟がそこに流出している。少し上ったところにある突然に切り立った円錐型の小山（アラウカナ）の麓に、クストディオが最初に起こした小さな集落がある。……

私は一日クストディオのところですごした。そしてピラグアから下りて、私のクリアラでサンタ・イサベルの集落に出かけた。

二日間の狭隘な水路の旅

パシモニ川はクストディオの集落より上でかなり狭まっていて、風はますます吹きすさぶ。船の通れる数本の小川と湖がそれとつながっていた。あちらこちらに小さな島があった。テングヤシ属 *Mauritia* の群れもひんぱんに現れた。そして二日目に流れは曲がりくねりだし、モリカル属 *Morichal* のウィニフェラ種 *M. vinifera* の林からぜったいに抜け出られないかと思われた。……

半分くらい登ったところで、われわれはポソクエリア属 *Posoqueria*（アカネ科）の一種に出合った。それは高さが五・五〜七・六メートルで、水の上にしだれかかり、たくさんの白い芳香性の花におおわれていた。長い管の底には大量の蜜があって、私のインディオたちがとてもうまそうにそれを吸っていた。

サンタ・イサベル（ワラナカ）の小川まで二日かかった。それは上っていくと左に分かれていた。それは白い水の川である。いっぽうパシモニ川は黒い水のままである。パシモニ川のほうが若干大きいが、いずれも雨が降るたびに水量が増えるだけのたいして大きな流れではない。多くの場所で一艘の小さなクリアラ船が向きを変えるだけの広さがなく、また乾季にはところどころであまりにも浅くなりすぎて、小さな船は砂地の上を引きずっていかなくてはならない。たえず川に倒れ込んでいる木々を切り払うために、一年中斧や山刀を用意していく必要がある。山から強いスコールが吹いてこない日はめったにない。それはかならず風の道筋にある腐った木や根元のしっかりしていない木をなぎ倒していくから、私はパシモニ川にいるあいだ、それらの木々が倒れる轟音をしばしば聞いた。

私は山刀を持っていたが、運悪く斧は持っていなかった。というのは、斧が必要になるとは思わなかったからである。それでわれわれは重大な事態に陥った。というのは、小川と直角に横たわり、そこから三〇〜九〇センチメートルの高さにさえぎっている二本の倒木に出合ったからである。それらは堅すぎて山刀では歯がたたなかった。たいへん苦労して、そして荷物を川に落としてしまうかもしれない大きな危険を冒して、倒木の上をクリアラを引いて越えた。というのは、藪が濃密でなにも陸に上げることができなかったからである。……太陽が頭上の木々や攀縁植物のあいだから差し込んでくるのは、それがほぼ真上にあるときだけである。丸太と木々の枝が水に垂れていた。そしてときどき石は大きなハイゴケ属 *Hypnum* におおわれていた。それはリパリウム種 *H. riparium* にそっくりの特徴をもっていたが、リオ・ネグロ川の普通種により近縁であった。……

サンタ・イサベルへの三キロの道

夜明けと同時に出発して、サンタ・イサベルの港に到着したのはお昼であった。それからわれわれはその集落まで森を抜けて少なくとも三キロの陸路を行かなくてはならなかった。道は簡単に見つかった。丸太が小川と冬には水たまりとなる穴の上に架けられていた。とはいえ、重い荷物を運んでいける道は水路しかないので、容易に船が行き来できる川から遠い集落は立地条件は悪くなる。

サンタ・イサベルにはおもにクニプサナ族インディオが住んでいた。この部族は今でもパシモニ川の源流からシアパ川までのあいだと、またカスタニョ川に大勢住んでいる。マンダウアカ族インディオも大勢いた。彼らは上パシモニ川の先住民族のようである。また若干のマナカ族インディオと、クストディオがマラニアから連れてきたヤバアナ族の一家族もいた。

集落には家が一四軒あって（そのうち一軒は旅行者の家であ

第41図　オリノコ川の源流から遠くないところにあるサンタ・イサベルの集落とティビアリ山とパシモニ川（R・スプルース画）

る）、どの家にも少なくとも二家族が住んでいた。それらはおもにワラナカ川に流れ込んでいる小川に向かって少し傾斜している広場のまわりに建てられていた。土壌は砂質で、うしろ側（北西方向）が盛り上がって低い丘につながっていた。北東方向に、ひじょうに近くに見えるけれども、じつはその上の森の見分けがつかないほど遠いところに山が屹立していた。この山はティビアリというが、これはクニプサナ族があざやかな青色の小さな鳥にあたえている名前である。その右側（サンタ・イサベルからは東北東の方角である）の山腹はほとんど垂直に切り落とされていた。南東微南方向はイメイ（蜂の意）という高い山脈の長い尾根の最北端が盛り上がって高い円錐火山を作っていた。ベネズエラ人がアビスパ山とよぶのはこの円錐火山だけである。それとの中間付近にある別の峰はダンタ山とよばれ、南端（ひじょうに遠くて、集落の裏山に登らないと見えない）はモノ山とよばれている。

底をついた食料

われわれはサンタ・イサベルで時間を無駄にした。もっともそれは私の過失によるもので、私は獲物袋を持ってくるのを忘れたのである。私の部下もまた釣り糸を置き忘れた。しかしわれわれの見た魚はほとんどミノウと変わらない大きさだった。ファリーニャ一籠と銃があれば、私はたいてい食料に関しては自活できた。とくに（このときのように）猟のうまいインディオがいっしょのときはそうであった。さいわいに私の銃にはどちらの銃身にも弾が込められていた。そして最初の晩、私の猟師がそれで二羽のコジュビン（シャクケイ属 *Penelope*）を仕留めてくれた。一羽は夕食に食べて、もう一羽は翌朝の朝食に出した。それ以後、三日目の午後五時近くまでなにも食べなかった。

サンタ・イサベルには、女たちと二人の若者からなる二家族しかいなかった。女の一人が鶏を一羽飼っていた。私はほとんど餓死しそうだったので、それを喜んで買い取った。さらに数羽の鶏が駆け回っていたが、飼い主はクヌコに出かけていて留守であった。これらの鶏は私が食べることのできた唯一のものであったので、私は翌朝ほとんどの鶏の所有者であるキャプテンのもとに人を遣わすしかなかった。キャプテンのクヌコはひじょうに遠方にあった。そしてその日一日と翌日の夕方まで待つと、彼が現れて、私は二、三羽の鶏を買い取ることができた。

私は食べるものがなにもないときには仕事をするのが不可能であった。それに私は山で発見できるものと期待していた小さな植物を保存するのに使うつもりであったわずか二束の乾燥紙しか、クリアラのなかに持ち込むことができなかった。こうした理由で、私は数種の興味深い植物を小川から採ってくるのをやめた。それらはあまりにも大きくてかさばっているので、たちまちのうちに紙を使いきってしまうと思えたからである。天候は雨がちであった。しかしこの二日間で、たぶん他のどこで採集したものよりも興味深い数種の植物をこの集落の近くで採集し、旅行者の家から眺めたティビアリ山脈をスケッチした。[9]

イメイ山脈へ

二月一一日の朝、旅のあいだに食べられるように鶏を一羽焼いてもらってから、私はイメイ山脈（アビスパ山）に向けて出発した。案内役の若者一人と私の部下のインディオ二人が道連れだった。［これはたぶん挿絵のなかの高い木の右側に見える険しい円錐形の山であろう。――編者］私はそこまでの距離について誤った情報を鵜呑みにして、日没前にサンタ・イサベルに戻れるものと計算していた。ところが、われわれは日の出直後に出発したにもかかわらず、その山の麓のクヌコに到着したのはお昼過ぎであった。

そこに来るまでにわれわれは細流を四三回横切り、その他にも淀んだ水たまりをときに一五分もかけて渡った。というのは、地面がもっとも低い森はほとんど湖になっていたからである。多くの川には棒が渡しかけてあったが、腐っているものもあり、またほとんどのものは水に浸かっていたため、それらを歩いて渡るのは困難を極めた。われわれはワラナカ川を三、四回横切った。一度は腰まで水に浸かった。それはわれわれが行き当たった川で唯一水がたくさん流れている川であった。

しばらく一休みしてから、われわれは山に向かった。しかしたくさんの植物があると思われる高さまで行けそうもなかった。低い丘を越え、急な谷を下り、そして山の斜面を登りはじめた。その斜面はとぎれなくつづいているようで、お昼過ぎころまで低い森のなかを通っていった。そこで（麓から見えた）むき出しの岩が突出しはじめた。われわれは一時間以上登りつづけた。しかし花の咲いたものはなく、私がまだ見たことのない木はほとんどなにもなかった。地面は乾いていたが、たくさんの羊歯が現れはじめた。それらは二つの草丈の高い種だけであったが、その一方かあるいは両方ともが私が以前に採集したことのあるものであった。雨が降り出した。そして雷雨が山の北に向かって近づきつつあった。そこで私は引き返したほうが賢明だと判断した。そこではわれわれは濡れた以外なんの収穫もなく、ふたたびクヌコまで戻ってきた。

クヌコに二泊して、そのあいだの日をまる一日山の登攀にかければ、この山は山頂まで行き着くことができる（もし登攀そのものが可能ならばであるが）。あるいはかなり高いところまで登ることができる。しかしわれわれは食料をもたず、クヌコにはキャッサバ以外食べるものはなにもなかったので、みじめな夜をすごした。というのは、私は夕食なしで、とても大きな編み目の小さなハンモックの上で寒さに震え、サンクド（蚊）に苦しめられながら、なんとか眠ろうとむなしいこころみをくりかえしていたからである。サンクドはイメイ山脈の麓のいたるところにたくさんいるといわれている。

翌朝、朝食にはトゥクピ・ソースに浸した小さなキャッサバ以外なにも食べずに帰還を開始した。私は前日裸足で歩いていて怪我をしていた。そして出発してまもなく鋭い切り株を踏んづけて傷の一つをさらに大きくするようなへまをしでかした。すると、血の流れる足と空の胃袋で、行軍ははなはだ辛いものとなってきた。とはいえ、それは私が前日眼にしていた花を開いた植物を採集する妨げにはならなかった。

大きなシナノキ科の木が一本あった。黄色い花と平円形の刺のある果実があちこちに落ちていたが、手の届きそうな枝は一本も見つからなかった。それはルヘア属 *Luhea* の木で、私はパラより上流でこの果実が森のなかに散乱しているのを見てきたが、良い状態のものはまったくなく、花が咲いたものは一度も見ていなかった。

タルルマリ山

われわれは二月一四日にサン・クストディオに戻った。そして翌朝クストディオといっしょに村の北側にわずかにそびえている低いタルルマリ山に出かけた。その麓はなだらかな斜面になっていて、木がいっぱいに茂っていた。上のほうの斜面は急で、溝のついた岩は穴に奇妙な小さな植物が帯状に生えている以外は裸であった。山はわずか一五〇メートルほどの高さであるが、アラカムニ、ティビアリ、イメイとよばれる山脈を全部含む最高に雄大な眺望が得られた。

このうち最初にあげたアラカムニ山脈はシアパ川とパシモニ川のあいだを走っており、その西端はシアパ川に、東端はパシモニ川に向かってそれぞれ傾斜している。それは端から端までほとんど同じ高さを保っているが、平原から一二〇〇メートルほどの高さであろう。アラカムニ山脈の西の峰ごしに、シアパ川の岸辺ぎりぎりのところからそそり立っている山々をはるか遠くにかろうじて望むことができた。ティビアリ山脈はサンタ・イサベルの背後にそびえ、そのずっと東側が徐々に盛り上がって形の良いアビスパの円錐火山につながっていた。アビスパ山はイメイ山脈の長い鋸歯状の尾根の北端を形成していた。アビスパ山は南東微南にあり、高さは一八三〇メートルくらいにちがいない。そして高さにおいてそれに匹敵する峰が他にもあった。

この雄大な山々の前方には広大なヒースの原のような森におおわれた平地が広がっていて、パシモニ川の流れの一部を示すわずかに湾曲したくぼみがわれわれの足元近くに見える以外とぎれているところはなかった。私はさらに広範囲にわたる観察をおこないたいと思った。ところがわれわれがタルルマリに到着したとき、土砂降りの驟雨が山々の上を渡っていったため、それが通り過ぎるまで、私はまわりに生えている興味深い植物を採集することになった。運悪く驟雨はわれわれの山を通り、われわれをずぶ濡れにした。最初の雨につづいてまた別の驟雨がつぎつぎと来た。これらが通り過ぎたときには、われわれには夜にならないうちに家に戻るだけの時間しか残されていなかった。

［本章の最後に、クストディオという下リオ・ネグロ川出身の奴隷のムラートがいかに強力なインディオの首長となり、ベネズエラ政府の重要な役人となったかという話を紹介した。――編者］

興味深い植物

　私が唯一到達することのできたこれらの低い山々の植生は、マラビタナスの近くのコクイ山の植生とまったく同じ特徴をもっていた。斜面は下側をパイナップル科――たぶん同じ種のものであろう――に縁取られており、コクイ山と同じ二種のハクサンチドリ属 *Orchis* が生育していた。それらに交じって生えていたのは若いアサイ椰子の葉に似た葉むらをもつタコノキ科の一種（あるいはたぶん二種）であった。もっとも興味深い植物――かなりたくさん生えていた――は、肉厚の若枝と葉をもち、二、三の真紅の管状花をつけた高さ約一・五メートルの低木であった。それはガリペア属 *Galipea* に類縁のミカン科の一種である。枝をいっぱいに出したシパネア属 *Sipanea* の一種は同属の他種と同じく草本ではあったが、高さが二・四メートルあった。モチノキ属 *Ilex* がよく見られた。そして私はエスメラルダで採集したものと同じレミイア属 *Remijia*（アカネ科）にふたたび出合って驚いた。

　午後サン・クストディオを出発してパシモニ川を下るとき、高さ六〇メートルそこそこの低い裸の山の麓で緩やかに傾斜した花崗岩に行き当たった。われわれはここでその夜をすごすことに決めていたので私はその岩を登ってみた。そのとき私の眼に飛び込んできたみごとな光景に私はびっくりした。それは広大さにおいても特異性においてもタルルマリ山をしのいでいた。雨雲が稲妻を走らせながらティビアリ山脈とイメイ山脈のあいだを通過していったが、それがまた情景をいっそう絵画的にした。地平線は山頂の木々にさえぎられた西から北西のあいだをのぞいて、きれいに見渡すことができた。見えないのはおおむねカシキアーレ水道の方向であったので、森がなくても丘陵が見えるとはかぎらない。タルルマリ山から見えたすべての山々――とくにイメイ山脈が全部――が見えただけでなく、私の位置を少し変えると、南西から南にかけて広がっている低い丘陵群のほかに、コクイ山（南西微西）とサン・カルロスより川下の山々がはっきりと見えた。そしてこれらの向こう側のいちばん遠くにピラ＝プク山がぼんやりと見えた。

［帰途の旅の日記はここで終わっている。しかし植物採集旅行の簡単な記録によると、スプルースはパシモニ川の河口に一八

五四年二月二四日に到着し、パシモニ川とカシキアーレ水道の合流点で一日採集してすごし、月末にサン・カルロスに到着したことになっている。三月はまる一カ月サン・カルロスで標本を分類、梱包し、英国に発送するのに費やされた。そして四月と五月の前半はサン・カルロスの周辺でさらに植物採集旅行をおこなった。それからグアイニア川とヤビタ経由オリノコ川の瀑布群への旅に出発した。

ウィリアム・フッカー卿にあてたつぎの書簡には、ちょうど終えたばかりの興味深い船旅について書かれており、日記ではふれていなかった若干のことがらについての説明がある。それはまたスプルースの文体の良い見本でもあり、科学全般の問題を追求しようという彼の関心の深さがうかがえる。若干日記のくりかえしにはなるが、彼の旅行記の読者ならそれも不適切と考えることはないだろう。」

ウィリアム・フッカー卿殿

一八五四年三月一九日、ベネズエラ、リオ・ネグロ川のサン・カルロスにて

旅の概要

……私はカシキアーレ水道遡行の旅に一カ月を見積もりました。ところが、バシバ湖の河口を過ぎてから蚊がおびただしく増えて、私のインディオたちは船を止めるのをたいへんいやがるようになりました。われわれが動いているかぎり、ピラグアに集まってくる蚊は比較的少ないのですが、船を止めて炊事をしたり花を集めたりしていると、それらはとてもがまんのならないものとなり、とりわけ船室は蜂の巣のようになりました。私の博物学者としての情熱によって、いかに苦痛や煩わしさに対する私の感覚が麻痺しようとも、私はときには舟子たちの気持ちに共感せざるをえず、なるべくすみやかに船を進めるのを残念に思わなかったことを、あなたもよくご理解くださるでしょう。天気はおおむね良好で、この地方にしては乾燥していました。だから蚊がたくさん発生していたのです。この同じ天候は、標本を保存するには都合が良いのですが、川沿いの木々はほとんど花を落としてしまっており、果実はまだ若すぎて採集するだけの価値がありませんでした。それでも私は仕事に没頭せざるをえないだけのものを発見しました。

一八五三年一二月二一日の午後、われわれはカシキアーレ水道の上流側の河口から抜け出ました。私ははじめてのオリノコ川を感動なしに見ることはできませんでした。そして五〇年以上も前にこの川筋を探検した著名な旅行家たちと、この岸辺の植物のことを考えました。そしてそれらの植物のいくつかをそれらが最初に発見された場所で再度採集できることを願いました。

私の当初の計画は（あなたもご存知のとおり）クヌクヌマ川

を探検するというものでした。この川はマラユアカ山とドゥイダ山の西側に沿って流れ、カシキアーレ水道の河口の少し下でオリノコ川に注いでいます。ですが、私はまずエスメラルダをちょっとのぞいてみることにしました。というわけで、われわれはオリノコ川の遡行を開始し、二四日の朝、エスメラルダに到着しました。そこにいたるまでピラグアの通り道を見つけるのにはなはだ苦労しました。というのは、オリノコ川は急速に減水しており、川幅のあるところでは、私の小さな船を浮かべるのに必要な、ほんの一メートルの深さのある場所がなかなか見つからなかったからです。

食料が残り少なくなってきていたため、私はエスメラルダのインディオたちを集めて彼らにキャッサバを焼いてもらうのに少し時間をさかなくてはなりませんでした。これ以外は、私の短い滞在期間中、日中のすべての時間は周辺の山とサバンナの植物の採集に捧げられました。

私はリオ・ネグロ州の長官（アタバポ川のサン・フェルナンドに駐在）にオリノコ川源流への探検旅行に同行しないかと誘われ、そのためにクリスマスの日にエスメラルダで落ち合う約束をしていることを、あなたにお話ししたと思います。そうしたわけで、私は約束の一日前に待ち合わせ場所に到着しました。しかしベネズエラの本庁ではなにもかもが混乱していて、国中の役人のほぼ全員が交替させられている可能性があることを私はすでに知っておりました。とはいえ、私は長官から大量のマンジョーカをエスメラルダとクヌクヌマ川とまたオリノコ川のずっと上流のあちこちの場所で用意しておくようにとの命令が出されていたことを知りました。――彼の申し出に嘘偽りがなかったことの証拠です。

しばらくあとで、私はパシモニ川で彼から手紙を受け取りました。それには、彼はもう警察署長ではなく、後任の者が到着するまで持ち場を離れられないことがつづられていました。彼の後任は結局今月（三月）まで到着しませんでした。私は喜んでエスメラルダでしばらく待つこともできました。しかしオリノコ川は急速に水位を下げつつあったため、私はクヌクヌマ川に入ることができなくなるのではないかと恐れはじめました。そこで四日間滞在したのち、私はエスメラルダとそこの蚊に別れを告げました。

オリノコ川をクヌクヌマ川の河口まで下るのに、二八日まる一日と二九日の正午までかかりました。われわれはクヌクヌマ川に乗り入れました。それは幅と深さではカシキアーレ水道の上流部に匹敵するだけの大きさがあります。しかし水は白ではなくて黒です。そしてそれにもかかわらず、蚊がオリノコ川に負けないくらいたくさんいます。クヌクヌマ川に住んでいるインディオはマキリタレス族です。私は私のピラグアを第三の急流の下にある彼らの最初の集落まで進めることができるものと期待していました。

われわれは今年（一八五四年）の元旦に最初の急流に着きま

した。しかし私のピラグアの航行にちょうど足りるだけの水しか残っておらず、多少苦労して船を引きずり上げました。翌朝の八時に第二の急流の下に到着しました。それは長い急流で、そこで川は幅を広げ、大きいものは人の頭ほどもある、あらゆる大きさの丸石の転がっている浅い川床を水が駆け下っています。二時間にわたってわれわれはこの急流をピラグアを引いて上ろうと奮闘しました。しかし前進しようというこころみはむなしいものであることを知りました。まことに残念でしたが、私は引き返すよう命令しました。

　私はマキリタレス族のあいだで少なくとも一カ月をすごして、彼らの川を小舟でその水源まで探検する計画を立てていました。水源はベントゥアリ川とカウラ川の水源に近い高地にあります。ですがこれは私のはさみ紙の束と品物をどこか私の本拠となるところまで運べるのでなければ不可能でした。というのは、クヌクヌマ川の下流はたいへん深い森に包まれていて、われわれは食料を調理する一坪の土地を見つけるのにも苦労したからです。……

　小舟に乗って集落を訪れ、そこで一日すごしてから、私はピラグアに戻りました。そのとき川が見てわかるくらい水位を落としているのに気づきました。一刻も猶予がならないのはあきらかでした。というのは、遡行のおり苦労して突破した第一の急流はもう通れなくなっているかもしれなかったからです。

　一月六日、われわれはクヌクヌマ川から抜け出ました。そこで私は進路を変えるかどうか決めなくてはなりませんでした。水が浅いために、オリノコ川をさらにさかのぼっていける見込みはほとんどありませんでした。私はカシキアーレ水道を上っていく途中バシバ湖に入りました。湖は火を焚く場所がどこにも見つけられないほどほとんど減水していませんでしたが、まわりの森は独特の植生を有しているように見えました。パロ・デ・バルサ[11]におおわれた大きな砂浜がありました。そこは今一メートルほど水につかっていますが、乾季には水上に出ています。亀の猟をしてバシバ湖で一夏すごしたことのある水先案内人が、そのとき砂地は何千もの小さな一年生の草本におおわれていたといっていました。そこで私はバシバ湖を徹底的に調査することにしました。そしてその岸辺で採集されると思われるヒナノシャクジョウ属 *Burmannia*、タヌキモ属 *Utricularia*、プティコメリア属 *Ptychomeria* などの多くの新種を想像しました。

　とにかく迅速にことを進める必要がありました。というのは、カシキアーレ水道がその水位をもっとも下げたときには、小さな船しか上流に行くことはできないからです。私は七日のお昼ごろ、ふたたびそこに船を乗り入れ、下航をはじめました。毎日雨が降りました。そして予想に反して、川は減水せずにふたたび水位を上げてきました。一二日、バシバ川の河口の少し上の、とあるインディオの開拓地に到着しました。……

川の増水はほんの一時的なことであろうと考えて、私はふたたび水が引くまでヤマドゥバニで待ちました。カシキアーレ水道と上オリノコ川では一年の乾季の最盛期は一月、二月、三月で、三月には川の水位はもっとも低いと考えられています。ところが今年はその転換点は一月八日でした。川は二月のなかごろにごくわずかに減水した以外は、現在まで増水しつづけています。そして今は例年の六月末のように水があふれています。ですからだれもが今年はヴァサンチ（引き潮）がまったくなかったといい、その結果は悲惨です。亀の油は上オリノコ川でもカシキアーレ水道でもまったく採れず――亀は一匹も捕れず、魚の塩蔵もできませんでした。……

私は二二日にバシバ湖に向けて出発しました。そしてその日の夕方、湖の出口の氾濫していない小さな土地に停泊しました。つづく四日間はひどくどんよりとしていて、雨が降りました。私はクリアラで湖を探検しました。そしてそこではもうなす術がないことを知って、ふたたびカシキアーレ水道の下航をはじめました。

私は植物の乾燥標本に多くを追加せずにサン・カルロスに戻るのが不満でした。そこで最上の計画はパシモニ川を探検することだと考えられました。これは一部実行することができました。私は一月二七日にパシモニ川に乗り入れました。そしてひと月のあいだに、ほとんどその源流まで探検しました。上流は壮麗な山中を流れていますが、山には人は住んでおらず、事実上踏み入るのは不可能で、地理学者には名前すらほとんど知られていません。

カシキアーレ水道、パシモニ川、エスメラルダの植生

私は採集した植物についてくわしく書いている時間がありません。パシモニ川のものにもっとも珍しい種が含まれています。しかしエスメラルダで作った小さなコレクションのほうは、たぶんどれもフンボルトかションバークがすでに採集ずみのものだろうと思います。とはいえ、おそらくベンサム氏とあなたにとっては興味深いものでしょう。

エスメラルダに近い低い山々――ドゥイダの岩の破片――には低木がまばらに生えています。そのなかでもっとも目立つ植物はコミアントゥス属 *Commianthus* で、私が二年近く前にバーラの近くの小さな砂地のカンポで採集したものよりも小型ではありますが、同じションバーキー種 *C. schomburgkii* であることはあきらかです。それはエスメラルダから徒歩で一五分以内のところにひじょうに豊富ですから、それがフンボルトの集めた植物のなかになかったとはとても考えられません。

それといっしょにひじょうにたくさん生えている別の低木は、生長の遅れたフリミウム・フロリブンドゥム *Humirium floribundum* です。この分布の広い種はバーラの近くでコミアントゥス属といっしょに生えています。同様に多いのは通常その属よりも短い柔毛で厚くおおわれた蒴果をもつレミイア属

Remijia の一種でした。私はのちにパシモニ川のある小さな花崗岩の山で同種を見て驚きました。とくにパシモニ川地方でそれとともに生えている植物にエスメラルダのものと同じ種は一つもなかったからです。他の低木はあきらかにビルソニマ属 *Byrsonima* のスピカタ種 *B. spicata* と思われるもの、グアッテリア属 *Guatteria* の一種、パガメア属 *Pagamea* の一種などです。

大きな石の下に私がこれまで採集したどれよりも繊細な小さな羊歯が生えていました。一見したところ小型のアロソルス・クリスプス *Allosorus crispus* のように見えましたが、実際はフサシダ属 *Schizaea* により近いものでした。そしてそれとともに、私がウアウペス川の滝のそばの同じような場所でたくさん採集した、太い切形楔形の葉をもつ小さな草が生えていました。

岩の割れ目に根を下ろし、そばの低木やその岩に絡みついているのは、ヤエムグラ属 *Galium* のサクサティレ種 *G. saxatile* にやや似た、細い葉ととても小さな白い花をもつアスクレピアデア属 *Asclepiadea* の一種でした。湿った岩の多い場所で、長い羽状の枝をもち、先端が芒《のぎ》となったひじょうに小さな堅い葉をもち、山査子《さんざし》と同じ大きさと色の単独の腋生の果実をつけた、高さ約一・二メートルの低木を発見しました。それは私にとってはまったくの新種で、蒴果をつけるフトモモ科のものではないかと思われますが、くわしく調べてはいません。若干のノボタン科やその他のものもありました。

集落（エスメラルダ）の近くのサバンナは暑熱でほとんど乾燥しきっておりました。草は萎れた茎だけになっていました。しかしそれらのなかにはスズメノヒエ属 *Paspalum*、エノコログサ属 *Setaria*、メリケンカルカヤ属 *Andropogon*、トリコポゴン属 *Trichopogon* などの数種がありました。私はドゥイダ山に向かう途上の最初の二つのサバンナを横切りました。しかし花が咲いているものはほとんどありませんでした。二つめのサバンナにはモリチェ椰子をのぞけば、木はクアレア属 *Qualea* の一種しかなかったとは奇妙なことです。その木はバーラの対岸のまったく同じような特徴をもつ低地のカンポで私が採集して、ベンサム氏がレトゥサ種 *Q. retusa* とよんだものと同一であると思われます。エスメラルダでは木は花も果実もつけていませんでした。もしフンボルトが訪れたときも同じ状態であったとすれば、彼が標本を採集していなかった可能性は高いと思います。

グアポ川のほうまで広がっているサバンナには、まだ若干水のある場所が残されていました。そこで私はいくつかの興味深い小さな植物を採集しました。それらのなかには以下のものがあります。ヒナノシャクジョウ科が二種（たぶん真のヒナノシャクジョウ属 *Burmannia* です）――その一つは私がかつて見たその仲間のどの種の花よりもかなり大きな紫色の花をつけていました。四種のリンドウ科。そのうち二種はリシアントゥス

（トルコギキョウ）属 *Lisianthus*（=*Lysianthus*）で、いっぽうはあざやかな青色の花をつけたイトシャジン *Campanula rotundifolia* にそっくりな小さな種で、もういっぽうは緑の花を咲かせた草丈の高い植物でした。そして他の二種はシュブレリア属 *Schübleria* に類縁の微小な種でした。トウエンソウ科三、四種。ガガイモ科二種。黄色い花を咲かせたアカネ科の微小な二種。ペラマ属 *Perama* 数種。その一つはヒルスタ種 *P. hirsuta*（サンタレンでも採集したもの）。ヒメハギ属 *Polygala* 三種。その一つはスブティリス種 *P. subtilis*。その他若干のものがあります。

私はまたオリノコ川の岸でも集められるものはすべて集めました。そのなかには《パルマ・ヤグア》がありました。それはフンボルトが『自然の景観』のなかでその美しさを絶賛した未記載のマキシミリアナ属 *Maximiliana* で、私は標本と生きている植物についての記録を持ち帰りましたので、それにもとづいて記載できるでしょう。そのみごとに生長した木がカシキアーレ水道の河口に二本生えていました。私はその一本を切り倒させて、葉と肉穂花序を一つずつピラグアに積み込みましたので、そこでそれらを自由に調べながら船旅をつづけることができました。その葉は長さ一〇メートルあり、四二六枚の羽片からなっていました。肉穂花序は約一〇〇〇個の実をつけており、男二人でかつがなくてはならない重さでした。数個の花序が同時に熟していました。これだけの数字で《パルマ・ヤグア》の壮麗な姿をあなたにお伝えするにはじゅうぶんでしょう。これは上カシキアーレ水道とオリノコ川を飾る主要な植物の一つです。

カシキアーレ水道を半分ほど上ったところで、水はまぎれもなく白濁しはじめ、川沿いの岩も上から垂れ下がり水に浸かった木の枝もキンクリドトゥス・フォンティナロイデス *Cinclidotus fontinaloides* にそっくりの苔におおわれはじめました。この苔は上カシキアーレ水道とオリノコ川にはひじょうに多くて、一時間で小さな船をそれでいっぱいにすることもできると思います。この苔はフンボルトが上オリノコ川で採集した標本にもとづいて、ギボウシゴケ属 *Grimmia* のフォンティナロイデス種 *G. fontinaloides* としてあなたがはじめて記載したものです。未記載種を発見するのが楽しいものであるならば、長い年月をへたのちに、ある植物をそれがはじめて他人によって発見された場所でふたたび採集するときの歓びは、少なくとも同等です（しかもそれにはどんな利己的な気持ちも混じりません）。ニュージーランドでメンジーズが発見した苔をふたたび採集したときのフッカー博士の歓びが私には想像できます。

パシモニ川でもっとも注目すべきものの一つは、深緑の葉むらのなかにぱらぱらと白い丸い実をいっぱいにつけた遠くからでもよく目立つ木でした。望遠鏡で見てこの丸いものは果実であることがわかりました。ところが部下のインディオたちはそれは蜂の巣だといいはり、われわれが一二メートルほどしかないその木の真下に来たときも、彼らはまず長い棒でその球果を一つつついてみるまで、だれ一人登ろうとはしませんでした。私には彼らの用心深さは馬鹿げたものとは思えませんでした。というのは、カシキアーレ水道で、われわれは蜂の巣にはあらゆる形と大きさがあるということを身をもって学習したからです。この木はプラトニア属 *Platonia* に類縁のフクギ科の新属を構成するのではないかと思われます。

私は長期にわたる遠征から戻るときにはいつも、植物学以外の科学の分野に私がわずかしか貢献できないことを面目なく思います。とくに旅してきた地方がたぶん植物学者よりも地理学者にとって興味深いところであるときにはそのことを痛感いたしました。一人の人間がすべてできるものではないとか、この気候のもとで植物を保存するにはたいへんな手間がかかるとか、また労働者はインディオしかいなくて、毎日川や森で食物を探し求めなければならないようなところでの、日々の患いや船旅での《あいにくの事故》には、少なからずの時間がとられるのだと考えても、私には慰めにはなりません。

私はつい最近の船旅で、植物のコレクションに加えて、パシモニ川とクヌクヌマ川の大雑把な地図と、将来それをさらに正確にするための資料を持ち帰りました。すなわち大量の絵文字などの若干のスケッチ、グアアリボ族インディオの言葉をはじめとする六つの言語の多少とも完全な語彙です。とはいえ、この人ならもっとたくさんのことができたであろうと思われる人は他にいますから、勤勉な労働力と、思うままに使えるあらゆる資源に恵まれ、より健康で体力に自信のある人が私のあとから来て、私が未完に終えたことをすべてなしとげてくれるでしょう。

［以下はカシキアーレ水域のパシモニ川の警察署長クストディオがスプルースに語った身の上話である。――編者］

クストディオの物語

クストディオは年のころは四五〜五〇歳、色は浅黒いというか、ほとんど黒に近いムラートである。背は高くてたくましく、立派な顔立ちをしている。彼はリオ・ネグロ川の村バーラロア[12]で奴隷として生まれた。彼の主人は彼をまるで息子同様に大切にあつかった。主人には息子がいなかったからだ。クストディオは成長すると、ウアウペス川、マラニア川などへ、サルサパリラその他の地方の産物を買い付ける旅に主人のおともをした。そしてしばしば大量の品物を持って一人で商いの旅に行かされるまで信頼されていた。こうして彼は八年間にわたって毎年マラニア川を訪れ、その川の水源に住むヤバアナ族インディオとたいへん親しくなった。

彼の主人にはカセイラすなわち管理人の女がいた。この女はけっして若くはなかったが、クストディオは彼女をあたかも自分の母親であるかのように尊敬すると宣言していた。ところがあるとき、主人が二、三週間留守にしたとき、クストディオはシティオに一人で取り残された。悪意の中傷が主人に奴隷とカセイラが彼を裏切ったと思い込ませた。主人は家に入り、弾を込めた銃を彼のかたわらにおいた。そしてまもなくクストディオが主人にお帰りのあいさつをしに入ってきたとき、彼は一言もいわずに銃をクストディオに向け、引き金を引いた。さいわいにも、それは鍋に当たっただけであった。クストディオはなぜそのような出迎えを受けたのかまったくわからなかったが、主人の行動だけではなくその表情から、主人は彼を殺そうとしているのだということがわかり、間髪を入れず逃げ出した。

まもなく彼は森の奥深く分け入り、夜になって川縁に下りてきて、モンタリアを一艘奪い、それに乗って川をさかのぼった。彼はサンタ・イサベルに到着すると、思いきって岸に上がり、知り合いのインディオの家に入っていった。そこで彼は座って食事をしたあと、自分の身に起こったことを話した。ところがそれを聞いていた人たちのなかに二人の白人との混血がいて、彼を捕らえて奴隷の身分を明かして賞金をせしめようと考えたことに彼は気づかなかった。食わせ者たちは家の外で銃に弾を込めて彼を待ち受けた。しかしクストディオは彼らが悪巧みをしていると注意された。彼の唯一の武器は棒の先につけた長いナイフだけであった。彼はこれをつかみ、それを左右に振りかざしながら戸口から飛び出した。悪玉どもはうしろに飛び退き、そしてどちらか一方がマスケット銃を構える前にクストディオは家の角を回って、インディオの村の近くにはまずかならずあるコーヒーなどの茂みに飛び込んだ。そこから森まではほんの二、三歩で、彼はまもなく当座の追跡者からは逃れた。彼はもう人の住んでいる場所には出まいと心に誓った。そして苦労して森を通り抜け、行く手に横たわる小川の河口を泳いで渡り、マラニア川の河口に達した。ここで彼はナイフだけで木の幹から皮を一枚むきとって小舟を作った。それは友だちのヤバアナ族インディオから習った技法であった。そして彼は今そのヤバアナ族の村に行こうと考えていた。ナイフで櫂も作った。こうして必要なものをそろえるとクストディオはマラニア川を遡行しはじめた。野生の果実だけを食べ、火が必要なときはコクリトの破片をすり合わせて火を起こした。こうして彼はヤバアナ族の土地に到着した。そこで彼は二、三年間安全に暮らした。そして妻を娶った。

ところがクストディオは、自分の鍛冶の技術を活かせるところに住み着きたいと願って、パシモニ川に出て、この川を下り、そしてカシキアーレ水道を下ってサン・カルロスにやってきた。ベネズエラの憲法では、国境を越えてきたブラジルの奴隷は自由である。しかしバーラに行こうとしていたあるポルトガル人が彼を裏切って、夜のあいだに彼を捕らえ縛り上げてリオ・ネグロ川を下った。これは騒乱期の終わりのころの一八三六年のことであった。バーラには大勢の拘置された反逆者（囚人）たちを載せたスループ型砲艦が停泊していた。クストディオの老いた主人はすでに亡くなっていた。しかしその遺言執行者によって、彼は老主人の財産であると主張され、その地方に平和が戻るまで、スループ型砲艦に足かせをはめられて反逆者たちといっしょに乗せられた。しばらくして砲艦はアマゾン河を下っていった。しかし何日も行かないうちに急使が送られてきて、あらたな反乱を制圧する任務におよび戻された。ふたたびバーラに到着したが、その出兵は必要なくなった。

ちょうどクリスマスにあたり、下航は祭礼が終わるまで延期された。寛大な措置で、艦長は踊りがあるときは毎晩囚人たちに船に一〇時までに戻ってきて寝るという条件で下船を許可した。最初の二晩はこの許可を利用して外出したクストディオは、時間までに彼の牢屋に戻ってきた。しかし三晩目に、彼は陽気な群集から離れて彼の惨めな船上の牢屋に戻るとき、偶然にも自分が道に一人取り残されていることに気づいた。明るい星明りの夜であった。彼が抑えがたい自由への欲求にかられたとしても、あるいは彼の心にインディオの友の家が、妻の面影が、そして二人の幼い子供への思いが駆け巡ったとしても不思議はなかった。森と川が彼を懐かしい人々から一六〇〇キロメートル以上も隔てていた。そして彼を助けてくれる友だちはだれもいなかった。しかし彼は道中のあらゆる場所を知り抜いていたし、森で生活するのには慣れていた。

一瞬のうちに彼は決心していた。彼は港に駆け降りていった。モンタリアは西瓜などを積んだものが一艘ある以外まったくなかった。ちょうど老婆がその積み荷を陸に揚げていた。「今晩は、奥さん」と彼はいった。「重いでしょう。荷物を揚げるのを手伝いましょう」。「そりゃどうも。助かるよ」と老婆はいった。彼女の家はすぐそばだったので、クストディオはモンタリアのなかの荷物をすみやかにそのなかに運び込んだ。老婆は喜んで手間賃として一パタカを彼にあたえた。しかし彼がほしかったのはこれではなかった。そこで今彼は目当てのものを手に入れるために「身の上話」を作り上げなくてはならなかった。

「お母さん」と彼はいった。「イガラペの入口を渡ったところのシティオに住む友人を訪ねたいのですが、モンタリアをちょっと拝借できませんか」。（イガラペとはイガラペ・ダ・カショエイラのことである。）「いいとも。けれど、戻ってきたとき、同じ場所にしっかりつないでおいておくれよ」と老婆はいった。これは即座に約束された。クストディオはモンタリアに飛び乗ると、急いで「さよなら」といって船を岸辺から押し出した。それ以来今日まで気の毒な老婆は彼もモンタリアも見ていない。

バーラの北のはずれには、サン・ヴィンセンチとよばれる急な土手の断崖に囲まれた小さな半島があって、そこには一種の砦がある。クストディオは崖の下に沿ってできるだけ静かに進んだが、見張り番に呼び止められたときも逃げなかった。しかし老婆にいったのと同じ理由をいうと、見張り番は彼を通してくれた。一〇時までにはあとほんの数分しかなかった。船では彼がいないことにすぐ気づくであろう。彼は櫂を力の限り漕いだ。イガラペの河口に近づくと、そこから櫂が水を跳ねる音と大勢の笑い声と話し声が聞こえてきた。それは町に向かう途中の数艘のモンタリアからの音であった。これらの船の人々から見えてもよいことはないだろう。そこで彼はずっと遠くに離れて、人間の姿も見えず音も聞こえなくなるまで、二度と陸に近づかなかった。

過去の経験から、彼は人間よりも虎を信用し、人の住むところはすべて避けていく決心をした。さらに用心してつねに川の左岸を行った。そちら側を通る船は上るものも下るものもめったにないし、サンタ・イサベルまではそちら側には集落は一つもないからである。彼は夜も昼も漕ぎつづけ、ほとんど眠らないようにした。そして眠るのはおもに真昼にして、船をガポの奥深く押し込んで、彼の仲間である人間に襲われる心配のないところで眼を閉じた。とはいえ水蛇（アナコンダ）に巻かれる危険はあった。

リオ・ネグロ川を上っていくあいだの彼の食物は節のある枝をもつ奇妙な巻きつき植物（グネツム属 *Gnetum*）の実であった。その節は膨れていて、革のような丈夫でしなやかな一対の葉をつけている。それはブラジルではイトゥアンとよばれていて、クストディオの食物となったのはリオ・ネグロ川のずっと上流までふつうに見られる種である。私はそこで花と実をつけたものを採集した。彼はそれが大量になっているのを見つけるとかならず実を採って、どこか適当なところで火を焚きそれらを焼いた。そのあとで焼いた実を船の舳先に積み込み、それらを食べつくすと彼はまた別のものを焼いた。

このようにして彼はマラニア川の河口までやってきた。そしてこの川を上っていくことに決めた。それよりはるかに短くて容易な道はリオ・ネグロ川をそのまま上りつづけてサン・カルロスまで行く経路であったし、サン・カルロスには彼の家族がいた。しかし彼はサン・ガブリエルとマラビタナスの要塞を通り抜けられそうもなかったし、とくにそこの守備隊は逃亡脱走奴隷と反逆者を捜していることで知られていた。そこで彼はマラニア川を上っていった。そしてここにはもうイトゥアンはなかったが、それはミリチャー椰子の薄いパルプを食べることによって不完全ながら補われた。ミリチャー椰子はまことに風味のない食物であるが、生命を維持するにはなんとかこと足りた。

バーラを発ってから三五日目の終わりに、クストディオは無事友好的なヤバアナ族のもとにたどり着いた。旅のあいだ、彼はけっして人間には話しかけず、一度もキャッサバやファリーニャあるいは人間の手で加工したどんな種類の食物も口にしなかった。ヤバアナ族のもとで短い休息をとったのち、クストディオはもう一度サン・カルロスに向けて出発した。彼は前と同じ道をとり、彼がそこを去ったときのままの彼の家族に再会する幸せを得た。

こののち数年間クストディオはサン・カルロスにとどまって商売にいそしんだ。そして彼がマラニア川、パシモニ川、シアパ川のインディオをひじょうによく知っていて、彼らに大きな影響力をもっていることを知った州の長官が、パシモニ川の監督の仕事を引き受けないかといってきた。彼はその申し出に応じて、すぐさま家族とともにパシモニ川に引っ越した。

パシモニ川の源流近くには、すでに数年前にマンダウアカ族とクヌクラナ族インディオの二、三家族の者によって作られた、サンタ・イサベルという集落があった。この村をクストディオは大きくした。そしてそれより少し川下の、かなり大きな船でもやってこられて、サンタ・イサベルよりは商売には立地条件の良いところに、また別の集落を作った。サンタ・イサベルは、もっとも小さな船で集落から三キロ離れたところまでしか近づくことはできない。しかしクストディオはこれに満足せず、妻の親戚の者が数家族参加してきたので、今から二年ほど前にさらに川を一日下ったところにまた別の集落を起こした。この集落はたいへん強固な基盤をもち、サン・クストディオと名づけられた。だから、ムラートで奴隷で囚人であったクストディオは、今や「パシモニ川の警察署長で、サンタ・マリアとサン・クストディオ村の創設者！」という名士である。

オリノコ川源流に関する覚書

〔ジャン・シャファニョンの『オリノコ川とカウラ川』（一八八九年、パリ）には、オリノコ川の源流をめざしてこれらの川をさかのぼっていった著者の船旅が記録されている。残念なことに、彼は自分の現在位置を測定する手段をまったくもっていなかったようで、彼の作成した小さなひじょうに素描的な地図がまったく信頼に足るものではないことはあきらかである。このことは、エスメラルダから行き着けたもっとも高い位置、すなわちフェルディナン・ド・レセップス〔一八〇五―九四、フランスの外交官、スエズ運河の建設者〕にちなんで名づけた山までの距離を、エスメラルダからグアビアーレ川の河口のサン・フェルナンド・デ・アタバポまでの距離より多くとっていることに表れている。グアビアーレ川を行けば、彼はどんな地図にも記されているパリマ山脈よりはるか先まで行けたはずである。

一八八六年一二月二日、シャファニョンは八人の漕ぎ手の乗り組んだ大きな船でエスメラルダを発ち、無数の急流をさかのぼり、一三日にフランセの急流までやってきた。そこから一日半かけて二人の男の乗り組んだ小さなクリアラで、岩に妨げられて通り抜けられないところまでやってきた。二時間歩いて彼らは山腹の傾斜した岩の川床を流れる数本の小さな流れの一つの源流までやってきた。それがこの大河の源流と考えてもま

ちがいないだろう。しかし、だれか有能な観察者によって、シャファニョンが到達した位置を定める仕事が残っている。——編者〕

原注

1 私がつぎにオリノコ川の急湍群へ船旅をおこなったとき、水先案内人のカルロスは、陸上でも船の上でも長いあいだ私のつきそいを務めてきたアントニオという呑気で静かな若者を連れて姿をくらまして、私を置き去りにした。これは私が南アメリカに滞在中インディオに逃亡されたただ一度の経験であった。私は別段驚きはしなかった。というのは、上リオ・ネグロ川は最良の季節でも、世界でもっとも食物の乏しい地方の一つであって、そのときまさしく飢饉の時期にさしかかっていたからである。われわれはアタバポ川とオリノコ川まで前進できるだけの食料を手に入れようと思ってトモ村に停泊していたが、日々の糧を調達するのさえたいへんであった。私がふたたびサン・カルロスに到着したとき、カルロスとアントニオははなはだ悔い改めたようすで私のところにやってきて、私を見捨てるよう相手に唆されたのだとたがいに非難しあった。とはいえ、彼らは二人とも、私が船旅に出るさいに彼らに賃金として前払いした品物を正直に返してよこした。これについては白人の居住者たちはひどく驚いて、インディオがそんなことをしたのは前代未聞だといっていた。

2 〔これらは彼が引き返してきたときには水の上に出ていて、そのいくつかが模写された。二九〇頁を見よ。——編者〕

3 この男だけがスペイン語を少し話せた。彼はミゲルと名乗り、背が高くて体格の立派な男であった。彼はションバークがエスメラルダへ向けてブランコ川のサン・ジョアキンを出発したときそこにおり、その案内役として雇われた。彼はションバークと三カ月間行動をともにした。

4 遡行のさいに出合うクヌクヌマ川の急流は以下のとおりである。(1)カスルビ、(2)ウアリナマ、(3)タウアルパナ、(4)クリリパナ、(5)ウルカルトフォリ（プエルコの急流）、(6)マパク、(7)マトフィピリマ、(8)パイキトゥ＝プペ（カビサ・デ・ペセリ）、サン・フランシスコ、(9)マウアリ＝プペ（カビサ・デ・クレブラ）、サン・ホセ、(10)アメクイ、(11)ウアムパタリ、マラユアカ山の前。これらのなかで八番目の急流がいちばん高い。クヌクヌマ川の水源はクイネナ山の麓にある。グアポ川の水源はマラウアカ山の麓にある。パダモ川の水源はアラパミ山の麓にある。トゥッサリの話ではこれらの山々の高さはほとんど同じだそうである。

5 サンタ・ラモナより川上のつぎの集落はサン・フランシスコで、そこには四軒の白人の家にならった家と、一軒の円い家がある。集落はエスメラルダがあるサバンナと同じくらいの小さなサバンナの中心にある。集落の真北にひじょうに近く見えるが、じつは半日以上かかるところに高い岩壁がつづいている。その上には冬には四つか五つの滝ができる。二つの滝は年中水が流れている。山のその岩壁の上の部分は木におおわれているようであるが、サン・フランシスコからはほとんど見えない。岩壁には樹木はほとんどなく、ところどころ突き出たところに若干の木が生えているくらいである。他の山々のように、この山もたくさんの白い雲母の斑を見せている。

サン・フランシスコの上にもう一つサン・ホセという集落がある。両者のあいだには滝は一つあるだけである。また両者を結ぶ陸路が一本ある。

サン・フランシスコからベントゥアリまで陸路では四日かかる。

上クヌクヌマ川に関する以上の情報を、私は一八五四年六月にそこを訪れたポルトガル人ジョゼ・ド・エイラド氏から得た。彼がトゥッサリのもとに滞在中、大勢のマキリタレス族がパダモからやってきた。そのリーダーと六名の者は水路を、そして一四名の者は陸路をやってきていた。彼らの目的はトゥッサリのためにダボクリを作ることで、彼らは土製の水瓶、グアパ、そして焼いた蛙と地虫という贈り物を持ってきた。

マキリタレス族が白人に売るものはクリアラ（船体のことで、彼らはリオ・ネグロ川で使われる最大で最上のものを作る）、グアパ、クラリ、それにグラヴァターナ（吹き矢筒）、マニオック、クパルバの油、セリンガ（これはつい最近はじまったばかりである）、カラナ椰子、そしてタカマハック樹脂である。最後の二つはとくに前もって支払われたときにだけ採取される。

エイラド氏はクヌクヌマ川の水はたしかに白い色合いを帯びていたことを発見している。蚊はオリノコ川やエスメラルダと同じようにきわめて少なかったそうである。

6 二七四頁の挿絵はこの美しい低木を示す。これはアナットあるいは一般語でウルクとよばれる仮種皮に含まれる赤い染料を採るために、アマゾン河流域全体で栽培されている。その原産地は正確にはわかっていないが、アンデス山脈の麓のあたりではないかと信じられている。このパラの写真のものはわずか三年生のものである。

7 この異常な音については二五章で説明する。

8 これは西インド諸島のものと同じ本当のハリケーンである。しかし持続時間が短く、あきらかに竜巻はともなわない。

9 キャプテンといっしょにほとんどの住民が、白人がやってきたことを聞きつけて集落に集まってきた。月の明るい雨のない夜であったため、私は彼らを広場にいざなって、踊りを踊らせた。人々がキリスト教の集落にならって集まって以来、彼らに洗礼をさずける宣教師は一度も訪れたことのない、文明からかくも遠く隔たったこのような場所で、私は彼らの踊りと歌のなかに、私にとってなにかまったく新しいものを見聞きできると思っていた。ところが、竹の節間で作るギターのような楽器の音色に合わせて、まじめくさった重々しいインディオにしてはまったく異国風に乱暴に跳ね回り、足を宙に高く放り上げ、上手なポルトガル語で「会いに行こうよ、会いに行こうよ、会いに行こうよ、われらの神に!」と歌って、踊りがはじまったときには私はびっくりした。——これはリオ・ネグロ川のバーラで、クリスマスの祭りのときに、たいてい街角にしつらえられる祭壇の聖母子の御像を黒人たちが拝んでまわるときに、歌い踊っていたものとまったく同じだったからである。私が「踊りの様式」を変えてくれと頼んだときに見せてくれたものも、また黒人の踊りと歌であった。「ああ、わが友人クストディオがここにいればなあ」と私は思わずつぶやいた。あとで私はこのインディオたちの新奇な芸はたしかにブラジルの奴隷から受け継いだものであることを確認した。とはいえ、私はけっこう楽しみ、彼らのすばらしい芸を賞賛した。

10 [スプルースが、パシモニ川の源流に近いこれらの山々で採集した、若干の植物の名前をここにあげておこう。その地方を訪れた植物学者は彼以外まだだれもいないと思われるからである。すでに述べられた理由により、彼ははじめて出合ったもの以外採集しなかった。

イメイ山にて(岩塊の麓で)

トコン属 *Cephaelis*(アカネ科)、ミコニア属 *Miconia*(ノボタン科)、バドゥラ属 *Badula*(ヤブコウジ科)、ダウィア属 *Dawya*(ノボタン科)、スウァルトジア・グランディフォリア *Swartzia grandifolia*(ジャケツイバラ科)、ファラメア属 *Faramea*(アカネ科)

タルルマリ山にて

シパネア・ルピコラ *Sipanea rupicola*(アカネ科)、アスピドスペルマ属 *Aspidosperma*(キョウチクトウ科)、ガリペア・オッポシティフォリア *Galipea oppositifolia*(ミカン科)、エキテス・アンケプス *Echites anceps*(キョウチクトウ科)、ミルキア属 *Myrcia*(フトモモ科)、リリオスマ・ミクランタ *Liriosma micrantha*(ボロボロノキ科)、ルイスキア属 *Ruyschia*(マルクグラウィア科)、クパニア属 *Cupania*(ムクロジ科)

スプルースはこのどちらの山でもほんの数時間しか費やさなかったこと、そしてすでにそれらの周辺の森林平野の調査に二、三週間費やしていたことを記憶にとどめるべきである。——編者]

11 [スプルースは、これはカンラン科の一種であるといっている。本科はひじょうに樹脂を多く含む樹木や低木で、それらのなかには東洋のミルラ樹脂や乳香を生産するものもあり、多くの南米種、とくにイキカ属 *Icica* とヒジキゴケ属 *Hedwigia* のものは、ゴム、油、バルサムを産す。スプルースはここに述べた種の花を手に入れることはできなかった。——編者]

12 [サン・トマスとよばれることもあり、バーラとマラビタナスのちょうど中間あたりに位置している。——編者]

スプルースによるパシモニ川の地図

ワイアワカ川の船での航行が可能になる上流地点から
パシモニ川とカシキアーレ水道の合流部まで

1854年2月

スプルースの原図を縮小したもの

［この川を航行するのに要した時間と、おおよその全長がわかっているカシキアーレ水道を航行するのに要した時間とをくらべてみると、この地図の縮尺は１センチ＝約9キロで、川の曲折にしたがった全長は約322キロメートルと考えられる。――Ａ・Ｒ・ウォレス］

パシモニ川はバリア川の河口より上はヤトゥア川の名でよばれている。水源はイメイ山脈の中央部付近で、その支流の一つアトゥシバキリ川は山脈の最南端のモノ山に発する。黒い水の川である。少し下ったところでワイアワカ川の水を右岸から受け入れている。ワイアワカ川はヤトゥア川より若干小さくて、ヤトゥア川と同じく狭くて浅く、流れはやや急であるが急湍はない川である。その源流はティビアリ山とイメイ山のあいだにあり、白い水が流れる。

●第一三章 オリノコ川の急湍へ、そしてサン・カルロス帰還（一八五四年五月二六日―八月二八日）

[この特殊な経路についてはすでに他の旅行者がしばしば語っているから、日記の大部分についてはその要約だけを載せ、マイプレスと瀑布群の描写と川岸の植生に関する記載については全部収録するのがよいだろうと私は考えた。サン・カルロスは一年八カ月のあいだスプルースの活動の拠点となった。そして彼は三回にわたって、それぞれ五カ月半と三カ月（二回）のあいだ、都合まる一年にわずか二週間足りないだけの期間そこに居住した。彼はそこでスペイン語の習得に努め、またインディオのあいだでもっともよく使われている方言であるバリア語を学んだ。そしてベネズエラの役人や多くの交易商人、またインディオたちとの交流を通じて、この地方とその産物について、また住民、政府、歴史について多くの知識を得た。彼の日記とまた書簡のあるものには、この興味深いのにほとんど知られていない地方について、系統的な解説を詳細に書くつもりであったことを示すかのような、たくさんの短い覚書と小論が含まれている。私がここでできることは、これらの書簡と覚書のなかから一般読者により興味のありそうなものを選んで、本章の後半に二、三掲載することである。]

マイプレスへの旅（編者による日記からの要約）

トモへ

一八五四年五月二六日、スプルースは彼の大きな船に乗り、サン・カルロスを出発して、道々植物を採集しながらグアイニア川をゆっくりと遡上していった。六月四日日曜日、トモ着。天候がたいへん雨がちであったため、彼はそこに四日間滞在して、集めてきた植物を乾燥し荷造りした。オリノコ川から戻るまで、彼はそこに船をおいておかなければならなかったからである。ここは恐ろしく食物の貧しいところだと彼はいっている。魚も手に入らず、二羽の巨嘴鳥《おおはし》が彼が当地に滞在中の唯一の生鮮食品となった。九日、彼はさらに小さな船に乗り換えてマロアとピミチンに向かった。そしてピミチンには翌日の午後に到着した。

ヤビタへの道

スプルースはピミチンからヤビタへの道は幅約三・五メートルの、きれいなよく手入れのゆきとどいた道だと観察している。しかし、無数にある小川に架けられた丸木橋は、丈夫な良質の木材で作ろうという配慮がないため、しばしば状態が悪く、渡るのが危険であった。ピミチンの小さなカアティンガ（低樹林）と、またヤビタまでの道の約四分の三に広がる別のカアティンガをのぞいて、森はみなひじょうに高い。ヘバリエがとても豊富で、たいへん良い標本が少しある。また、最近人々がゴムを採集しはじめた良質のゴムを産するシフォニア・ルテア*Siphonia lutea*もある。ところどころで道はシラガゴケ属*Leucobryum*のマルティアヌム種 ***L. martianum*** の大きな群落におおわれていた。そしてある場所では同属のシロシラガゴケ***L. glaucum***に似ているが、葉の先がそれより長い白い種の房がいくつかあった。道のなかほどに一本の十字架が立っていた。スプルースは部下のインディオたちの助っ人として二人の若者しか見つけることができなかったため、彼らに割り当てられた荷物はどれもやや重くなり、そのためヤビタまでたっぷり一日かかった。

第42図　上リオ・ネグロのグアイニア川のトモ。椰子はモモミヤシ
Guilielma gasipana（=***G. speciosa***）（R・スプルース画）

ヤビタとバルサザール

スプルースはヤビタとバルサザール（アタバポ川の最初の村）は、この地方でもっともきれいに整備された村で、住民たちはもっとも堕落していないといっている。それはおもにバルサザールに住むサンボ（黒人とインディオの混血）の老人の教化によるものであった。老人はミサ曲を歌い連禱を唱えるのがたいへんうまく、また宗教上のしきたりを厳格に遵守していることから、大きな影響力をもち、アルナウド神父の名があたえられていた。

サン・フェルナンド・デ・アタバポ

オリノコ川から上ってきたある交易商人の船を借り受けたスプルースは、ただちにヤビタを出発することができた。そして三日でグアビアーレ川との合流点にあるサン・フェルナンド・デ・アタバポに着いた。グアビアーレ川はオリノコ川に西から流入する最大の支流の一つで、大河との合流点から数キロしか離れていない。そこは冬には水に浸かってしまうたいへん低い土地に囲まれているため、冬は水路による以外、どちらの方向からも行き着くことはできない。それはひじょうに不健康な土地で、ことに六月、七月、八月は最悪である。

村はグアイニア川のマロアにたいへんよく似ているが、こちらのほうが大きく、あまりきちんとしていない。そこには古い教会と僧院があり、数戸のしっかりした造りの家が建っている。住民はベネズエラのごろつきのようで、白人はきわめてわずかしかおらず、大部分が混血インディオかサンボである。多くが遠い地方からの逃亡者である。スプルースは二日間の滞在中、旅行者が名前を記帳する僧院の芳名簿に、フンボルトとボンプランの名前があるかもしれないと思って調べてみた。しかし一八四二年以前の記録は管理が悪くてすべて失われており、残っていたものもほとんど湿気と虫にやられていて不首尾に終わった。

グアビアーレ川の河口より少し上のオリノコ川には、メニシアとよばれるところに国営の大農園があり、そこでは若干のコーヒーと砂糖黍が栽培されていた。砂糖黍は粗悪なラム酒の製造に使われ、コーヒーはその村の消費にようやく足りる程度のものである。

テミ川とアタバポ川の植生に関する覚書

ほとんどの植物はピミチン川とグアイニア川のものと同一である。眼についた椰子は房のあるテングヤシ属 *Mauritia*（ひじょうにたくさんあって、インディオでさえそれが多いことに気づいていた）、カラナ椰子、真紅の果実の房をつけたステッキヤシ属 *Bactris*、美しいデスモンクス属 *Desmoncus*、そして単生の茎をもつジャラー椰子である。……

アタバポ川でひじょうにしばしば見られる木はヘンリケジア属 *Henriquezia* の一種である。これはめったに四・五メートル以上にはならない。私が下航中（六月）それは果実を実らせていた。そして私が上ってきたとき（八月）開花しはじめたところであった。しかし私はあまりにも体が弱っていて、それを採集保存することができなかった。花冠は紫色でリオ・ネグロ川の種にそっくりであった。

川が豊水状態にあるとき、岸に船をつけられる唯一の場所はかなり距離をおいて現れる岩で、旅行者はその上で食事を作り眠るために、なんとかつぎの岩まで行き着こうとする。それらは黒い形の不ぞろいな岩塊で、くぼみにだけ若干土が溜まっており、水気があるために、雨季には小さな一年生植物が群落を作る。それらのなかには若干のトウエンソウ属 *Xyris*、タヌキモ属 *Utricularia*、ヒメハギ属 *Polygala* が、そしてマイプレスとエスメラルダで見たのと同じ大きな青い花を咲かせたヒナノシャクジョウ属 *Burmannia* のビコロル種 *B. bicolor* がある。

ひじょうにひんぱんに見られる低木には、おびただしい紅色の花をつけたノボタン属 *Melastoma* と、六〇～一二〇センチメートルの高さの美しい細長いカワラケツメイ属 *Cassia* がある。

アタバポ川はパシモニ川とよく似た川であるが、パシモニ川のほうが下流部分が若干幅広く水深は浅い。夏には二、三の小さな急流ができて、ときどきたいへん水が少なくなるので、もっとも小さな船以外はすべて砂の岸の上を引いて上らねばならない。ピミチン川と同じように、そこには高い森に囲まれた幅の広いカアティンガのガポがある。

マイプレスまでのオリノコ川下航の旅（抜粋）

［六月一八日のお昼ごろ、スプルースはラウリアノ氏とともにサン・フェルナンドを出発した。ラウリアノ氏は交易商人で、スプルースは彼に部下を二人提供して、二人でいっしょに旅ができるようにした。

グアビアーレ川の水は上オリノコ川の水よりも白い。そしてグアビアーレ川が注いでいる位置からかなり川下までオリノコ川の水は右側は暗く左側は白い。川の一般的景観は、その川縁に柳が生えていないこと以外はソリモンエス（上アマゾン）川と似ている。

サン・フェルナンドとマイプレスのあいだには小さなインディオの集落がわずか二つあるきりで、二番目のマラナで彼らは一泊した。ここには小さな玉蜀黍《とうもろこし》畑とラム酒の製造所があった。玉蜀黍の屑が何万もの刺咬性の蟻を引き寄せていて、この蟻は港のほうまで村じゅうに群がっていた。だから蟻に取りつかれたり咬まれたりせずに歩くのは不可能であった。どんな食物も彼らから守ることはできない。旅行者たちはハンモックを玉蜀黍をすりつぶすのに使われている壁のない差掛小屋に吊った。彼らは翌朝喜んで船に戻った。

午前九時、鶏を料理するために左岸のモノ山に船を止めた。岩の斜面が水のなかまできていた。岩がくぼんで土が溜まっているところには灌木の厚い茂みがあった。それは上側はしっかりと岩に張りついたパイナップル科に守られ、下側はきらきら輝くイワヒバ属 *Selaginella* の厚い茂みに、箱できちんと縁取りしたかのように取り囲まれていた。

夜間にマイプレス到着

ラウリアノ氏が商品を売りに向こう岸まで渡ったため、マイプレスの近くまで来たときには日はとっぷり暮れていた。以前そこに来たことがあったのはラウリアノと一人のインディオだけであった。村へ通ずる小川は昼間でさえ見つけるのは容易ではなかった。もしそれを見失うと船は滝まで流されていってしまうだろう。雨に濡れても消えないように特別に作られた数本の松明《たいまつ》がいちばん先頭の船に積まれていたが、激しい雨をともなう強い風がそれを何度も消してしまった。たいへん苦労し、さんざん不安な思いをしたが、ようやくその入口が見つかり、マイプレスの船着場に到着した。そこからまっ暗闇のなかを、彼らはところどころ水に浸かったサバンナを三〇〇メートルほど歩かなければならなかった。道がまったくなかったため、スプルースにはそれは一キロ以上にも思えた。彼はまたたぶん船のなかで雨に濡れたことが原因で、その後まもなく重い病気に倒れた。

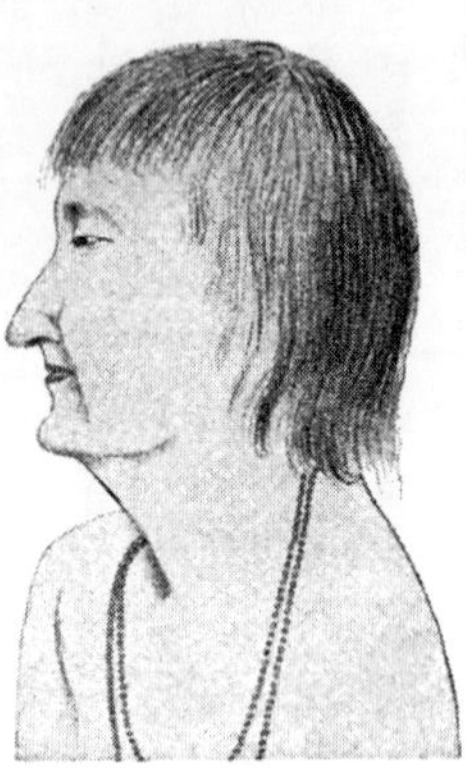

第43図　マイプレスの急湍で見たたいへん高齢のグアイボ族の女（R・スプルース画）

マイプレスの定住者はわずか五、六家族で、全員が白人、インディオ、黒人の混血である。そのほかに、ときたま訪れる居住者と訪問者がいるが、それらはおもにピアロアとグアイボの二つの部族のインディオである。このとき大勢のグアイボ族が、さらに奥に入った古い集落の跡地にある数軒の壁のない差掛小屋に住んでいた。スプルースはここでこの部族のひじょうに高齢の女をスケッチしたが、それは彼独特の技法で描かれている。この老婆について彼はつぎのようにいっている。――「彼女が身につけていた唯一の衣装は赤いビーズを通した紐であった。それは写生しているあいだ静かにしていてもらうために、私が彼女の首にかけたものである」。

滝の水先案内人と聖ヨハネの絵

マカポと名乗る滝の水先案内人は、ピアロア族インディオであった。スプルースがマイプレスに一〇日間滞在中、宿にしたのは彼の家であった。この男はマイプレスの守護聖人である聖ヨハネの古い油絵を持っていた。それは以前教会にあったものであるが、教会が老朽化して倒壊したとき、安全のためにこの水先案内人の家に移された。それは等身大の座像で、あちこち物にあたった跡があった。聖ヨハネは男というよりも女のように見えた。これについてスプルースはつぎのように語っている。

「ある日マカポに、きっとあなたは何度も滝を突破したことがあるのでしょうというと、彼はこう答えた。『船も私もなんの事故にも遭わずにこれらの滝を何度も乗り越えることができたのは、私の技術や器用さのためではなく、そのようなとき私はかならず家を出る前に聖ヨハネの助けとご加護を熱心に祈願したからです』といって、ぼろぼろの絵を指し示し、最高の感謝の表情を浮かべて手を胸にあてた。私自身その絵に大きな興味を覚えたが、それはマカポのそれに対する崇敬のためではなく、それが上オリノコ川の荒野に文明の萌芽をまいたあの献身的な宣教師たちの、唯一たしかな遺物だからであった。そして私は、五〇年前にフンボルトは同じ絵をどのような気持ちで眺めたのだろうかと考えた。そのころは革命騒ぎもなく、神を恐れぬ聖像破壊者が見分けがつかなくなるほどその絵をひどく損なったりはしていなかったであろうから」。

つぎにマイプレスと滝に関するスプルースの記録(日記からの抜粋)をあげよう。」

村、周囲のカンポと連峰

村から川はまったく見えない。村を取り囲む細い森の帯が視界をさえぎっているからである。西の方向には、木立や小さな森をあいだに交えた広大なサバンナが広がっている。サバンナのまわりには、そしてときにそのまんなかに、部分的にしか植物におおわれていない険しい黒い小山がある。

私はマイプレスのサバンナの西側の端の山に登った。それは平原から約三〇〇メートルの高さに屹立している。その山腹は突然盛り上がっていて、穴になっているところ以外はすべて地肌がむきだしである。頂上は低い濃密な森におおわれており、そのなかでコロシートの葉むらがとくによく目立つ。

この山からはみごとな眺望が得られる。その北側の麓には大きな黒い水の川が見える(トゥパロ川)。これは滝に向かって流れているが、山麓の大きな花崗岩の岩板のまわりを回っていくのが見える。その上流方向の流路もたどることはできて、それはまず壊れた丘のあいだを行き、まもなく平坦な平原に達すると、サバンナと森のなかを交互に通り抜け、そして視界の果てまでつづいている。真西の地平線には土地の隆起はまったく見られない。オリノコ川の東方にはシパポ山脈の尾根全体が見える。そのなかでひときわ目立つトロンコン山とよばれる三つの峰が合体した山峰が南端にひかえている。これらの山々は高さにおいてはエスメラルダの山々にそれほど勝るわけではないが、美しさの点では負けないくらい美しい。北の方角を眺めると、オリノコ川の流れをアトゥレスの近くまでたどることができる。

岩の上の植生

急流を上るときも下るときも、船は荷物を空にして、荷物は陸地を担いでいった。その上から下までの距離は六キロ半ほど

第44図　マイプレスの急流（『オリノコ川とカウラ川』より）

はあるだろう。川の急流の下側近くまでやってくると、われわれは英国の泥炭地によく似た、湿った泥炭質の平地を越えた。数本の小さな流れがその平地を横切っていて、それらの土手には沼沢植物が若干生育している。もっとも多く見られたのは直立した長い披針形の葉をもつサトイモ科のアラケア属 *Aracea* である。英国のヒースの代わりに、ヒースほど美しくはないが、匍匐《ほふく》性の紫の花を咲かせたタバコソウ属 *Cuphea* の群れがある。

この平地と川のあいだを、道が低い地肌がむきだしの小山を越えてつづいている。その小山の上にまばらに植物が生えているのはたいへん興味深い。そして（フンボルトが述べたように）急流全体がほぼ見渡せるのは、この山頂付近からである。この山のもっとも興味深い植物の一つは、インディオが彼らの踊りにあわせて吹き鳴らすカリゾというパイプを作る細長い竹である。ここにもまた、とくにマイプレスに近い高い山の上にバルバケニア属 *Barbacenia* の一種がかなりたくさんあった。これは高さ九〇～一八〇センチの二股の茎をもち、枝の先端に長い針のように尖った葉をつけ、長さ一〇～一三センチのひじょうに香りの高い白い管状花を単生する。これは私がはじめて野生で見たこの仲間である。[1]

トゥパロ川の河口の少し上に、たぶん本土と小島のあいだに現れる急流のなかではもっとも高い滝があって、どんな船もそれを突破することはできない。船が通ることのできる別の水路は島の反対側にある。右（東）岸に沿って、たくさんの大きな岩のかたまりが乱雑に重なり合い滝に向かって突き出ているので、そこにはい登って滝のみごとな眺望をほしいままにできる。飛び散る滝の水しぶきがわれわれの顔に当たり、音があまりに凄まじくて人の声が聞こえない。

そこは木本と草本の両方におおわれている。後者はおもにテンナンショウ科とラン科で、そのなかにはペリステリア・フンボルティイ *Peristeria humboldtii* にひじょうによく似た蘭の一種があった。木々の幹も、上からおおいかぶさる水に濡れた岩も、苔におおわれている。そのなかには上リオ・ネグロ川でよく見られるのと同じ扁平な茎をもったハイゴケ属 *Hypnum* と、私が他では一度も見たことのない同属の一種があった。私はギボウシゴケ属 *Grimmia* のフォンティナロイデス種 *G. fontinaloides* を、滝でも、またサン・フェルナンドへ遡行する途中でもずっと探してみたが、一つも見つからなかった。ところどころで岩にはリオ・ネグロ川の滝にあったのと同じような丸い穴ができていた。現在氾濫している川から出ている島のてっぺん付近のよく目立つ穴を、住民がオリャス・デ・サムロ（ヒメコンドルの鍋）とよんでいる。

乾燥肉の調製

私は一九日の夜にマイプレスに到着した。そしてすぐさま雄牛を一頭殺して塩蔵できるものと期待していた。ところが請負人はアトゥレスに出かけていて二四日まで戻らなかった。そして二四日は聖ヨハネの祝祭日にあたっていたので、一日中祭りと娯楽で、牛を探してくれる人など一人も見つかるはずがなかった。つぎの朝早く二、三人の男が馬に乗って出かけて、夕暮れに牛の群れを囲いまで連れてきた。私は警察署長から、マイプレスで見つけることのできた最上の去勢牛を選ぶようにとの命令を受けていた。しかし、およそ一〇〇頭の牛のなかにスティア（去勢牛）は一頭か二頭しかおらず、選択はすぐできた。

待っているあいだに私は時間を有効に利用し、花か実をつけている植物で見つけたものは、もっともありふれた草や広範に分布している種をのぞいて、すべて二、三個体ずつ標本を採集した。ところが、私の部下のインディオたちはマイプレスのサンクド（蚊）にとても我慢ができなくなってきて、村に一泊し

第45図　マイプレスのリャネロ（R・スプルース画）

たあと、眠れたものではないといって、毎日陽が沈むころには川へ移動し、船を小島につないでトルダの下で丸まって寝るようになった。それでは吹き込んでくる雨にさらされたままであったが、血に飢えたサンクドには煩わされずにすんだ。

［スプルースはマイプレスに滞在中、リャネロを一人彼のつきそいに雇った。そしてその男のスケッチがあったのでそれをここに掲載した。男の顔立ちは、どんなインディオ部族とくらべても、彼がスペイン人の血を引いていることをまちがいなく示している。］

休息のない労働

牛を殺して塩蔵したときは、私は一日中ほとんど休む間がなかった。驟雨がひんぱんに来たし、また肉を吊るして乾燥させているときにそこに蝿の卵が何千と産みつけられるので、私はたえず見張っていなければならなかったからである。部下のインディオが蝿の蛆を探して肉のかたまりをひっくり返しているときも、まったく信頼できなかった。彼らは仕事を半分もやりとげないからである。彼らはみな何年も前に生の肉を食べることを学んでいたにもかかわらず、そのにおいは彼らにとってははなはだ不快なものであった。いつも雨季は牛肉を乾燥させるには悪い時期である。しかし、雨季はこの地方最大の飢饉のときであるから、マイプレスでは夏より多くの牛が殺される。

発熱

毎日炎天下で、肉をひっくり返し蝿の蛆をとりのぞく作業に数時間かかわったことは、私に少しも良い影響をあたえなかった。そしてこれまでに私が山の上や滝のそばの熱せられた黒い岩の上を歩き回ったことや、またマイプレスに到着したとき体が濡れていたことが、たぶんすでに発熱の原因を作っていたのであろう。四日と五晩をかけてサン・フェルナンドへ上ってくる途次、その兆候はまちがいなく現れはじめた。

とくに雨季には流れがひじょうにきつくて、大きな船だとしばしば二週間もかかるために、私はサン・フェルナンドで小さな船を借りてきていた。私の乾燥した植物標本と牛肉の荷物が若干の船旅の必需品とともに、この船のトルダの大部分を占領していたため、私はトルダの入口で半分座り半分横になったきわめて不自然な姿勢を余儀なくされていた。その場所では太陽と雨から身を完全に守ることはできなかった。それでも夜は毛布にできるだけしっかりとくるまるようにした。毎日雨が降り、夜は昼間よりも激しかった。私はサン・フェルナンドに到着する前の二日間は、ずっと引かない熱のためほとんど無力な状態にあった。このような状態でそれ以上旅をつづけていたら、私はきっと死んでしまっていたであろう。しかしサン・フェルナンドにいてさえ、私は危うく命を落としかけた。そして私は三八日間旅を再開することができなかった。

死に瀕した五週間

インディオはお粗末な看護人である。そして病人を助けるどころか、すきあらば逃げ出してしまう。病気にかかった自分の家族でさえ見捨てる彼らに、そうした状態の他人につきそうことなどとうてい期待できない。

私の雇ったインディオたちは逃げ出さなかった。しかし私は一人でいたほうがましであった。夜には激しい熱の発作に襲われた。そして昼間に落ち着いた時間が少しあった。そして二日目の晩、私はハンモックから起き出したとき吐き気に襲われた。これは力をつけたほうがよいという兆候であった。私は部下をよんで私が飲む水を温めるようにいいつけた。彼らはみなラム酒に酔いつぶれていて、一人として私を助けることができなかった。私は彼らが機嫌良くしていてくれるようにラム酒を一瓶あたえていたのだが、彼らはそれをもっと手に入れるために私の牛肉を少し売り払っていたことに気づいた。それはひどい夜だった。

翌朝、私はもっとましな助けを探す決心をした。ある友人がグアイニア川のサン・ミゲルへ行くために人手をほしがっていた。そこで私は彼が私の看護をする女を一人見つけてくることを条件で、彼に私のインディオたちを貸しあたえた。午後、私の看護を請け負ってくれた一人の老婆を連れてきた。しかし私が彼女の家に引っ越すという条件であった。そこには家族がいるから、家を空けられないというのである。私は選択の余地もなく、それに同意した。

この女――名前をカルメン・レハといった――のことを私は一生忘れられないだろう。彼女はサンボで、若いころは器量は悪くなかったであろうと思われる。しかし怒ると（ほとんどの場合なにが原因で怒り出すのか私にはわからなかった）、まるで悪魔のような恐ろしい形相になった。私はすでに重体でほとんど無力であった。そして私のできることといったら、ほしいものを頼むことがやっとであった。それなのに、私のちょっとした言葉や動作はすべて彼女に対する文句か非難と受け取られた。

店（二、三軒あった）に行ってなにか買ってきてもらいたいときには、彼女の幼い孫娘だけが唯一私の頼れる使いであった。そして子供にはいちばん簡単なこと以外頼むことができなかったので、私はいつもほしいものを書いた紙切れをその子に持たせるようにした。老婆は文字を読むことも書くこともできず、またこうした能力を身につけることをひどくきらっていた。そしてこの紙切れには彼女の悪口だけが書きつけてあるのだと信じ込んでいた。

老婆は私にはなにもいわなかったが、その娘たち（成長した二人の若い女である）とこの問題について何時間も隣の部屋で議論していた。そしてきまって興奮して激しく怒り出し、《外国人》に対して少なからずののしりの言葉をつぶやくのをけっして忘れようとはしなかった。彼女はひどくラム酒が好きであった。私はこれを知ったとき、それをいつも一瓶テーブルの上においておくようにした。彼女の怒りはやや和らげられはしたが、それでもきわめて一時的にであった。

［このあと、彼の長かった危険な病気のさまざまな症状についてひじょうにくわしい記述がつづくので、それを簡単にかいつまんで書いておこう。

スプルースはキニーネ以外薬はなにも持っていなかった。嘔吐剤として使った吐根《とこん》剤も若干あったが、これは効果がなかった。警察署長と彼の看護人は、この土地では発熱によく効くとしていつも使われている薬を使うように勧めた。その一つは強力な下剤で、これを使うようにと何度もくりかえし説得した。しかしそれはなんの効き目もなかった。熱はますます高くなり、長くつづいた。何日も昼も夜もまったく眠れない状態がつづいた。彼は毎日匙に一杯か二杯のクズウコンの粥以外なにも食べられなかった。そして完全に衰弱し消耗しきってしまった。抑えがたい喉の渇きに苦しめられ、呼吸がたいへん困難になり、ときどき激しく発汗した。数日のあいだは彼自身もそしてまわりの人間も、毎晩そしてほとんど一時間ごとに、彼がもう死ぬかと思った。彼は警察署長に彼の植物とその他の若干の所持品の処分について指示をあたえ、そしてほとんど完全な麻痺状態で最後のときを待った。

看護人は彼の死を願う

この期間、看護人はしばしば一度に六時間も家を空けた。それはあきらかに戻ってきたときにスプルースが死んでいるのを期待してのことであった。夜、彼のランプを燈し、水を寝床のかたわらの椅子の上においたあとで、老婆はしばしば友達を大勢家によび入れて、スプルースの噂や非難をして時をすごした。そしてスペイン語にはことかかない、あらゆる汚い名前で彼のことをよんだ。なかでもとくにつぎのように叫んだ。「死んじまえ、英国の犬め。そしたらお前の金で私らは楽しい夜がすごせるよ！」。

スプルースの容体がきわめて悪かった夜、老婆は家を締め切って真夜中をかなり過ぎるまで戻ってこなかった。また別の夜には、義理の息子や友達をよび入れていっしょにすごした。それは英国人は今晩はもたないだろう（と彼らに囁いているのがスプルースには聞こえた）という期待からであった。同じように彼が危篤状態に陥ったまた別の晩には、老婆は彼が荷物の世話を押しつけて死んでいこうとしているといって彼を叱りつけた。すると男の一人が白人に毒をあたえる必要があるのではないかと彼女に囁いた。

ついに発熱してから一九日目（七月二三日）に快復の兆しが見えた。これは一つには、あまりにもひんぱんに服用した下剤を止めたからではないかとスプルースは考えた。彼はよく眠れるようになり、少し食べることができた。そして良質の赤葡萄酒を少し手に入れて、これを毎日飲むようにした。

ヤビタからピミチンへの移送

八月一三日、まだひじょうに弱ってはいたが、トモのポルトガル人商人アントニオ・ディアス氏（名産品である羽毛細工のハンモックの主要な製造業者）がリオ・ネグロ川に戻るところであったので、スプルースは彼といっしょに旅をする決心をした。彼はハンモックにくるまれてヤビタからピミチンまで運ばれていかなくてはならなかった。そしてトモ（ここに彼の大きな船がおいてあった）には二〇日に到着した。彼は二六日までここに滞在していくらか体力の回復に努め、それからサン・カルロスに向けて川を下り、二八日に到着した。

マイプレスはフンボルトの採集基地の一つで、ひじょうに興味深い土地であるから、スプルースが四日間のあいだに採集した植物の一覧をここにあげておこう。これによって植物学に関心のある読者はそこの植生の特徴についてなにか知ることができるであろう。番号はスプルースの植物の記録簿の番号である。属名にくわしくない人のために私は科名をつけ加えておいた。」

マイプレスで採集した植物の一覧、その採集場所と科名

3568 ペラマ・ヒルスタ *Perama hirsuta*　カンポ　アカネ科
3569 ヌスビトハギ属 *Desmodium* のアドスケンデンス種 *D. adscendens* 滝の岩　マメ科
3570 ヒメハギ属 *Polygala* のグラキリス種 *P. gracilis*　濡れた岩　ヒメハギ科
3571 タバコソウ属 *Cuphea* のメルウィラエ種 *C. melvillae*　オリノコ川の氾濫する土手　ミソハギ科
3572 アラビダエア・カリカエネンシス *Arrabidaea carichaenensis*　オリノコ川の岸　ノウゼンカズラ科
3573 ツリガネカズラ属 *Bignonia*　オリノコ川の岸　ノウゼンカズラ科
3574 トゥルネラ属 *Turnera*　カンポ　トゥルネラ科
3575 ダイオウウラボシ属 *Phlebodium*　滝の岩　ウラボシ科
3576 サンタンカ属 *Ixora* のカピテラタ種 *I. capitellata*　滝の岩　アカネ科
3577 滝の岩　ノボタン科
3578 アエギフィラ属 *Aegiphila*（六メートル）　滝の岩　クマツヅラ科
3579 ヘルペステス・サルズマンニ *Herpestes salzmanni*　濡れた岩　ゴマノハグサ科

3580 ヤマノイモ属 *Dioscorea*　濡れた岩　ヤマノイモ科

3581 （蔓草）濡れた岩　ガガイモ科

3582 トコエナ・ウェルティナ *Tocoyena velutina*（新種）　濡れた岩と山　アカネ科

3583 ファラメア・オドラティッシマ *Faramea odoratissima* オリノコ川の土手　アカネ科

3584 アサガオカラクサ属 *Evolvulus*のリニフォリウム種 *E. linifolium*　オリノコ川の土手　ヒルガオ科

3585 クシロピア属 *Xylopia* のサリキフォリア種 *X. salicifolia* オリノコ川の土手　バンレイシ科

3586 エキテス属 *Echites*　オリノコ川の土手　キョウチクトウ科

3587 デクリエウキシア・ヘルバケア *Declieuxia herbacea*　オリノコ川の土手　アカネ科

3588 チョウジタデ属 *Ludwigia*（=*Jussieua*）のアクミナタ種 *L. acuminata*（=*J. acuminata*）　濡れた岩　アカバナ科

3589 カワラケツメイ属 *Cassia* のプロストラタ種 *C. prostrata* カンポ　ジャケツイバラ科

3590 ディクメナ・プベラ *Dichumena pubera*　滝の岩　カヤツリグサ科

3591 ヒメハギ属 *Polygala* のヴァリアビリス種 *P. variabilis* カンポ　ヒメハギ科

3592 （木生、六メートル）　カンポ　サミダ科

3599 エキテス属*Echites*　オリノコ川の土手　キョウチクトウ科

3600 プルミエラ属 *Plumiera*　小山　キョウチクトウ科

3601 スキエキア・オリノケンシス *Schiekia orinocensis*　カンポ　ユリ科

3602 シオデ属 *Smilax*　岩　シオデ科

3603 クレイステス属 *Cleistes* のロセア種 *C. rosea*　濡れた岩　ラン科

3604 イモノキ属 *Manihot*　花崗岩　トウダイグサ科

3605 サツマイモ属 *Ipomoea* のセリケア種 *I. sericea*（新種）　花崗岩の山　ヒルガオ科

3606 バルバケニア属 *Barbacenia*　花崗岩　ハエモドルム科

3607 ガラナ属 *Paullinia* のカピタタ種 *P. capitata*（灌木）　カンポ　ムクロジ科

3608 キプラ・パルドサ *Cipura paludosa*　カンポ　アヤメ科

3609 インゲン属 *Phaseolus* のモノフィルス種 *P. monophyllus* カンポ　マメ科

3610 エキテス属 *Echites*　岩　キョウチクトウ科

3611 ヤンバルゴマ属 *Helicteres* のグアズマエフォリア種 *H. guazumaefolia*　岩　アオギリ科

3612 トゥッサキア属 *Tussacia*　滝の岩　イワタバコ科

3613 ディタッサ・グラウケスケンス *Ditassa glaucescens*　カンポ　ガガイモ科

3614　ミカヅキグサ属 *Rhynchospora*　カンポ　カヤツリグサ科
3615　ルドゲア属 *Rudgea*　山　アカネ科
3616　サンユウカ属 *Tabernaemontana*（木生）　山　キョウチクトウ科
3617　アスピドスペルマ属 *Aspidosperma*　山　キョウチクトウ科
3618　アラビダエア・キカ *Arrabidaea chica* の変種のティルソイデア *thyrsoidea*　オリノコ川（土手）　ノウゼンカズラ科
3618*　エリオペ・ヌディフロラ *Eriope nudiflora*　カンポ　シソ科
3619　コウマ属 *Couma* のオブロンガ種 *C. oblonga* 新種（木生）　カンポ　キョウチクトウ科
3620　シパネア・ラディカンス *Sipanea radicans*　滝　アカネ科
3621　イワヒバ属 *Selaginella*　滝　ヒカゲノカズラ科
3622　イワヒバ属 *Selaginella*　滝　ヒカゲノカズラ科
3623　ウルフィア・ステノグロッサ *Wulffia stenoglossa*　オリノコ川（土手）　キク科
3624　湿ったカンポ　ラン科
3625　アペイバ・ティボウルボウ *Apeiba tibourbou*（=*A. tibombon*）　カンポ（石の）　シナノキ科
3626　オジギソウ属 *Mimosa* のミクロケファラ種 *M. microcephala*　山　ネムノキ科
3627　オジギソウ属 *Mimosa* のミクロケファラ種 *M. microcephala* の変種　滝　ネムノキ科
3628　ミサオノキ属 *Randia*　山　アカネ科
3629　レキシア・レプトフィラ *Rhexia leptophylla*　湿ったカンポ　ノボタン科
3630　アリアケカズラ属 *Allamanda*　山　キョウチクトウ科
3631　ホナガソウ属 *Stachytarpheta* のムタビリス種 *S. mutabilis*（小木）　山　クマツヅラ科
3632　エラフリウム属 *Elaphrium*（小木）　山　カンラン科
3633　イセルティア・パルウィフロラ *Isertia parviflora*（小木）　オリノコ川の土手　アカネ科
3634　アマゾナ・ゲニポイデス *Amasona genipoides*（木）　カンポ　アカネ科
3635　スウァルトジア属 *Swartzia* のミクロスティレス種 *S. microstyles*（木）　岩　マメ科
3636　キビ属 *Panicum* のラティフォリウム種 *P. latifolium*　山　イネ科
3637　グアビアーレ川　ヒユ科
3638　ビルソニマ属 *Byrsonima* のニティディッソマ種 *B. nitidissoma*　岩　キントラノオ科
3639　イソレピス・レウコスタキア *Isolepis leucostachya*　濡れた岩　カヤツリグサ科

3640 イガニガクサ属 *Hyptis* のディラタタ種 *H. dilatata* カンポ シソ科

3641 ネエア属 *Neea*（小木） 森 グミ科

3642 カキバチシャノキ属 *Cordia*（小木） カンポ イヌジシャ科

3643 カキバチシャノキ属 *Cordia* のインテルプタ種 *C. interruputa*（小木） カンポ イヌジシャ科

3644 タヌキモ属 *Utricularia* 濡れたカンポ タヌキモ科

3645 濡れたカンポ トゥルネラ科

3646 カワラケツメイ属 *Cassia* カンポ ジャケツイバラ科

3647 ハリフタバ属 *Borreria* のテネラ種 *B. tenella* カンポ アカネ科

3648 小川 アリノトウグサ科

3649 プレロマ属 *Pleroma* 濡れたカンポ ノボタン科

3650 サギソウ属 *Habenaria* 濡れたカンポ ラン科

3651 アボルボダ・プルケラ *Abolboda pulchella* 濡れたカンポ トウエンソウ科（?-）

3652 シパネア・アキニフォリア *Sipanea acinifolia* 岩、滝 アカネ科

3653 ハマゴウ属 *Vitex*のオリノケンシス種 *V. orinocensis*（木） 川の土手 クマツヅラ科

3654 オジギソウ属 *Mimosa*（新種） カンポ ネムノキ科

3655 ボチョウジ属 *Psychotria*のリムバタ種 *P. limbata* 森 アカネ科

3656 ランタナ属（シチヘンゲ属）*Lantana* 岩がちの場所 クマツヅラ科

3657 デクリエウシア・キオッコイデス *Declieuxia chioccoides* カンポ アカネ科

3659 イクティオテレ・クナビ *Ichthyothere cunabi* カンポ キク科

3661 ビットネリア・ペンタゴナ *Büttneria pentagona* 滝 ビットネリア科

3662 コキンバイザサ属 *Hypoxis* のスコルゾネラエフォリア種 *H. scorzoneraefolia* カンポ ユリ科

3663 ケントロセマ属 *Centrosema* のアングスティフォリウム種 *C. angustifolium* カンポ マメ科

3665 シパネア・グロメラタ *Sipanea glomerata* 岩 アカネ科

3666 イソレピス属 *Isolepis* 岩 カヤツリグサ科

3667 ヒドランテリウム・カリトリコイデス *Hydranthelium callitrichoides* 岩（水没） ゴマノハグサ科

3668 ヒドランテリウム・カリトリコイデス *Hydranthelium callitrichoides*（変種） 深い水中 ゴマノハグサ科

3669 プラティカルプム・オリノケンセ *Platycarpum orinocense*（木生） カンポ ノウゼンカズラ科

3670 マイナ・ラクシフロラ *Mayna laxiflora* 森 イイギリ科

ベネズエラ共和国統治下のリオ・ネグロ州の衰微

ジョン・ティーズデール様

一八五三年七月二日、ベネズエラのサン・カルロス・デル・リオ・ネグロにて

世界のほとんどの地域で、そしてとくに新世界では、この五〇年間のあいだにいくらかの進歩がありました。とはいえ、フンボルトが彼が昔放浪したこれらの土地をふたたび実際に訪れたなら（彼が想像のうえでそれをたびたびおこなっていたことを私は知っています）、あらゆる点で悲しむべき退化をそこに発見することでしょう。

スペインの統治下にあったころ、インディオを森から連れ出して集落にいっしょに住まわせるのに大きな成功を収めた宣教師たちは、みないなくなりました。今でもサン・カルロスにはコンベント（僧院）とよばれる建物がありますが、過去二〇年間、神父が住んだことは一度もありませんし、またかくも長いあいだリオ・ネグロ州のどこにも知事がいたことはありません。リオ・ネグロ州はオリノコ川の瀑布群より上のスペイン領ギアナ全域を包含する広大な地域です。同様に、医者、法律家、警察、軍隊もおりません。ですから、われわれはジャン＝ジャック・ルソーなら共同体を一つ喜んで築くであろう原始的な状態にいます（と考えてくださってけっこうです）。彼がほんの二、三カ月でもよいからそれをやってみてくれないだろうかと、私は心から願っております！

リオ・ネグロ州は特別な条例で統治されていますが、私は文書に書かれたものを読んだことがありませんから、それが実際に施行されているところからその布告については判断するしかありません。社会全体は二つの階級に分かれています。すなわち、白人の子孫であるラシオナレスとインディオの子孫であるペオネスです。肉体労働はすべて後者――ペオネス（チェスでいえばポーンにあたります！）――の担当です。いっぽうで、ラシオナレス（これはゲームをする人と考えてくださってけっこうです）はただじっと座って、チェス盤上の駒の動きを指示しているだけでいいのです。

ゲームの第一の指揮者は州の長官で、彼はサン・フェルナンド・デ・アタバポに住んでいて、各集落の警察署長の任命権をもっています。警察署長はペオネスのなかから一人をキャプテンに、そしてもう一人をその副官に任命します。二人の任務はラシオナレスやその村のためになにかの奉仕をする人が必要とされたときインディオ（すなわちペオネス）を見つけてくることで、またふだん警察署長の命令を実行するのも彼らです。なにか犯罪が発生すればすべての成年男子は臨時の警官となり、犯罪者の逮捕を手伝うために招集されますが、そのあとで（必要とあれば）犯罪者の刑の執行を手伝います。殺人とか強盗のような重大な事件の場合は、法律で容疑者をアンゴスツーラ

（現在はベネズエラに属するスペイン領ギアナの首都）まで送ることが要求されています。そこで容疑者は定期的に開かれる法廷で裁判にかけられます。とはいえ、これはひじょうにまれな場合です。

サン・カルロスの広場の南側にはカーサ・レアル（旅行者の家）が立っています。ですが、私が広場というときに、たとえばセビリヤのトロス広場のような、戦いを見物する何万人もの群衆を集め、傷ついた闘牛士が運び出されるとき、はなやかに着飾った婦人たちが歓声を上げる、古いスペインの広場をゆめゆめ思い描かないでください。本当に、私の生まれ故郷のガンソープの町の緑は、それだけとりあげてみても、あるいはそれを取り囲む家々といっしょに考えてみても、豪華さの点ではサン・カルロスの広場に格段に勝ります。……

もう今では、あなたもカーサ・レアルがどんなものか、はっきりとおわかりだろうと思いますので、思いきって今度はその内部を見ていただきましょう。

一階は二つの部屋に分かれています。文字どおり《地上の》階で、サン・カルロスにはこうした床しかありません。部屋の一つは裁判用で、もういっぽうの部屋は起訴された人の拘置と、罪を宣言されたものの刑の執行のために使われています。

あとの部屋に入ると、いっぽうの壁の端から端まで横たえられた不気味な重々しい機械を見てみなびっくりします。一見、横たえられたギロチンのようですが、よく調べてみると、この土地の人々がセポとよんでいる巨大な「さらし台」でしかないことがわかります。それには犯罪の隠蔽と逃亡があまりにも容易な国で、罪を犯して見つかって逮捕された者の足首を止め、そして必要ならば手先がたいへん器用な者の手首を止めるための穴が数個開いています。セポのまんなかにはとくに手に負えない者の首を挟むための大きな穴がもう一つあって、その者は仰向けに転がり、そしてまんなかの穴の隣に開いた二つの穴に手首を差し込むことになっています。一五分もこのようにして閉じ込めれば、もっとも頑固な者もおとなしく従順にさせるのにじゅうぶんであると私は聞きました。

地図を広げていただければ、この広大なチェス盤の大きさと目盛りがいくらかおわかりいただけるのではないかと思いますし、私が今述べたことから、チェスをさす人とその駒、そしてとくにポーンが「捕られる」方法がおわかりいただけるのではないでしょうか。もし私の比喩を少し変えることをお許しいただけるなら、あなたのチェス盤上ではポーンの数はその他の駒と数のうえではまったく同じで、したがって力を合わせても格段と劣っているのでしょうが、《ここ》の私のチェス盤の上ではポーンはナイト、ビショップ、クィーン（あばずれ女というべきでしょうか？）などをすべてあわせた数に対して、いや、それにチェス盤上に散らばっているわずかな外国の駒（英国、フランス、ポルトガル）を加えても、少なくとも二〇対一の割合で勝っています。

するとあなたは当然つぎのようにお尋ねになるでしょう。ゲームがかなり静かにおこなわれ、ポーンたちが強い駒に押しやられるのに無抵抗でいるのであれば、もしポーンが彼らの力を結束すれば相手を《打ち負かす》ことができるのではないか、すなわち盤とテーブルとすべてを、そして王を女王を、そしてそれらの教唆者をきっと払いのけることができるはずだ、と。

しかしいくつかの集落、とくにアタバポ川の町ではこのシステムがよく機能しているといわれています。古代カスティリャ人の武勇の威信があります。そしてインディオを威圧し彼らの国境を守るためにスペイン人によって築かれた要塞は、たとえばリオ・ネグロ川のサン・カルロスの対岸のそれらのように廃墟と化し住む人もいなくなっていますが、いまだに存在します。またインディオの生まれながらの従順さ（無気力さと考えてくださってもけっこうです）もあります。彼らは悪くあつかわれるままで、復讐など考えません。彼らは親切にされたり大事にされたりすることにうんざりしていて、自分の恩人を平気で見捨てます。私が南アメリカで見たインディオの性格はすべてそうでした。……

以上述べたような統治者と迫害者にインディオがよく服従している原因には、さらにつけ加えるならば、キャプテンと副官は彼らの任務と秩序の維持にある種のプライドをもっていることがいえるでしょう。彼らがその地位に昇格できるのは、彼らの立派なふるまいと彼らの同胞に対する影響力によるのです。多くの場合、彼らは部族の昔の長の子孫です。

秩序を維持しようとする理由がこのようにあるにもかかわらず、ここの社会組織は不安定な基盤に立っており、そしてたぶん日増しに不安定になってきております。サン・カルロスほどそれがあきらかなところはありません。厳格なスペインの支配の記憶が薄れつつあります。いわゆるインディオは、多くの場合その体内に「白人」の血を少なからずもっています。そしてその混血によって彼らは誇り高くなり、復讐心をもつようになりました。そしてキャプテンは警察署長によってしばしばひじょうに恣意的に選ばれ、またひじょうにひんぱんに交代させられるために、インディオたちは彼らのことなどほとんど気にしていません。

サン・カルロスが不穏であることにはもう一つの原因があります。――この町ほどインディオが無節操に猛烈に強い酒を飲んで堕落しているところを私は知りません。どんな仕事もラム酒なしではなされません。

たくさんの船が、そしときに相当大型の船が、サン・カルロスと川上の他の村々で作られています。私がリオ・ネグロ川に来てから一四五トン積みのスクーナーがトモで建造されパラに送られました。毎年だいたい同じ数の船がリオ・ネグロ川とオリノコ川のために作られます。そしてこれらの川の水がいっぱいになったときにしか大きな船は滝を下っていくことはできません。もちろん、それらが川を上って戻ってくることはけっしてありません。この産業はたくさんの板を切り出すことを必要とします。そしてラム酒なしでは、川に浮かんだ筏から丸太を陸に上げたり（ほとんどの材木はカシキアーレ水道で切り出されます）、それらを木挽き穴の上に載せたり、できあがった船を進水させたりすることができないのです。このそれぞれの作業にはラム酒のガロン数による値段がついています。

ときどきインディオの住民全員が酔っていることがあります。そういうとき、彼らは無遠慮に白人の家に入ってきて、もっとラム酒をくれとねだり、もし断られるとすぐに力ずくで奪っていくのです。そのようなことが、私がサン・カルロスに到着したまさにその日に起こり、私はここに来たことをほとんど後悔しそうになりました。

サン・カルロスの発展について（日記）

サン・カルロスは造船産業により発展して、一八三〇年に村となったようである。以前は、少し川下の対岸の砦のそばに二、三軒の家があるきりであった。

アマゾン河その他のあらゆる場所の村々は、集まって家を作りマンジョーカを栽培するように誘われるか強いられた近隣のインディオによって創設された。人口が減りはじめたとき、支流の源流域に兵士が送られ、インディオの開拓地に夜討ちをかけて、抵抗する者はみな殺しにし、生き残りのとくに女と子供を連れて帰った。ポルトガル人がすべてのインディオに一般語を教えたので、この言葉は他のどんな言語よりもよく使われるようになった。しかしスペイン語圏では、白人とインディオとの会話にはスペイン語以外用いられず、また白人はとくに努力してスペイン語をインディオに教えようとはしなかったため、インディオたちは今でも仲間うちの会話には自分たちの固有の言語を使っている。そしてどこの町でもそこで使われている言葉はその最初の居住者の言葉である。

商取引のおこなわれていない集落の寿命は、当然ながらみな短く不安定である。というのは、どこの開拓地でも、近くの栽培に適した土地がすべて疲弊したとき、住民は全員で、あるいは一つか二つの家族単位でのほうが多いが、どこか別の土地に移動するからである。リオ・ネグロ川にはベネズエラ側の村は二つしかない。すなわち、スペイン人の時代からあるサン・ミゲルとマロアである。

もとから農耕部族のインディオは、白人が一度も訪れない前から、定着して土地を耕していたが（彼らの開拓地をブラジルではマロカとよぶ）、彼らもまた同じ理由でひんぱんに移動してきたにちがいない。またウアウペス川で同じ部族の別のグループが離れた場所に住んでいるのを見たことがあるから、彼らはつねにともに暮らしてきたわけではなく、しばしば他の部族の一部と融合してきたのであろう。たぶんどんな部族もそのなかの構成員は、白人の接近のために彼らの内紛を止めざるをえなくなる前は、もっと連帯が強かったのではないだろうか。

遊牧部族は白人か赤肌の敵と出会ったとき以外、移動が制限されることはないようである。その例はマク族で、彼らはリオ・ネグロ川とジャプラ川のあいだの森をさまよい、ウアウペス川をさかのぼっている。そしてときにまちがいなくバーラの近くまで下ってきているということを私は聞いた。まれに彼らは川の対岸で見られる。グアアリボスの急流より上の上オリノコ川に住むグアアリボ族はその急流より下にはめったに下りてこない。それからメタ川とカルカナパラ川のグアイボ族もそうである。これらの部族はだれも船の作り方を知らず、歩いて渡れない川を横切らなくてはならないときは筏を利用する。彼らの食物はおもに果実で、生のまま食べている。

バーレ族インディオがウアルマとよび、スペイン人開拓者たちがセへとよぶパタウア椰子について（日記からの抜粋）セへとは果実をフエウタと混ぜて使うすべての椰子の一般的呼称である

サン・カルロスには二種ある。一つはバーラのサケミヤシ属 *Oenocarpus* と同じ種で、その芒《のぎ》は吹き矢筒（ここではサラバターナとよばれる）の矢に用いられる。大きな楕円形の果実を実らせる高い壮麗な木本である。もういっぽうは（私は見たことはないが）もっと小さなほぼ卵形の果実（バカバ椰子のような球形ではない）をつけ、それから採った飲み物はバカバ椰子にそっくりな独特な赤い色合いを帯びている。大きいほうのパタウアから採ったものはほとんど白色で――ほんのりと肉色を帯びている。

小さな果実をつけるほうはたぶん他の地域の小さい種と同じもので、ほうき状の羽片をもっているから、ブラジル名をバカビーニャというサケミヤシ属 *Oenocarpus* のミノール種 *O. minor* とは別ものだろう。一般語でパタウア＝ユキセ（ユキセとは野菜や肉を料理して抽出したものの一般的な呼称であって、肉や魚のグレービーソースと果実や根などから抽出した樹液の両方に用いられる言葉）、ベネズエラでフクタ・デ・セへとよばれるものは、自然界でもっとも栄養分豊かで美味しい飲み物の一つである。今でも私はパラのアッサイが椰子の飲料ではいちばん美味しいと思っているが、砂糖をたっぷり入れなくては飲めない。しかし、今パタウアに慣れた私は、なにも入れないほうが飲みやすい。味はひじょうに濃く、なによりも新鮮なミルクによく似ている。それはアッサイと同じようにジュースにして飲むのであるが、熟した果実を湯通しするか、もっとていねいにしたいときには少し茹でてから水のなかで手で割る。そのとき淡い明るい色の果肉が水と溶け合い、砕けやすい紫色の果皮が核といっしょに底に沈む。液体は流して捨てるか、そっくりそのままざるでこして固形分をきれいにとりわけ

る。シベを作るときのように少量のマンジョーカが加えられ、全体が柔らかくなったときが飲みごろである。

ときどきマンジョーカやキャッサバのかわりに、ファリーニャの粥（マンジョーカを水のなかで濃いオートミールのようにどろどろになるまで茹でて作る）をパタウアに混ぜ、温かいうちに飲む。こうして食べた粥はまことにおいしく、朝の起き抜けには最高にいける食物である。マンジョーカの代わりに、熟した料理用バナナを茹でたものをパタウアといっしょにつぶして使うこともある。この混合物はひじょうに甘くておいしい飲み物なのだが、少々腹が張る。

パタウアはたぶんバカバと同じくらいの量の油を含んでいると思う。この油はときどきパラの近くで抽出されているが、上リオ・ネグロ川ではシティオでバカバの油だけをときどき見る。たぶんこの油分のためにパタウア＝ユキセはやや緩下作用があるのだろう。私はしばらくこれを飲まなかったあとでふたたび飲みはじめたときは、いつもお腹が少し緩くなった。とはいえ、この症状は一日か二日で消えるし、むしろないよりも調子は良好である。

私が三月にウアウペス川を発ったとき、少量のパタウアが熟していた。そしてサン・カルロスではそれを四月と六月、七月、八月、九月はつねに手に入れることができた。この木はサン・フェリペの小さな集落（サン・カルロスの砦のそばにある）からグアシエ川にいたる川の西岸の密林にひじょうにたくさん生えている。

シティオで暮らすインディオはパタウアの季節にはたいへん太る。だからその栄養分がひじょうに豊かなことは疑いない。

植物油について（ウィリアム・フッカー卿への書簡からの抜粋）

ウィリアム・フッカー卿殿

一八五四年三月一九日、ベネズエラ、サン・カルロス・デル・リオ・ネグロ川にて

この地方には油脂を産する植物がたくさんあります。とはいえ、現在のわずかな住民と彼らのやる気のない怠惰な習性のために、ヨーロッパではきわめて高く評価される油や樹脂などは少量でも採取することはきわめて困難です。ほとんどすべての椰子の果実は多少とも油を産出します。当地ではひじょうにおいしい飲み物は、アッサイその他の椰子の果実を水のなかで砕いて、少量の砂糖とファリーニャを加えて作られることはあなたもご存じでしょう。ポルトガル人はこれらの飲み物を、熱帯アメリカの他の地域（そしてアジアでもそうだと思います）で作られている椰子酒とはまったくちがうものであるにもかかわらず、ワインとよんでいます。……すべての椰子の飲料はきわめて栄養分が豊富です。なかには腹がやや緩くなるものもありますが、それは含まれている油分のためであることは疑いあり

ません。液体をしばらく器に入れておくと油が表面に浮き上がってくることから、それぞれの椰子の果実からどのくらいの量の油が採れるかがわかります。

私が見たもののうちでは、アフリカの椰子と事実上同類のカイアレ（アブラヤシ属 *Elaeis* のメラノコッカ種 *E. melanococca*=*Corozo oleifera*）がいちばんたくさんの油を産し、見たところがアブラヤシ *Elaeis guineensis* の油にそっくりです。しかしそれが採取され利用されているということは聞いたことがありません。カイアレ椰子はリオ・ネグロ川とマデイラ川の河口のいたるところに豊富に自生しますが、私はリオ・ネグロ川の上流では見たことも聞いたこともありません。あなたにはリオ・ネグロ川のバーラで採れた肉穂花序と果実を一つお送りいたしました。それがなぜ「メラノコッカ（黒い実）」とよばれるのかその理由はよくわかりません。というのは、果実はあざやかな朱色をしているからです。たぶんゲルトナーは堅果だけを採集したのだと思います。

油量の点でカイアレのつぎにくるのは、さまざまな種類のサケミヤシ属 *Oenocarpus*（バカバヤシ *O. bacaba*、パタウア種 *O. pataua*、ディスティクス種 *O. distichus* など）です。これらの油はカイアレのそれよりもあきらかに良質であり、無色で甘い味がし、灯火用だけでなく食用にもすぐれています。パラの商店経営者はインディオからパタウア油を買い、等量のオリーブ油と混ぜて、全体を「オリーブ油」と称して販売しています。事実、もっとも判断力のある人でさえほとんど区別がつきません。魚を揚げるにはバカバの油はオリーブ油にもバターにも劣らないと私は証言できます。

たくさんの種類のサケミヤシ属がアマゾン河とオリノコ川とそれらの支流に生育しております。私は最近カシキアーレ水道と上オリノコ川とクヌクヌマ川の全流域でひじょうにたくさんのパタウアを見ました。バーラの近くでもそれはしばしば見られますが、バカバほど多くはありません。リオ・ネグロ川からシエ川まで広がっているサン・カルロスの対岸の森には、文字どおりパタウアが植えられています。この果実はほぼ一年中採れます。われわれはちょうど今それを利用しはじめたばかりですので、一一月までずっと（そしてもしその木に上ってくれるインディオがいつでも必要なときに見つかれば、いくらでも）手に入るでしょう。私はパタウア＝ユキセが大好きなので、それはサン・カルロスを去るときに唯一名残惜しく思うものでしょう。長いあいだそれを飲まずにいてからふたたび飲んだときはきまって少しばかりお腹が緩くなりますが、その影響は二、三日でなくなります。

油脂を産する熱帯アメリカの双子葉類のなかでは、アンディローバ油を産するカラパ・グイアネンシス *Carapa guianensis* が第一等の位置を占めるのではないかと私は思います。アンディローバ油はひじょうに苦いため、蟻その他のどんな昆虫もそ

第46図　クマル（トンカマメ *Dipteryx odorata*）。商業用の「トンカ豆」が採れる

れに触れようとしないという大きな利点（熱帯の気候では）をもっています。この木はパラの付近ではひじょうに多く、とくにトカンティンス川の河口に豊富に産し、またアマゾン河のずっと上流まで見ることができます。

上リオ・ネグロ川、オリノコ川、カシキアーレ水道、パシモニ川などに豊富な、あきらかに未記載の二種の木の種子から、インディオは見た目と味がクリーム・チーズに似たペーストを作ります。種子はまず茹でてそれから水に数日間浸け、それから手でつぶします。茹でているときにたくさんの油が採取されるといわれていますが、私は一度もそれを見る機会には恵まれていません。これらのインディオたちはとても恥ずかしがりやで、白人に彼ら独自の食べ物を教えるのをいやがります。白人はただ彼らを馬鹿にしようとしているのだと考えているのです。

私はこれらの木の一つ（インドゴムノキに類縁ですが葉が単純なトウダイグサ科の一種クヌリ）をサン・ガブリエルの近くで二年以上前にはじめて見ました。それ以来ときどきその木を見るのですが、それが花と果実をつけているのを見たのは、つい最近、カシキアーレ水道でのことでした。さらにその後上パシモニ川でも見ましたが、そのとき数人のインディオがクヌリのチーズ（こうよんでいいのなら）を食べているのに会いました。彼らに少しわけてもらったので、それをあなたにお送りしようと思ったのですが、今のところほかに荷物に入れるものがなにもありません。クヌリ油を手に入れるにはまだ忍耐強く待たねばなりません。それはアンディローバ油と同じくらい苦いが、すぐれた灯火になるといわれています。

クヌリとひじょうによく似たものが採取されるまた別の木にウアクというのがあります。これはとても奇妙な構造の美しい淡紅色の花を咲かせるマメ科の木本です。私はそれを二種ウアウペス川からベンサム氏に送りました。

この地方にはこの他にも油脂を産する椰子その他の木々がたくさんあります。そして私はこんなにたくさんあるもののうちの、ほんの少しについてご説明しただけですから、《採取してくれる勤勉な働き手さえいれば》それらの油はいくらでも採れるでしょう。

樹脂についてもまたうまくいきませんでした。しかし私はそのどれかが蠟燭を作るのに使われているのかどうか疑わしく思います。ベネズエラ人はさまざまな種類のイシカの樹脂からメチョンとよぶ松明を作ります。これは溶かして、腐植して内部の柔らかい部分が抜け落ちてしまった吹き矢筒にする椰子の茎かあるいは竹に流し込みます。それは（ウィルスン氏が樹脂について述べたように）かなり煙を出しますが、なかなか良い香りがします。

［私はここにかの有名なトンカ豆を産する木の写真を掲載した。この木はその種子が発散する良い香りのゆえに珍重されて

いる。赤い蝶形の花を咲かせ、一個の大きな種子を含む莢をつける大木である。サンタレンに豊産し、上リオ・ネグロ川にも同じくらいたくさん自生し、種子はかなり大量に輸出されている。しかし、スプルースの日記には彼が自然の状態のそれを見たとは書かれていないし、それについての記載もない。精油は香料商が使い、とくにかぎ煙草に使われる。」

食用昆虫（日記）

リオ・ネグロ川、ウアウペス川、カシキアーレ水道、オリノコ川（そしてたぶんアマゾン河）のインディオは、生長過程にあるさまざまの椰子の幹、とくにピイグアに喰い入った昆虫の幼生を食べる。それらは人差し指くらいの大きさであるといわれている。食べ方は、まずきゅっと頭をねじって腸管ごとむしり取り、ブダリというマンジョーカの鍋で焼く。マリマの木にも彼らの大好きなまた別の幼生がいる。この虫が捕れる季節には、これがマキリタレス族インディオの主食となる。そしてドン・ディエゴ・ピナは昔このインディオ部族の乗組員と上オリノコ川を旅したとき、彼らがこの幼生以外、魚もどんな食物も探そうとしないので、彼はほとんど飢え死にしかけたと私に語った。途中船を止めるたびに、男たちはマリマの木に登ってこの虫を探していたそうである。

私はインディオたちがサウバ蟻（ベネズエラではバチャコとよばれている）を食べているのを何度も見た。大きい種類だけが食用になるが、バチャコがその巣穴から大量に群飛に移るとき（たぶん蜂にならって集団婚姻飛翔に移る）に食べられている。もしどこかの集落に近いところであれば、そこの仕事のないインディオたちが全員でそれを集めにくりだしてくる。食べられるのは頭部と胸部で、腹部はちぎり棄ててしまう（サン・カルロスで私はいつも蟻をまるごとそっくり食べているのを見た）。なにも調理せずにそのまま食べる。その味は私にとっては強く辛くて、おいしいものではなかったが、バチャコを亀の油で揚げて食べた人はとてもおいしかったといっている。

ジュイとよばれる蛙もまた、私の訪れたところではどこでも食べられていた。それは雨季にもっとも多く見られるようで、それがガポで夜毎鳴くようになると、かならず川の水がかなり上昇し、冬がはじまる。インディオはそれを生きたまま丸ごと鍋に入れて火にかけて茹でる。

ウアウペス川には少なくとも二種の蛙がいる。一つはひじょうに大きな種で、私は試食してみた。内臓をていねいにきれいに取り去って、残りを焼き串の上で焼いたが、どんな鶏もこの味にはかなわない。

サン・カルロスで遭遇した激しい雷（日記）

一八五三年九月二七日——昨夜、日没後に東の方向にさかんに稲光が閃くのが見えた。そして午後七時少しすぎ、サン・カルロスにたいへん激しいスコールがやってきて家を吹き飛ばしそうになった（数日前には一軒の家が吹き飛ばされた）。雷はひじょうに近くて、たえずゴロゴロと大きな音を響かせ、閃光はほとんどたえまなかった。ここではたいして雨は降らず、九時にはすべて過ぎ去った。

爆発のまっただなかにいるときに、稲光の頻度を確かめることはむずかしい。しかし先月マラビタナスからやって来る途中、太陽が落ちてもなかなか泊まる場所にたどり着けなかったとき、大きな雷雨がわれわれの上には一滴の雨も落とさずに近くを通り過ぎていった。私は閃光が雲のあいだから美しく光っているのを見ることができた。閃光がつぎつぎとひらめくあいだ、私は手首の脈拍を測ってみた。閃光があったのは脈が二回から八回、平均五回の間隔で、一分間に一五回の割合であった。

雨季のまっただなかでは、雨量は多いが、こうしたひじょうに激しい雷はめったに起きない。……

一八五二年一〇月、私がウアウペス川のジャウアリテの滝にいたとき、パアプリス川の河口の家に雷が落ち、なかにいる人を地面にたたきつけた。しかし怪我をしたのはハンモックに寝ていた若者一人だけであった。彼は足が一本利かなくなった（永久的にかどうかは私は知らない）。これがあったのは午後遅くであった。そして翌朝私が会った人はみな顔と腕に赤いカラジュルで線を描いていた。これは怪我をした男に雷を落としたパジェの呪いが、他の人々に同じように危害を加えないように身を守るためであった。

近くで稲光がすると、そのあとにかならず土砂降りの雨がやってくる。これは雨が小止みになったときはとくにそうで、激しい稲光がきて、ふたたび猛烈な雨が降ってくる。たいていこの豪雨の前に数秒の間があり、爆発音はだいたいいちばん最初に聞こえてくる。激しい雷雨の最後の数滴が落ちているとき、たいてい二、三回のひじょうに大きな爆発音が別れのあいさつのように近くで炸裂する。この爆発音はときどき嵐の先遣隊の雨をもたらす。

九月三〇日――秋分の日の前に数日間かなり乾燥した良い天気がつづいた。しかし毎日太陽が頭上を通過してから、午後に（だいたい四時から四時半のあいだに）激しい雷と雨をともなう猛烈なスコールがやってきた。これはここより川下のマラビタナスではさらに激しかったそうである。このような天気が二八日までつづいた。二八日は濃い霧に包まれて明け、それからからっと晴れ上がって一日中暑かった。二九日と三〇日にまた午後の驟雨が戻ってきて、今日はとくに雷の音は大きく何度もゴロゴロと鳴った。

原注

1 ［これはパイナップルの仲間に類縁の奇妙な木本の単子葉植物であるウェロジア属 *Vellozia*（ハエモドルム科）と同類で、ブラジル高地ではとくにふつうに見られる。――編者］

スプルースの旅行経路

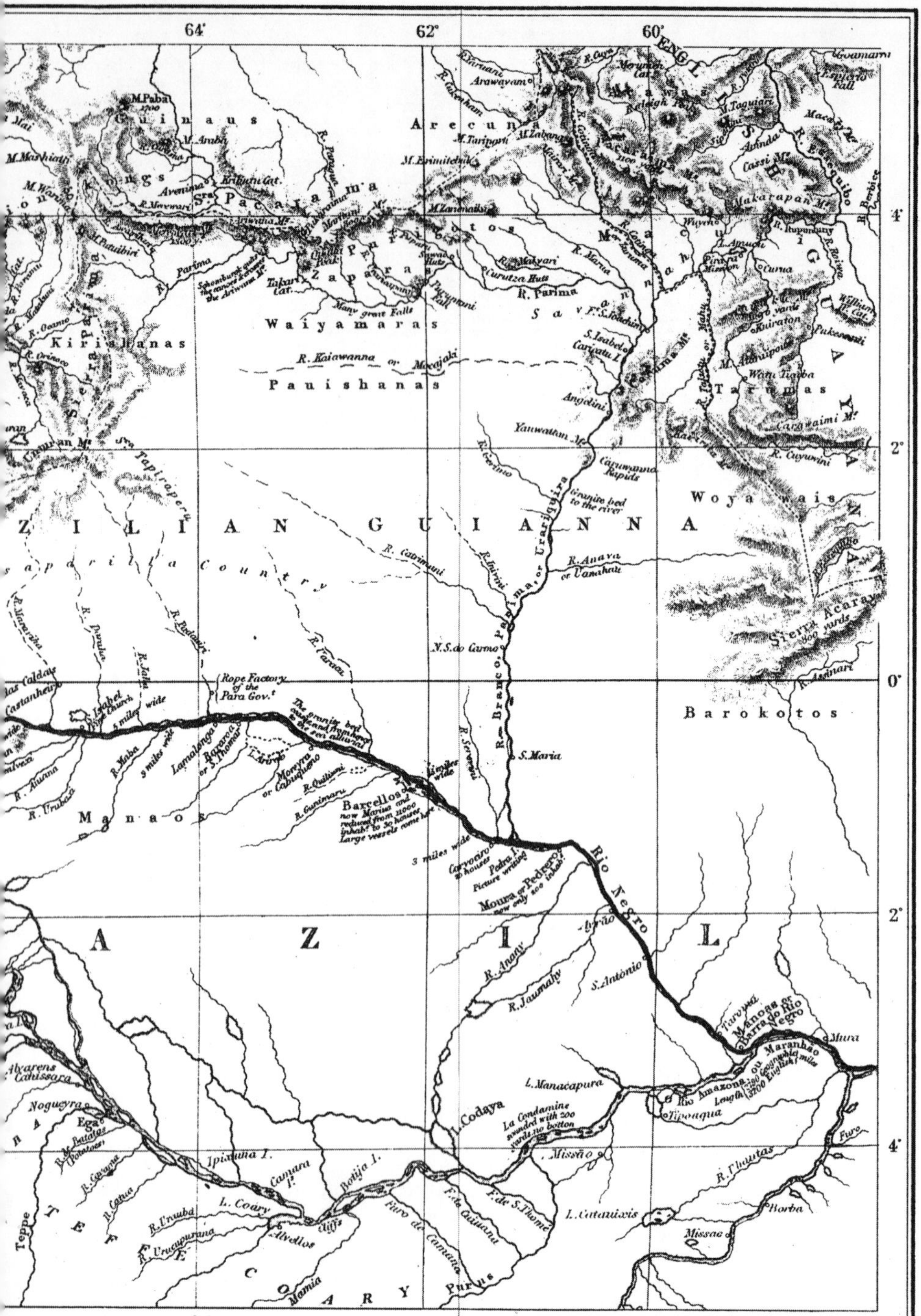

Stanford's Geog.l Estab.t, London

London: Macmillan & Co., Ltd.

リオ・ネグロ川、ウアウペス川、カシキアーレ水道およびオリノコ川における

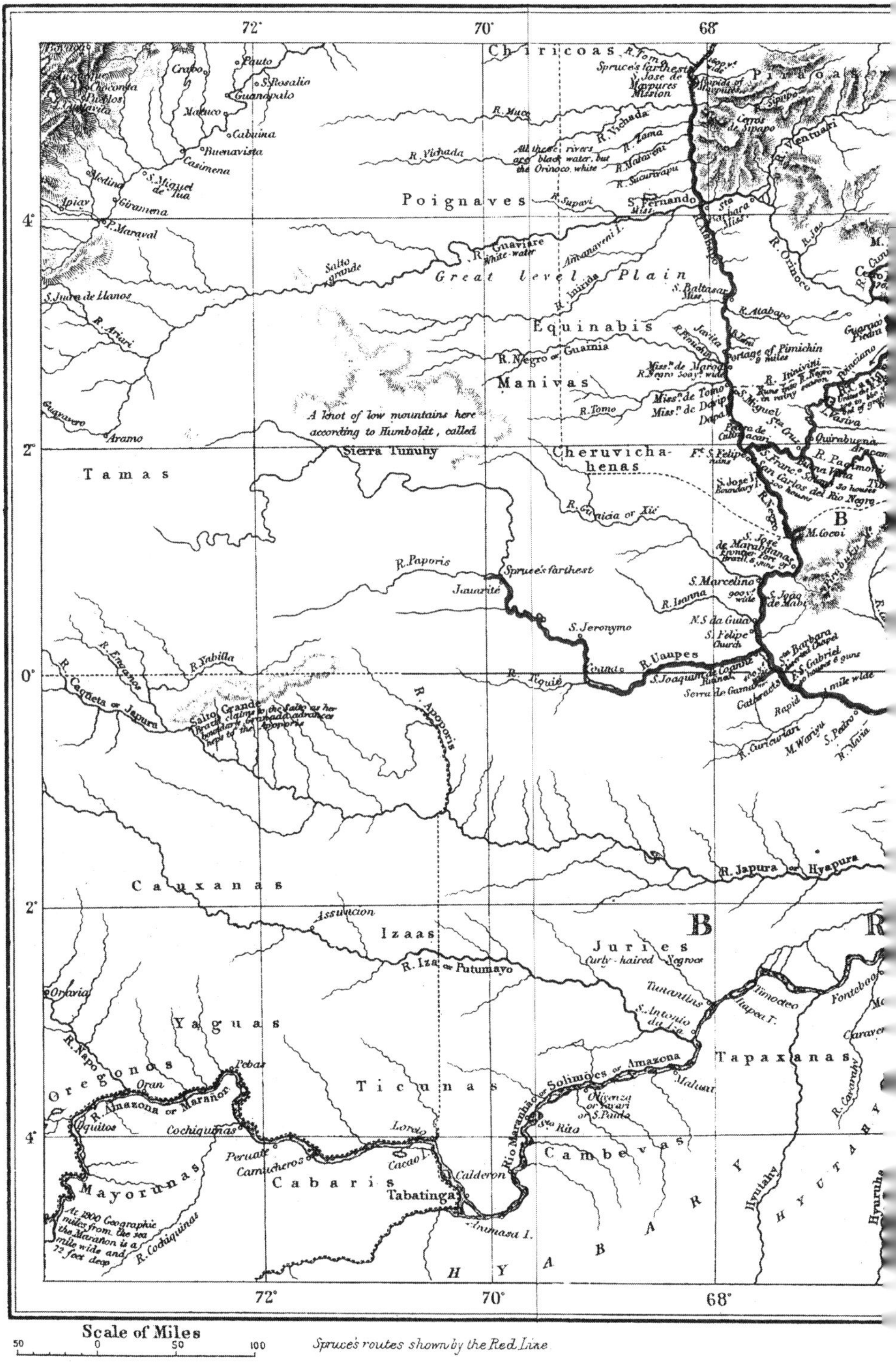

●第一四章 サン・カルロスからマナウスへ――リオ・ネグロ川下航の旅

（一八五四年一一月二三日―一八五五年三月一四日）

［本章はスプルースの五年におよぶリオ・ネグロ川と上オリノコ川、あわせてそれらのいくつかの支流の探検記録の最終部分で、下航の旅を記した彼のやや詳細な日記（旅がはじまったばかりのときに彼は危うく殺されかけた）、バーラから出かけた植物採集旅行の説明とそこの植生の特徴を述べた三編の簡単な記録、そしてウィリアム・フッカー卿とベンサム氏あての書簡からの抜粋からなる。書簡はやや散漫な資料を個人の物語としてまとめるのに役立つであろう。三三二頁に登場する「チャーリー」という名前は次章にふたたび登場する船乗りのことらしい。この男を雇ったことがたいへんな災いとなった。］

サン・カルロス出発、水先案内人のクヌコに滞在

一一月二三日（木曜日）――この日のお昼ごろ、私はサン・カルロスを出発した。私の船の乗組員は四人のインディオであった。そのうち二人は水先案内人ペドロ・デノの息子であった。同じ日の午後四時にわれわれは左岸の狭いカニョ（可航河川）を少し入ったところにある水先案内人のクヌコ（マンジョーカ畑）に到着し、その晩はそこに泊まった。ここで私を殺す陰謀が彼らのあいだに企まれた。クヌコには水先案内人の女房、息子と娘、それに義理の息子らを含めて数人の者がいた。彼らはブレチェという蒸留酒を作っていた。そして私の舟子《かこ》たちは到着すると早速その毒味をはじめた。味は極上ではなかったが、義理の息子（ペドロ・ユレベ）以外の全員の頭の機能を麻痺させ嘔吐させるにはじゅうぶんであった。ペドロ・ユレベは騒々しくはなったが、体の動きが不確かになるほどではなかった。

そのクヌコには四方が開け放たれた二つの小屋があった。その一つのなかで蒸留機は稼動していた。船を泊めた船着場はやや急な坂を下ってたぶん八〇メートルくらい離れたところにあったと思う。私はハンモックを船から持ってきて小屋の一つに

吊った。そして夜になって、私はユレベから買った鰐の前四半部を少量食べたあと寝た。インディオたちはとても騒がしかった。とはいえ、これらの人々が酔っぱらったときの会話ほど退屈なものはなかったので、水先案内人の息子の一人が義兄のユレベにいっしょにバーラまで旅をしないかと誘っていたこと以外、私は彼らの会話にほとんど注意を払わなかった。しばらくして、私は彼らがしきりに「エイナリ」[1]といっているのに気づいて、彼らの会話に耳をすまさずにはおれなくなった。そしてそうしたことが、さいわいした。

スプルースの殺害と強盗計画を盗み聞く

　ペドロ・ユレベは、サン・カルロスの警察署長やその他の人々に四三ペソほど借金をしていた。しかしバーラから戻るまではこれを弁済せずに気にせず放っておこうとしていた。そしてすばらしい案が彼の頭に浮かんだ。「あの男」は自分の国に帰るところで、もうここには戻ってこない、と彼はいった。朝、彼（ユレベ）が船に乗り組むといって、賃金を（慣習にしたがって）前払いにしてもらおう。彼らは船に乗る。そして三、四日でグアシエ川の河口に到着したところで、彼らは私が眠っているあいだにモンタリアに乗ってその川を上っていく。グアシエ川の上流からグアイニア川のいくつかの支流まで近道がある（陸路で一日）から、いつでも自分たちの土地に戻ってこられる。こうして彼らはすでに賃金を受け取った長い退屈な旅を逃れることができる。大筋が話し合われ、全員がそれに合意した。

　そこでユレベがふと思いついて、「あの男」はたくさんの商品を持っているのかと尋ねた。「ウラシカリ！　ワラ！」（「たくさん持ってるよ。なんだってあるさ」）というのが答えだった。しかし彼らは勘違いしていた。というのは、私の箱のほとんどは紙と植物でいっぱいで、彼らの想像する織物などは入っていなかったからである。「それなら」とユレベはいった。「奪えるだけ品物を奪わないで男をおいていくわけにはいかない。そのためにはやつを殺さなくてはならない」。これも承認され、そのあとどうするかがじっくり話し合われた。もし彼らがグアシエ川（そこには彼らの仲間となる逃亡者が大勢いた）に四カ月とどまっていれば、事件は完全に忘れ去られるだろう。ユレベの天才的頭脳はこう話しているうちにますます膨張したようで、ついに究極のアイデアかと思われることに考えがおよんだ。「男を今殺したらどうだろうか？」と彼はいった。「あいつは今だれの眼も届かない森のまんなかで眠っている。サン・カルロスを出発したときやつが病気だったことをみんな知っているから、死んだと聞いてもだれも驚きはしないさ」。「俺はシャツを着ていないから、乱暴した証拠など残らない」。（たしかに彼が唯一身につけているものは、二本の脚のあいだに垂れている一枚の樹の皮であった。）このことを彼は何度も何度もくりかえし述べて、仲間は全員この案を褒め称えた。

話し合うべき問題が三つ残されていた。死体と商品の処理と彼ら自身の身の処し方である。最初の問題はなにもむずかしいことはなかった。この気候のもとでは死体は二四時間後にはたいてい埋葬されることになっている。「あの男」は病気で死んだので埋葬したといえばいい。商品については、箱が荒らされた形跡を残さないためにそれぞれの箱に少しずつ残しておく。彼ら自身どうするかについては意見が分かれた。しかし結局、森のなかに隠れているよりサン・カルロスの警察署長の前にあえて出頭するほうが良いだろう。そして事情を説明すればそれでかたがつくだろうと結論した。なぜならば、「この男」は故国から遠く離れた外国人であり、彼の死に方について調べようとする親戚はここにいないからである。

私が息をひそめてこれらの会話に聞き入っていたことは想像できるだろう。そして私は彼らが白人から受けたすべての迫害を思い出して怒りはじめるまで、まさか彼らがその言葉を実行に移すとはほとんど信じていなかった。受けた害はすべて献身的な私に復讐することによって正当化されると彼らは考えていた。私は彼らとの短いつきあいのあいだに好意しか示さなかったというのに。とくにペドロ・ユレベに対しては、彼の幼い娘がさしこみに苦しめられて、何日ものあいだ昼も夜も一時として休めなかったのを治療してやったばかりであった。

私は軽い下痢で、日が暮れてから二、三度ハンモックから下りなくてはならなかった。私は船に乗った第一日目にはあまりの暑さのために水をたくさん飲んでしまうため、だいたいこれに悩まされた。もう真夜中を過ぎていた。そして最後に横になったとき、男たちが、いちばん良い方法は私がまた寝入ったらすぐに縄で絞め殺すことだといっているのを聞いた。ユレベがそれを受け持つことになった。そして他の一人が私が寝入ったのを確かめる役目となった。

火は消えてしまっていて、おぼろな星明りだけが船室のなかを照らしていた。私はハンモックに横になっていたが、足は床に下ろして、攻撃されたらいつでも飛び起きられるようにしていた。暗闇のために彼らはこれに気づかなかった。そして私はしばらくのあいだ身じろぎ一つしなかったため、私を見にきた男は私が眠っていると報告した。彼らが全員小声で話し合っているのが聞こえた。「イドゥアリ！　イドゥアリ！」（「今だ――今だ」）。そしてユレベが一瞬ためらったので、私は起き上がって、またもよおしたかのように物憂げに森に向かって歩いていった。しかしまっすぐ行くかわりに、二、三歩行ったところで向き直り、まっすぐ船のほうに引き返した。船室の扉を開けて私はなかに入った。そして出入口に紙の束をおいてバリケードを築き、弾を込めた二連発銃を山刀と小刀とともに私のかたわらにおいた。こうしておいてまたあるかもしれない襲撃を待ち受けた。私がハンモックに戻ってこないというインディオたちの怒った叫び声がときどき聞こえた。

私がその夜をどのような心地ですごしたか想像できるであろ

う。私は一瞬たりとも眼と耳の警戒を緩めなかった。しかしながら、彼らは一度も私がどうしたのか調べようとしなかった。そしてついに夜が明けて、私は少しほっとした。しかし完全に心配がなくなったわけではなかった。というのは、このような人里離れた寂しい場所では、犯罪を企てれば、昼でも夜とほとんど変わらないくらい人知れずなしとげることができるからである。

しばらくあとで、ペドロ・ユレベが私のところにやってきて、バーラまでいっしょに行ってもよいといった。私は彼との会話中、ぜったいに私の銃に手の届かないところには移動しないように注意した。もちろん私は、彼の名前が他の者といっしょに旅券に記されていないから、ブラジル国境の役人は彼が通ることを許可しないだろうといってその申し出を断った。

ペドロ・ユレベをあとに残して船を出したが、私が武装していないときはインディオがけっして私に近寄らないように旅のあいだじゅう警戒した。そしてけっして重苦しい雰囲気にならないよう注意した。

最初の晩の夕食後、グアシエ川の河口で、インディオは川岸を作っている緩やかに傾斜した岩の上に横になっていた。モンタリア（小舟）は本船のピラグア（丸木舟）の船尾と近くの水面から頭をのぞかせていた丸い岩に結びつけられていた。真夜中少し過ぎに私は船室から出る機会があった。ちょうど月が沈みかけていた。そのときインディオたちが彼らの朝一番の水浴びに出かけ、モンタリアをくくりつけてある岩の上に全員座っているのに気づいた。彼らが最初に計画したとおり、モンタリアに乗り込んでそっとグアシエ川をさかのぼって逃亡しようとしているのは疑いなかった。そこで私は銃を取り出し、銃口を彼らに向けてトルダの上にそっとおいた。彼らは私のそうした動きに気づいて、私が船室から彼らを容易に見張っていることができるから、モンタリアの綱をちょっとでも緩めようとすれば彼らの数人あるいは全員の死かひどい怪我を招くことがわかっただろう。そして私は満足してまたなかに入った。夜明けに彼らは全員最初に寝ていた岩に戻っていた。

一一月三〇日の夜、ウアウペス川の河口に到着した。そこで私は運良くアマンシオとアマンディオという二人の古い知り合いの商人に出会った。アマンシオはゴムを作っており、アマンディオはサルサパリラを集めていた。彼らが私に四人の男を貸してくれたので、私はその男たちとともに翌朝旅をつづけた。

サン・ガブリエル

［一二月二日、二年以上留守にしたサン・ガブリエルに到着したスプルースは、村が少しきれいになっているのに気づいた。教会は改装され、学校が「第一級の教師」のもとに運営されて、二八人の生徒（インディオと混血）が学んでいた。とはいえ、その他の面ではなんの変化もなかった——なんの産業もなければ、文化もなかった。そして人々は例によって食料不足を

かこっていた。〕

黒人の石工

［ここでスプルースは幸運にもマナウスから教会の修繕のために派遣されてきていた黒人の石工を見つけた。この男は必要なときには櫂を漕ぐからと、帰りに船に乗せていってほしいとスプルースに頼みにきた。彼はひじょうに礼儀正しい立派な男であったとスプルースはいっている。そしてこの男が乗り組んできたことにより、船旅の患いは格段に減った。というのは、植物学者はこれ以後は、舟子たちが彼の留守中彼を置き去りにして行ってしまうのではないかという心配なしに、植物を探しにときどき森に入っていくことができたからである。

その黒人は奴隷で、バーラのある未亡人のものであった。その婦人は彼を奴隷というよりも息子のようにあつかってくれると黒人はいっていた。実際、彼は彼女の唯一の財産で、彼の労働は彼女が生計を維持するために頼ることのできるすべてであった。スプルースはつぎのようにつけ加えている。「彼は分別のある礼儀正しい男だった。背が高く、やせていて、しっかりした体つきをしており、どんな人種、国籍の熟練した石工にもまったく遜色なかった。彼はベネズエラの国境を越えて逃亡して簡単に自由の身になることができたであろうに、あきらかにスペイン人をひどく軽蔑していて、自分の「国」とよぶバーラを愛していた。そこでは彼は人々に好かれ尊敬されていたし、小さな息子をもっていたからである（というのは、彼自身やもめであった）」。

バーラへ下っていく途中、多少とも危険ないつもの突然の嵐と、この大河の船旅にはつきものの通常の不都合と事件以外はなにごとも起こらなかった。しかし植物について少しく興味深い記録がなされた。それは、植生の新奇さと興味深さはけっしてつきないことを示している。］

リオ・ネグロ川を下航中に観察された植生の特徴

（一八五四年一一月二三日―一二月二二日）

リオ・ブランコ川より上の北岸にはモモタマナ属 *Terminalia*（シクンシ科）がひんぱんに見られた。これは特異な倒円錐形の生長様式をとり、てっぺんがほとんど平らであるか、あるいはわずかに中高になっている。しかしもっとも奇妙な特徴は、短い幹と突出した根がしばしば大量の黒い細根のためにほとんど隠れてしまって、全体の大きさと形がよくある大きな干し草の山のようになることである。

南岸は陸地がやや隆起していて、大きなブラジルナットノキ属 *Bertholletia*（ブラジルナットノキ）が川の下流域にしばしば見られた。その幹とやや凸状の樹冠はまわりの木々のはるか上方にそびえていた。

ディプロトロピス・ニティダ *Diplotropis nitida*（マメ科）はずっとバーラにいたるまでガポでもっともよく見られる木であ

った。私が出発したときそれは花のまっ盛りであった。それは九月にも咲いていた。バーラに近づくとこの木はまた花を咲かせていた。最初の開花時には円錐花序の多くは蕾をつけているだけで、これはあとになって開く。ディコリニア・スプルケアナ *Dicorynia spruceana*（カワラケツメイ属 *Cassia* に近い）はリオ・ブランコ川の河口までほとんど同じくらいひんぱんに見られた。

パラダイスナットノキ属 *Lecythis* のアマラ種 *L. amara* もまた下っていく途中つねに見られた。しかしこの仲間が多い地方はマライビア川の河口（サンタ・イサベルの上）からリオ・ネグロ川の河口にいたるとくに南岸と島の上らしい。

美しく新しいヘンリケジア属 *Henriquezia* は土壌の豊かなところには、下っていく途中につねに見られた。それはちょうど花を開いていて、ひじょうに装飾的であった。ドレパノカルプス属 *Drepanocarpus*（マメ科）もまたカシキアーレ水道の河口からリオ・ブランコ川の河口までのいたるところに豊富に見られ、バーラの近くでも多かった。それは森の壁やてっぺんから伸ばした優雅なアーチ状の茎のあちこちから、白っぽい三日月の莢の房を下げているのがよく目立つ。本属には小葉の数が異なる二種がある。

カブケノより上の急な土手には私の知らない木が数種あった。いくつかは花と果実をつけていた。バルセロスより少し川下の、とくにアイラオンの付近で、川から盛り上がり低い丘になって延びている土地にカスタニェイラ（ブラジルナットノキ）をしばしば見かけた。この木は枝のない幹がまわりの木々の上に聳えていることが特徴で、その点サマウマ（カポック）に似ているが、カスタニェイラのほうは樹冠が平たく、サマウマの半球形の樹冠とは容易に見分けがつく。

［ペルーへ彼を運んでくれる蒸気船を待ってバーラへの滞在を余儀なくされていたとき、スプルースは植物採集の旅を数度おこなった。そのもっとも興味深かったのは、町から約二四キロメートル川上のリオ・ネグロ川へ注ぐ小川への旅であった。この川にはこの地方最大といわれる滝があった。彼のこの旅の説明は、少し短縮してあるが以下のとおりである。——］

バーラからタルマ川への一八五五年一月一二日の旅

この小さな川は町から五時間ほど船を漕いで上ったところでリオ・ネグロ川に注いでいる。そこは岸がちょうど陸地側にへこんで大きな湾を作っていて、その湾にタルマ川が注いでいるのである。河口のあたりはかなり川幅が広いが、それは両側からたくさんの小さな流れを受け入れているからで、さかのぼると幅はすぐ狭まってくる。とはいえ、その水源は森のはるか奥深く入ったところにあるといわれている。

河口から一時間ほど上ったところにやや大きなイガラペ（細

流）が東側から注いでおり、そのイガラペはリオ・ネグロ川ではもっとも高い滝があることで有名である。私の目的はこの滝を訪れることであった。そこで私はこの支流にある唯一のインディオのシティオ（村荘）に拠点をおいた。そこにはニコラスと名乗る老人（バルセロス生まれのマナウス族インディオ）が妻、二人の息子――体格のよい若者――と二人の成長した娘、そして孫である一人の少年と住んでいた。ここに私と私の連れは二・五メートル平方ほどの小さな部屋を貸してもらった。部屋の壁はカルア椰子、屋根はブスー椰子の葉で葺かれていた。さいわいに、そこには小さなテーブルとジャラー椰子の幹の台があり、どちらも私の箱と植物をおいておくのにたいへん便利であった。

　翌朝、チャーリーと老ニコラスにともなわれて、私は滝へ向かった。われわれは曲がりくねったイガラペを小一時間ほど上っていった。川はガポの植物が行く手を阻んでたいへん通りにくかった。そしてついに茂みはあまりにも深くなって、われわれは船を降りて森を抜けていかざるをえなくなった。一時間と少し行くと滝に着いた。われわれは滝の上からやってきたが、下まで岩をはって下りた。そこから滝全体を眺めることができた。

　私はこれほど美しい滝を南アメリカではあまり見たことがない。私はアイルランドの「トルコの滝」をちょっと思い出した。タルマ川のこの支流は滝の下でとても狭まった谷を流れている。滝の水はくぼんだ崖から高さ九～一二メートルのとぎれない流れとなって一直線に落ちている。崖の上部の層は硬い白い砂岩で、下部の層よりかなり突き出ている。下部の層はそれより柔らかい石と、強いにおいのする朱色の土の薄い層が交互に重なったものである。だから岩のあちこちから雫が垂れ、いたるところ羊歯《しだ》類やタイ類におおわれているが、滝の下をたやすく濡れずに歩くことができる。とくにイワヒバ属 *Selaginella* が多く、私は近くの森では見つからないものを四種採集した。水は深い谷間に落ちている。そこから水しぶきがほとばしり、滝を落下する水が巻き起こす激しい風に下まで運ばれていた。水は苔の生えた岩の上を蛇行して流れていって、それより下でかなりの距離見えなくなる。

　これらの岩のあいだから一本の木が三〇メートルほど聳えていた。その根元に張り出したサポペマ（板根《ばんこん》）は、ミクロプテリギウム・レイオフィルム *Micropterygium leiophyllum* とハネゴケ属 *Plagiochila*（タイ類）の一種におおわれており、白蟻の巣でぼろぼろになった幹には数種のフィロデンドロン属 *Philodendron*（サトイモ科）とパナマソウ属 *Carludovica*（パナマソウ科）の一種が生えていた。この木はオレンジくらいの大きさの灰色の果実をたくさんつけていた。しかし私は葉の形を確かめることができなかった。そして案内人はその実は食べられないからといって、その木の名前をいうことができなかった。これはたぶんバターナットノキ属 *Caryocar*（バターナット科）であろう。滝の縁には一本の木が生えていて、その黒い細根がもつれ合って一本の太いごわごわの綱となり、滝の上から下まで垂れ下がっていた。

椰子は一本もない深い豊かな森に包まれたこの苔の多い圏谷と、滝から落下する幅広い水の帯という景色全体は、熱帯の風景に温帯の風景を取り混ぜたかのようであった。

しかしながら近くの森には数種の椰子があり、そのなかには等距離の羽片をもつ四・六メートルの高さの小さなバカバ椰子（サケミヤシ属 *Oenocarpus*）のような、私にははじめての小さな種も含まれていた。急湍《きゅうたん》より上の森には数種のアッサイ＝ジニャとブスー椰子が見られるようになって、高さはより低く、カアティンガ（低樹林）の様相を帯びてくる。少し上ったところから、インディオが屋根葺き材料にするテングヤシ属 *Mauritia* のカラナ種 *M. caraná* の葉をよく刈りに訪れるカラナサル［テングヤシの生えた林］がはじまっていた。

果実が少し地面に散らばっていた。しかしそれらはこの雨季には乾燥させるのがむずかしいうえに、木の葉にはとても手が届かなかった。大きさと形が鶏の卵くらいで、灰色がかった緑の薄皮がはげ、たくさんの放射状の繊維の入った厚い木質の内果皮をもつ果実の一つは、バターナットノキ属のそれによく似た味のする仁をもっているが、葉は単葉であった。インディオはこの実をカスタニャ＝ラナ（野生の栗）とよんでいる。

タルマ川の川床はきわめて平らであるため、増水の季節には水がリオ・ネグロ川から入ってきて、滝の下まで増水する。しかし一日豪雨があると水が川下に向かって流れる。しかしそのあいだの雨のない日には水はほとんど流れない。

ウィリアム・フッカー卿殿

一八五五年六月五日、バーラ・ド・リオ・ネグロにて

私は八月二八日にサン・カルロスに帰り着きました。それはリオ・ネグロ川を下航するにはちょうど良い時期でした。そして私はアントニオ・ディアス氏（羽毛細工のハンモックの製造業者）といっしょに船旅をする機会を得ました。彼はその後まもなく二艘の大きな船でバーラに向けて下っていきました。しかしピアッサーバ椰子の国で三年近くすごした私は、この珍しい椰子の花か果実を見ずにここを立ち去りたくありませんでした。それがために私はこれまで何度も成果のない旅をしてきたのです。そこで私はもう少しここにとどまることにしました。

果実の実るのは真夏です。これはすでに過ぎてしまいました。そしてグアイニア川に戻ったとき私は、そこでは果実はまったく実らなかったこと、しかしカシキアーレ水道の木々は少しだけ実らせたということを知りました。一八五二年にはパタウア椰子はおびただしく実ったため、私はそれで作ったワインをほとんど一年中飲んでいましたが、一八五三年には一度も飲む機会がありませんでした。

一八五四年一〇月、私はカシキアーレ水道のソラノでピアッサーバ椰子の花を手に入れるのに成功しました。その数日後、私は濡れた森のなかを裸足で歩いていて、この国のきわめて悪性の凍瘡にかかってしまいました。そしてあきらかにただこれだけが原因で、私は五週間ものあいだ家に閉じこもり、そしてほとんどの時間をハンモックに横になってすごさなくてはなりませんでした。右足の踵の皮膚がまるで水疱の膏薬をつけたかのように完全に剝がれ、そのあと腫れたところが破れてかさぶたとなってしまいました。

［スプルースがサン・カルロスに長期滞在中に徹底的に調査したこの地方——リオ・ネグロ川とカシキアーレ水道に挟まれた三角地帯——で、彼は優雅な小さな椰子の新種を発見、その正確な美しいスケッチを残した（ここに縮小して掲載した）。彼はこの木は樹高約五・五メートルで、幹は直径七・六センチメートル強、つばがひじょうに密についており、葉の分裂した部分の長さは約五一センチメートルで優雅に垂れていると記載している。彼が調査した周辺の地域にはどこにもそれは見られなかったから、あきらかに低い森の限られた地域にのみ育つ木である。］

第47図　*Mauritia subinervis*, Spruce。サン・カルロスとソラノに挟まれた低い森にて（R・スプルース画）

私は一一月二三日に四人のインディオが乗り組んだ船でバーラに向けてサン・カルロスを発ちました。流れを下る旅だったので、乗組員をもっと探そうという煩わしいことはしませんでした。そのうち三人（老人とその二人の息子）は私にとってははじめての者たちでしたが、私は以前同じ川筋を旅した経験をもつインディオを見つけることができて運がいいと思いました。老人は私の水先案内人で、サン・カルロスを出発して最初の晩は、リオ・ネグロ川に左岸から注いでいる小さな流れをちょっと入ったところにある彼のシティオに泊まりました。……

［ここでスプルースは彼の日記に述べられているとおり、舟子たちが彼を殺す計画を立てたようすを物語っている。そして手紙はつづく。——］

五年間インディオと旅をしているあいだに、私は彼らに最高の信頼をおくことに慣れてしまっていました。もっとも人里離れた寂しい場所で彼らのなかで武装せずに眠ったり、岸辺に船を止めて食事を作っているあいだにしばしば森に一人で入っていったりしました。彼らはそのように放っておかれると、簡単に船を出して私をおいて行くことができます。そうなればまずまちがいなく私は破滅です。この最後の船旅では、私はまったくちがう方法を採らなくてはならないことを知りました。そして一瞬でも長くこの者たちといっしょにいたくなかったので、途中ところどころで二、三泊することを計画していたのですが、それも取り止めました。

将来の計画

そこで私は（神意にかなえば）パラからペルーへ向かうつぎの蒸気船で川をさかのぼろうと思います。一隻は今川上のナウタにいます。そのつぎの便は三月一日より前には出航しないでしょうが、私はこの船に乗ろうと思います。

私はワラガ川の左岸の山々のあいだにあるタラポト[2]という場所に拠点をおこうと考えています。蒸気船は一一三キロメートルを七日かけて、チャスタの下のユリマグアスまで行きます。チャスタからタラポトまでの陸路は徒歩あるいは騾馬《らば》で五日かかります。それは本当にどんな山のなかの場所でもいちばん行きやすい方法です。タラポトにはかなりの人が住んでいます。そして相当な数の牛、羊、豚が飼養されていますから、食べ物がない経験をせずにすみそうです。村はたいへん美しいところにあるといわれています。――高峰に囲まれた小さな平原、そして山からは数本の小川が流れ下り、その川には私にははじめてのものだろうと思われる《貝》がたくさんいるといわれています。

不幸にも小さな蒸気船が運行を取り止めると、ふつうの船でチャスタまで行くのに二カ月かかるでしょう。そして今体調のすぐれない私にはそのような旅は無理かと思われます。とくに蚊が昼夜を分かたず押し寄せてくることを考えると。……

私はこの国に来て以来、長いあいだ、日中ほとんどハンモックに横になって休むことはしませんでした。しかし近ごろ、そしてとくに重い病気にかかって以来、しばしば襲いかかる疲労感と倦怠感にますます耐えきれなくなり、何度も仕事を中断して休息をとらなければならなくなりました。バーラの友人は私がそれでも働きつづけることを不思議に思い、この五年間に会ったもっとも勤勉なヨーロッパ人でも、たいてい、まわりの気候とお手本がなんとも魅惑的に誘う《なにもしない》ことに順応してしまうといっています。やはり五年の経験で、私は酔っぱらいのインディオを雇うことにも、つくづくうんざりしました。

ジョージ・ベンサム様

一八五五年一月一二日、バーラ・ド・リオ・ネグロにて

地名変更の不都合について

バーラは私が一八五一年にそこを発って以来ずいぶん変わりました。新しくできた州政府の役人はたしかにその他の白人の

住民（男）よりずっと数が多いというのに、耕作されている土地は一エーカー〔約四〇四七平方メートル〕も増えていません。そしてその土地から上がる産物は住民の消費にはとても足りません。それゆえ、ここの生活費は以前にくらべて相当高騰しました。われわれの食卓に並べられた食べ物はヨーロッパか北アメリカから輸入されたものばかりということもときどきあります。アメリカのボストン産のビスケット、コーク産のバター、オポルト産のハムや鱈《たら》、リヴァプール産の馬鈴薯などです……。

政治的境界線と州名の変更はここではあまりにもひんぱんです。そして今回施行された変更は植物地理学を学ぶ者にとっては悩みの種で、大きなまちがいが起こりそうです。ブラジルに属するアマゾンの区分は最初はつぎのとおりだったようです。リオ・ネグロ区（カピタニア）はアマゾン河の河口までのアマゾン河の北側のすべての地方を含んでおりました。パラ区はアマゾン河の南側の地方をマデイラ川まで含んでおりました。そしてアマゾン河の南の残る地域、すなわちマデイラ川からペルーの国境まではソリモンエス区といいました。

のちにこの三つの行政区は二つに減りました。すなわち大河の両岸の全域を、西側はパレンチンス（ヴィラ・ノヴァの少し下にあります）まで包含するリオ・ネグロ区、それより東側はパラ区と分けました。

ブラジルがポルトガルから独立してから、これらの二区は統合されてパラ州（プロヴィンシア）となりました。私がブラジルに到着したときはこの状態でした。しかし最近それは以前の二つの地域に分かれ、東側はパラ州、西側はアマゾナス州となりました。

ベネズエラで以前は上オリノコ区（ミショネス）だったところは今はリオ・ネグロ州（カントン）となっていることをつけ加えてもよいでしょう。それは北はアトゥレスの急湍の下まで、西と南はニュー・グラナダとブラジルの国境まで、そして東はデメララにいたるスペイン領ギアナの全域を包含します。

さて、この不安定な境界線のもたらした結果に眼を向けてください。フォン・マルティウスは、彼の旅した時代にはリオ・ネグロ区に含まれていたソリモンエス川とその他の河川で、彼が発見した植物の採集地を「リオ・ネグロ区」と記しました。しかしそのひじょうに多くはたぶんリオ・ネグロ川には存在しないでしょうし、たしかに彼はそれらをそこで見たのではありません。というのは、彼はリオ・ネグロ川を上っていないからです。

サン・フェルナンドとマイプレスに滞在中、私の地理的認識は人々が「リオ・ネグロのここで」というのを聞いて何度もショックを受けました。「なぜリオ・ネグロだというのですか。ここはオリノコ川でしょう?」と私は尋ねたものです。彼らはこう答えました。「だってわれわれはリオ・ネグロ《州》にいるんですよ」。

おまけに、私がリオ・ネグロ川を下っているとき、人々はいつも「ここアマゾナスでは」と話しはじめたのです。

つねに変わらずあてにできる境界線は河川と山々の作るそれだけです。「北ブラジル」という言葉でさえ、数年のうちになんの意味ももたなくなるかもしれません。スペイン人とポルトガル人がかつて理解していた「ギアナ」、すなわち大洋とアマゾン河とリオ・ネグロ川とオリノコ川に囲まれた一帯は、まったく自然のなした区分で、今でも同じ名前でみんなによく知られています。

［スプルースがバーラ逗留最後の日々に記した覚書をつぎに紹介しよう。――］

アマゾン河とリオ・ネグロ川の岸辺の相違

アマゾン河では、退いていく水は多くの場所で人がじゅうぶん歩けるほど硬い泥の岸辺を残し、そこは夏が深まるにつれ一年草とカヤツリグサ科の植物にまばらにおおわれてくる。この川を遡行中、私はときどきこれらの一年草の草原を一キロ近く歩いてみたが、向こう側の端にあったのはふつうの柳のサリクス・フムボルドティアナ *Salix humboldtiana* と、遠くから見ると柳のような二、三種のバンジロウ属 *Psidium*、そしてオジギソウ属 *Mimosa* のアスペラタ種 *M. asperata* だけであった。

上リオ・ネグロ川では同じようなものは見られない。森はしばしば永遠の壁で水際を縁取り、乾季のはじめにはアマゾン河やとくにソリモンエス川で見られるように大量の葉を落としたりはしない。そして川の水位が低いときには、岩であろうと土であろうと傾斜の急な川岸は、何キロにもわたって川の厚い縁取りをなす木々の下から伸びている細根にとぎれなくおおわれる。

アマゾン河とソリモンエス川では、川の水の流れがもっとも激しい雨季でも、両岸の水没した森のなかに入ると、たいてい水の流れはほとんどなくなる。このガポをさらに奥深く入っていくと水はますます静かになる。毎日川の水位が上昇するたびに、水没した地域は静かに、わずかずつではあるが広がっていく。内陸の湖に近いところでは、ときどき地面がわずかにくぼんでいるが、そこを通って川から湖に向かって、湖が川と同じ水位になるまでしばし急速な水流が起きる。私はこうした流れの一つに巻き込まれたことがある。そのとき櫂はほとんど用をなさなかったので、われわれは木々から垂れ下がっている巻きつき植物につかまってモンタリアを引っぱり、さいわいにも川を横切ることができた。

川が最高水位に達して減水に転じると、たいてい今度はガポからのすみやかな水の流れが生じる。水位が上昇するあいだはガポの静かな水面をおおい、満水状態に達したときにちょうど生長しきる浮草（さまざまのデンジソウ科、イバラモ属 *Najas*、マツモ属 *Ceratophyllum*、微小なトチカガミ科、そしてトウダイグサ科の新種であるコミカンソウ属 *Phyllanthus* のフルイタンス種 *P. fluitans*）が、今度は静かに流出しはじめる。私はそれらが川幅いっぱいに広がって漂い下っていくのを見た。しかしかたまりは小さく分かれ、それぞれがひじょうに小さいから、以前それらの存在に気づきもしなかった旅行者はほとんど注目しないだろう。

これらの小さな植物はいくつかの小さな単殻軟体動物とかなりの数の有翅と無翅の昆虫に避難所をあたえている。私はこの植物の厚い群れのなかでモンタリアを押しているとき、ときどき蝗虫《ばった》の群れが跳ね上がるのを見てびっくりした。また鰐の黒い鼻孔がのぞいて、彼の最悪の敵である人間が近づいてくるのに気づくや急いで鼻を引っ込めることもしばしばあった。

ソリモンエス川とリオ・ネグロ川に挟まれた三角地帯の先端のようなところでは、ときどきガポの水がひじょうに急速に退いていくことがある。そのようなところで、水の激しい流れが木々にぶちあたる音は滝の音のように聞こえる。私はマナキリーから帰る途中、月明かりのもとでこのような場所を通っているとき、何度か木の幹にぶちあたり、衣服をあちこち裂いてしまった。しかしこのようなことはめったにあるものではなく、一般に水は入ってきたときと同様、静かに森から退いていく。

ヨーロッパでは、アマゾン河の水の急速な上昇が木々の倒壊を引き起こし、ときどき土が大きくえぐり取られる、ということがいわれている。しかし、私の見た土地と木々の倒壊はすべて《川の水が退きはじめてしばらくしてから》はじまっていた（それを私は何度か見ている）。それは水が氾濫しているあいだはなんとか支えていた高い土手を水が削り取るためである。水が退きはじめると、もはや土手を下から支えるものはなく、たくさんの土砂と森がたんにその重さのゆえに崩壊するのである。

私が今発見したイリャス・デ・カアピンすなわち浮草の島は、おもにアマゾン河の水が上昇したために湖から流出したものである。水の上昇はある種の植物の誕生をうながし、のちにそれらを海に運び去るという二つの役割を果たしている。浮草の島を構成するおもな、そしてしばしば唯一のものはカンナ＝ラナ（野生の砂糖黍）とピリ＝メンベカ（もろい草）、すなわちキビ属 *Panicum* のスペクタビレ種 *P. spectabile* とスズメノヒエ属 *Paspalum* のピラミダレ種 *P. pyramidale* である。これらの植物の生育には、それらがリオ・ネグロ川全域とフロ川より上のトロンベタス川には存在しないことが証明するように、白い水が不可欠である。アマゾン河の水はフロ川を通ってトロンベタス川の下流に流出していて、そこではこれらの植物はいずれも豊富に見られる。

湖は一般に黒い水である。しかし雨季に白い水が流れ込む湖にはかならずこの二種の草が生えている。そしてときにはあまりにも大量に繁茂して、私がマナキリーの近くの二つの小さな湖で見たように、くりかえし湖を詰まらせている。毎年水路を確保するためにそれらを切り払わなくてはならない。

マナキリーから戻る途中、ソリモンエス川は東風が激しく吹き荒れていたため、荷物を満載した私の小さなモンタリアで渡るのは危険であった。しかし、われわれはなんとかして岸から約二七〇メートルのところを流れ下っている小さな浮草の島にたどり着き、船をそのまんなかに乗り入れた。すると強い波がわれわれのところまで来る前に砕けてしまった。こうしてわれわれは楽々と川を下ることができた。

舟子たちが眠ってしまう前に、私は私の新しい寝台がなんでできているのか調べて楽しんだ。それは一種類の草すなわち先のスズメノヒエ属のピラミダレ種だけであった。何度か失敗して、茎を一本まるごと引き抜くのに成功した。それは長さ一四メートルにおよび、七八の節をもっていた。他のものは二、三本の枝をもっていたが、それには枝はまったくついていなかった。いちばん上の三、四の節以外の節からはすべて細根が出ていた。そしていちばん下の節間のいくつかは腐りかけていた。

水に漂い、草の茎によって支えられているものはアカウキクサ属 *Azolla* 一種、サンショウモ属 *Salvinia* 二種(一種は私にとってはじめてのもので、両方とも果実をつけていた)、一、三の不毛の小さなトチカガミ属 *Hydrocharis* (=*Hydrocharidea*)、そして小さなボタンウキクサ属 *Pistia* 一種であった。これらの浮草の島はフンボルトがオリノコ川で出合った漂流物とはまったくちがうことを記しておかなくてはならない。フンボルトが見たのと同じような漂流物を、私はアマゾン河で見た。

[つぎの覚書は以上のものと同じ時期に書かれたものであるが、スプルースの旅行記のこの部分のしめくくりにはちょうどよいであろう。アマゾン流域のゴム産業の現状について私の簡単な説明もつけ加えた。——]

リオ・ネグロ川のゴムの木について(日記より)

私は帰途の船旅のおり、ウアウペス川の河口で一軒の小屋に寄ったが、そこでは一人の男がシフォニア・ルテア *Siphonia lutea* からゴムを採取していた。本種は私がそこで発見したものである。リオ・ネグロ川のずっと川下のほうまで、おもに島の上に最近開かれたゴム林から煙が立ち上るのが見えた。

一八五三年にパラでゴムにつけられた途方もない値段に、ついに無気力な人々は眼を覚ました。そしてひとたび彼らが動き出すと、その鼓動はアマゾン河とそのおもな支流全域のたいへん広大な地域に伝わり、大量の人々の群れがゴムを探し加工する仕事にかかわりはじめた。アマゾン河のごく一部でしかないパラ州だけでも、二万五〇〇〇人の人々がこの産業に従事したと報告されている。機械工はその道具を捨て、砂糖業者はその製造所を捨て、インディオは彼らの畑を捨てた。だから砂糖とラム酒とまたファリーニャでさえ、その州の需要がまかなえるだけ生産されず、砂糖とラム酒はマラニャンとペルナンブコから、ファリーニャは上リオ・ネグロ川とウアウペス川から移入しなければならなかった。

上リオ・ネグロ川と下カシキアーレ水道でゴムが採取されている樹種は二つある。すなわちシフォニア・ルテア *Siphonia lutea* とシフォニア・ブレヴィフォリア *Siphonia brevifolia* で、それぞれ長い葉のセリンガと短い葉のセリンガとして知られている。前者のほうがたくさん樹液を滲出するが、いずれもパラのセリンガ（パラゴムノキ *Hevea brasiliensis* [=*Siphonia brasiliensis*]）[3] にはおよばない。両方ともまっすぐで高いがあまり太くない木で、樹皮はやや薄く滑らか、平均樹高は約三〇メートルである。[訳注1]

バーラの近くでは川岸にふつうに見られる種（エラスティカ種 *S. elastica?*）から樹液が採取されている。しかし森のなかにはもっとたくさんの樹液を滲出するまた別の種が生えているといわれている。私はこれを見ていない。

私がアマゾン河とリオ・ネグロ川で採集したパラゴムノキ属 *Hevea*（=*Siphonia*）は七、八種にのぼる。そしてこの二、三倍のものがまだ未発見のままであると思われる。ウアウペス川で私はパラゴムノキ属からそう遠く隔たっていない一属に入る二種の木に出合った。それらは純粋なゴムを産し、インディオはこれもセリンゲとよんでいる。しかし単葉（三出複葉ではない）と何本も集まった幹（しばしば根から一〇本も出ている）のために、パラゴムノキ属とは外観がひじょうに異なる。[4]

私は一八五一年にリオ・ネグロ川を上ったとき、そこの住民に彼らの森にはたいへん多くのゴムの木があることを教え、それらを採取するよう勧めてみた。しかし彼らは首を横にふって、そんなことをしてもなんにもならないといった。ついにゴムの需要が、とくにアメリカ合衆国からの需要が、供給を上回るようになり、一八五四年のはじめには一アローバにつき三八ミルレイス（四ポンド八シリング八ペンス）、すなわち一ポンドにつき五シリング少々という、途方もない値をつけた。

パラゴムノキ属のさまざまな種から純ゴムを採取することは、一八四九年七月に私がパラに到着したときには、パラ市のすぐ近郊だけでおこなわれていた一地域の産業で、マラジョ島とトカンティンス川の河口付近がおもな産地であった。パラの市場で売買された値段は一アローバにつき一〇ミルレイス（一ポンドにつき約一〇ペンス）で、また森の産物をあきなう商人たちが経費に見合うだけの多大な利益を見込むために、内陸の人々はその採取に雇われたがらなかった。また、インディオが一般的にどんなものであれ、新しい種類の労働に意欲がないこともその一因であろう。

ゴムの木が花を咲かせているとき、樹液はほとんど花の栄養に取られてしまって、幹からはまったく採取することができない。しかし花の咲いている円錐花序が傷つけられると樹液は大量に流れ出す。果実がじゅうぶん大きくなるまで、木は傷つけずにおくようになっている。パラの付近ではゴムの採取は六月

第48図　花を咲かせたゴムの木。パラの近く

から一二月までの乾季に限られているようである。上リオ・ネグロ川ではゴムの木は一一月から一月の終わりまで花をつける。私が一一月二三日にサン・カルロスを出発したときには樹液はほとんど採れなかった。

型に樹液を何度も重ね塗りしながら煙で乾燥させる通常の方法をほとんどのゴムの採集人はとっている。小さな箱に樹液をいっぱいに集めて固まるままに放置している者もいるが、樹液は一〇日以上たたないと堅くならないし、そのあとでかたまりを薄く切って、なかの水分と空気を抜くために大きな圧力をかけなくてはならないので、この方法はけっして一般的とはいえない。

ミョウバンを加えると樹液の凝固を早めることが発見されている。いっぽうアンモニアは逆の効果があり、樹液をしばらくのあいだ液状に保っておかなくてはならないときには役に立つ。

ゴム産業の盛んな現状に関する編者の覚書

［スプルースが以上のことを記録したとき、現在もつづいているあのゴムの商業利用のめざましい発展はまさにはじまったところであった。スプルースの述べている一八五三年のアメリカでの需要の拡大は、防水服やオーバーシューズなどの利用が増大したためであるが、それ以上に大きな原因は、ゴムを多くの技術に利用するようになったこと、そしてその耐水性と気密性がチューブ、ベルト、それに機械の座金を作るときにたいへん貴重なことであった。とはいえ、その利用拡大の最大の原因は自転車のタイヤであった。それは最初は硬いタイヤであったが、一八八八年ころに空気タイヤになり、まもなくそれは自転車と自動車の両方に世界中で使われるようになり、この非凡な自然の産物の大量の消費を導いた。パラとアマゾン流域のゴム貿易の現状に関する以下の簡単な説明は本書の読者にとって興味あるところであろう。

私とスプルースがパラにいた当時は、ゴムは一般的に瓶形に作られていた。これは直径七～一〇センチの粘土のボールを棒の先につけて樹液のなかに浸しては乾かし、浸しては乾かして、何度も上塗りを重ねていって二・五センチほどの厚さにする。この時点で粘土を取り出すと、なかをくり抜いたゴム毬にに短い把手のついたものができあがる。これを二種類の椰子の実を燃やして出る煙を使って燻す。この椰子はたいていゴムの木の育つ森にたくさん生えているもので、その刺激臭のあるもうもうとした煙が他の燃料から出る煙よりも樹液の硬化を速く確実にする。この方法は今でも利用されている。しかしゴム自体はもっと便利な形と大きさに、もっときれいな方法で固められている。

この作業のために、船の櫂に似ているが把手がより長く、表面が完全にすべすべにされた楕円形の木の杓が用いられる。これをゴムの樹液のなかに浸し、長い把手を持って煙にあてて乾

第49図　ゴムを煙で燻すインディオ

かしては上塗りを重ねていく。これは大きさは人の頭の二倍近くもある、オランダのチーズのような半球形の大きなかたまりになるまでつづけられる。櫂は抜けるうちに把手のまわりの半円を切ってはずすと、そこにほとんど固まったきれいなゴムが残る。この球四〜六個が人間一人が担げる量である。

この五〇年間のあいだ、アマゾン流域のゴムは需要にきっちり見合うだけの量が供給されてきた。だから値段はスプルースが述べている年ほどめったに高騰しなかった。しかしこれらの森に住む人々がきわめて少ないために、毎年パラから出荷される約三万トンという膨大な量は、広大な地方からかき集めてようやく調達されている。いたるところセリンギロ（ゴムの採集人はこうよばれている）だらけのアマゾン河の河口からアンデス山脈の麓にいたる大河の全流域ばかりではなく、そのすべてのおもな支流では同じ産業が多少とも営まれている。

現在アンデスの大河川——ウカヤリ川、ワラガ川、ナポ川、パスタサ川その他多くの河川——のゴム産業の中心地であるイキトスまで蒸気船が定期的に運行されている。別の蒸気船がリオ・ネグロ川をサンタ・イサベルまで上っていって、そのいちばん遠い支流域からゴムを集めてくる。また別の蒸気船がトカンティンス川、タパジョース川、そしてマデイラ川をそれぞれ滝に出合うところまで上っていく。いっぽうそのような障害のないプルス川はパラから四一一一キロメートルの遠方まで上っていくことができる。

これらすべての蒸気船の運行はおもにゴム産業によって支えられており、必要とあらば、現在輸出されている量の何倍ものゴムが困難なく得られるであろうと信じられている。世界中のひじょうに多くの樹木と攀縁植物がゴム液を産するけれども、アマゾンの森のゴムの木ほど良質で経済的なものはいまだ発見されていないことは一般の認めるところである。この地方では供給が枯渇する心配はない。というのは、木を切り倒し、あちこちに切り込みを入れて樹液を採取しても（これは大量のゴムが手に入るだろうと期待しておこなわれた）、一シーズンに生きた木から採取されるよりもはるかに少ない量しか採れないことが発見されているからである。花と果実をつける時期（このときは樹皮から液は少ししか浸出しない）に傷をつけられないかぎり、毎年樹液を採取されても木はまったく傷つかないし、つぎの年から採取量が減じるようなことは観察されていないようである。それならば、木は大きく樹齢の長いものであり、それの育つ森では種子から新しいものがつぎからつぎへと生えてくるのであるから、森が存在しつづけるかぎり、この貴重な産物の供給はほとんど無尽蔵であると考えてもよいだろう。自然のいたるところに現れる途方もない潜在力に驚嘆せざるをえない。

北の地方ではサトウカエデが産出する甘い樹液の量があまりに多くて、翌年以降の産出量を損なうことなく、また気づかれるほど木の寿命を縮めることもなく、毎年一本の木から何ガロンもの樹液が採れる。熱帯では、別の木から同じ方法でこれとはまったくちがうゴム（インドゴム）が無尽蔵に採取される。これらのゴムの樹液や、また多くの別のさまざまな種類の樹液が、なぜ、まずその植物自身の生長と活力のために、そして他の植物との生存闘争のために発達しなかったのか、理解に苦しむ。とはいえ、人間がこの貴重な樹液を人間のために採取するとき、自然はつねに不足分を補い、植物が傷つかないようにしているようである。たぶんこの不思議な再生力は穿材昆虫や、木をつつく鳥や、引っかいたり嚙んだり突いたりする哺乳類に万一傷つけられたときに、身を守るために発達したものであろう。さもなければこれらの動物のさまざまな攻撃はその種の生命力を損ない、その存在を危うくするであろうから。

　かくも多くの種類の樹液のねばねばする乳状の性質と、空気にさらされたときに凝固する性質の起原については、もし小さな枝や芽に何百と起こりうる傷が、自然に急速に治癒されなければ被るであろう喪失を抑制する必要性にたどることさえできるかもしれない。植物の生命を維持するために必要とされるこの単純なしくみこそが、植物界の産物の不思議な多様性を生み出した原因であろう。それらは人間に果物やスパイスや香料のように単純に感覚的な楽しみをあたえ、あるいは多様な花やつややかな木目のある樹のようにより美的な喜びをあたえ、さらに人間のたえず発展しようとする性が追い求める芸術と科学の発展を助けて、文明化された人間のつねに増大しつつある需要を満たす無尽蔵の宝庫となっているのである。

　これらの珍しい多様な産物のなかで、今なじみの深いこのゴムという産物ほど、特筆すべき有用な物理的特性をもつものはたぶん他にないであろう。その需要のためにそれを手に入れようと人々は世界中をくまなくあさりまわり、すべての人々が雇われ駆り立てられている。］

原注

1　「エイナリ」は「人」の意。スペイン領のインディオは主人のことを話すときエル・オンブレ（人）とよぶが、彼らの固有の言語で話すときには、それを直訳した言葉を使っている。

2　タラポト椰子（イリアルテア・ウェントリコサ *Iriartea ventricosa*、パシウバ・バリグーダ）が多いことからこうよばれている。

3　［以前は *Siphonia* 属として知られていた木について、現在はたいてい *Hevea* 属が使われている。——編者］

4　［スプルースは原稿 Plantae Amazonicae のなかで、これらを *Muranda* という新属に分類し、*M. siphonoides* と *M. minor* としている。——編者］

訳注

（1）文献を総合すると、かつてアマゾン河流域でもっとも重要な天然ゴムの生産木であった種は、現在 *Hevea brasiliensis*（Willd. *ex Juss*) Muell.-Arg. の学名でよばれる。英名は Para rubber tree あるいは Brasilian rubber tree が、そして和名にはパラゴムノキがあたえられている。採取されたゴムの大部分がパラから積み出されたことから、パラの名前が冠せられたものである。しかし乱採の結果、天然資源が枯渇し、ブラジルにおけるゴムブームは一九世紀の後半すでに衰退した。いっぽうキュー王立植物園が中心となっておこなわれていたインド、マレー半島におけるパラゴムノキのプランテーション栽培が成功し、現在天然ゴムの生産国はインド、タイ、スリランカ、インドネシア、マレーシアに移っている。パラゴムノキはトウダイグサ科に属し、アマゾン河流域を主とする南米の熱帯圏には約二〇種が知られている。しかしこれらから採取されたものはパラゴムノキのゴムほど良質でなく、weak rubber（弱いゴム）とよばれている。それらは *H. guianensis*、*H. spruceana*、*H. benthamiana*、*H. lutea*、*H. viridis* などで、スプルースは七種の *Hevena* 属植物を採集したことを記録している。われわれが観葉植物として栽培しているゴムの木といわれるものは、クワ科のインドゴムノキ *Ficus elastica* で、ゴム質を含んではいるが商業生産には遠くおよばない。南米の博物誌のなかに書かれている India-rubber をインドゴムノキと訳すとこれと混同しかねない。このほかにゴム質を含有し、わずかながら栽培されている植物にはマニホットゴムノキ *Manihot glaziovii*、ゴムタンポポ *Taraxacum koksaghyz* などがあげられる。

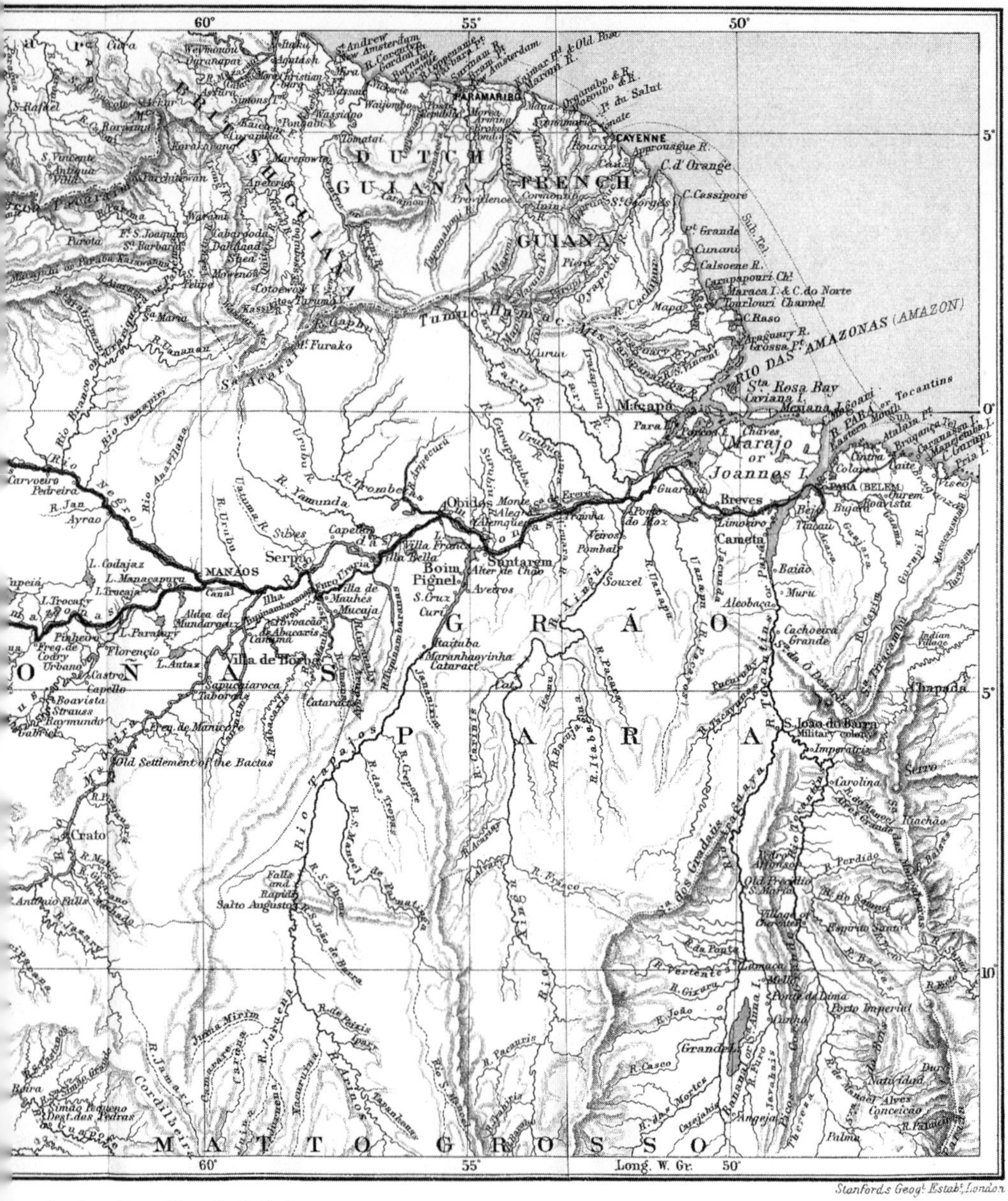

London: Macmillan & Co. Ltd.

赤道南アメリカ

Dr Spruce's Routes shown by the Red Line.

スプルースの生涯

ヨークの北東約二四キロメートルのところに三つの小さな村がある。それらはハワード城の美しい公園と城館を中心にして、正三角形の形にたがいに三キロほど離れて位置している。そのもっとも西よりのガンソープ村でスプルースは生まれた。彼は南アメリカに行く前の数年間とそこから帰国してからは、南のウェルバーン村で暮らし、またハワード城の公園の北東側の端に近いコニーソープ村では、人生の最後の一七年間をすごした。[1]

これらの村を包含する地方は、海抜九〇から一二〇メートルの少し小高い土地に広がっていて丘や谷に富み、たくさんの樹々が茂り、数本の小川が流れている。そこは中期ウーライト層の上に位置し、また後期ウーライト層とライアス統が北と南へそれぞれ数キロ行ったところに現れて、粘土質の砂や硬度のさまざまな石灰岩からなる土壌は、かなり変化に富んでいる。すなわち、変化に富んだ興味深い植生にはひじょうに適した環境なのである。そして今でも旅行者に英国の魅力的な田園風景を見せている。植物学者と自然を学ぶ者にとっては、まさに理想的な土地であった。ここでリチャード・スプルースは花々への深い愛情を育んだ。なかでも、彼は蘚苔《せんたい》類のような下等な植物をとくに愛したが、これらの植物は青年期には彼の喜びとなり、後半生には慰めとなった。

スプルースの父親（やはりリチャードという名前であった）は、ガンソープ村の人々からたいへん尊敬された学校長であった。のちに彼はウェルバーンでも校長を務めたが、それはどちらの学校もハワード家の寄付を受けていたことによる。彼の学校にしばらく勤めたことのあるジョージ・ステイブラー氏〔一八三九—一九一〇、蘚苔学者、学校長〕は、父親のスプルース氏は古典にはそれほど強くなかったけれども、ひじょうにすぐれた数学者で、そして驚くほどみごとな字を書いたと私に語っている。彼の息子はこの資質を受け継いだ。というのは、彼はどんな悪条件下にあっても、驚くほどはっきりとした整った文字を書いたから、それはあきらかである。母親はヨークの偉大な画家を生んだエティ家の出身であった。

スプルースはもっぱら父親に教育されたようである。彼は一人息子で、彼がまだ幼いころに母親は亡くなった。そして一四歳のころに父は再婚し、八人の娘をもうけた。しかしそのなかで兄より長生きしたのはわずか二人だけであった。このような家庭内の事情により、父親は息子のためには彼に自分の職業を引き継がせること以外なんの助力もできなかった。教師となるために、スプルースはラングデールという名前の歳老いた校長からラテン語とギリシャ語を学んだ。この校長は聖職者としての教育を受けた人で、深い学識の持ち主であった。ラングデールの影響はスプルースがウィリアム・ボラー氏〔一七八一―一八六二、とくにヤナギ属、キイチゴ属、バラ属などの英国植物相が専門の植物学者〕とジョージ・ベンサム氏〔訳注1〕にあてた書簡のいくつかに見られる。ラテン語の解釈について議論する機会があったときには、スプルースはいつも自分の見解を裏づける理由を説明し、その出典を示すことができた。

スプルースは、自分は語学力もないし言語学も好きではないといっていたが、あきらかに相当な天性の語学の才能をもっていた。というのは、彼は独学でフランス語の読み書きをかなり学びとっていただけでなく、のちにポルトガル語とスペイン語をやすやすと覚えてしまって、それらを話すだけでなく、文法的に正しく書くこともできたからである。また三種のインディオの言葉――一般語、バーレ語、ケチュア語――もいくらか話せるようになっていた。これがある事件のおり彼の生命を救うことにもなったようである。

スプルースは成年に達するまで家で勉強し、父親を助けていた。成人するとヨークから六キロ離れたハクスビという町の学校教師となり、その一、二年後に（一八三九年の終わり）ヨークの大学の数学教師の職を得た。彼はその学校が廃校になる一八四四年の夏までそこに勤めた。職を解かれたときスプルースは自分の将来についてまったくなにも決めていなかったので、また同じような別の仕事を見つけようと努力した。かなり給料の良い、そうした職が見つかったが、学校に住み込みで、時間外も少年たちの監督にあたらなくてはならなくて、彼自身の時間はほとんどあるいはまったくもてないことがわかった。これは彼に向いておらず、それにひじょうに神経の張り詰めるこの仕事は、彼のとりわけ繊細な体に良くないと思われた。そのためその仕事はあきらめた。

事実、彼はヨークにいたあいだはたえず病気をくりかえしていた。とくに冬はひどかった。彼は肺を冒され、そのためもしもう一年教職をつづけたら命はないだろうと思われた。学校に閉じこもりきりの生活と精神的な患いは彼の体質には大きな害となった。つぎの冬、彼は手紙に「慢性の疱疹を患っていましたが、これがかえってさいわいしました」と書いている。翌年はひどい脳の鬱血に苦しみ、そして一八四八年に、今度は胆石症にみまわれた。それは「想像を絶する苦しみだった」と彼はいっている。そのため、長いあいだひじょうに衰弱した状態にあった。これらの重い病気と、ひどい風邪にかかりやすくて冬がくるたびに咳が頻発することは、彼の体質がひじょうに弱いことを示していた。それだけに、のちに彼が刻苦耐え忍んだ重労働とたいへんな欠乏にはますます驚かされるのである。

ヨーク大学の閉鎖は、スプルースの人生の転機となった。これを契機に、彼は第一級の植物学者兼植物探検家になった。ここでわれわれは数年さかのぼって、植物の研究者として彼が若いころはどうであったかを語らねばならない。

やはりガンソープの生まれのG・ステイブラー氏はつぎのようにいっている。スプルースはまだごく幼ないころから「勉強がひじょうによくできて、早くからとくに自然を愛した。彼の大好きな遊びの一つは植物の目録を作ることであった。また天文学も大好きであった」。一八三四年、一六歳のとき、スプルースは自分がガンソープ周辺で発見した植物のすべての克明な目録を作成した。それはアルファベット順に四〇三種の植物が記載されたもので、それらを採集して名前を調べるには、まちがいなく四、五年はかかったにちがいない。その三年後に「モルトン地方の植物一覧」（原稿）を作成したが、これには四八五種の顕花植物が載っている。この原稿は彼の指定遺言執行人であるマシュー・B・スレイター氏〔一八三〇―一九一八、蘚苔学者〕が持っている。スプルースが発見した希少種の植物の産地のいくつかは、一八四〇年に出版された、ベーンズの『ヨークシャー植物相』にも載っている。

このころにはスプルースはただ植物を集めるばかりではなく、一八四一年にひじょうに珍しいスゲ属 *Carex* のパラドクサ種 *C. paradoxa* を発見し、それを新しい英国種として同定したのに見られるように、詳細な研究もおこなっていた。また彼はすでに苔植物の研究をはじめていた。というのは、同年、彼はそれまではラップランドでしか発見されていなかったウスグロゴケ属 *Leskea* のプルウィナタ種 *L. pulvinata* をグレートブリテン島ではじめて発見しているからである。彼の初期の友人と文通相手のなかにはヨークのイボットスンとベーンズ、モルトンのスレイターがいた。

またスプルース自身、苔植物の研究のうえでの彼の最初の助言者はサム・ギブスン〔一七八九／九〇―一八四九、植物、昆虫、古生物、貝類学者〕であったと、ボラー氏への手紙のなかで述べている。このギブスンという男は、ハリファックスの西、約一〇キロのところにある、ヘブデンブリッジのブリキ職人すなわち「板金工」で、一九世紀初期にはかなり大勢いた、北方地方出身の働きながら植物を研究する人々の一人であった。たぶんスプルースははじめヨークの近くに住んでいたころ、休暇のときにはじゅうぶんな暇があったので、ギブスンを訪ねたものと思われる。というのは、ギブスンは一八四一年にスプルースのことを「友人」とよんでおり、またスプルースはスレイター氏に、ギブスンの工房の彼のかたわらの椅子の上にはフッカーの『英国植物相』があったが、それはところどころほとんど読めないくらい汚れて黒ずんでいたといっているからである。

しかしながら、スプルースは大学での最初の一年間はひじょうに熱心に数学にうちこみ、一時、植物学のことは忘れていた。しかし、ステイブラー氏はつぎのようにいっている。ある夏期休暇のおり、スプルースは家から三、四キロ北のスリングスビの荒野で、「鉤形のハイゴケ属 ***Hypnum*** の一つがみごとな果実を実らせているのを」発見した。「数学の勉強のためにしばらくのあいだ忘れていた植物への愛情がむくむくとよみがえってきて、すぐにその場で今後植物の研究を人生の大目標とすることを誓った」。このできごとがいつであったかは、彼の小さな「植物採集調査旅行一覧」と題する野帳の最初の記載から確認できるようである。それは、「一八四一年六月一九日。スリングスビ荒野とテリントン湿原地」であった。同様の記載が彼がイングランドにいるあいだ、そしてアイルランドとピレネーを訪れたとき、また南アメリカを旅行中に、ずっとつづけられた。そして彼の残る人生は「植物の研究」に等しく捧げられた。

「植物学者」と題する雑誌が一八四一年、とくに英国の植物学のための月刊誌として創刊された。スプルースはその創刊号とそれにつづく数年間、彼の植物学の調査旅行や珍しい植物についての記事を寄稿した。そのときの彼のスゲ類、セン類、タイ類に関する覚書がきっかけで、トマス・テイラー博士〔一七八六—一八四八〕と書信を交わすようになったのであろう。テイラー博士はウォリントンのウィリアム・ウィルスン氏〔一七九九—一八七一、蘚苔学者、弁護士〕およびヘンフィールドのボラー氏とともに『英国の蘚苔学』を著した人である。

これら著名な植物学者とスプルースはすぐに親しくなった。みなつぎつぎとスプルースを自宅に招待してくれた。一八四二年の夏期休暇のおりはキラーニーの近くのダンケロンのテイラー博士のもとに三週間滞在し、また他の場所もいくつか訪れた。しかし天候が悪くて、スプルースはひどい風邪を患った。そのため彼はほとんどの時間を、この家の主人の立派な植物標本室で英国と外国の苔を研究してすごした。

同年九月のはじめ、最高に切れ者で熱心な英国の植物学者の一人であるウィリアム・ボラー氏がスプルースをヨークに訪ねてきた。そこでスプルースは彼をウスグロゴケ属のプルウィナタ種その他の珍しい苔の産地として有名な、ウーズ川河畔のクリフトンイングズに案内した。翌一八四三年九月、ボラー氏は再度来訪、ともにハワード城に出かけて、スプルースのもっともお気に入りの場所のいくつかで、珍しい植物を採集してまわった。二人が二度目に会ってから文通がはじまり、それは短い中断を何度かおきながら、スプルースが南アメリカへ出発する数カ月前までつづいた。

一八六二年にボラー氏が亡くなってから、一包みの苔とスプルースの手紙の束はウィリアム・ミッテン氏〔訳注2〕の手に渡り、そしてその手紙はミッテン氏の指定遺言執行人である私の手に入った。彼らの交信は一八四三年八月二五日から一八四八年八月五日にかけてつづき、全部で六六通で終わったようである。最後の書簡にはそれまでのほとんどがそうであったように、セン類とタイ類の構造と分類について詳細に書かれている。しかし追伸に、近いうちに、故テイラー博士の植物標本集の競売を監督するためにロンドンに上京するから、ボラー氏にも会えるものと思うと書いている。とはいえ、この書簡はたいへん興味深いもので、私はその内容から、教職を断念したのちのスプルースの仕事について書き記すことができるし、また適切に引用して、彼の性格と考え方についていくらか述べることも可能である。

スプルースは三十余年のちに、「植物学雑誌」にアマゾンのタイ類のある新属について記載するとき、英国種クチキゴケ属 *Odontoschisma* のスファグニ種 *O. sphagni* はミズゴケ属 *Sphagnum* の上にではなく、それといっしょに生育することを述べながら、その脚注に以下のようなひじょうに興味深い自然研究の報告を、考古学についても話を広げながら書いている。それはたいへん個性的であり、とくにボラー氏との遠出の一つについて述べているので、ここにそのほぼ全文を引用しておこう。それは以下のとおりである。——

「わが国の沼地では、クチキゴケ属 *Odontoschisma* のスファグニ種 *O. sphagni* はミズゴケ属 *Sphagnum* よりもシロシラガゴケ *Leucobryum glaucum* の上に生えていることのほうがはるかに多いことを私は観察してきた。現在、蒸気で動く鋤はヨーク谷の荒野にわずかに残っているものをすみやかに消し去りつつあるから、ヨークの八、九キロ北のストレンザール荒野に見られるシラガゴケ属 *Leucobryum* について若干記録しておくのも意義があるだろう。

そこでは、シラガゴケ属はとても巨大な丸く盛り上がった草むらを形成していて、私の若いころには草丈一メートルにもおよぶものもあった。それらが生えている場所は今は干拓されて、鍬鋤で耕されているけれども、荒野の反対側にはまだ高さ六〇センチほどの草むらが二、三残っていると聞いた。

故ウィルスン氏は三〇年前にはじめてそれらを見たとき、遠くからは羊かと思った。近づくにつれて、やはりそれは干し草の山だろうと思った。しかし、すぐそばまで来て、それがなんであるかを知ったとき、彼は仰天した。彼はこれほど大きな苔の茂みを他では見たことがないと強くいいきっている。私は七年間にわたってしばしばそれを見てきたが、見てわかるほど高さは増していなかった。

毎年外側の枝がひじょうにわずかに生長する点は、古木のもっとも外側の小枝に似ている。それはたえず腐植し底に沈んでいく、柔らかでいくぶんしなやかなかたまりがあるので、ほぼ完全につりあいがとれている。さすれば、シラガゴケ属のこれらの茂みは、わが国の山毛欅《ぶな》、楡《にれ》とほとんど同じくらい安全であろう。凍てつく冬の夜、ブーサム門とモンク門（ヨークの北の入口）の守衛が、谷の下方からよく聞こえてくる狼の遠吠えに耳をすました時代ほど昔ではなくても、少なくとも『最後の狼』が獲物を求めてゴルターズの森をまだうろつきまわっていたころに、それらの茂みのいくつかは生まれたのかもしれない。

　ストレンザール荒野、ストックトンの森、ラングウィズ荒野などは、すべて、古代サクソン王の領地であったゴルターズの森の遺物である。当時そこには牡鹿や熊や狼や野生の猪が徘徊していた。エドワード二世〔一二八四―一三二七、在位一三〇七―二七〕の治世九年目におこなわれた巡回で、森はヨークの壁から北へは約三〇キロのイスリウム（オールドバラ）まで、東へはダーウェント川まで広がっていることがわかった。そこには小さな村がいくつかできて、狼その他の二足の鳥や四足獣の侵入を防ぐために堀をめぐらした領主の屋敷も、人里離れたところに若干できた（一八四二年に私がボラー氏を近くに生えている果実を実らせたツボミゴケ属 *Jungermannia* のフランキスキ種 *J. francisci* を見せに案内したときも、ラングウィズの荒野には、人の住むところは、こうした堀に囲まれた農場が一つあるきりであった）。

　カムデンはそれについて『カラテリウム・ネムスすなわちゴルターズの森は、樹木の茂る薄暗い土地と、平坦な湿地からなる』といっている。カムデンの時代には、森は北のクレイク城とフォス川の水源までしか広がっていなかった。『淀んだ川はその水源をフトニクムの城の向こうにもち、カラテリウムの森の外縁まで来ている』。現在はあちこちに『平坦な湿地』が部分的に残るのみである。しかし、ミズゴケ属、湿地性のハイゴケ属、その他無数のセン類とツボミゴケ属は、（他の高等植物はもちろんのこと）今でもたくさん自生し、乾いた場所にはエイランタイ *Cetraria islandica* とケノミケ・ランギフェリナ *Cenomyce rangiferina* のしとねに、シッポゴケ属 *Dicranum* のスプリウム種 *D. spurium*、タマゴケ属 *Bartramia* のアルクアタ種 *B. arcuata*、シモフリゴケ *Racomitrium lanuginosum*（往々にして稔性である）その他の、背の高い苔が生えている。

　たしかな日は伝えていないが、伝説によれば、イングランドの最後の狼は、私が今これを書いている場所から三キロ離れたスティッテンハムのゴルターズの森の端で、ガワー家の人に殺されたことになっている。スティッテンハムはその昔（そして今でも）この高貴な一族の領地であった。ガワー家の家紋は『歩く銀の狼』などを描いた図柄で、近所のシェリフ・ハットンの教会のこの一家の埋葬室には、ガワー家の一人の儀式用兜や籠手《こて》などの埋葬品、そして今は色褪せてしまっているが、人間と狼の対決が描かれていたと伝えられる槍旗《そうき》が保管されている。しかしながら、紋章がその英雄的な偉業にもとづいて作られたのか、その紋章にもとづいて伝説が作られたのかは、紋章官〔紋章の管理をおこなう官吏〕が決めることである。[2]

　私はこの土地の植物学者に、ヨーク谷その他のまだ耕地化されていない荒野をぜひに即刻調査されるようお願いして、この記録を終えたい。ウーズ川と不毛の山地のあいだに横たわる広大な平原には、隠花植物については一度も徹底的に調査されたことのない荒野がまだいくつか残っている。その一つ、バームビの荒野で、一八四二年一一月五日に、私は珍しいスカリア・フッケリ *Scalia hookeri* が実をつけているのを発見した。ブリテン島でそれを採集した現存の植物学者は私とカーナウ氏〔一八〇九―八七、商業園芸家、隠花植物学者〕だけだと思う。しかし、ゴッシェ〔一八〇八―九二、ドイツの蘚苔学者〕がそれをハンブルクの近くで、またリンドベリ〔一八三五―八九、スウェーデンの植物学者〕がヘルシングフォースでそれを発見している。私は一八五六年にペルーの東アンデスにおいて、第二の種スカリア・アンディナ *Scalia andina* を採集した。それはヨーロッパの同属種の三倍の大きさであった」。

スプルースはボラー氏にあてた一八四三年八月二五日付の書簡のなかで、ボラー氏が数カ月前に送ってよこした花をつけた植物についてずっと返事を書かなかったことを陳謝し、つぎのようにつけ加えている。「ですが、そのとき私の関心はセン類とタイ類に完全に奪われてしまっていて（いまだにそうなのですが）、あなたが興味をいだかれるようなことは、なにもまとめられそうもなかったのです。私の願望はたくさんのコレクションを作ることだけではなく、採集した植物を研究することで、私は少ない余暇をひじょうに限られた範囲の研究にあてなくてはなりません」。

つぎの書簡（一八四三年九月九日）は、ボラー氏が二度目に来訪して、二人でハワード城のまわりで苔を採集したあとに書かれた。そのなかでスプルースは、二人の採集品のうちの一つはハリガネゴケ属 *Bryum* のインテルメディウム種 *B. intermedium* であると同定している。これは以前は他の種といっしょにされていた苔であるが、当時出版中であったブルッフ〔一七八一―一八四七、ドイツの蘚苔学者、薬剤師〕とシンパー〔一八〇八―八〇、ドイツの蘚苔学者、古生物学者〕のヨーロッパの苔に関する本のなかの、ひじょうに正確な記載にもとづいてスプルースが命名した。ここで彼は己が鑑識眼を証明し、自分の得た結果に自信をもってこうつけ加えている。「それはフッカーとテイラーが同一種としたオクヤマハリガネゴケ *B. turbinatum* とはなんの関係もない！」。

このころには、スプルースはその幅広い知識と判断の正確さで友達を感心させていたので、ボラー氏は自分の判断のつかないセン類とタイ類をたくさん彼のもとに送って同定を依頼してきた。スプルースは自分は（ボラー氏がいうような）「権威」ではないといいながらも、じゅうぶんな資料があればいつでも意見を述べることができた。

一八四四年三月、スプルースはハリガネゴケ属のある種について、ボラー氏につぎのように書いた。「ウィルスン氏は、以前は、これらの種を《肉眼で》カエスピティティウム種 *B. caespititium* と区別することはぜったい不可能だという意見でしたが、今私はそれが少しもむずかしくないことを発見しました。事実、ブルッフとシンパーがその問題を解決するまで、私たちはハリガネゴケ属をどう見てよいのかわからなかったようです」。その手紙の最後につぎのように書いている。「私はあなたからわからない（未分類の）苔の標本を受け取ることを『拒否』するようなことはけっしていたしません。私は困難と戦うことが好きです。どんな『難問』でも解決すれば、さらに一段と完成した植物学者に近づけるのですから」。

前年の夏の三週間にわたる遠征の結果であるティーズデールのセン類とタイ類に関する論文は、スプルースはオオヤマネコのような最高に眼の鋭い珍種の発見者の一人であり、確かな鑑識眼の持ち主であることを示している。ティーズデールではるかに多くのセン類が採集されていることは疑いないのに、ベーンズの『ヨークシャー植物相』（一八四〇）にはたった四種のセン類しか記録されていなかった。スプルースはただちに一六七のセン類と四一のタイ類をあげた。そのうち六種のセン類と一種のツボミゴケ属 *Jungermannia* は、グレートブリテン島でははじめてのものであった。一八四五年四月、彼は「ロンドン植物学雑誌」に二三種の英国のセン類の新種を発表した。そのうち約半分は彼自身が発見したものであり、残りはボラー氏その他の植物学者の発見によるものであった。

同年、スプルースは「植物学雑誌」に、彼の「ヨークシャーのセン類とタイ類一覧」を発表した。そのなかで彼は四八種もの英国植物相には新しいセン類と、さらに三三種のヨークシャーの植物相には新しいセン類を記載した。

ボラー氏の気前の良さのおかげもあり、また他の植物学者との標本の交換によって、スプルースはこのころには英国の苔の既知種のほとんどすべてを持っていた。彼はまたブルッフその他数人のヨーロッパ大陸の植物学者と書信を交わすあいだがらになっていて、これらの人々からたくさんのヨーロッパ種を手に入れていた。それらは彼にとっては比較対照のためにひじょうに貴重なものであった。自分の持っている種についてはすべて顕微鏡で注意深く研究するのが彼の習慣であったし、また一八四二年から四四年にかけての三年間の余暇はすべてこの研究に捧げられたから、スプルースがピレネー山脈に行く前に、自分はもう完全にヨーロッパ種には精通していて、ほとんどの種についてもその特徴をそらんじることができるとステイブラー氏に告げたこともうなずかれる。

一八四四年の後半にヨークの学校を去らねばならなかったとき、スプルースの将来はひじょうに不安定なものであった。ロンドンの植物販売商の仕事と英国植民地の植物園の学芸員の職について、ボラー氏とウィリアム・フッカー卿〔訳注3〕と話し合ってみたが、適任ではないとか学識が確かでないという理由で相次いで断られた。フッカー卿はスプルースにプラントハンターとしてスペインに行ってみないかと提案した。スペインは植物が豊かであるにもかかわらず、ヨーロッパでは比較的知られていない地域だからである。しかし調べてみると、この国はきわめて政情不安定であって、旅行は危険であるうえに、採集したものを保存して英国に無事送り届けるのはむずかしいことがわかった。

この問題はフランスのピレネー山脈はどうかという提案で決着がついた。ここには数年前にジョージ・ベンサム氏が訪れていて、これまでに証明されたように、スプルースのような真に優秀な採集人なら、よく保存され正確に同定された乾燥標本を売却することによって、諸経費は容易にまかなえると考えられた。スプルースがボラー氏に語ったところによれば、この遠征は「最愛の苔を研究したいという彼の抑えがたい欲求」を満足させてくれるだろうというのがおもな理由で、一八四四年一二月に決心された。スプルースの書簡の一部から、ボラー氏が当初の資金を用立てて、ピレネーで採集した最初の標本で支払ってくれればよいとしてくれたことはあきらかである。スプルースは四月に出発する予定であった。しかし四月のはじめに猩紅熱がウェルバーンを襲い、四人の幼い異母妹のうち三人がそれにかかって亡くなった。

とはいえ、彼は四月の終わりには出発することができた。そしてボルドーの近くで二、三日すごしたあと、五月のはじめにポーに到着した。そして美しい花と思いがけなく興味深いピレネーの苔を採集し調査する仕事に、彼の時間と精力のすべてを翌年の三月までつぎ込んだ。

スプルースはそれまでの調査で、苔はひじょうに少なく、ありふれた種であると信じていた。そしてこの山にやって来る以前に彼が調べたフランス人の標本はそのとおりであることを示していた。四カ月間山で暮らしたあとに書かれた、一〇月二九日付のボラー氏への書簡のなかで、彼はつぎのように述べている。「私の放浪の旅の結果として、今ピレネーのもっとも珍しい花々をご覧に入れます。大多数のものは標高二七〇〇から三〇〇〇メートルあるいはそれ以上のところで採集されたもので、じっさい、この高さまで登らないことには集められないものです。そして、私の隠花植物の《収穫物》は今や《膨大》であると自信をもっていいきることができます。……腐った樹幹がピレネーじゅうでみごとなツボミゴケ属の園を作っています。……隠花植物の二大生育地はコートレとバニェール・ド・リュションであることを発見しました。私はコートレには三週間、バニェール・ド・リュションには五週間滞在しました。ピレネーではなぜごくわずかな苔しか採集されてこなかったのかが、私にはよくわかります。それは、花々の数が膨大で、ひじょうに多様で、あまりにも美しいから、私のように蘚苔学に《強い執着》をもつ人でもなければ、だれも質素な苔など集めようとはしないからです！ リュションのあたりのガイドブックで、多少の科学的記載があり、植物学に関して二、三章もうけているものでさえ、『苔の仲間はピレネーにはない』としています！ ところが、ピレネーじゅうで、リュションの近くの谷、湖、滝がもっとも苔類の豊富なところなのです。森林地帯よりも高いところでは苔はたいへん少なくなります。ピレネーの太陽が岩にあまりにも強く照りつけるため、苔は育たないのです。私が最高の収穫をあげることができたのは、山毛欅、楡などの広大な森のなかです」。

そして同じ手紙の最後のほうで、またつぎのようにも述べている。「こうお話ししてくると、あなたは私が自分の調査旅行に満足しているように思われるかもしれません。へとへとになって道を何キロメートルにもわたって分け入ってみても、ほとんど苔が見つからなかったことは事実です。しかし、こういうことは、はじめての探検家なら珍しいことではありませんし、おしなべて、私は自分の成果に満足しています。他の人が私のコレクションを内容の濃いものと評価するかどうかはともかくとして、私はピレネーにはこれ以上多くの未発見の苔類が残っているとは思いません。たしかにまだ若干はあります。時間が足りなくて調査できなかった場所がたくさんありますから。ですが、私ほどそれらを注意深く忍耐強く探し求める人は、そうは見つからないでしょう」。

のちのボラー氏あての書簡（一八四六年一月五日付）のなかで、苔についてと、植物のいっぱいに詰まった彼の大きな箱を家に送ることのむずかしさとその費用について四頁にわたって述べたあと、彼はつぎのような追伸を書いている。それは今ではもうほとんど忘れ去られた狂乱について語ったもので、ここに引用しておくのも興味深いだろう。「追伸。私が帰国したとき、ピレネーの植物を見たいと思うような人は、あなたしかいないのではないかと恐れています。——だれもかれもが鉄道熱に浮かされているようです。ときどき『タイムズ』紙や『モーニング・クロニクル』紙が手に入りますが、それは鉄道の広告の付録だらけです。いくら頁をめくっても、なんの《記事》にも出合わないのにがっかりします。そしてついに読めそうなものにぶつかると、それがまた鉄道の会議みたいなものばかりだったりするのです。あなたもそのような《おかしな変化》を経験していらっしゃるのでしょう！　たとえば、『《鉄道王》がコーンウォールへ通ずる狭軌の線路を敷くことを決定した』ことを読みましたが、鉄道王とは、私の旧友で、もとヨークの生地商のジョージ・ハドスンにほかならないとは、まことに信じられない思いです！　ああ、この世はどうなるのでしょう!!」。

スプルースは一八四六年の四月に帰国した。そして早速サセックス州ヘンフィールドのボラー氏を訪ねた。それはずっと以前から約束されていた訪問であった。二人はともにその地方のもっとも良い採集地をすべて調査してまわった。そのあと、ボラー氏はスプルースをタンブリッジ・ウェルズとセント・レオナードの森へ案内した。そして三週間の楽しい旅行ののち、彼をロンドンに送り届けた。そこでスプルースはピレネーのコレクションの売却のために若干の手続きをしなければならなかった。彼は三〇〇種か四〇〇種からなるかなりの量の高山植物の選りすぐったコレクションを作っていた。それらすべてに名前をつけ、セットに仕分けして、大英帝国とヨーロッパ大陸のさまざまな買い手に発送しなければならなかった。この仕事に彼はその年の終わりまでかかった。

彼のいちばん好きなセン類とタイ類については、以前ティーズデールのものについておこなったのと同じことを、ピレネー産のものについてもおこない、ピレネーはこれらの植物がひじょうに豊かであることをあきらかにした。ヨーロッパの他の地方のコレクターはもちろん、もっと多くのものを採集していたであろうが、レオン・デュフールが一八四八年に発行したリストには、わずか一五六種のセン類と一三種のタイ類が記載されていただけであった。スプルースは、ただちにセン類三八六種とタイ類九二種までその数を増やした。私の友人のM・B・スレイターは私に、もっとも最近のフランスのセン類に関する研究を調べてみると、スプルースの発見したもののうち一七種はまったく科学界には新しいもので、さらに七三種は、それまでピレネーでは採集されたことのないものであったといっている。タイ類についてはスプルースは四種をまったくの新種として記載した。それでもピレネーでははじめてのものの割合はセン類よりも多かった。そしてそれらのうち、かなりのものは、そこ以外では英国諸島でしか知られていないものであった。英国諸島はヨーロッパでもこの植物の一族がもっとも豊かなところである。

花の咲く植物を配付し終わってから、スプルースは「ピレネー山脈のセン類とタイ類」と題する詳細な論文にとりかかった。彼のその後の二年間の余暇はすべてこの仕事にあてられた。それがようやく出版されたのは、彼が南アメリカに出発したあとであった。論文は「エジンバラ植物学協会紀要」に一一四頁にわたって掲載された。それは注意深く同定したすべての種の名前をあげ、新しいものあるいは不確かなものについてはくわしく記載し、それぞれの産地と地理的分布について詳細に述べられたものであった。彼は旅の一般的なできごとについては、すでにウィリアム・フッカー卿あての二通の書簡に書き送っており、それは一八四六年の「ロンドン植物学雑誌」に「ピレネー山脈の植物について」と題して発表された。これは植物を愛するすべての人々にとってひじょうに興味深い読み物であるばかりでなく、ピレネーの風景や住民についてすぐれた理解をあたえた。

スプルースはフランス滞在中に数人の植物学者と知り合った。そして彼らから、また数年にわたって書信を交わしていたブルッフから、ひじょうに大量の苔を受け取っていた。そのため、一八四六年にはボラー氏に、彼のヨーロッパの苔の標本はほぼ完全で、こうして信頼のおける標本と比較することにより、ピレネーで採集したすべての既知種について同定することができたといっている。

スプルースの英国種に関する完璧な知識と、先人の記載の細かな部分まで注意深く吟味する習慣のおかげで、長いあいだ見過ごされてきた誤りを発見することができた。ボラー氏は彼にブリデル〔一七六一—一八二八〕が最近おこなったハイゴケ属

Hypnum のカテヌラトゥム種 ***H. catenulatum*** の記載のコピーを送った。それについてスプルースはつぎのようにコメントしている。「ブリデルの記載は、フッカーとテイラーの記載と、シュヴェグリヒェン〔一七七五―一八五三〕の記載と、『近代苔学』に掲載されたブリデル自身の記載の、それぞれのまちがいを全部合わせて作り上げたものであることに私は気づきました！　私はブリデルがこの種の巧妙な手口で記載したり、絵だけにもとづいて記載したりするということを、以前聞いたことがあります」。

そして、つぎの一八四六年一〇月二〇日付の書簡で、他の種と混同されたいくつかの苔について述べ、何人かの著名な植物学者のあいだの混乱の原因をたどって調べたあと、つぎのようにつけ加えている。「これは完全な混乱です。シュヴェグリヒェン、ブルッフらのあいだに、だれがまちがった結論を下すのがいちばんうまいかという競争があったようです」。二、三カ月後、ブルッフやシンパーでさえ「ぜったいまちがわないわけではない！」ことを発見したと彼は書いている。そしてまたスプルースは、W・フッカー卿が「ウィルスン氏の判定について私がおこがましくも異議を唱えなければならなかったことに、ひどくご立腹でした」とも書いている。とはいえ、スプルースが死ぬまで二人とは友好的なあいだがらであったことは喜ばしいことである。

ピレネーからボラー氏にあてた最初の書簡のなかで、スプルースはまことに不思議ながら、たえず野外で働いていたことと、山の空気のおかげで健康が快復したことを告げている。到着したばかりのころは五キロ歩くだけでひどく疲れた。しかし二、三カ月後には、荒れた山道をなんの不都合もなく、四〇キロから五〇キロ歩くことができた。そしてまたバニェール・ド・ビゴールでは、天気の良い日にはつねに苔を採集して冬をすごしたが、彼の持病のひどい発作はまったく起こらなかったようである。

スプルースはヨークシャーの家に戻って苔の仕事にとりかかったとき、当然ながら、自分の将来について大きな不安をいだくようになった。そして、それまで以上に、教師などの家に閉じこもりきりになるような仕事にはつきたくないと思った。そんな生活を送れば、二、三年後には命にかかわることが彼にはわかっていた。一八四六年六月四日、ボラー氏にこう書いている。「私は独立独歩でいたいと思います。そしてつぎに家を出るときには、どこか居心地の好い公職に落ち着きたく思います。とはいえ、空席が見つかるまで、甘んじて待たなくてはならないでしょう。それまでのあいだ、眼の前にある仕事を誠心誠意やりとげたいと思います。私の心はそれに奪われていますから」。

ボラー氏との文通は一八四八年に終わった。その年にはおもに苔のことや個人的なことが書かれた五通の書簡が交わされた。年のはじめには父親の容体がきわめて悪くて、スプルースは父の代理で二カ月間学校で働かねばならなかった。そして六月、スプルース自身、胆石（これについてはすでに述べた）をともなう重い肝臓病を患った。八月まで彼は完全には快復しなかった。七月に書かれた手紙のなかで、「私はテイラー博士の標本と書籍類の販売の監督にあたるために、九月初旬にロンドンに上京する約束をしています。標本と書籍類は彼の息子がそちらに送ることになっています」といっている。そして、おもにむずかしい苔の同定について述べた最後の書簡（八月五日付）では、「テイラー博士の標本の販売を監督するためにロンドンに上京するときに、お借りしたままになっているあなたの本を、できるだけお持ちするようにいたします。たぶん、そのときにお目にかかれるものと楽しみにしております」といっている。

　これ以後、彼の植物学関係の友人への手紙はなくなる。しかしその理由は簡単だ。彼は九月にロンドンに出かけたとき、おもな友人であるボラー氏とウィリアム・フッカー卿と面談する機会がじゅうぶんあったにちがいない。そしてまたジョージ・ベンサム氏にも紹介されたことは疑いない。そして彼らの助言と激励を得て、アマゾン河流域の植物学探検をこころざすことを決意したのであろう。また、大英博物館のわれわれの友人である何人かの昆虫学者から、ベイツ[訳注4]と私がアマゾンですでにどれほど成功を収めているか、またわれわれがそこの気候と住民のことをどれほど高く評価しているか、そしてそれは博物学のコレクターが職務を遂行するにあたって大きな困難はないことの証拠であるということを聞いた可能性がある。

　アマゾン河流域の植物学探検を決心すると、一八四九年六月七日、パラへ向けて出航するまでのすべての時間がそのために費やされたにちがいない。一八四八年一〇月と一一月のW・フッカー卿からの手紙を見ると、この旅行については相談中で、一二月までに最終的な結論が出たことがわかる。ステイブラー氏にあてた手紙には、スプルースが一八四九年四月にキューにやってきて、そこで二カ月ばかりすごしたことが書かれている。この間にベンサム氏は、スプルースの旅先からの植物標本をすべて受け取り、既知種については名前をつけ、いくつかの属に分類し、大英帝国およびその他のヨーロッパ諸国のさまざまな購買契約者に送り届けることを了承した。彼はまた、より興味深い新種と新属を記載し、買い手を募り、帳簿をつけ、その貴重なサービスの代償として採集した植物の最初の（完全な）標本を一組受け取ることにも合意した。

　のちの手紙には、最初はわずか一一人の買い手しか得られなかったが、最初のコレクションが届いて、W・フッカー卿が「植物学雑誌」に発表し、またベンサム氏のような偉大な植物学者がそれを報告してからは、買い手は一挙に二〇人に増えたこと、そしてそれは数年後に、採集した標本がひじょうに珍しいことや保存状態がきわめて良いことがさらに広く知られるようになってからは、三〇人以上に増えたことが書かれている。

本書に収められたいくつかの書簡に見られるように、スプルースはベンサム氏が植物の販売代理人という骨の折れる役目を引き受けてくれた多大な奉仕にひじょうに感謝していた。そしてそれに対する感謝の念をじゅうぶんに表現するだけでなく、ベンサム氏がスプルースの仕事に関係のある植物学上の諸問題について彼の旅先に書き送った書簡についても感謝していた。それらは彼の長いしばしば孤独な放浪のあいだに大きな慰めと励ましとなったものである。

南アメリカから帰国後の英国での生活

一八六四年六月—一八九三年一二月

この伝記の最初の部分と本書の二三章の最初に、スプルースがこの期間どこで暮らしていたかはじゅうぶんに記されている。また最初の六章と最後の六章は、彼の帰国後の四、五年間におこなった著作活動の一部である。これは彼の健康がやや改善された時期であって、彼は幼いころのことを思い出させてくれる慕わしい田舎の景色のなかを、一キロほどの短い散歩をすることができた。しかし人生の最後の二〇年間は、椅子と寝台とのあいだを行き来するだけで、たまに部屋のなかや庭のほんの一部を歩きまわったりはしても、めったに彼の小さな田舎家から遠くまで出かけることはなかった。

スプルースにとっていちばん辛かったのは、何カ月も、いやそれどころか何年にもわたって、机に向かって座ってものを書いたり、顕微鏡を使ったりすることができなかったことであった。彼は何度も寝台で休みながらでないと、一度に二、三分以上仕事をつづけることができなかった。もし帰国後すぐにその原因が発見されていれば、この極端な衰弱ははるかに軽減され、あるいは治癒されていたかもしれないことは、ほとんど疑いない。ダニエル・ハンベリー氏〔訳注5〕のアドバイスで、彼は当時消化器の病気に関しては最高の権威であったリヤード博士の診察を受けた。しかし、ハーストピアポイントとロンドンでスプルースを診察したこのリヤード博士とその他の医師たちは、彼の苦しみと病巣についての彼自身の訴えにはほとんど耳を傾けていなかったらしく、完全に誤診していた。

しかし帰国して四年目に、モルトンのハートリー博士がスプルースの悲惨な症状はほとんどが直腸の狭窄が原因であることを発見した。これは他の医師はだれ一人として発見どころか想像だにしなかったことであった。スプルースはハンベリー氏への書簡のなかでこういっている。「私は今まで医師たちにはいつもどこが痛いのかはっきりと告げてきました。しかし、だれ一人として――リヤード医師でさえ――直腸をブジーで検査することを考えてもみませんでした。彼らは心気症のせいにして、ブランデーの水割りを三時間おきにとるよう処方箋を書くことで、自分たちの無知を隠すほうがやさしいことに気づきました」。ひじょうに簡単な治療――浣腸と強くない鎮静剤の服用――で、彼は短時間なら顕微鏡で仕事ができるまでに快復した。そして天気の良いときには一キロは歩けるようにさえなった。しかし治療を怠ったために病気は不治の病となってしまい、当然の結果である衰弱とたえざる不快は一生つづいた。

ハートリー博士が病因を発見するまでのスプルースの容体は、一八六七年にステイブラー氏にあてたつぎの書簡の一節に説明されている。「安楽椅子に横になって、大きな本を机代わりに膝の上に載せてしか、私はものを書くことができません。ですから、本当に必要なこと以外めったに書いておりません」。そして一八六九年一〇月、「南アメリカのハネゴケ科に関するモノグラフを完成させようと二度こころみました。ですが、起き上がって顕微鏡のところまで行くと腸からひどい出血がするため、まことに残念ではありますが、この仕事は断念せざるをえないようです。私は何週間も顕微鏡をのぞいていません」。

とはいえ、つづく七年間に健康がわずかに快復したので、彼はたくさんの植物学上の研究をおこなった。もっとも重要なのは、アマゾン流域と赤道南アメリカの椰子に関する論文で、そのためにフッカー博士はキューの植物標本庫の標本をすべて彼に送った。植物園のこれらはあまりにもかさばるので、撤去することが望まれていた。その結果はぎっしり書き込まれた一一八頁の論文となって「リンネ協会雑誌」に発表された。椰子の仲間の地理的分布に関するひじょうに興味深い説明と、スプルースの一四年間におよぶ探検行のあいだに彼自身が調査した、おもに仏炎苞《ぶつえんほう》と果実と葉の特徴にもとづく、属の新しい分類法が述べられていた。スプルースは一一八種を一覧にあげ、それらの特徴について記載した。その半分以上は新種として記載された。ほとんどが彼自身によって発見されたもので、それらの特徴は生きている植物を見て注意深く記録されていた。エジンバラ王立植物園の園長であるJ・B・バルフォア博士は、この論文は「古典的業績」だといっている。ジョセフ・フッカー卿〔訳注6〕は私に、それは「示唆に満ちていて、そのうちのあるものはのちの研究者によって取り上げられた」といっている。

とはいえ、スプルースの最大の著作で、世界の植物学者のあいだで彼の名声をゆるぎないものとしたのは、六〇〇頁近くにわたってぎっしり書き込まれた大冊『アマゾン河およびペルーとエクアドル領アンデスのタイ類』である。これは「エジンバラ植物学協会紀要」の一巻として一八八五年に出版された。本書はすべてについて詳細に特徴を記し定義した、四三属と多くの新亜属にまたがる七〇〇以上の種と変種のひじょうにくわしい記載である。この七〇〇種のうち五〇〇種近くがスプルース自身の手で採集されたものである（配付された標本の最初の四セットには四九三種が収められていた）。そしてそのうち四〇〇種以上が植物学上まったくの新種であった。

スプルースのすべてのセン類――彼の概算ではタイ類に匹敵する唯一のグループ――は、分類、新種の記載、そして売却配付のために、ハーストピアポイントのウィリアム・ミッテン氏の手にゆだねられた。その記録は一八六七年にリンネ協会によって出版された、この植物学者の南アメリカのセン類に関する大著にすべて収められた。六三二頁にもおよぶこの大冊には、南アメリカ大陸全体で採集された一七一〇種のセン類が記載されている。そのうち五八〇種がスプルースによって採集されたもので、さらにその二五四種がまったくの新種であった。これらの数字とタイ類についての数字を私はスプルースのただ一人の指定遺言執行人であるマシュー・B・スレイター氏からいただいた。彼はこの分厚い二冊の本から必要な事項を抜粋するという面倒な仕事を請け負ってくださった。

スプルースはタイ類に関する研究のために、世界各地からたくさんの書簡を受け取った。そして残る彼の人生はこれらの書簡への返事や、送られてきた標本の同定と、いくつかの専門的な論文の執筆に費やされた。論文のなかには、一八八七年の「植物学雑誌」に掲載された、キラーニーで採集されたタイ類の一種の記載や、「トーレイ植物倶楽部会報」に一八頁にわたって掲載された、ボリビア領アンデスでおこなった採集に関するものがある。

ここで植物学以外のことに話を転じよう。親しい友人にあてたスプルースの書簡からの抜粋は、彼がヨークシャーで隠遁生活を余儀なくされているあいだ、どのような日常生活を送っていたのか、そして彼の興味の対象はなんであったのかを説明してくれるであろう。

一八六九年六月、彼はステイブラー氏に自分の病気について、彼らしい冗談を交えて書いている。「先週、歯科医が歯を四本抜いて私を苦痛から救ってくれました。それで私は今ギムノストマ属 *Gymnostoma* に属します。ですが、あなたがいらっしゃるまでには、完全な薊歯を二本そなえていることを願っております」。

一八七一年五月、彼はつぎのように書いている。「この一年は私にとってたいへん〝辛い年〟でした。けれども最近は顕微鏡をのぞく元気が出てきました。——それは一八カ月ものあいだ眼につかないところに放り出されておりました。私は私のすべての南アメリカのハネゴケ属 *Plagiochila* を徹底的に調べて、すべての品種を記載しました。そして種についてもできるかぎり同じようにする決心をしました。その結果、私はかつてないほどダーウィン主義者になってしまいました。もし、キイチゴ属 *Rubus*、チャセンシダ属 *Asplenium*、ハリガネゴケ属 *Bryum*、ハネゴケ属などに属する現存のすべての型と、かつて存在したすべての型が今手元にあれば、われわれは一つの種も《定義》することができないにちがいありません。——そうしたこころみは、自然が一度もばらばらにしたことのないものを分離しようというものでしかないからです。とはいえ、特異な形質がいかに生じ、遺伝によっていかに(一時的に)固定化されたかをはっきりと知ることができるでしょう。そしてすべての型について、とぎれのない系統をたどることができるでしょう」。

このころスプルースは、アンバトの彼の家主であったマヌエル・サンタンデルという男に、ヨークのジェームズ・バックハウス氏の依頼による蘭と蝶を採集する方法をてほどきしていた。このコレクションはあまり成功とはいえなかった。それが終了したとき、スプルースはサンタンデルからつぎのような個性的な手紙を受け取った。それはバニョス村についてスプルース自身が記していなかったことを伝えており、またその最後の部分に、スプルースがこの親切な人々にどのような印象をあたえたかが表れているので、それをここにあげておこうと思う。同じくらい情熱的な別の手紙は本書の二三章に収録してある。

一八七〇年九月付のマヌエル・サンタンデルからの書簡の抜粋

「一三日、私たちはバニョス村にファンに会いにいきました。……私たちは温泉を見にいきました。それはまさに自然の驚異です。そこからわずか三、四メートルのところには、最高に冷たい水の湧く井戸があるのですから。私たちは湯気を立てている温泉の近くでたっぷり汗をかきました。そのなかにはとても手などつっこめません。

あなたの古いお友だちはみな、あなたによろしくといっています。みんな元気です。ドン・ペドロ・マンティーヤは、今ここには馬車道があって、リニャまで梨や桃を食べに行けると伝えてくれといっています。そして私からは——『あなたのアンバトに来て、私たちといっしょに骨を埋めてください』とお伝えしたく思います。キトからリオバンバまでずっと馬車で行ける道ができました。馬車ならキトから一日で来られます。あなたもあまり揺られずに旅行することができます。ああ、あなたがここにいれば、私たちはとても幸せなのに！」。

スウェーデンの植物学者リンドベリの訪問を受ける前に、スプルースはステイブラー氏につぎのように書いている。

「一八七二年七月一日——リンドベリがここにいるあいだに、あなたがお来しくださると聞いて、たいへんうれしく思っております。というのも、私の健康はまだとてもすぐれず、あなたとスレイター氏の助けがなくては、ほとんど彼をもてなすことができないのではないかと心配だからです」。

「今月四日、私は、スレイター、アンダースン、ブレイスウェイト〔一八二四—一九一七、ヨークの医師、蘚苔学者〕氏ら、三人の蘚苔学者の訪問を受けて驚きながらもうれしく思いました。また、最近、他の植物学者も何人かここを訪れています。そのなかには、インチボールド〔一八一六—九六、ヨーク出身で英国と南ヨーロッパの植物が専門〕とジャイルズ・マンビ〔一八一三—七六、ヨーク出身の医師、植物学者〕がいました。——マンビは北アフリカに一五年間住んでいたことがあり、アルジェリアの植物相について書いておられます。私は彼とは三〇年近く前にヨークで知り合いました」。

一八七三年三月には同じ友人に、「私はようやく顕微鏡による仕事を再開したばかりです。というのは、とても寒い日にはそれをあきらめなくてはならなかったからです。とはいえ、私は私の南アメリカのタイ類はすべて調べ終わりました。そして、模式標本を将来の分析のために選んで分類しました。クサリゴケ属 *Lejeunea* についてだけは——フラグミコマ属 *Phragmicoma* などを含めた広義のものをいいます——四六〇種もの'型'を持っています。私はまた私の古いヨーロッパ産の植物標本もすべて点検して、破壊的な食害をおよぼす昆虫の排泄物を掃除しました。ですから(私以外の者には)その破壊のあとは、もうほとんどわかりません」。

ふたたび一八七三年一〇月に、「私はクサリゴケ属とその仲間についてできるかぎり取り組みました。それは苦痛を紛らすのには役立ちます。はたして完成するか、おいおいわかるでしょう」。

それから一年以上のちの一八七四年一二月につぎのように書いている。「私の仕事は、目下この夏に完成しえなかった観察の残りを完成することだけに向けられています」。——困難と辛い体調と戦いながら、彼の人生の大事業(そして喜び)——すなわち、細かくて骨の折れるタイ類の研究——をつづけていることを書いている。ダニエル・ハンベリー氏との長期にわたる交信が、友の悲しい死によって終わりを告げたのは、ちょうどこのころであった。つぎにあげた、スプルースから彼への最後のころの書簡の一節は、だれにとっても興味深いものであろう。——

リチャード・スプルースからダニエル・ハンベリーへの書簡

一八七三年二月一〇日、ウェルバーンにて

[これはあきらかに、彼の大好きなタイ類について若干見下したようなハンベリーの発言に対して書かれたもので、スプルースはつぎのようにいっている。——]

「タイ類はけっして'小さな一群'ではありません。それは熱帯にはひじょうに数多い美しい植物です。そして南半球では、一般に、それを採集したいという誘惑にかられない植物学者はいないだろうと私は思います。赤道下の平原では、一そろいのものが生きた灌木の葉の上や羊歯の上をはいまわっていて、それらを銀緑、金、赤褐色の繊細な網目模様でおおっています。そしてまた別の一組のものがセン類といっしょに倒れた古木の幹をおおっています。アンデスでは、それらは木々の枝から腕でかかえきれないほどのかたまりとなって垂れ下がっています。私は長さが五〇センチほどの幹に着いた種をいくつか持っています。それ以外のものはひじょうに小さいため、六種ものものがミミモチシダ属 *Acrostichum* の一枚の小葉の上に生長

し、実を実らせています。そして、個体数と種数についてはどうかといえば、私の南アメリカのタイ類の研究を完成させるには、世界中のアカネ科のモノグラフを作るのに匹敵するほどの労力を要するものと思います。最大のクサリゴケ属 *Lejeunea* では、私の持っている標本は数千種どころではなく、それについては何千もの論文を書く必要があります。さらに、これらはすべて顕微鏡で分析しなければなりません。それなしでは特徴についてなにも正確に識別できないのです。

私は植物を、生きてその植物自身の生を楽しみ、生きているあいだは地球を飾り、死後は私の標本室を飾る、有情の存在として見るのが好きです。それらが薬種商の乳鉢でたたいて砕かれ、パルプや粉末にされたときは、《私にとっては》まったく興味あるものではなくなります。タイ類が、人間の麻酔薬になったり、その胃袋を空にすることのできる物質を、人間のために生産したことなどまずないのは事実です。食物にもなりません。しかし、もし人間がそれらを乱獲して、自分たちのために利用したり濫用したりしようがないのであれば、タイ類は私がこののち証明しようとしているように、神がそれらをおいたところにおいては無限に有用です。そしてそれらは、少なくともそれら自身のために有用で、それ自体が美しいのです。――これはたしかにすべての個々の存在の基本的な理由なのです」。

彼はさらにこれらの小さな植物は、かならずしもそれと気づくような特性をもっていないわけではないことを説明している。あるものは色素を有し、黄色と褐色の染料を産する。またあるものは芳香を放ち、さらに樟脳や胡椒のそれに匹敵するような刺激のある味がするものもある。とはいえ、そのような種は数においてきわめてわずかである。

それより以前の書簡では、どのようにして失った時間をとりもどさなくてはならなかったかを説明している。というのは、旅行のあいだは採集した植物をくわしく調べる時間がなかったからである。

「そこで、私はまずはじめて出合ったものを『思い出す』ことからはじめました。そして、こつこつとタイ類について仕事を進め、一八カ月間それ以外のことについてはほとんど考えずにいたあと、今ようやく私はそれらについてなにかわかるような気がしてきました。今のところ一つをのぞいて、すべてのむずかしい属については完了しました。ハワード夫人が若干の挿絵の費用の負担を申し出てくださいました。ですから、もしこの仕事を完成することができるなら、私はなにか永久的に残ることをしたいと思います。昔は、これらの研究はすべて、ひどい苦痛と痙攣を味わいながらおこなわれました。とはいえ、実際にものをあつかう仕事は、純粋に精神的な作業よりも、よほど苦痛がやわらぎます。

私はウェルバーンに来てから気象観測と測高の仕事もすべて減らしました。そして現地語と民族学に関してはほんのわずかな重要でないことをのぞいてみなすませました。しかしながら、それらはほとんどすべて鉛筆で書かれています。そしてしばしば判読しにくい象形文字のような字で書かれているため、整理して《清書》する必要があります」。

そのあとの書簡のつぎの一節は、彼の生物への奇妙な愛情をうかがわせる。「どのセン類もタイ類も人間にとって直接的な重要性をもつようにはなりそうもありません。――少なくともそうならないことを私は願っております。なぜならば、もし不幸にして役に立てば、小鳥や甲虫は彼らの隠れ家やねぐらから出られなくなるでしょうから」。これは一般的なあるいは植物学的な関心について書かれた最後の書簡である。

ハンベリー氏は一八七五年三月二四日に腸チフスで亡くなった。薬剤師協会に保管されているスプルースから彼への最後の書簡は一八七四年三月二六日に差し出されたものである。

一八七五年五月九日にステイブラー氏にあてたつぎの書簡には、ハンベリー氏を失った大きな悲しみについてスプルース自身の言葉がつづられている。――「困難と苦しみの日々でした。まず、私のもっとも古くからの最良の友の一人であるダニエル・ハンベリー氏の他界で、私はひじょうな悲しみを味わいました。最初は腸チフスのほんの軽い発作かと思われたのに、致命的な進行は防げませんでした。彼を失ったことで、私は町に住む文通相手を失いました。彼はいつでも、どんなちょっとしたことでもしてくれたうえに、よくその費用は寛大にも負担さえしてくれました。どんなことについても私のために最新の情報を探してくれました。それに加えて、彼のこうしたいつも親切で優しい人柄を考えると、こういう友達はなかなか得がたいものであることを、あなたもおわかりいただけると思います。彼の八〇歳になられるご尊父からの書状を同封いたしましたのでご覧ください。ついに私も病気になってしまいました。間歇熱をともなう気管支炎です。一日おきに一二時間熱が出ました。それが完全に治るまで数週間かかりました。あげくのはては、ここ二、三日、右眼がどこかおかしくて、顕微鏡を使うことができません。右眼の視力を失うのではないかと恐れています」。

スプルースの最後の一五年間の記録で、現在唯一残っているものは、彼の生涯の友であるG・ステイブラー氏にあててたえまなく書かれた書簡である。学校長であり、病弱者であり、植物学者であったステイブラー氏は、彼の心からの共感者であった。この紳士――現在完全な盲目に苦しんでおられる――は私のために、親切にも、それらの書簡のなかからたくさんを選んでくださった。そのなかから、一般に、そして個人的にも興味ありそうな部分をここにあげておこう。そこにはたえず変化するスプルースの研究遂行能力、タイ類に関する彼の大著の進みぐあい、さらに大著につづく同群の植物に関する論文について書かれている。そしてしばしば多方面にわたる植物学関係の来客や、その他の来訪者に関する愉快な記録もある。来訪者のなかには、数人の外国人植物学者がおり、また彼の大切な友人であるクレメンツ・マーカム卿〔訳注7〕、故アーガイル侯爵〔一八二三—一九〇〇、政治家、博物学者〕、アーガイル侯爵夫人、レディー・ラナートン、そしてレディー・ターントンがいた。侯爵とは彼は二時間も話し合ったが、話題は博物学のことばかりではなかった。「この他にも、私たちは光の波動説からスペインとロシアの政治問題まで、いろいろなことについて雑談しました。客人はわれわれの大切な友人マシュー・スレイターと同じように、気さくで気取りのない人でした」。

スプルースはひじょうに重要な訪問客の一人についてつぎのように述べている〔一八七八年一〇月〕。「昨日、ノースブルック卿〔一八二六—一九〇四〕がいらっしゃいました。前のインド総督です。私は腹蔵なくインドについて彼を質問責めにしました。ですが、彼の見解をここにくわしく書くわけにはまいりません。それはリットン卿やビーコンズフィールド卿の意見とは《たいへんちがっておりました》」。

一八七五年一一月、彼はつぎのように書いている。「私はアンドレ氏に南アメリカに持っていってもらう五通の長い手紙をちょうど書いていたところです。彼は七日に出発して、ロハと赤道アンデスに直行します」。アンドレ氏は有名なフランスの植物学者で、熱心な旅行家でもあり、プラントハンターでもある。

つぎの一節も興味深い。——「リンドベリが頭と眼を患っていると聞いて気の毒に思います。私も南アメリカで何カ月も同じ病気を同じような原因で患いました。私は赤い絹で裏打ちした黒いサテンの喫煙帽をいくつか持っていたのですが、赤い染料が染み出てきて額を汚しました。しかし、私に気が狂わんばかりの激痛をあたえた本当の原因がこれであることに気づくまでに長いことかかりました。たぶん私は、リンドベリが英語でいったのとそっくりに、痛烈にそれをスペイン語でののしったことでしょう」。

一八八六年四月二三日付の書簡のつぎの一節は、スプルースがやや珍しい話をうまく紹介する優れた能力を持つことを示すにはまさに適切だが斬新な一節である。——「私はお気の毒なハニントン主教〔一八四七—八五、ハーストピアポイント生まれ。赴任先のウガンダで殺害された〕の死を聞いてたいへん残念に思います。——主教は珍しく植物学者でもあられました！　いいえ、昔一人いました——カーライルの主教グッドイナフ博士〔一七四三—一八二七、英国のヒバマタ属、スゲ属の研究をおこなった。リンネ協会設立に参画〕です。博士の英国のスゲ属の論文は今でも古典です。博士は植物学者としてはじつに確固とした学識をもったかたでしたが（そして神聖なかたであられたと私は思います）、退屈な説教師でした。あるとき、彼は貴族に説教しなければなりませんでした。そしてピーター・ピンダーがつぎにように記しています。

グッドイナフが貴族たちの前で説教をしなければならなかっ

たのは彼にとっては幸いであった。しかし、彼が教えなくてはならなかった人たちにとっては、これほど不幸なことはなかった」。

スプルースはタイ類の本が出版されたあとは、一八八九年から九二年にかけて、ひじょうに骨の折れる単調な作業ではあるが、彼にとっては興味深い、彼の南アメリカのタイ類の膨大なコレクションを分類して販売用のセットを作成し、名前のラベルをつけるなどの仕事に忙殺された。それはすべて完了して、二五セットが年末までに発送された。最初の四セットはそれぞれ四九三種からなり、一一セットまでは四〇〇種を超える種が含まれ、そして最後の五セットは減少して二〇〇から三〇〇種からなっていた。この事実はこれらの繊細な小さな植物の多くがひじょうに希少なことを示すものである。しばしばそれらは一度だけ、それもとても小さな群れで、他の種と交じって、あるいは他の種の上に生長した状態でしか発見されなかった。

スプルースの最後の二通の書簡からの以下の抜粋（二通目は死ぬ二カ月以内に書かれたものである）は、植物学への彼の関心は最後までつづいたことを示している。

一八九二年一〇月二七日、彼はステイブラー氏につぎのように書いている。

「先月、私は満七五歳を迎えました。そしてほとんど動けない体になってしまいました。眼だけが私を裏切らずにいます。一八八九年の冬、中風の発作に襲われて、まる二カ月間ほとんどなにもできませんでした。それ以来ほんのわずかなものしか書けなくなりました。それで私はおもに私のコレクションの記載の訂正とそれらの展示用乾燥標本の準備をしています。タイ類についていうべきことは、もうほんの二、三言しかありません。とはいえ、それらを完成させる元気が残っているかどうかわかりません」。

そして一八九三年一〇月一三日につぎのように書いている。

「スレイターと私は近所に住む二人の女性植物学者を発見しました。——というより、彼女たちが私たちを発見したのです。ティンダル夫人のご主人はカービー・ミスパートンの地主の兄弟です。ですが夫妻の家は南部にあります。夫人の従妹のリスター嬢は聡明な植物画家です。彼女の自宅はドーセットにあります。お二人はひじょうに物静かで控えめなご婦人がたです。——博学なかたたちです（彼女らがドイツ語に堪能なのをうらやましく思いました）。——そして、二人とも英国の花とセン類についてかなりの知識をもっています。とはいえ、タイ類についてはどちらかといえば新人です」。

これを書いてまもなくして、彼は重いインフルエンザに冒され、これが原因で一二月二八日に七六歳と三カ月で亡くなった。

リチャード・スプルースの生涯は科学と人間のためにたえず

働くことに捧げられた。――教育者として、自然の探究者として献身し、そしてさらには貴重なアカキナノキのインドへの導入に成功して直接的な貢献を果たした。アカキナノキの導入のために彼は二年間にわたって働き、それは彼が一生健康を損なう大きな原因となったというのに、友人たちは彼のためにまず一八六五年にわずか年五〇ポンドの政府の年金をもらうのにたいへんな苦労をした。一八七七年にはマーカム氏（現在、クレメンツ卿）の長期にわたる熱心なはたらきかけが実って、インド政府からさらに五〇ポンドの年金が支給されることになった。

スプルースは貯金の大半をグアヤキルでもっとも名の通った商会の失敗で失ったことから、帰国の費用はごくわずかしか持っていなかった。そのため、彼は残る二〇年の人生を、一辺が三メートル半ほどの居間と、やはり同じくらいの狭い寝室からなる、小さな田舎家で暮らさなくてはならなかった。そこで彼は友人でもあった親切な家政婦とつきそいの少女から注意深い世話と看護を受けた。そしてこの質素な家で大勢の友人たちの訪問を受け、苦痛と病気の合間は元気で満ち足りた生活を送った。

スプルースは文学一般について、そして昔の旅行家や詩人についてもひじょうにくわしかった。シェイクスピアとチョーサーの著作は彼のわずかな蔵書のなかにつねにあった。彼は音楽家であり、チェスのプレーヤーであった。またとくに冗談が好きで、自分をだしにした洒落を飛ばした。そして、彼の終生の友人であったジョージ・ステイブラー氏の言葉によると、「彼の態度はいつもていねいで、礼儀正しかった。そしていつも友人として優しく親切で思いやりがあった」。

私は四〇年以上にもわたってスプルースの友人であり賞賛者でもあったから、私が「ネイチャー」誌の一八九四年二月一日号に書いた短い追悼文から、私自身の彼の評価をここに引用することをお許し願いたい。

リチャード・スプルースは背が高く、色黒で、いささか南方系の容姿の美しい男で、ものごしはていねいで威厳があるいっぽう、穏やかなユーモアの持ち主で、とても楽しい友人であった。彼は際立った秩序の才能をもち、それがためにいつも服装はきちんとしていて、筆跡は美しく整い、身のまわりはつねにすべて几帳面に整っていた。リオ・ネグロ川沿いの先住民の小屋であろうと、ヨークシャーの彼の小さな田舎家であろうと、筆記用具、書籍類、顕微鏡、乾燥植物標本、食物と衣服の蓄えは、すべてあるべきところに収められ、すぐ手が届くようになっていた。彼をこれほどにも賞賛すべき収集家にしたのは、この秩序正しい習慣と、手掛けたことについては完璧を期するその情熱であった。

彼は逸話をたくさん知っていて、複雑で苦しい持病に苦しんでいるときでさえ、往時についてなにか愉快な話や楽しい思い出話で一時間も聞く人を楽しませていた。彼は自分の健康状態や環境がどんなに気を滅入らせるようなものであっても、人生を最高に生き抜く人であった。宗教においてもそうであったように、政治では自由主義者であった。どんな仕事も、またどのような階級のどんな国の労働者をも心から愛していた。そして労働者階級がひじょうにしばしばさらされた（今でもそうである）、ささいではあるが往々にして残酷な虐待について聞いたときほど彼を憤らせたことはなかった。

彼は壮麗な原生林やアンデスの雪をいただく山頂への落日の壮観から、もっともつつましいセン類やタイ類のこまかな特徴にいたるまで、自然の多様な姿の熱心な讃美者であった。その言葉とふるまいのすべてが、彼が真の紳士であることを示していた。そしてその友人となることは名誉であり、喜びであった。

スプルースは指定遺言執行人であるモルトンのマシュー・B・スレイター氏にあたえた指示どおりに、テリントンの両親のかたわらに葬られた。テリントンは彼が生まれた教区であり、ガンソープはその教区の一村にすぎない。

あとは、植物学者仲間によるスプルースの科学的業績の評価について若干記すのみとなった。

スプルースの大きな特徴は、仕事が完璧なことであった。英国の植物学者として、彼は急速に名をなした。そしてひじょうにすみやかに、英国の原産の植物相、とくに彼のもっとも好んだセン類とタイ類の権威となった。少しのちにピレネー山脈へ出かけたとき、もっとも珍しい高山植物のひじょうに美しいコレクションを作り、それまではほとんど知られていなかった苔植物について、ひじょうに多くの発見をしたことで、新しい植物の採集者としても、勤勉な研究者としても、自分の資質を証明した。

私は、なにごとにおいても完璧を期するスプルースの仕事ぶりが、ベンサム氏（この人自身ピレネー山脈で採集をおこない、そこの植物の目録を出版している）にひじょうな感銘をあたえ、そしてベンサム氏はスプルースの代理人となって、スプルースが南アメリカで採集した植物に名前をつけ配付するという、責任の重いたいへんな負担の仕事を引き受ける気になったのだと考えざるをえない。ベンサム氏はその仕事を、時期を同じくして執筆出版した『香港植物相』と『英国植物便覧』その他の、自身の植物学の研究があったにもかかわらず、最後まで一二年間にわたって勤め上げた。そのおかげでスプルースは故国に採集品を送り届けることができたのである。

パラの近郊で採集されたスプルースの最初の荷物が英国に到着するやいなや、友人たちの期待はじゅうぶんに満たされた。そしてベンサム氏はスプルースにつぎのように書き送った。

「標本はみごとなものです。それにひじょうにしっかりと荷造りされていたため、すばらしい状態で到着いたしました。……標本の質の点では、私がこれまでに見た最高の熱帯のコレクシヨンです」。

ウィリアム・フッカー卿も同じようなことを書き送った。そしてこの高度な質は、荷物がスプルースの手を離れたあとに遅延したり雨や洪水にさらされたりして、多少の損傷にあったとき以外は、調査旅行中ずっと維持された。

ジョセフ・フッカー卿は、後期の採集品のいくつかに関連して、その点について私につぎのように書いてきている。「私はキューのベンサムのところに荷物が一つ到着したときのことを覚えております。標本のすばらしい状態に、記載の完璧さに、荷札に書かれたそれらについての情報がひじょうに豊富で質の高いものであることに驚きました」。

ベンサム氏の標本を配付する作業を手伝ったダニエル・オリヴァー教授〔一八三〇—一九一六、キューの植物学者、ロンドン・ユニバーシティ・カレッジの植物学教授〕も、このことについて私に書いてきている。「スプルース氏の標本は最高に注意深く採集され、乾燥され、荷造りされておりました。彼が甘んじて受けなくてはならなかったあらゆる困難を考えると、異常なほどです。とりわけ価値のあるのは、乾燥標本には不可欠な、採集地、産地、性状などの情報をくわしく記した美しい文字で書かれたラベルが、それらにそえられていることでした。訓練した採集人の仕事がここまでみごとになされた例はないといってもよいでしょう。喬木の標本がとくに充実していましたが、それを手に入れるのはしばしば相当むずかしかったにちがいありません」。

長い年月にわたって世界最大の植物コレクションをあつかってきた二人の植物学者のこの賛辞以上のものはないであろう。

スプルースの植物学の知識、正確さ、そしてとくに研究した植物の分類と記載をおこなうときの判断力もまた、もっとも有能な審判によって認められている。

大著『ブラジル植物相』の最終巻にあたえられた著名な植物学者と植物コレクターの業績のひじょうに簡潔な一覧には、スプルースはピレネーのセン類とタイ類を「もっとも正確に吟味し発表した」と書かれている。いっぽうアマゾンとアンデスのタイ類の巻では、彼はすべての既知種を「もっとも明敏に詳細に説明し記載した」ことになっている。

スプルースが帰国したとき、老練の植物学者のフォン・マルティウス[訳注8]が、彼の大著『ブラジル植物相』のために分類群の一つの記載を請け負ってもらえないかと依頼してきた。これは、スプルースが有能な植物学者であると、マルティウスがすでにもっとも高く評価していたことを語るものである。スプルースは病気を理由にこの申し出を断らなくてはならなかった。しかし、植物学の問題に関するいくつかの書簡が二人のあいだに交わされ、そのなかでマルティウスは最高の評価を示し、また熱心な友情さえ示している。一八六六年、彼はスプルースにあてて「私の親愛なるスプルースへ」ではじまる手紙を書き、「どうか神のお慈悲にかけて、あなたのお返事で私を喜ばせてください。あなたをたいへん愛する友であり賞賛者――マルティウス」という、滑稽なほど悲壮な胸に迫る言葉で最後を締めくくっている。マルティウスは一八六七年には「永遠にあなたの親愛なる友」と署名し、死の直前の一八六八年八月には「あなたを敬愛する友」と記している。

スプルースの南アメリカにおける植物学上の探検と研究の総合的評価については、彼の仕事についてはだれよりもよく知る故ジョージ・ベンサム氏がつぎのように述べている。

「南アメリカの奥地の植物に関するスプルースの研究は、フンボルト〔一七六九―一八五九、ドイツの旅行家、自然科学者〕以来もっとも重要なものである。それはスプルースが集めた七〇〇〇以上にのぼる種の数の点においてだけではなく、彼が科学を豊かにした新属の数において、訪れた国々の植物の経済利用に関する調査において、また興味深い属と種の起原に関するいくつかの不確かな問題を彼の発見が解決したことにおいて、そして保存された標本にそえられた現場での観察の豊かさと科学的価値の点において重要なのである。これらの標本はすべてわが国に送られ、完全なセットがキューの植物標本庫に保存されている」[3]。

南アメリカの植物の権威であるジョン・ミヤーズ氏〔一七八九―一八七九、土木技師、植物学者、一八一九―三八年に南アメリカを旅行〕は、一八七四年に二通のひじょうに長い書簡をスプルースに送っている。そこには植物学のことが詳細にいっぱい書かれており、ミヤーズはスプルース自身の提案やまたスプルースが他の植物学者が述べていることについて求めた訂正の多くを受け入れている。

アイザック・ベイリー・バルフォア博士〔一八五三―一九二二、エジンバラ生まれの植物学者、大学教授〕は追悼文のなかで、スプルースのアマゾンの椰子に関する小論は「古典」であり、アマゾンとアンデスのタイ類の研究は「近年出版されたこの一群の植物に関する本のなかではもっとも重要だと、現在一般に認められている」と書いている。そしてさらにつぎのようにつけ加えている。「一見、記述的で分類学的だが、彼の著作は形質の区別と分類境界の調整にとって重要である。しかし、それにもまして、その行間を読む魅力がある。というのは、しばしばひじょうに含みのある提言が行間に豊富に差し挟まれているからである。たとえば、タイ類の葉の進化と高等な植物のそれとの関係について脚注に述べられているし、またその分類群の水分の補給と生物学的類縁関係については、発見した新種を記載しているときの副産物であろう」。

大英博物館の別の植物学者アントニー・ゲップ氏〔一八六二―一九五五、藻類が専門〕は、「植物学雑誌」（一八九四年二月）の「リチャード・スプルースの思い出」と題する記事のなかで、つぎのように述べている。――「彼の『アマゾンとアンデスのタイ類』は、これまで進化してきた本群に関するもっとも論理的で科学的な分類であり、以前は見過ごされ過小評価されていた、広い一般的な形質に完全にもとづき分類がおこなわれている。

スプルース氏は、彼の議論を豊富な実例や類似物をあげたりオリジナルな観察にもとづいて説明しながら、読者を直接的な問題からそれにまつわることがらまで導くことを好んだ。たとえば、アイルランドのタイ類の新種クサリゴケ属*Lejeunea*のホルティイ種*L. holttii*について説明したあとで、キラーニーで発見されたクサリゴケ属一三種が、ヨーロッパの残る地域では三種しか知られていないことにくらべて豊富であることを述べ、それから、分布の現象と動物が種子や胞子の媒介者として果たす役割について一般的考察に話を進め、彼がリオ・ネグロ川のインディオから聞いた、伐開地の持ち主がその土地を放棄するやいなや、森の獣たちがやってきてお祭り騒ぎをするという話を物語っている」。

最後に、著名な植物学の大家であるジョセフ・D・フッカー卿は、つぎのような簡潔であるがひじょうに高い評価を私に書いてきている。

「スプルースのタイ類に関する不朽の名著は最高の著作であり、永遠に残ることは疑いありません」。

原注

1　リチャード・スプルースは一八一七年九月一〇日に生まれ、一八九三年一二月二八日に亡くなった。

2　スプルースは、あたかものちにこのできごとのあった日をつきとめたかのように、欄外に鉛筆で「一六六〇」と記している。

3　ステイブラー氏は「エジンバラ植物学協会紀要」（一八九四年二月）に寄稿した「リチャード・スプルースへの追悼文」に引用したベンサム氏のこの文章をどこで見つけたのか記憶されていなかった。B・デイドン・ジャクスン博士（一八四六―一九二七、植物学者）が親切にもリンネ協会でおこなわれた会長講演と「植物学雑誌」に掲載されたスプルースに関する記事をすべて調べてくださったが、やはり見つからなかった。そこで私は、自然史博物館のA・ゲップ氏に頼んでみたところ（彼もスプルースの追悼文を書いている）、その同僚のジェームズ・ブリテン氏が七頁のパンフレットのなかにそれを発見したと連絡してくれた。そこには著者あるいは印刷者の名前はなく、ただ「リチャード・スプルース氏のアマゾン河流域およびペルーとエクアドル領アンデス山脈の調査旅行の結果報告」という表題があるのみである。

そしてそのあとに、スプルースの仕事が年代順に記され、最後に「スプルース氏の植物学への貢献について、リンネ協会会長ベンサム氏による注釈」とあって、スプルースの大英帝国とピレネー山脈における仕事について解説したあと、ここに引用した文章で終わっている。

このパンフレットにはつぎのような献呈の辞が記されている。「謹呈J・J・ベネット殿。クレメンツ・R・マーカム、一八六四年六月一〇日」。

これはスプルースが英国に帰国してわずか二週間後のことであったので、この文章はスプルースの友人クレメンツ・マーカム氏（現在、卿）が、彼のために五〇ポンドの少額の公務員年金を手に入れるために使用した文書の一つだったようである。年金はステイブラー氏が述べているように、翌年支給された。

以上の事実は、ベンサム氏が、スプルースの採集品を記載した彼の論文中やその他のところで、スプルースの研究についてなみなみならぬ評価をしていたことの証しとなるであろうから、この文章をここに記しておくことがいっそう重要になってくる。

訳注

（1）George Bentham 1800-84. 英国の植物学者。一八六一年植物コレクションと蔵書をキュー植物園に寄贈し、キューで研究をおこなった。リンネ協会会長。哲学者・法思想家ジェレミー・ベンサムの甥。

（2）William Mitten 1819-1906. ハーストピアポイント生まれの苔類専門の植物学者、薬剤師。ロンドン植物協会の会員。同じ分類群の植物が広大な地域に分布することを苔類を例にはじめて提唱した。A・R・ウォレスの妻の父でもある。

（3）Sir William Jackson Hooker 1785-1865. 英国の植物学者。グラスゴー大学植物学教授（1820）。一九四〇年政府の管理下におかれたキュー王立植物園の初代園長（1841-65）。植物画家。一八二七年より「植物学雑誌」を編集。とくに蘭の研究が有名で、フィッチ画『蘭科百選』（1849）を著した。

（4）Henry Walter Bates 1825-92. レスター生まれの英国の昆虫学者。アマゾンで一一年間博物採集をおこない多くの新種を発見。ベイツ型擬態を提唱した。著書『アマゾン河の博物学者』（1863）。

（5）Daniel Hanbury 1825-75. ロンドンの裕福な薬種商の家に生まれた薬理学者。一八六〇年ジョセフ・フッカーとともにシリアを旅行。中国の医薬品研究の先駆者。英国学士院、リンネ協会、薬剤師協会、化学協会の会員。トマス・ハンベリーの兄で、弟が六七年イタリア、リヴィエラのモルトラ・インフェリオーレにハンベリー植物園を建設するのを支援した。

（6）Sir Joseph Dalton Hooker 1817-1911. ウィリアム・フッカーの息子。植物分類学者。ロスの南極探検に海軍医として参加し植物を研究（1839-43）。ついで北東インドを探検（1847-51）、ヒマラヤから石楠花をキューに持ち帰った。父のあとを継いでキュー植物園の園長となる（1865-1885）。著書『シッキム・ヒマラヤの石楠花』（1849-51）、『ヒマラヤ日記』（1854）等。

（7）Sir Clements Robert Markham 1830-1916. 旅行家、作家。著名な僧職の家系に生まれ、海軍に勤めたのち、ペルー領アンデスの東斜面、インカ、極地などを探検。スプルースと時を同じくして、スプルースとは別種のペルーのキナ属のインド植民地への導入に尽力。王立地理学会の事務局長（1863-88）、会長（1893-1905）を務め、とくに英国の南極探検を支援した。

（8）Karl Friedrich Philipp von Martius 1794-1868. ドイツの博物学者。とくに植物を専門とし、フォン・スピックスとともにブラジルを探査（1817-20）、帰国してミュンヘンで六五〇〇種の植物を紹介した。共著『ブラジル旅行記』（1823-31）。

資料および主要文献目録

原著にはアルフレッド・ラッセル・ウォレスが以下の資料にもとづいて作成したスプルースの著作目録がそえられている。――(1)「エジンバラ植物学協会紀要」に掲載されたG・ステイブラー氏の追悼記事にそえられた目録。(2)本書のためにクレメンツ・マーカム卿が作成した目録。(3)スプルースの指定遺言執行人であるマシュー・B・スレイター氏の作成による、スプルースの蔵書からの著書と論文目録。

ロンドンのリンネ協会は一九九三年九月二〇日から二二日の三日間、スプルースの没後一〇〇年を記念して、その生地ヨークにおいて年次地方総会を開催した。議事録は M.R.D. SeawardとS.M.D. FitzGerald によってまとめられ、*Richard Spruce (1817-1893) Botanist and Explorer* の書題のもとに、一九九六年キュー王立植物園から三五九頁の報告として出版された。そのなかで、シーワード博士(ブラッドフォード大学教授)は三〇四―三一四頁にわたって「リチャード・スプルースの文献目録」をまとめた。前記ウォレスの目録に追加すべきものがあるので、著者の許諾を得てウォレスの目録と入れ替えてここに示した。(訳者)

スプルースの著作、論文目録

1841 Three days on the Yorkshire Moors. *Phytologist* 1: 101-104.

1842 Discovery of *Leskea pulvinata* Wahl. *Phytologist* 1: 189.

1842 List of mosses etc. collected in Wharfedale, Yorkshire. *Phytologist* 1: 197.

1842 Note on *Didymodon flexicaulis*. *Phytologist* 1: 197-198.

1842 Mosses near Castle Howard. *Phytologist* 1: 198.

1842 *Bryum pyriforme*. *Phytologist* 1: 429.

1842 On the folia accessoria of *Hypnum filicinum* Lin. *Phytologist* 1: 459-461.

1843 A list of mosses and Hepaticae collected in Eskdale, Yorkshire. *Phytologist* 1: 540-544.

1844 Note on *Carex paradoxa*. *Phytologst* 1: 842.

1844 Note on *Carex axillaris*. *Phytologist* 1: 842-843.

1844 Note on *Veronica triphyllos*. *Phytologist* 1: 843.

1844 *Veronica buxbaumii*. *Phytologist* 1: 843.

1845 On the branch-bearing leaves of *Jungermannia juniperina* (Sw.) *Phytologist* 2: 85-86.

1845 A list of the Musci and Hepaticae of Yorkshire. *Phytologist* 2: 147-157.

1845 On several mosses new to the British flora. *Lond. J. Bot.* 4: 169-195.

1846 The Musci and Hepaticae of Teesdale. *Trans. Bot. Soc. Edinb.* 2: 65-89.

1846 Notes on the botany of the Pyrenees, in a letter addressed to the editor. *Lond. J. Bot.* 5: 134-142, 345-350, 417-429, 535-548.

1847 *Hepaticae Pyrenaicae, quas in Pyrenaeis centralibus occidentalibusque, nec non in Agro Syrtico, A.A.* 1845-6. Numbers 1-77. Londini [Exsiccatae].

1847 *Musci Pyrenaici, quos in Pyrenaeis centralibus occidentalibusque, nec non in Agro Syrtico, A.D.* 1845-6 *decerpsit Rich. Spruce.* Facis I, numbers I 160; Fascis II, numbers 161-331. Londini. [Exsiccatae].

1849 Mr. Spruce's voyage to Pará. *Hooker's J. Bot.* 1: 344-347.

1850 The Musci and Hepaticae of the Pyrenees. *Trans. Bot. Soc. Edinb.* 3: 103-216, t.3. [Read 11th January 1849].

[Also published in parts in advance of the above in *Ann. Mag. Nat. Hist.*, ser 2, 3: 81-106, 269-293, 358-380, 478-503, t.3; 4: 104-120 (1849)]

[c.1850] *Lichenes Pyrenaei.* Collegit R. Spruce: determinavit Churchill Babington.

[Labels to undetermined number of specimens in BM and elsewhere; cited in Lindau, G. & Sydow, P. (1909) *Thesaurus litteraturae mycologicae et lichenologicae.* Lipsiis: Borntraeger, Vol. 2. p. 564]

1850 Botanical excursion on the Amazon. *Hooker's J. Bot.* 2: 65-70.

[List of vegetable curiosities sent by Spruce to the Kew Museum, with additional information provided by Spruce. *Hooker's J. Bot.* 2: 70-76]

1850 Voyage up the Amazon river. *Hooker's J. Bot.* 2: 173-178.

1850 Journal of an excursion from Santarém, on the Amazon river, to Obidos and the Rio Trombetas. *Hooker's J. Bot.* 2: 193-208, 225-232, 266-276, 298-302.

1851 Extracts of letters from Richard Spruce, Esq., written during a botanical excursion on the Amazon. *Hooker's J. Bot.* 3: 84-89, 139-146.

1851 Copy of a letter addressed by Mr. Spruce to G. Bentham, Esq., dated Santarém, Rio das Amazonas, Sept. 10, 1850. *Hooker's J. Bot.* 3: 239-248.

1851 Journal of a voyage from Santarém to the Barra do Rio Negro. *Hooker's J. Bot.* 3: 270-278, 335-343.

1852 Intelligence of Mr. Spruce, in a letter to G. Bentham, Esq. *Hooker's J. Bot.* 4: 278-281.

1852 Copy of a letter from Mr. Spruce, addressed to Mr. John Smith, Royal Gardens, Kew, dated Falls of S. Gabriel, Rio Negro, Dec. 28, 1851. *Hooker's J. Bot.* 4: 282-285.

1852 Letter from Mr. Spruce to George Bentham, Esq. *Hooker's J. Bot.* 4: 305-31?.

1853 Edible fruits of the Rio Negro, South America. *Hooker's J. Bot.* 5: 183-187.

1853 Botanical objects communicated to the Kew Museum, from the Amazon River, in 1851. *Hooker's J. Bot.* 5: 169-177.

1853 Botanical objects communicated to the Kew Museum, from the Amazon River, in 1851 and 1852. *Hooker's J. Bot.* 5: 238-247.

1853-54 Journal of a voyage up the Amazon and Rio Negro. *Hooker's J. Bot.* 5: 187-192, 207-215; 6: 33-42, 107-111.

1854 Extract of a letter relating to vegetable oils, etc. *Hooker's J. Bot.* 6: 333-337.

1855 Journal of a botanical voyage up the Amazon, Rio Negro, and to the Casiquiare. *Hooker's J. Bot.* 7: 1-8.

1855 Note on the India-rubber of the Amazon. *Hooker's J. Bot.* 7: 193-196.

1855 Botanical objects communicated to the Kew Museum, from

the Amazon or its tributaries, in 1853. *Hooker's J. Bot.* 7: 209-210, 245-252, 273-278.

1855 Sarsaparilla. Extract from a letter from Mr. Spruce, dated Rio Negro, February 5, 1855. *Hooker's J. Bot.* 7: 214-215.

1855 Note sur le caoutchouc de la rivière des Amazones. *J. Pharm. Chimie,* ser. 3. 28: 382-284.

1855 Mr. Spruce's voyage up the Amazon and its tributaries [letter dated March 11, 1855]. *Hooker's J. Bot.* 7: 281-282.

1855 Note on Clusiaceae. *Hooker's J. Bot.* 7: 347-348.

1856 Note on the India-rubber of the Amazon. Pharm J. 15: 117-119. [Reprint of letter by Spruce from Barra do Rio Negro dated 9 February 1855 first published in *Hooker's J. Bot.*]

1856 Mr. Spruce in Peru. *Hooker's J. Bot.* 8: 177-181.

1859 On five new plants from eastern Peru. *J. Proc. Linn. Soc., Bot.* 3: 191-204.
[Namely ***Wettinia illaqueans***, a new palm from the Peruvian Andes; ***Discanthus***, a new genus of Cyclanthaceae; ***Yangua tinctoria,*** a new genus of Bignoniaceae; ***Capirona***, a new genus of Rubiaceae; ***Erythrina amasisa***, a new species with follicular pods].

1860 [recte 1859] On *Leopoldinia piassaba* Wallace. *J. Proc. Linn. Soc., Bot.* 4: 58-63.

1860 Los cerros de Llanganati ... memoria presentada a la Sociedad Geográfica de Londres ... 1860. [English version publ. 1861. Spanish ms. in RBG Kew Archives, in Spruce papers - Letters to W. Borrer leaf 108]

1860 Notes of a visit to the Cinchona forests on the western slope of the Quitenian Andes. *J. Proc. Linn. Soc., Bot.* 4: 176-192.

[1860] *Report on expedition to procure seeds and plants of* Cinchona succirubra, or *Red bark tree.* London: HMSO (House of Commons Paper 865). 6pp. [Reprinted in ***East India*** *(Cinchona Plant)*, "Blue Book I", 1852-1863: 60-64].

1861 [recte 1860] On the mode of branching of some Amazon trees. *J. Proc. Linn. Soc., Bot.* 5: 3-14.

1861 [recte 1860] Mosses of the Amazon and Andes. *J. Proc. Linn. Soc., Bot.* 5: 45-51.

1861 *Report on the expedition to procure seeds and plants of* the Cinchona succirubra *Pavon, or Red-bark tree.* India Office. Pp. 112, map. [With a note on the map by C.R. Markham; see also Spruce (1908) *Notes of a Botanist on the Amazon and Andes* 2: 261-293]

1861 [recte 1862] *Report on the expedition to procure seeds and plants of the* Cinchona succirubra *or Red Bark tree.* London: Eyre & Spottiswoode, for HMSO, Pp. 112, map.

1861 On the mountains of Llanganati, in the estern Cordillera of the Quitonian Andes, illustrated by a map constructed by the late Don Atanasio Guzman. *Jl R. Geogr. Soc.* 31: 163-184.

1862 *On the mountains of Llanganati, in the eastern Cordillera of the Quitonian Andes, illustrated by a map constructed by the late Don Atanasio Guzman.* London: W. Clowes. Pp. 22.

[1862] *Note on the cultivation of Cinchonae.* London: HMSO (House of Commons Paper 2954). 2 pp. [Reprinted in ***East India*** *(Cinchona Plant)*, "Blue Book I", 1852-1863: 227-228]

[1862] Note by Richard Spruce on the tradition respecting Ursua and Aguirre, amongst the Indians of the river Huallaga. 3pp.

1863 From R. Spruce, Esq., to the Under Secretary of State for India. *East India (Cinchona Plant)*, "Blue book I", 1852-1863: 58-59.

1863 from R. Spruce, Esq., to Clements Markham, Esq. *East India (Cinchona Plant)*, "Blue Book I", 1852-1863: 59.

1863 Mr. Spruce's report on the expedition to procure seeds and plants of the *Cinchona succirubra,* or red bark tree, to the Under Secretary of State for India, 3rd January 1862. *East India (Cinchona Plant)*, "Blue book I", 1852-1863: 65-118, 2 maps.

1864 *Notes on the Valleys of Piura and Chira, in northern Peru, and on the cultivation of cotton therein.* London: Eyre & Spottiswoode, for HMSO. Pp. 81. [See also Spruce (1908). *Notes of a Botanist on the Amazon and Andes* 2: 327-341]

1864 On the River Purus, a tributary of the Amazon. In: *The Travels of Pedro de Cieza de Leon, A.D. 1532-50, contained in the first part of his Chronicle of Peru* (C.R. Markham, ed.): 339-351. London: Hakluyt Society. [As a note to Chapter 95; reprinted as a pamphlet with renumbered pagination]

1865 On the physical geography of the Peruvian coast valleys of Chira and Piura, and the adjacent deserts. *Rep. Br. Ass. Advmt Sci.* 1864: 148.

1865 On the River Purus. *Rep. Br. Ass. Advmt Sci.* 1864: 148.

1865 Note on the volcanic tufa of Latacunga, at the foot of Cotopaxi; and on the Cangaua, or volcanic mud, of the Quitenian Andes. *Lond. Edinb. Dubl. Phil. Mag.* 29: 401.

1865 Note on the volcanic tufa of Latacunga, at the foot of Cotopaxi; and on the Cangaua, or volcanic mud, of the Quitenian Andes. *Q. Jl. Geol. Soc. Lond.* 21: 243-250.

1865 Beal-fires. *The Reader* 6: 569.

1866 *The White Island. An apologue on sabbatarianism, in the syle of Swift.* The English Leader, no. 63. London.

1867 *Catalogus muscorum fere omnium quos in Terris Amazonicis et Andinis, per annos 1849-1860, legit Ricardus Spruceus.* Londini: printed by E. Newman. Pp. 22.
[Catalogue of exsiccate, *Musci Amazonici et Andini, Legit. Ric. Spruce, det. W. Mitten,* nos. 1-1518, distributed in 1866]

1868 Notes on some insect and other migrations observed in Equatorial America, *J. Linn. Soc., Zool.* 9: 346-367. [See also Spruce (1908) *Notes of a Botanist on the Amazon and Andes* 2: 353-383]

1869 [with Joaquim Correa de Mello] Notes on Papayaceae. *J. Linn. Soc., Bot.* 10: 1-15, t.1. [Written by Spruce, with added or amended observations by de Mello provided in brackets]

1869 *Palmae Amazonicae, sive enumeratio palmarum in itinero suo per regiones Americae aesquatoriales lectarum. J. Linn. Soc., Bot.* 11: 65-183. [See also: Regelmässiger Wechsel in der Entwickelung diclinischer Blüthen. *Bot. Ztg.* 27: 664-666 (1869)]

1871 [recte 1870] On the fertilisation of grasses. *Am. Nat.* 4: 239-241.

1874 Personal experiences of venomous reptiles and insects in

South America. Ocean Highways: *Geogrl Rev.*, n.s. 1: 135-146.

1874 On some remarkable narcotics of the Amazon Valley and Orinoco. *Ocean Highways: Geogrl Rev.*, n.s. 1: 184-193. [See also Spruce (1908) *Notes of a Botanist on the Amazon and Andes* 2: 413-455]

[c. 1874] *Lichenes Amazonici et Andini.* [Exsiccata, distribution of which commenced in or before 1874 (see Sayre 1975: 401-402); 851 non-consecutive numbers (see Lynge 1915-22: 494-501). Some unnumbered lichens also distributed as *Lichenes Amazonici, coll. R. Spruce, 1894, determinn. C. Montagne et C. Babington*]

1876 On *Anomoclada,* a new genus of Hepaticae, and on its allied genera, *Odontoschisma* and *Adelanthus. J. Bot. Lond.* 4: 129-126, 161-170, 193-203, 230-235, t.2.

1879 *Linnaea borealis* in Yorkshire. *J. Bot., Lond.* 17: 184.

1879 *Hypnum (Brachythecium) salebrosum* Hoffm., as a British moss. *J. Bot., Lond.* 17: 305-307.

1880-81 Musci praeteriti: sive de Muscis nonnullis adhuc, praetervisis vel contuses, nunc recognitis. *J. Bot. Lond.* 18: 289-295, 353-361; 19: 11-18, 33-40.

1881 On *Marsupiella stableri* (n.s.) and some allied species of European Hepaticae. *Revue Bryol.* 8: 89-104.

1881 The morphology of the leaf of *Fissidens. J. Bot., Lond.* 19: 98-99

1882 *On* Cephalozia *(a genus of Hepaticae). Its subgenera and some allied genera.* Malton: printed by J.W. Slater for the author. Pp. vi + 96 + [3]. [See review in *J. Bot., Lond.* 21: 183-187 (1883)]

1882 Liverworts (Hepaticae) of the East Riding. *Trans. Yorks. Nat. Un.* 4: 62-63.

1884-85 Hepaticae Amazonicae et Andinae quas in itinere suo per tractus montium et fluviorum Americae aequinoctialis ... &c, *Trans. Bot. Soc. Edinb.* 15: i-xii, 1- 588[-590], t.22. [Published in two parts: first in April 1884 as 15: i-xii, 1-308; the second in November 1885 as 15 (2): 309-588[-590], t.22]

1885 *Hepaticae of the Amazon and of the Andes of Peru and Ecuador.* Pp. xii + 590, t.22. London: Trubner.
[As above, but with half title page of prefatory note which appeard on inside cover of *Trans: Bot. Soc. Edinb.* 15 (2). Reprinted in 1984 with variant title *Hepaticae of the Amazon and the Andes of Peru and Ecuador* and an introduction and index with updated nomenclature by Barbara M. Thiers, as *Contr. N.Y. Bot. Gdn.* 15: I-XVI, i-xii, 1-590, t.22, (1)-(14)]

1886 Précis d'un voyage d'exploration botanique dans l'Amerique équatoriale, pour servir d'introduction provisoire á son ouvrage sur les Hépatiques et l'Amazon et des Andes. *Revue Bryol.* 13: 61-79.
[Reprint cover bears different title: 'Voyage de R. Spruce dans l'Amérique éequatoriale, pendant les années 1849-1864', and is paginated pp. 1-20]

1887 *Lejeunes holtii,* a new hepatic from Killarney. *J. Bot., Lond.* 25: 33-39, 72-82, t.1.

1887 On a new Irish hepatic *(Radula holtii). J. Bot., Lond.* 25: 209-211.

1888 Hepaticae in Província Rio Janeiro, a Gloziou [=Glaziou] lectae, a R. Spruce determinatae. *Revue Bryol.* 15: 33-34.

1888 Hepaticae Paraguayenses, Balansa lectae, R. Spruce determinatae. *Revue Bryol.* 15: 34-35.

1889 *Lejeunea rossettiana* Massal. *J. Bot., Lond.* 27: 337-338.

1889 Hepaticae novae Americanae tropicae et aliae. *Bull. Soc. Bot. Fr.* 36 suppl. Congrès de Botanique, Paris 1889: clxxxix-ccvi.

1889 [with E. Bescherelle] Hépatiques nouvelles de Colonies françaises. *Bull. Soc. Bot. Fr.* 36 suppl. Congrès de Botanique, Paris 1889: clxxvii-clxxix, t.5.

1890 Hepaticae Bolivianae, in Andibus Boliviae orientalis annis, 1885-6, a cl. H.H. Rusby lectae. *Mem. Torrey bot. Club* 1: 113-140. [See review by W. H. P[earson] in *J. Bot., Lond.* 28: 252-253 (1890)]

1892 *Hepaticae Spruceanae, Amazonicae et Andinae, annis 1849-1860 lectae.* Malton: printed for the author. [See review *Bot. Gaz.* 18:112-113 (1893)]

1895 Hepaticae Elliottianae, insularis Antillanis Sti Vincentii et Dominica a clar. W.R. Elliott, annis 1891-92, lectae, Ricardo Spruce determinatae. *J. Linn. Soc., Bot.* 30: 331-372, t.11.

この後半においてシーワードはスプルースおよびスプルースの業績に関するつぎのような出版物の目録をかかげている。

Angel, R. (1978) Richard Spruce, botanist and traveller, 1817-1893. An exhibition in The Orangery, Royal Botanic Gardens, Kew. *Hortulus Aliquando* 3: 49-53.

Anon. (1849) Mr. Spruce's intended voyage to the Amazon River, *Hooker's J. Bot.* 1: 20-21.

Anon. (1850) Mr. Spruce's journey. *Hooker's J. Bot.* 2: 158.

Anon. (1854) Mr. Spruce's South American plants. *Hooker's J. Bot.* 6: 94.

Anon. (1855) Mr. Spruce's ascent of the Amazon to Peru. *Hooker's J. Bot.* 7: 380.

Anon. (1856) Mr. Spruce's collections [from the vicinity of Tarapotu, in Peru]. *Hooker's J. Bot.* 8: 379.

Anon. (1857) Mr. Spruce at Tarapota. *Hooker's J. Bot.* 9: 310-311.

Anon. (1863) *Statement of the results of Mr. Richard Spruce's travels in the Valley of the Amazon, and in the Andes of Peru and Ecuador.* [With: Note by Mr. Bentham, on Mr. Spruce's services to botany.] London. Pp.7.
[Privately printed to support application for a pension for Spruce; see also letter from C.R. Markham and reprinted statement ...&c. in *East India (Cinchona Plant)*. "Blue Book II", 1863-1866: 247-249 & 250-251]

Anon. (1864) Botanical explorations of Mr. Richard Spruce. *J. Bot., Lond.* 2: 199-201. [Most likely written by the editor, B. Seemann]

Anon. (1883) Notices of books. On *Cephalozia...&c. Naturalist* 8: 156-158.

Anon. (1895) [Richard Spruce: obituary]. *Proc. Linn. Soc.* 1893-1894: 35-37.

Balfour, I.B. (1900) Richard Spruce. *Ann. Bot.* 14: xi-xiv, t.1.

Bentham, G. (1850) Report on the dried plants collected by Mr. Spruce in the neighbourhood of Pará in the months of July,

August and September 1849. *Hooker's J. Bot.* 2: 209-212; 233-244.

Bentham, G. (1851) Second report on Mr. Spruce's collections of dried plants from North Brazil. *Hooker's J. Bot.* 3: 111-120; 161-166; 191-200; 366-373.

Bentham, G. (1852) Second report on Mr. Spruce's collections of dried plants from North Brazil [continued]. *Hooker's J. Bot.* 4: 8-18.

Bentham, G. (1853) On some genera and species of Brazilian Rubiaceae. *Hooker's J. Bot.* 4: 229-236. [Includes description of new genus *Sprucea,* p.229-230]

Bentham, G. (1854) Notes on North Brazilian Gentianeae, from the collections of Mr. Spruce and Sir Robert Schomburgk. *Hooker's J. Bot.* 6: 193-204.

Bentham, G. (1854) On the North Brazilian Euphorbiaceae in the collection of Mr. Spruce. *Hooker's J. Bot.* 6: 321-333, 363-377.

Bentham, G. (1854) On *Henriquezia verticillata,* Spruce: a new genus of Bignoniaceae, from the Rio Negro, in North Brazil, *Hooker's J. Bot.* 6: 337-339.

Bentham, G. (1855) On the South American Triurideae and leafless Burmanniaceae from the collections of Mr. Spruce. *Hooker's J. Bot.* 7: 8-17.

[Bentham, G.] (1855) Mr. Spruce's plants of Amazon River and its tributaries. *Hooker's J. Bot.* 7: 31.

Berkeley, M.J. (1856) Decades of Fungi. Decades LI-LIV, [-LXII]. Rio Negro fungi [collected by R. Spruce]. *Hooker's J. Bot.* 8: 129-144; 169-177; 193-200; 233-241; 272-280.

B[oulger], G.S. (1882-1900) Richard Spruce. In: *Dictionary of National Biography* 53: 431-432.

Clokie, H.N. (1964) *An account of the herbaria of the Department of Botany in the University of Oxford.* Oxford: Oxford University Press [p. 247]

Cutright, P.R. (1940) *The great naturalists explore South America.* New York: Macmillan. Pp. 340.

Desmond, R. (1977) *Dictionary of British and Irish botanists and horticulturists.* London: Taylor & Francis. [p.578] and Rev. ed., 1994, pp. 647-648.

Ernst, A. (1867) El Doctor Ricardo Spruce. *El Federalista Caracas* 4 (9): [2-3].

Furneaux, R. (1969) *The Amazon: the story of a great river.* London: Hamish Hamilton.

Gepp, A. (1894) In memory of Richard Spruce. *J. Bot. Lond.* 32: 50-53.

Hawksworth, D.L. & Seaward, M.R.D. (1977) *Lichenology in the British Isles 1568-1975.* Richmond: Richmond Publishing. [p. 154]

Hemming, J. (1987) *Amazon frontier: the defeat of the Brazilian Indians.* London: Macmillan; Cambridge, Mass.: Harvard University Press.

[11 entries for Spruce in index, plus biographical note on pp. 499-500.]

Huber, O. & Wurdack, J.J. (1984) History of botanical exploration in Território Federal Amazonas, Venezuela. *Smithson. Contr. Bot.* 56: i-iii, 1-83.

H[usnot], T. (1894) Nécrologie [Richard Spruce]. *Revue bryol.* 21: 46-47.

King, G. (1876) *A. Manual of Cinchona cultivation in India.* Calcutta: Office of the Superintendant of Government Printing. 80 pp.

Leighton, W.A. (1866) Lichenes Amazonici et Andini lecte a Domino

Spruce. *Trans. Linn. Soc. Lond.* 25: 433-460, t.1. [See also Lynge (1915-22)]

Lindley, J. (1852-1859) Folia orchidaceae. London. [includes 114 descriptions of new species collected by Spruce & 1 new variety; for details, see Romero in this volume, p.206].

Lynge, B. (1915-22) Index specierum et varietatum lichenum quae collectionibus 'Lichenes exsiccati' distributae sunt. Kristiania: A.W. Broggers. [pp.495-601] [Issued with separate pagination from *Nyt. Mag. Naturvid.* 53-60: Pars I (1915-19), 559 pp.; Pars II (1920-22), 316 pp. See also Leighton (1866)]

McGill, H.M. (1960-61) The case of the missing journal. *Manchester Review* 9: 124-128.

MacKinder, B.A., Owen, P.E. & Simpson, K. (1990) *Richard Spruce's legumes from the Amazon.* Kew: Royal Botanic Gardens. Pp. iv + 31.

Markham, C.R. (1880) *Peruvian bark: a popular account of the introduction of chinchona cultivation into British India.* London: John Murray. Pp. xxiv + 550. [Many references to Spruce, mainly chapter 20 entitled 'Dr. Spruce's expedition to procure plants and seeds of the "red bark", or *C. succirubra'* pp. 217-227]

Markham, C.R. (1894) Richard Spruce. *Geogr. J.* 3: 245-247.

Mitten, W. (1869) Musci Austro-Americani. *J. Linn. Soc., Bot.* 12: 1-659. [Reprinted in 1982 as Monographs in Systematic Botany from the Missouri Botanical Garden, vol. 7, with additional title-page and including 1907 obituary of Mitten by E.M. Holmes from *Proc. Linn. Soc.* 119: 49-54]

Muller J. (1892) Lichenes epiphylii spruceani. *J. Linn. Soc. Bot.* 29: 322-333.

Nylander, W. (1874) Animadversiones circa Spruce *Lichenes Amazonicos et Andinos. Flora (Regensburg)* N.R. 32: 70-73.

Pearson, M.B. (1990) Richard Spruce's "list of botanical excursions". *Linnean* 6 (2): 18-20.

Prance, G.T. (1971) An index of plant collectors in Brazilian Amazonia. *Acta Amazonica* 1 (1): 25-65.

Reichenbach, H.G.f. (1873) Zum geographischen Verstandniss der amerikanischen Reisepflanzen des Herrn Dr. Spruce. *Bot. Ztg,* 31: 27-28.

Renner S.S. (1993) A history of botanical exploration in Amazonian Ecuador, 1739-1988, *Smithson. Contr. Bot.* 82: i-iii, 1-39.

Richards, P.W. (1944) Richard Spruce, the man. *Bull. Brit. Bryol. Soc.* 63: 54-58.

Sandeman, C. (1949) Richard Spruce: portrait of a great Englishman. *Jl R. Hort. Soc.* 74: 531-544.

Sayre, G. (1971) Cryptogamae exsiccatae - an annotated bibliography of exsiccatae of algae, lichenes, hepaticae, and musci. IV. Bryophyta. *Mem. N.Y. Bot. Gdn.* 19: 175-276. [Richard Spruce p. 257-258].

Sayre, G. (1975) Cryptogamae exsiccatae - an annotated bibliography of exsiccatae of algae, lichens, hepaticae, and musci. V. Unpublished exsiccatae. I. Collectors. *Mem. N.Y. Bot. Gdn.* 19: 277-423 [Richard Spruce p. 401-402].

Schultes, R.E. (1951) Plantae Austro-americanae VII. *Bot. Mus. Leafl. Harv. Univ.* 15(2): 29-78.

Schultes, R.E. (1953) Richard Spruce still lives. *Northern Gardener* 7: 20-27, 55-61, 87-93, 121-125. [Also issued as repaginated reprint, pp.1-27]

Schultes, R.E. (1968) Some impacts of Spruce's Amazon exploration on modern phytochemical research. *Rhodora* 70: 313-339. [Reprinted, with minor changes, from *Ciencia e Cultura* 20: 37-49 (1968)]

Schultes, R.E. (1970) The history of taxonomic studies in *Hevea. Regnum Vegetabile* 71: 229-293.

Schultes, R.E. (1978) An unpublished letter by Richard Spruce on the theory of evolution. *Biol. J. Linn. Soc.* 10: 159-161.

Schultes, R.E. (1978) Richard Spruce and the potential for European settlement of the Amazon: an unpublished letter *Bot. J. Linn. Soc.* 77: 131-139.

Schultes, R.E. (1978) Richard Spruce still lives. *Hortulus Aliquando* 3: 13-47.

Schultes, R.E. (1983) Richard Spruce: an early ethno-botanist and explorer of the northwest Amazon and northern Amazon and northern Andes. *J. Ethnobiol.* 3: 139-147.

Schultes, R.E. (1985) Several unpublished ethnobotanical notes of Richard Spruce. *Rhodora* 87: 439-441.

Schultes, R.E. (1987) Still another unpublished letter from Richard Spruce on evolution. *Rhodora* 89: 101-106.

Schultes, R.E. (1990) Notes on difficulties experienced by Spruce in his collecting. *Rhodora* 92: 42-44.

Schultes, R.E. (1990) Margaret Mee and Richard Spruce. *Naturalist* 115: 146-148.

Schultes, R.E., Holmstedt, B. & Lindgren, J.-E. (1969) De plantis toxicariis e mundo novo tropicale commentationes III. Phytochemical examination of Spruce's original collection of *Banisteriopsis caapi. Bot. Mus. Leafl. Harv. Univ.* 22 (4) 121-164.

Schultes, R.E. & Raffauf, R.E. (1992) A rare report of an intoxicating snuff from the Amazon. *Kew Bull.* 47: 743-744.

Schuster, R.M. (1892) Richard Spruce (1817-1893): a biographical sketch and appreciation. *Nova Hedwigia* 36: 199-208.

Scott, L.I. (1961) Bryology and bryologists in Yorkshire. *Naturalist* 86: 155-160.

Seaward, M.R.D. (1980) Two letters of bryological interest from Richard Spruce to David Moore. *Naturalist* 105: 29-33.

Seaward, M.R.D. (1995) Spruce's diary. *Linnean* 11: 17-19.

Seaward, M.R.D. (1997) Richard Schultes and the botanist-explorer Richard Spruce (1817-1893). In: [Festschrift for Richard Schultes]. Portland, OR; Dioscorides Press. (Unpublished)

Sheppard, T. (1909) A Yorkshire botanist: Richard Spruce (1817-1893). *Naturalist* 34: 45-48.

Slater, M.R. (1906) The mosses and hepaticae of North Yorkshire. In: *North Yorkshire: studies of its botany, geology, climate, and physical geography* (J.G. Baker). 2nd edition. *Trans. Yorks. Nat. Un.,* bot. ser. 3: i-xvi, 417-671.

Sledge, W.A. (1971) Richard Spruce, *Naturalist* 96: 129-131.

Sledge, W.A. & Schultes, R.E. (1988) Richard Spruce: a multi-talented botanist, *J. Ethnobiol.* 8: 7-12.

Smith, A. (1990) *Explorers of the Amazon.* London: Viking. [Particularly Chapter 8, 'Spruce & Wickham - explorers extraordinary', pp. 251-284]

Spruce, R. (1908) *Notes of a botanist on the Amazon and Andes* (ed. A.R. Wallace). 2 volumes. London: Macmillan, Pp. lii + 518, t.3; xii + 542, t.4.
[Reprinted edition (1970) with a new foreward by R.E. Schultes.

2 volumes. New York: Johnson Reprint Corp. Pp.x+ lii + 518, t.3; xii + 542, t.4]
Spruce, R. (1938) *Notas de un Botânico sobre el Amazonas y los Andes* (ed. A.R. Wallace). Quito: Publicaciones de la Universidad Central. Pp. 422. [Translation by G. Salgado of Volume I of the 1908 edition, without figures & maps]
Stabler, G. (1894) Obituary notice of Richard Spruce, Ph. D. *Trans. Bot. Soc. Edinb.* 20: 99-109.
Stafleu, F.A. & Cowan, R.S. (1985) *Taxonomic literature. A selective guide to botanical publications and collections with dates, commentaries and types.* 2nd ed. Volume 5. Utrecht: Bohn, Scheltema & Holkema. [pp. 816-820]
Stephani, F. (1894) Richard Spruce. *Botanisches Centralblatt* 57: 370-374.
Sterling, T. (1972) The *Amazon.* Amsterdam: Time-Life Books. [pp.124-125]
Thiers, B.M. (1992) Indices to the species of mosses and lichens described by William Mitten, *Mem. N.Y. Bot. Gdn.* 68: i-iv, 1-113.
Underwood, L.M. (1893) a notable collection of Hepaticae. *Bot. Gaz.* 18: 112-113.
Urban, I. (1906). Spruce, Richard (1817-1893). In: Martius, C.F.P.de Vitae itineraque collectorum botanicorum, notae collaboratorum biographicae &c. *Flora Brasiliensis,* 1 (1): 113-116, Monachii: Oldenbourg. [reprinted by J. Cramer, Weinheim, 1965]
Von Hagen, V.W. (1949) *South America called them.* London: Robert Hale. Pp. xiv + 401, t.28 [Part 4, pp. 291-376, 368-387, devoted to Spruce; an article adapted from chapter, entitled 'The great mother forest: a record of Richard Spruce's days along the Amazon' appreared in *J.N.Y. Bot. Gdn* 45: 73-80 (1944)]
W[allace], A.R. (1894) Richard Spruce, Ph.D., F.R.G.S. *Nature* 49: 317-319.
Whiffen, T. (1915) *The Northwest-Amazons; notes of some months spent among cannibal tribes.* London: Constable.
Wilkinson, H.J. (1907) Historical account of the herbarium of the Yorkshire Philosophical Society and the contributors thereto. Richard Spruce. *Rep. Yorks. Phil. Soc.* 1907: 59-67.

この会議以後にまとめられた資料については以下の論文に記されている。

Seaward, M.R.D. (2000) Richard Spruce, botanico e desbravador da America do Sul. [Richard Spruce, botanist and explorer of South America.] *Historia Ciencias Saude - Manguinbos* 7: 379-390.

なおこの会議の議事録にはつぎのような論文が掲載されている。

Dickenson, J., Bates, Wallace, and economic botany in mid-nineteenth century Amazonia
Drew, W.B., *Cinchona* work in Ecuador by Richard Spruce, and by United States botanists in the 1940s
Edwards, S.R., Spruce in Manchester: Manchester Museum Herbarium
Ewan, J., Tracking Richard Spruce's legacy from George Bentham to Edward Whymper
Field, D.V., Richard Spruce's economic botany collections at Kew
FitzGerald, S.M.D., Archival resources on Richard Spruce

Gradstein, S.R., Spruce's *Hepaticae Amazonicae et Andinae* and South American floristics

Hackney, C.R., Richard Spruce specimens in the Ulster Museum Herbarium, Belfast, N. Ireland

Henderson, A., Richard Spruce and the palms of the Amazon and Andes

Lamond, J., Spruce material at the Royal Botanic Garden, Edinburgh

Madriñan, S., Richard Spruce's pioneering work on tree architecture

Naranjo, P., Spruce's great contribution to health

Parnell, J.A.N., The Spruce collections in the Herbarium of Trinity College Dublin

Pearson, M.B., Richard Spruce: the development of a naturalist

Porter, D.B., With Humboldt, Wallace and Spruce at San Carlos de Rio Negro

Prance, G.T., A contemporary botanist in the footsteps of Richard Spruce

Reichel-Dolmatoff, G., An anthropologist's debts to Richard Spruce

Richards, P.W., Two letters from Spruce to Braithwaite about the illustrations to *Hepaticae Amazonicae et Andinae*

Romero, G.A., *Orchidaceae Spruceanae*: orchids collected by Spruce in South America

Romero, G.A., Berry, P.E., The biology of mamure ***Heteropsis spruceana*** Schott (Araceae)

Schultes, R.E., Richard Spruce, the man

Seaward, M.R.D., Bibliography of Richard Spruce

Smith, N.J.H., Relevance of Spruce's work to conservation and management of natural resources in Amazonia

Spruce, W., Thoughts and observations of Richard Spruce

Stiff, R., Richard Spruce and Margaret Mee: explorers on the Rio Negro, a century apart

Stotler, R.E. Richard Spruce: his fascination with liverworts and its consequences

Vreeland, J.M., Richard Spruce in northern Peru: notes on the cultivation of indigenous cotton

訳注

Raby, P. (1996) ***Bright Paradise, Victorian scientific travellers.*** London: Chatto & Windus. 邦訳『大探検時代の博物学者たち』（高田朔訳、河出書房新社　二〇〇〇年）の第四章「アマゾン川からアンデス山脈へ」にスプルースの業績が紹介されている。

Honigsbaum, M. (2001) ***The Fever Trail, in search of the cure for Malaria.*** London: Macmillan.

【著者紹介】

リチャード・スプルース　Richard Spruce（一八一七―九三）

英国ヨークシャーの寒村ガンソープ生まれの植物学者。数学教師を務めながら幼少のころからの植物への関心を育み、とくに蘚苔類の専門家となる。一八四五～四六年、フランスのピレネーで採集。四九年には南米大陸に植物を求めてアマゾン河に渡る。下アマゾン河からリオ・ネグロ川、オリノコ川を遡行、カシキアーレ水道の錯綜部を探検。生涯深い交わりを結ぶこととなったウォレスとはこのとき出会う。五五年、転じて上アマゾン河を遡行、ペルーのタラポトにいたる。五八年にはさらにエクアドルのアンバトに居を移し、ここを拠点にアンデス山系の調査探検に従事する。この間マラリアの特効薬キニーネの採れるアカキナノキの種子、苗木を集めて東洋の熱帯地方に送り、プランテーションの建設に貢献。六四年帰国。その後は故郷のヨークシャーで研究生活を送り、九三年病弱のうちに七七歳の生涯を閉じる。

【編者紹介】

アルフレッド・R・ウォレス　Alfred Russel Wallace（一八二三―一九一三）

英国ウェールズのウスク生まれの博物学者、生物進化論者、社会思想家。一八四八年、種の起原の解明を意図してブラジルに渡り、下アマゾン河からリオ・ネグロ川流域を四年間にわたって調査探検、五二年帰国。五四年転じてマレー群島に赴き、六二年まで動植物の採集と観察をおこなう。五八年、テルナテの僻村で自然淘汰による生物進化の理論を着想、いわゆる「テルナテ論文」をダーウィンに送って『種の起原』の発表の糸口をあたえた。また、バリ、ロンボク二島を隔する動物分布の境界線を発見してウォレス線の名を残した。帰国後は定職が得られぬままに一九一三年、九〇歳一〇カ月の生涯を閉じるまでに、膨大な著書、論文を公にし、晩年の論説は社会問題にもおよんだ。スプルースの遺稿の編纂は八五歳のときの仕事である。

【訳者紹介】

長澤純夫（ながさわ・すみを）

一九一九年、東京生まれ。京都帝国大学農学部農林生物学科卒業。応用昆虫学専攻。元島根大学教授、農学博士。日本応用動物昆虫学会、日本昆虫学会などの会員。

編訳書　ラフカディオ・ハーン『小泉八雲・蝶の幻想』（築地書館）

訳書（いずれも大曾根静香と共訳）に、T・ベルト『ニカラグアの博物学者』（平凡社）、B・M・ビーラー『風鳥の棲む島』（文一総合出版）、H・W・ベイツ『完訳・アマゾン河の博物学者』（平凡社）、A・R・ウォレス『アマゾン河探検記』（青土社）、W・H・ハドスン『ラ・プラタの博物学者』（講談社）、J・ウッドコック『ベイツ―アマゾン河の博物学者』（新思索社）、H・W・ベイツ『アマゾン河の博物学者』普及版（新思索社）などがある。

現住所：静岡市清水有東坂一九―四五（〒424―0873）

大曾根静香（おおそね・しずか）

大阪生まれ。早稲田大学第一文学部英文学科卒業。

アマゾンとアンデスにおける一植物学者の手記　上

二〇〇四年四月一日　初版発行

著者――リチャード・スプルース
編者――アルフレッド・R・ウォレス
訳者――長澤純夫＋大曾根静香
発行者――土井二郎
発行所――築地書館株式会社
東京都中央区築地七-四-四-二〇一　〒一〇四-〇〇四五
TEL 〇三-三五四二-三七三一　FAX 〇三-三五四一-五七九九
振替〇〇一一〇-五-一九〇五七
ホームページ=http://www.tsukiji-shokan.co.jp/
印刷・製本――株式会社シナノ
装丁――小島トシノブ

ISBN4-8067-1284-1 C0020

●築地書館のロングセラー

ネイティブ・アメリカン＝叡智の守りびと

ウォール＋アーデン［著］　◉3刷
船木アデルみさ［訳］　四八〇〇円

10年以上かけて全米各地のインディアン居留地を訪ね、スピリチュアル・エルダー（精神的長老）たちの言葉を記録した、全米ベストセラーの邦訳。

風の言葉を伝えて＝ネイティブ・アメリカンの女たち

キャッツ［編］　二〇〇〇円
船木アデルみさ＋船木卓也［訳］

芸術家、母親、治癒者、教育者……大地に根ざした哲学にささえられ、多様な役割を担う14人のネイティブ女性たちが語るライフ・ストーリー。

9つの森の教え

峠隆一［著］　一〇〇〇円
心豊かな生活を求める人のための現代版「パパラギ」。

5年間、通いつめたサラワクの深い森の中にある村。迎えてくれる人びとのあたたかな微笑みと豊かな自然が教えてくれた「人間としての生活」には、現代の日本人が忘れてしまった生きる意味、働く意味、幸福の原点が息づいていた。

武士道　日本人の魂

新渡戸稲造［著］　飯島正久［訳・解説］　◉5刷　三〇〇〇円

百年前、19世紀のアメリカで刊行されて大反響を呼んだ日本文化論。誰にでもわかる現代語訳と、クリスチャン新渡戸稲造と立場を同じくする牧師の眼で読み解いた詳細な解説で、不朽の名著をよみがえらせる。

◉詳しい内容はホームページで。http://www.tsukiji-shokan.co.jp/